Sommerhoff

QM im Wandel

Benedikt Sommerhoff

QM im Wandel

Personenzentriertes Innovations- und Qualitätsmanagement

Bibliografische Information der Deutschen Nationalbibliothek:

Die Deutsche Nationalbibliothek verzeichnet diese Publikation in der Deutschen Nationalbibliografie; detaillierte bibliografische Daten sind im Internet über <http://dnb.d-nb.de/> abrufbar.

Print-ISBN 978-3-446-45573-3
E-Book-ISBN 978-3-446-45993-9
ePub-ISBN 978-3-446-46957-0

www.hanser-fachbuch.de
Lektorat: Lisa Hoffmann-Bäuml
Herstellung: Carolin Benedix
Satz: Eberl & Kœsel Studio GmbH, Krugzell
Coverrealisation: Max Kostopoulos
Titelmotiv: © Max Kostopoulos
Druck und Bindung: CPI books GmbH, Leck
Printed in Germany

Dieses Buch widme ich den für Qualität, das Qualitätsmanagement und für deren Weiterentwicklung so engagierten Leiterinnen, Leitern und Mitgliedern der DGQ-Fachkreise sowie all denen, die mir bei meinen Blogbeiträgen, Artikeln und Vorträgen und in Diskussionen so klug widersprochen und eigene Impulse eingebracht haben, sodass meine Analysen stimmiger, meine Thesen schlüssiger und meine Schlussfolgerungen reifer und brauchbarer werden konnten.

Inhaltsverzeichnis

Vorwort

Dieses Buch erscheint genau zur passenden Zeit. Es gibt Antworten auf aktuelle Herausforderungen von Organisationen unserer Welt, indem es vielschichtige Hintergründe erläutert, neue Zusammenhänge herstellt und damit Sinn stiftet. In klaren Worten verbindet es die funktional-operative mit der dynamisch-gestalterischen Perspektive des Qualitäts- und Innovationsmanagements und stellt dabei die handelnden Akteure, die Menschen im betrieblichen Umfeld, in das Zentrum der Überlegungen.

Denn über kaum einen anderen Begriff identifizieren sich Unternehmen und Institutionen so sehr wie über „Qualität". Kaum etwas anderes erfordert stetige Anstrengung zur Weiterentwicklung und ist zugleich so volatil wie diese Eigenschaft. So müssten alle auf die Erzeugung von Qualität ausgerichteten Tätigkeiten und ihre Akteure wertschätzend wahrgenommen werden. Auf der langen Reise, auf der sich das moderne Qualitätsmanagement herausgebildet hat, herrscht dennoch oftmals das Missverständnis vor, das Qualität immer noch im Sinne eines einmalig anzustrebenden optimalen Zustands, als einen absoluten Wert an sich interpretiert. Zugleich wird das auf Erzielung von Qualität ausgerichtete Qualitätsmanagement als methodengetrieben, als Element einer planerisch-retrospektiven Perspektive aufgefasst. Dem stellt dieses Buch einen erfrischend klaren, systemischen Standpunkt entgegen. Diese Betonung des systemischen Denkens löst den Widerspruch zu vorherrschenden Ansätzen, die auf direkte Wirkung fokussieren, auf. Es setzt auf das Durchbrechen der Kette von hochfrequenten, kleinteiligen Eingriffen. Denn diese werden mangels Verständnis des Wirkzusammenhangs erforderlich, weil eine erwünschte Wirkung vielleicht teils erreicht wird, zugleich damit aber weitere unerwünschte Nebeneffekte ausgelöst werden.

Aber wie soll sich Handeln ändern, wenn sich paradigmatisch als beständig angenommene Wirklichkeiten nicht mehr in Übereinstimmung mit einer sich wandelnden Welt bringen lassen? Was, wenn in neuen Wettbewerbsarenen scheinbar größere Agilität und Durchsetzungskraft zählen oder die Adressaten von Leistungen ihr Verhalten ändern, neue Prioritäten und Zielvorgaben setzen und lieb gewonnene Gewissheiten infrage stellen? Sind alle bisherigen Anstrengungen vergeblich?

Hier setzt das Buch mit konkreten Erklärungen und Lösungen an. Ein Perspektivwechsel tut not, und der Autor dieses Buch stößt ihn an und zeigt nachhaltig erfolgreiche Wege auf, Hindernisgründe für eine Veränderung zu erkennen und Gestaltungsräume zu öffnen. Viele technische Innovationen der Vergangenheit haben mehr oder weniger ähnliche, in Dekaden zu bemessende Zeitintervalle von der Entdeckung über den Durchbruch bis zu ihrer allgemeinen Verbreitung benötigt. Doch kaum eine Veränderung erweiterte unsere Welt wie die Fortschritte der Informations- und Kommunikationstechnik, die mit zunehmender Rechenleistung unserem Erleben die Ebene der Virtualität hinzufügte. Diese Veränderung wird oftmals als vierte industrielle Revolution bezeichnet. Die ausgelösten Megatrends der Globalisierung, der sinkenden Eintrittsbarrieren in sich dynamisch verändernden Märkten, aber auch den sich in sozialen Netzwerken und einem in Unmittelbarkeit und Menge überwältigenden neuen Erlebnis von Kommunikation vor dem Hintergrund des zunehmenden Multilateralismus bewirken Spannungen im Gefüge der wirtschaftlichen Wertschöpfung und der sozialen Strukturen. In diesem Umfeld haben die Erzeugung und die Ausgestaltung neuer Ideen, ihr Durchsetzen den Begriff des Innovationsmanagements hervorgehoben.

Veränderungen in dieser neuen Wirklichkeit werden oft von tatsächlichen Verwerfungen begleitet und als Krisen wahrgenommen. Diese fordern erworbene Gewissheiten der vermeintlich fest gefügt empfundenen Wahrheit heraus. Organisation sind dabei herausgefordert, den in ihnen tätigen Menschen Sicherheit zu geben, nicht durch Anordnungen, sondern durch wertebezogene Erklärungen. Hier verbinden sich elementare Überzeugungen mit dem Qualitätsmanagement. Zwar gibt es große Gestaltungshistorien, die viele Themen, werden diese in der Tiefe betrachtet, als erschöpfend behandelt erscheinen lassen. Und tatsächlich würde dies in einer eindimensionalen, methodisch-technologiegetriebenen Fokussierung auf die adressierten Themenfelder so wirken. Dem widersetzt sich das Buch. Tatsächlich eröffnet es durch seine personenbezogene, erklärende und sinnstiftende Perspektive neue Ansatzpunkte, die engeren, gegeneinander abgegrenzten Felder im Sinne einer Organisationsentwicklung breiter weiterzuentwickeln und zukunftsfähig zu gestalten.

Diesen Ansatz gewählt zu haben ist das Verdienst des Autors des vorliegenden Buches. Er verbindet die scheinbar miteinander konkurrierenden Entwicklungen des vermeintlich konservativen Qualitäts- und des vermeintlich progressiven Innovationsmanagements und bildet so den Hintergrund, vor dem die handelnden Personen und ihr Verhalten im Mittelpunkt stehen. Vier Schlüsselbegriffe – Mensch, Kultur, Struktur und Fachlichkeit – identifiziert der Autor, die es erlauben, die Bedürfnisse und das Verhalten der handelnden Menschen in einer rahmengebenden Organisation mit den zur gestalterischen Verfügung stehenden Technologien und Werkzeugen zu erkennen. So entwickelt sich ein Erklärungsmodell für die zentralen Elemente einer erfolgreichen synergetischen Entwicklung.

Im Zusammenwirken der vier Eckpunkte entsteht das Gerüst, Verständnis für Wirkzusammenhänge zu gewinnen, Sichten auf Abhängigkeiten zu beschreiben, neue Einsichten zu erlangen und Handlungsoptionen auszugestalten. Diese Fähigkeit, Dinge zu beschreiben, wie sie sind, und zu erklären, warum sie sind, wie sie erscheinen, ist die besondere Leistung des Buchs. Es entwirft eine facettenreiche neue Wahrnehmung der Zielsetzung von Qualitäts- und Innovationsmanagement und ist ein verlässlicher Ratgeber, neuen Herausforderungen bislang unentdeckte Aspekte abzuringen und ihnen erfolgreich zu begegnen.

Den zahlreichen Lesern sei eine angenehme und anregende, ermutigende und anspornende, jedenfalls neue Ansichten erschließende Lektüre gewünscht - und eine erfolgreiche, zielführende Umsetzung der neuen Erkenntnisse!

Aachen, Frühjahr 2021

Robert Schmitt

Werkzeugmaschinenlabor WZL der RWTH Aachen

Lehrstuhlinhaber für Fertigungsmesstechnik und Qualitätsmanagement

Mitglied des Vorstands der Deutschen Gesellschaft für Qualität e. V.

1 Worum es geht

Oft geht es um die Wurst. Hier geht es in erster Linie um uns Menschen. Um uns selbst und die anderen, mit denen wir und die mit uns interagieren. Unter anderem geht es auch um Management und Führung, um Innovation und Qualität sowie ihre Kombination zum Innovations- und Qualitätsmanagement. Doch es geht immer auch ums Glücklichsein, um Lebensqualität und um unsere Perspektiven in der schnelllebigen Welt 4.0. Diese Welt ist im Umbruch.

Worum geht es?

Unsere Herausforderung besteht darin, das Qualitätsmanagement, das unter anderen Rahmenbedingungen in anderen Zeiten entstanden ist, für unsere neue Zeit mit ihrer schnellen, unvorhersehbaren Innovationsdynamik neu zu gestalten. Und weil Innovation das prägende Element dieser Zeit ist, gehört zu dieser Herausforderung, das Qualitätsmanagement mit dem Innovationsmanagement zu verbinden.

Um im Umbruch zu bestehen, brauchen wir neue Strategien sowie geeignete Konzepte, sie umzusetzen. Und damit diese wirken, benötigen wir in vielen Organisationen auch neue Strukturen und weiterentwickelte Managementsysteme. All das verändert letztlich auch unsere Aufgaben und Rollen im Unternehmen.

Es gibt Tausende Bücher über Management, Führung, Organisation. Viele sind hervorragend und liefern nützliche Anleitungen und Erklärungen. Die meisten sind redundant und befassen sich mit den immer gleichen Themen und Lösungsansätzen, versuchen aber, ihre Lösungsansätze als grundlegend neu darzustellen und oft genug als Heilslehre zu positionieren. Nur wenige bringen ganz neue Gedanken und Ideen ins Spiel, liefern neue nützliche Modelle und erhellende Erklärungsmuster für Phänomene, die uns beschäftigen, oder nutzen neue, bessere didaktische Konzepte, die uns leichter, besser und mehr verstehen lassen, worauf es beim Management und Führen einer Organisation ankommt. Auch die Leser- und somit die Zielgruppen unterscheiden sich, sodass einige der Bücher bestimmte spezifische Gruppen besonders gut adressieren. Welche neuen Aspekte bringt also dieses Buch in die Diskussion und in die Praxis ein? An wen richtet es sich? Was bringt es?

Was ist neu?

Neu ist, die Themen Innovation und Qualität und letztlich Innovationsmanagement und Qualitätsmanagement miteinander auf ungewohnte Weise zu verbinden. Neu oder ungewohnt ist auch, das Qualitäts- und das Innovationsmanagement für Führungskräfte, Innovations- und Qualitätsexperten anders als üblich zu begründen, zu beschreiben und neue Paradigmen dafür zu formulieren. Überfällig ist, aufzuzeigen, in welche Sackgassen das Qualitätsmanagement geraten ist, seine Mythen zu entzaubern und neue Wege aufzuzeigen.

Dabei geht es nicht nur darum, eine Vision für ein neu gedachtes integriertes Innovations- und Qualitätsmanagement zu skizzieren, sondern für Praktiker darzulegen, wie sich Innovationsmanagement und Qualitätsmanagement konkret weiterentwickeln, neu ausgestalten und schlüssig miteinander verbinden lassen.

Die Beschäftigung mit dem Qualitätsmanagement nimmt viele Ressourcen in Anspruch, insgesamt in der Volkswirtschaft, aber auch in einzelnen Unternehmen. Daran gemessen ist Qualitätsmanagement ein wichtiges Thema und eines, das sehr effektiv gehandhabt werden muss. Es ist aber in vielen Unternehmen zu beobachten, dass das Qualitätsmanagement heute in einem erschöpften Zustand ist. Seine Wirkung lässt zu wünschen übrig, es gibt zu viele Qualitätsprobleme, Fehler, Rückrufe und zu viel Verschwendung. Sein Ansehen und seine Akzeptanz haben gelitten, Qualitätsmanagement ist zu vielen und allzu oft ein bürokratisches Ärgernis. Es herrscht also Handlungsbedarf.

Innovation hingegen ist eines der meistgenutzten und überwiegend positiv besetzten Schlagworte. Die deutsche Industrie gilt nach wie vor als innovativ. Allerdings erscheinen andere Länder und Regionen heute als innovative Treiber der bedeutsamen digitalen Transformation. Hinsichtlich Innovation stützen wir uns in Deutschland allerdings sehr, vielleicht viel zu sehr auf klassische Entwicklungsprozesse und auf frühere Erfolge. Auch hier ist also Weiterentwicklung notwendig.

Bei „Vision" und „neu gedacht" müssten allerdings Alarmglocken läuten, aus mindestens zwei Gründen. Zum einen steht uns so viel gutes „Altgedachtes" zur Verfügung. „Neu Gedachtes" muss vorhandenes Wissen nicht hinwegfegen, es darf auf ihm aufbauen und sollte erkennen, welche ausreichend guten Ansätze bereits vorhanden und im Einsatz oder noch nicht gut genug genutzt sind. Leser mögen Vorhandenes mit neuen Augen sehen, es neu bewerten und Möglichkeiten finden, seine Wirkung zu verbessern.

Zum Zweiten gibt es gerade in Zeiten des Wandels einen Hang zu radikalen Konzepten. Die Veränderungsnotwendigkeit in vielen Unternehmen ist gravierend.

Wir haben aber auch schon erlebt, dass viele Organisationen mit der Adaption radikaler Konzepte sowie mit der notwendigen Weiterentwicklung zeitgemäßer Kulturen und der Schaffung neuer, zeitgemäßer Strukturen scheitern. Es muss einen Weg geben, sich auch mit geringerer Radikalität zu verändern, ein Vorgehen, das die Menschen umsetzen können und wollen. Deswegen gilt es bei aller Begeisterung für die eigenen Ideen, maßvoll zu bleiben und die Praktikabilität der hier beschriebenen Ansätze in einem typischen, „normalen" Unternehmen immer im Auge zu behalten.

Wer sind die Adressaten?

Dieses Buch hat drei Gruppen von Adressaten. Zum Ersten sind es Führungskräfte und Organisationsentwickler. Zum Zweiten sind es Qualitätsmanager und Qualitätssicherer. Zum Dritten sind es Innovationsmanager und Chief Digital Officers (CDOs).

Die drei Adressatengruppen unterscheiden sich deutlich, und es erscheint zunächst einmal schwierig, sich an drei unterschiedliche Zielgruppen gleichzeitig zu wenden. Diese Gruppen verbindet, dass alle eine Verantwortung für Organisationsentwicklung haben. Sie haben eine gemeinsame, eine kollektive Führungsaufgabe. Sie sollen eine Organisation gestalten, steuerungsfähig machen und sie letztendlich steuern. Sie sollen sie am Leben erhalten, und mehr noch, sie sollen sie nachhaltig erfolgreich machen. Eine gleiche Diskussionsgrundlage, ein gemeinsames Verständnis der Herausforderungen, resultierender Aufgaben und geeigneter Lösungsansätze erleichtern diesen Gruppen ein konzertiertes, aufeinander abgestimmtes Vorgehen.

Jeder Leser dieses Buchs wird es vor dem Hintergrund der eigenen Erfahrungen und des eigenen Wissens sehr individuell rezipieren und anwenden. Die jeweils aufgabenspezifisch und persönlich gefärbte Interpretation der Inhalte dieses Buches ist allerdings nützlich, für die eigene Organisation oder auch organisationsübergreifend eine heute dringend notwendige, durchaus auch kontroverse Grundsatzdiskussion über Innovations- und Qualitätsmanagement zu führen und gemeinsam Ideen für Experimente zu gewinnen, mit denen sich das eigene Unternehmen weiterentwickeln lässt.

Alle drei Gruppen zweifeln und verzweifeln oft an den über Jahrzehnte etablierten Vorgehensweisen des Qualitätsmanagements, seinen Ritualen und Usancen. Alle drei ringen um geeignete Ansätze für das Innovationsmanagement. Dieses Buch soll den Führungskräften und den unterschiedlichen Spezialisten für Organisationsentwicklung, Qualitätsmanagement und Innovation zeigen, dass ein integriertes Innovations- und Qualitätsmanagement keine bürokratische Last sein muss, sondern neu verstanden und neu angegangen hilft, die Organisation in turbulenten Zeiten zu stärken und ihre Anpassungsfähigkeit zu erhöhen.

2 Herausforderungen

Jede Zeit hat ihre Herausforderungen. Zeiten des Wandels, wie wir sie heute durchleben, schaffen neue Herausforderungen und lösen Paradigmenwechsel aus, also Wechsel unserer grundlegenden Erklärungs- und Lösungsmodelle. Wir stellen unser bisheriges Wissen, unsere Erfahrung, die uns vertrauten Werkzeuge und Methoden infrage.

Herausforderung

Eine Herausforderung ist eine anspruchsvolle Aufgabe, deren Erfüllung eine Errungenschaft bedeuten würde. Sie kann selbst gewählt oder von anderen auferlegt sein.

Das Problem ist eine Spezialform der Herausforderung.

Paradigmen sind unser Blick auf die Welt. Oder präziser gesagt, sie sind geeignete Beschreibungen dessen, was wir beim Blick auf unsere Welt als wichtig und handlungsleitend erkennen.

Paradigma, Paradigmenwechsel

Ein Paradigma ist eine Grundauffassung, ein grundlegendes Denk- und Erklärungsschema. Paradigma bedeutet auch gültige Lehrmeinung in einem Fachgebiet.

Ein Paradigmenwechsel (Bild 2.1) ist ein Wechsel unserer grundlegenden Erklärungs- und Lösungsmodelle. Er findet statt, wenn wir ein Paradigma durch ein neues ablösen.

Die Herausforderungen, Paradigmen und Paradigmenwechsel für das eigene Fach- und Aufgabengebiet zu erkennen und benennen zu können, sind Schlüsselkompetenzen und die Voraussetzungen dafür, im Wandel bestehen zu können, und mehr noch, ihn im eigenen Sinne zu gestalten.

Besonders wichtig ist es, die eigenen Herausforderungen klar benennen zu können, denn Herausforderungen sind die Ausgangspunkte für Lösungen.

Es gibt drei verschiedene Auslöser für Paradigmenwechsel (Bild 2.1). Diese sind:

- Wissenszuwachs, der Zugewinn von Wissen, das uns neue Erklärungen ermöglicht,
- Perspektivenwechsel, wir schauen aus einer anderen Perspektive auf die Dinge und sehen Neues, anderes, verstehen Zusammenhänge anders oder besser,
- der Wandel unserer Welt, der einen neuen Blick darauf erfordert.

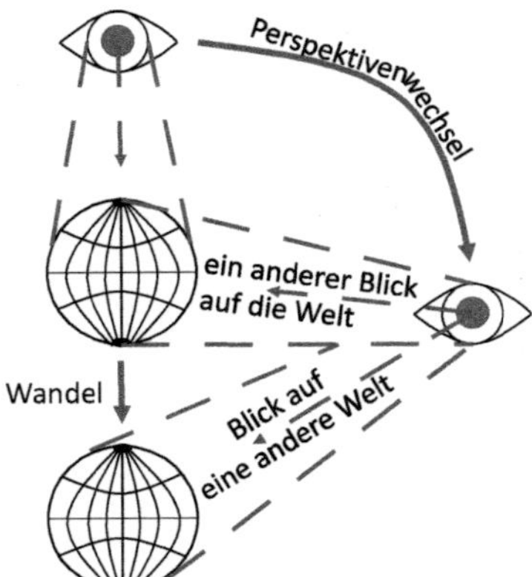

Bild 2.1
Paradigmenwechsel: der andere Blick auf die Welt und der Blick auf eine andere Welt

Die folgenden Beispiele aus Qualitätssicherung und Qualitätsmanagement sollen Paradigmen als unseren Blick auf die Welt und Paradigmenwechsel als Wesensmerkmal des Wandels veranschaulichen:

- **Wissenszuwachs:**

  Wir erkennen, dass wir durch die statistische Steuerung von Prozessparametern Produktparameter gezielt beeinflussen können.

  Das löst einen Paradigmenwechsel von der 100-%-Produktprüfung zur statistischen Prozessregelung aus.

- **Perspektivenwechsel:**

  Wir erkennen die Bedeutung der Prozesse, das verschafft uns einen neuen Blickwinkel auf die Organisation. Wir sehen nicht mehr nur die Aufbauorganisation, sondern richten unseren Blick auf die Ablauforganisation.

  Das löst einen Paradigmenwechsel von der Bereichsoptimierung zur bereichsübergreifenden Prozessoptimierung aus.

- **Wandel der Welt:**

  Fortschreitende Automatisierung und insbesondere der Einsatz künstlicher Intelligenz entkoppelt erstmalig die Prozesse vom Menschen. Dadurch entsteht eine „neue Welt“, und wir erhalten erstmalig einen Blick darauf.

Das löst einen Paradigmenwechsel hinsichtlich der Rollen von Menschen in Organisationen aus. Waren Menschen bisher unbedingt als Steuerer der Prozesse erforderlich, sind sie es jetzt nicht mehr. Haben Menschen bisher jeden Aspekt eines Prozesses designt, entstehen jetzt „Blackboxes", für die wir nicht mehr wissen, was darin passiert.

Dem Paradigmenwechsel entgegen steht die unterschiedlich bei uns Einzelnen angelegte menschliche Neigung, an Vertrautem festzuhalten und den Wandel selbst und die Notwendigkeit dafür zu negieren und zu leugnen. Das führt dazu, neue Herausforderungen nicht zu erkennen oder zu negieren. Auch das Tagesgeschäft der Problemlösung, wie es im Qualitätsmanagement und auch im Innovationsmanagement so prägend ist, vernebelt den Blick auf die großen Herausforderungen. Über das viele dringliche Kleine übersehen wir leicht das wichtige Große.

Unsere Welt verändert sich rapide. Wir stehen vor neuen Herausforderungen und Paradigmen. Wir müssen diese kennen und benennen können. Dazu gilt es, neues Wissen zu berücksichtigen, neue Perspektiven einzunehmen und zu verstehen, ob und wie sich unsere Welt verändert und welche Konsequenzen das für unser berufliches Handeln hat.

Dieses Kapitel zeigt, wie sich die Welt bereits verändert hat und wie tief sie in einem Prozess fortgesetzten grundlegenden Wandels steckt. Daraus ergeben sich drei Herausforderungen des Qualitätsmanagements:

- Wie können wir das Qualitätsmanagement so gestalten, dass es den neuen Anforderungen und Möglichkeiten der *Welt 4.0* gerecht wird?
- Wie können wir die *Wirksamkeit* des Qualitätsmanagements und der Qualitätssicherung verbessern, damit Menschen als Mitarbeiter mehr Qualität erbringen und als Nutzer mehr Qualität erhalten können?
- Wie können wir dem Qualitätsmanagement und der Qualitätssicherung zu mehr *Akzeptanz* verhelfen, damit Führungskräfte, Mitarbeiter und wir selbst gerne gemeinsam daran und damit arbeiten?

2.1 Welt 4.0

Wir befinden uns in der vierten industriellen Revolution. Das ist eine Aussage von gravierender Bedeutung. Industrielle Revolutionen sind Phasen zahlreicher und systemischer Disruptionen. In den heißen Phasen industrieller Revolutionen finden regelrechte Disruptionsexzesse statt. Sie sind trotz ihres Namens nie auf die Industrie beschränkt, sondern umfassen zunächst die nationale und dann die globale Gesellschaft.

Disruption

Eine Disruption ist eine Innovation von solcher Tragweite, dass sie Paradigmenwechsel und gravierende Umbrüche auslöst. Disruptionen beenden bisherige Entwicklungspfade und eröffnen neue.

Der Wandel unserer Welt erfolgt oft auf der Basis von technologischen Innovationen, lässt sich in seinen Auswirkungen aber nicht allein auf technologischer Ebene verstehen. Führungskräfte und Organisationsentwickler müssen die gesellschaftlichen Prozesse des Wandels beobachten und reflektieren. Die Geisteswissenschaften, allen voran die Soziologie, begleiten durch ihre Begriffe und Erklärungsmodelle den Wandel der Gesellschaft. Wir sollten uns mit ihnen befassen.

Die erste industrielle Revolution hat das Gesicht der gesamten Welt in so kurzer Zeit so gravierend verändert wie keine Phase der Menschheitsgeschichte zuvor. Die Industrialisierung der Wirtschaft, das Aufkommen neuer, schneller und zuverlässiger Verkehrsmittel, wie Eisenbahn und Dampfschiff, die Landflucht, die Proletarisierung in den Städten, die Industrialisierung des Krieges, die erzwungene Öffnung Chinas und Japans für den Westen sowie das Aufkommen neuer politischer Konzepte sind einige der resultierenden Entwicklungen. Im Blick darauf stellen die zweite und dritte industrielle Revolution, die eine gestützt auf Elektrifizierung und tayloristische Techniken der Massenproduktion, die andere auf Computerisierung und Automatisierung, eher technologische und konzeptionelle Weiterentwicklungen sowie Zwischenhochs der ersten industriellen Revolution dar.

Die vierte industrielle Revolution hingegen hat das Potenzial, die globale Gesellschaft genauso grundlegend zu verändern wie die erste. Das ist darauf zurückzuführen, dass deren Paradigmenwechsel ebenso radikal sind wie die der ersten.

Ein besonderer Begriff im Kontext der vierten industriellen Revolution ist Industrie 4.0. Der 2011 vom Präsidenten der Deutschen Akademie für Technikwissenschaften (acatech) und früheren SAP-Vorstand Henning Kagermann erstmalig benutzte Begriff wurde in Twitterschnelle zum „deutschen Brand“, zu einer starken Marke für die vierte industrielle Revolution. Inzwischen ist alles 4.0, die Logistik, die Fabrik, die Arbeitswelt, das Qualitätsmanagement usw.

Doch nicht nur die Industrie, sondern die globale Gesellschaft, die ganze Welt, die Welt 4.0 sind im Umbruch. Die Innovation steht ohnehin im Zentrum dieses Umbruchs. Das Qualitätsmanagement gerät in dessen Sog.

Industrie 4.0

Industrie 4.0 ist ein unspezifischer Sammelbegriff für moderne Technologien, darunter viele digitale. Weil der gegenwärtige Umbruch nicht allein ein Umbruch der Industrie, sondern der globalen Gesellschaft ist, ist Industrie 4.0 auch nicht die geeignete Überschrift für die evolutionären, revolutionären und disruptiven Entwicklungen unserer Zeit. Der Industrie- und Fabrikfokus der Industrie 4.0 ist typisch deutsch und zu eng gefasst. Es lässt sich jedoch erahnen, dass wir uns mit hoher Wahrscheinlichkeit in der Anfangsphase der vierten industriellen Revolution befinden. ■

2.1.1 Welt im Umbruch

Die Welt hat sich immer verändert. Jede Generation erlebt Umbrüche. Oft waren es Kriege, die sie auslösten, hinzu kommen Naturphänomene, gesellschaftliche, politische, wirtschaftliche und technologische Ereignisse. Für die meisten von uns war es bis vor kurzem noch unvorstellbar, wie schnell und tief eine Pandemie die weltweite Wirtschaft trifft, obwohl genau derartige Szenarien vorhergesagt waren und, mehr noch, bereits in den letzten Jahren Pandemien auftraten, allerdings für viele Regionen und Gesellschaften mit so geringem Effekt, dass sich insbesondere die Gesellschaften mit hohem Wohlstandsniveau, zu denen Deutschland gehört, unangreifbar fühlten.

Doch bereits vor 2020, als ein Virus die Menschen weltweit vor massive Umbrüche stellte, hatte bereits schleichend eine Entwicklung begonnen, bei der viele Menschen zunächst nicht realisierten, wie sehr sie uns in Umbrüche geführt hat und noch führen wird. Denn seit wenigen Jahrzehnten gibt es eine nie da gewesene Innovationsdynamik, die sich in den letzten Jahren immer weiter beschleunigt hat. Noch nie in der Menschheitsgeschichte gab es so viele Innovationen in so kurzer Zeit, darunter so viele Disruptionen, und noch nie eine so hohe weltweite Innovationsverbreitungsgeschwindigkeit. Die jetzige globale Krise, deren Auswirkungen uns noch viele Jahre beschäftigen werden, führt sogar zu einem weiteren Anstieg der Beschleunigung. Krisen sind Trendbeschleuniger. Was zuvor schon schwächelte, kann die Krise weiter beeinträchtigen oder gar hinwegfegen. Was bereits aufkeimte, kann einen Schub erfahren. Beispiele sind der beschleunigte Niedergang der klassischen Mobilitätskonzepte sowie die Zunahme digitaler Kollaboration und die Konversionen analoger in digitale Produkte und Geschäftsmodelle in der ersten Jahreshälfte 2020.

Der Soziologe Zygmunt Bauman hat schon vor dem Aufkommen der Diskussion um die vierte industrielle Revolution den Begriff der *flüchtigen Moderne* (liquid modernity) eingeführt, die die *schwere Moderne* (solid modernity) ablöst. Er charakterisiert die schwere Moderne als geordnet, rational, vorhersehbar und relativ stabil. Ihre Organisationen sind durch bürokratisches Vorgehen geprägt, das eine große Effizienz ermöglicht. Zur Problembewältigung und für die Erzeugung technischer Lösungen setzt der Mensch auf „praktische Vernunft“. Gesellschaftliche

Strukturen sind im Gleichgewicht. Die Menschen leben in einem stabilen Normengefüge, und Veränderungen erfolgen in relativ geordneter und vorhersehbarer Form.

Klassisches Qualitätsmanagement

Baumans Definition der schweren Moderne wirkt geradezu wie eine Wesensbeschreibung des klassischen Qualitätsmanagements.

Um in diesem Buch die bisherigen von möglichen neuen Qualitätsmanagementansätzen und -ausprägungen zu unterscheiden, sei für Erstere hier der Begriff klassisches Qualitätsmanagement verwendet. Das bisherige Qualitätsmanagement ist klassisch, weil es auf einem linearen Entwicklungspfad entstand und seit drei Jahrzehnten ohne nennenswerte Innovationen besteht.

Die flüchtige Moderne hingegen ist schwer zu definieren, eben weil sie flüchtig, in immerwährender Veränderung ist. Laut Bauman lässt sich die flüchtige Moderne am besten erfassen, indem wir ihre Unterschiede zur schweren Moderne betrachten: Sie zerrüttet die Sicherheiten des Individuums, Arbeitsverhältnisse sind nicht mehr langfristig, Kompetenzen verlieren an Wert, Unternehmen sind in ständiger Umgestaltung.

Kompetenz

Fähigkeiten, Fertigkeiten und Wissen eines Menschen bezogen auf eine konkrete Aufgaben- oder Problemart.

Der Soziologe Andreas Reckwitz erhielt 2019 den Leibnitz-Preis der Deutschen Forschungsgemeinschaft (DFG), immerhin mit 2,5 Millionen Euro dotiert [DFG 2019]. Die DFG bezeichnet ihn als „einer der führenden und originellsten Gesellschaftsdiagnostiker der Gegenwart“ und konkretisiert: „Er legte ebenso umfassende wie detailreiche Analysen des Strukturwandels moderner westlicher Gesellschaften vor und verband dabei soziologische Untersuchungen des Alltags, der Arbeits- und der Konsumwelt bis hin zur digitalen Subjektivierung.“ Er befasst sich unter anderem mit Aspekten wie dem kreativen Leistungsdruck der (flüchtigen) Moderne, der Relevanz der Kreativität als individuelles und soziales Phänomen, mit gesellschaftlichen Prozessen der Individualisierung, *Singularisierung* und Subjektivierung. Sein Buch *Die Gesellschaft der Singularitäten. Zum Strukturwandel der Moderne* behandelt auch den Aspekt der Digitalisierung als Singularisierung und was sie für die Gesellschaft bedeutet [Reckwitz 2017].

Singularität, Singularisierung

„In der Spätmoderne findet ein gesellschaftlicher Strukturwandel statt, der darin besteht, dass die soziale Logik des Allgemeinen ihre Vorherrschaft verliert an die soziale Logik des Besonderen. Dieses Besondere, das Einzigartige, also das, was als nichtaustauschbar und nichtvergleichbar erscheint, will ich mit dem Begriff der Singularität umschreiben" [Reckwitz 2017, S. 11].

Singularisierung ist der Prozess hin zu mehr Singularität.

Mass Customisation, die Serienfertigung oder Seriendienstleistung vieler, für den einzelnen Kunden individuell anmutender Produkte ist eine Ausprägung der Singularisierung.

Wer heute als Führungskraft Strategien entwickelt und Unternehmen lenkt oder als Experte Managementsysteme oder Entwicklungs- und Innovationsprozesse gestaltet, hat seine Ausbildung und Sozialisation überwiegend vor Beginn des die heutige Zeit prägenden Umbruchs erhalten. Oder sie basierte noch und zum Teil bis heute auf den damaligen Lehren. Bei vielen überwiegen technische, betriebswirtschaftliche oder juristische Ausbildungsinhalte.

Um die Welt im Umbruch zu verstehen, genügt es nicht, sich mit ihren neuen technologischen und ökonomischen Phänomenen auseinanderzusetzen. Darüber hinaus müssen wir auch die bisherige Zeit, die uns, die Gesellschaft, die Wirtschaft und die Unternehmen geprägt hat, ihre Paradigmen und Charakteristika reflektieren. Erst dann können wir den Umbruch und seine Mechanismen, Konsequenzen und neue Paradigmen erkennen und verstehen und selbst Paradigmenwechsel vollziehen.

Dabei ist es von großem Wert und Nutzen, sich mit sozialwissenschaftlichen und soziologischen Analysen, Erklärungen und Modellen zu befassen.

2.1.1.1 Vertraut, aber vergangen – die schwere Moderne

Viele Unternehmen sind heute noch geprägt von den Denkhaltungen, Strukturen und Strategien der schweren Moderne, geprägt von ihrer Solidität und Stabilität sowie der resultierenden Annahme der Planbarkeit, sowie der Ingenieurbarkeit, einer gezielten Gestaltbarkeit, der Organisation und ihres Umfeldes.

Die heute prägenden Qualitätsmanagementansätze sind in Zeiten vergleichsweise großer Stabilität und geringer Veränderung entstanden. Sie sind spezifisch für die schwere Moderne, nicht für die heutige flüchtige Moderne.

Innovation wurde weitgehend im Rahmen klassischer Entwicklungs- oder Produktentstehungsprozesse (PEP) erzeugt, lag doch in vielen Unternehmen der Innovationsfokus auf dem Produkt und auf dem Prozess, dem Herstell- oder Dienstleistungserbringungsprozess. In diesen Unternehmen gab es meist keinen Prozess, der eigens dafür vorgesehen war, Geschäftsmodellinnovationen zu generieren; der Strategieprozess war noch am besten geeignet, derartige Innovationen zu handhaben. Diese Zeiten waren in der produzierenden Industrie geprägt durch im Vergleich zu heute lange Produktentwicklungszeiten sowie lange Produktlebenszyklen.

Die komplexen und detaillierten (QM-)Regelwerke hochregulierter Branchen, wie der Automobilindustrie, sind eine Folge dieser Prägung. Sie sollen eine maximale Gesamtsystemkompatibilität, speziell eine Kompatibilität der Produktentstehungsprozesse, erzwingen, die über die gesamte Zulieferkette reicht. Und auch die Zulieferkette war im Großen und Ganzen stabil.

Zunehmend wird jedoch deutlich, dass durch die entstandene Überregulierung bei gleichzeitig zunehmender Disruptionsrate die regelwerksbasierten Systeme zu versagen beginnen. Die Revision der branchengenerischen ISO 9001 im Jahr 2015 hat im Unterschied dazu Anforderungen zurückgenommen und mehr Spielraum für agile, flexible Managementsystemlösungen gegeben.

Und je nach Komplexität des Produkts oder der Dienstleistung braucht Produktqualität auch ein Mindestmaß an Stabilität, die sich in stabilen Prozessen und dem Einhalten von Standards äußert. Das gilt umso mehr, wenn Unternehmen Produkte in hohen Stückzahlen produzieren und Dienstleistungen in großer Zahl erbringen. Stabile Prozesse sind auch der Ausgangspunkt für den im klassischen Qualitätsmanagement bedeutenden Ansatz des Kontinuierlichen Verbesserungsprozesses (KVP).

Das klassische Qualitätsmanagement der schweren Moderne ist demnach Stabilitätsmanagement. Es hat dabei unterstützt, einen idealen Zustand von Produkt, Prozess, Prozesslandschaft und Managementsystem zu definieren und mittels Regeln herbeizuführen. Das klassische Innovationsmanagement ist Produkterfindungsmanagement, denn der Begriff Innovation wurde in der schweren Moderne als Synonym für Produkterfindung verwendet und das Innovationsmanagement entsprechend ausgestaltet. Es ist deshalb wie die anderen Bereiche der klassischen Organisation geprägt durch klare Hierarchien, vorherbestimmte Karrierepfade und ebenfalls stabile Prozesse. Es ist anderes als das Qualitätsmanagement nicht ganzheitlich angelegt, ihm fehlt weitgehend der Anspruch, das Managementsystem der Organisation auf die Innovation hin auszurichten.

Stabile Prozessorganisationen: Zeichen der schweren Moderne

Typische Unternehmen der schweren Moderne waren – unabhängig, ob man sie zu allen Zeiten so genannt hat – *stabile Prozessorganisationen*. Auch wurden sie verändert und immer wieder angepasst. Dennoch waren Unternehmen über viele Jahre, manchmal sogar über Jahrzehnte im Kern die gleichen geblieben.

Das Setting der stabilen Prozessorganisation hat das klassische Qualitätsmanagement hervorgerufen und geprägt. Stabile Prozesse sind auch die Grundlage für das im Qualitätsmanagement zentrale Konzept des Kontinuierlichen Verbesserungsprozesses.

Die Gesellschaft der schweren Moderne ist ebenfalls eine, in der in Friedenszeiten und Zeiten ökonomischer Stabilität auch gesellschaftliche Stabilität herrscht. Schulische und berufliche Qualifizierung, Karrieren und berufliche sowie gesellschaftliche Rollen waren etabliert und führten zu einer großen Vorhersehbarkeit und Planbarkeit.

Kurz auf den Punkt gebracht: Die schwere Moderne ist geprägt von Stabilität und der Annahme der Vorherseh- und -sagbarkeit und deshalb auch der Planbarkeit. Das Regulierungsbedürfnis ist in der schweren Moderne hoch und immer weiter gewachsen, bis über den Punkt seines Versagens hinaus.

Produktqualität braucht Stabilität. Klassisches Qualitätsmanagement ist Stabilitätsmanagement.

Innovationsmanagement ist Erfindungs- und Produktentwicklungsmanagement. Es fehlen weitgehend Prozesse zur Geschäftsmodellinnovation.

Qualifizierungs- und Karrierepfade waren etabliert und langfristig angelegt.

2.1.1.2 Kaum zu fassen – die flüchtige Moderne

In der flüchtigen Moderne hat der Mensch viele, vielleicht alle Gewissheiten der schweren Moderne verloren. Unsicherheit und Unschärfe prägen die Gesellschaft als Ganzes und die einzelnen Menschen, die Wirtschaft und Unternehmen in einem Maße wie lange nicht. (Es ist nicht so, dass es zuvor nie Unsicherheit und Unschärfe gegeben hätte. Bereits die erste industrielle Revolution hat ähnliche Effekte ausgelöst.) Die Vorhersehbarkeit gesellschaftlicher, wirtschaftlicher, Branchen- und Unternehmensentwicklungen, auch die Vorhersehbarkeit von Karrierepfaden der Menschen sind dieser Unsicherheit und Unschärfe gewichen. Es ist schwieriger geworden, den für Qualität notwendigen Grad an Stabilität zu erzeugen. Produktentstehungsprozesse wurden enorm beschleunigt, Produktlebenszyklen drastisch verkürzt. Die flüchtige Moderne ist die Zeit immenser Innovationsdynamik und einer durch diese ausgelösten Veränderungsdynamik. Nie zuvor in der Menschheitsgeschichte hat es so viele, so tiefgehende und so schnelle Innovationen und darunter sogar viele Disruptionen gegeben. Die Geschäftsmodellinnovation kommt in den Fokus.

Es ist wichtig, dass sich Führungskräfte und die Spezialisten für Qualitäts- und Innovationsmanagement mit diesen Phänomenen der leichten Moderne auseinandersetzen und sich dazu handlungsfähig machen. Dazu gehört auch, zunächst einmal bewertungs- und sprechfähig zu werden, sich mit darauf bezogenen Theorien zu befassen und neue Begriffe für die Diskussion darüber zu erhalten.

Auch gilt es, sich von vertrauten Erklärungs- und Problemlösungsroutinen zu lösen. Denn diese haben wir für die typischen Probleme der schweren Moderne entwickelt, sie sind nur bedingt und manchmal gar nicht tauglich für neuartige Herausforderungen und Problemstellungen der flüchtigen Moderne. ■

Hermann Lübbe, emeritierter Professor für Philosophie und Politische Theorie an der Universität Zürich, hat im Kontext der Phänomene der flüchtigen Moderne und der rasanten Innovations- und Veränderungsdynamiken den Begriff *Gegenwartsschrumpfung* kreiert. Gegenwart habe sich bisher immer über mehrere oder sogar viele Generationen erstreckt. Die Menschen konnten buchstäblich mit dem Wissen und den Werkzeugen ihrer Eltern und Großeltern weiterarbeiten und beides an ihre Kinder und Enkel weitergeben, die das ebenfalls konnten. Somit erstreckte sich damals Gegenwart über lange Zeiträume – trotz gelegentlicher tiefgreifender Innovationen und Disruptionen, trotz aller Unwägbarkeiten des Schicksals. Heute hingegen ist die Gegenwart so geschrumpft, dass unser aufwendig erworbenes Wissen und unsere Werkzeuge nicht nur nicht mehr für unsere nächste Generation unbrauchbar geworden sind; sogar im Verlaufe unseres Berufslebens müssen wir immer wieder Wissen und Werkzeuge ersetzen. Damit keine Missverständnisse aufkommen, dazu gehören nicht das Wissen um Naturgesetze und das Benutzen eines Hammers, um einen Nagel einzuschlagen. Doch ein Fachbuch über Marketing aus dem Jahr 2010 beinhaltet 2020 unnützes, untaugliches Wissen, das Beherrschen eines 2010 weitverbreiteten Softwarewerkzeugs ist heute unbrauchbar.

Die digitale Disruption treibt die Flüchtigkeit der Moderne, ihre Singularisierung und Gegenwartsschrumpfung voran. Sie hat die Welt bereits massiv verändert und verändert sie weiterhin. Der Begriff *Industrie 4.0* drückt aus, dass wir uns am Beginn der vierten industriellen Revolution befinden.

Alle drei bisherigen industriellen Revolutionen waren durch zahlreiche markt- und gesellschaftsverändernde Innovationen und Disruptionen gekennzeichnet. Gerade ihre frühen Phasen sind Zeiten enormen Wandels. Die Situation lässt sich anschaulich mit einem weiteren, inzwischen häufig zu lesenden Begriff, dem Begriff *VUKA*, beschreiben. Den Begriff hat die US Army in den 1990er-Jahren eingeführt, um die veränderte Lage nach dem Zusammenbruch der Sowjetunion zu bezeichnen. Allerdings ist am Begriff problematisch, dass er so verstanden werden kann, als sei die Revolution eine rein technisch-technologische oder dass hier Technologie gesellschaftliche Revolutionen determiniert. Reckwitz diagnostiziert (ähnlich wie Bauman) einen Wandel der Gesellschaftsform von der industriellen

Moderne, der klassischen Industriegesellschaft, Baumans schwerer Moderne, hin zur Spätmoderne, Baumans flüchtiger Moderne [Reckwitz 2019]. Bei diesem Wandel spiele Digitalisierung eine zentrale Rolle. Er beobachtet den ausgeprägten Technikdeterminismus, der Technik als treibenden Faktor der wirtschaftlichen und gesellschaftlichen Entwicklung ansieht. Hinsichtlich des Stellenwerts von Technologien leitet er aus seinen Analysen die Position ab, dass Techniken und Technologien in der Gesellschaft wirken, diese aber eben nicht determinieren. Sie müssten in sozialen Praktiken angeeignet werden. Die Digitalisierung liefere Angebote und eröffne Möglichkeiten. Was daraus gemacht wird, sei eine Frage der sozialen Praxis. Er wendet sich gegen eine Vorstellung, man könne mit der Technik alles machen.

VUKA

VUKA (englisch VUCA) steht für

- volatil (englisch volatile, schwankend, flüchtig; Substantive sind Volatilität, Schwankung, Flüchtigkeit),
- unsicher (englisch uncertain),
- komplex (englisch complex) und
- ambigue (englisch ambuige, deutsch auch ambig, mehrdeutig; Substantive sind Ambiguität, Mehrdeutigkeit).

Die zentrale Herausforderung der flüchtigen Moderne, der Gegenwartsschrumpfung, der Industrie 4.0, der VUKA-Welt liegt im angemessenen Umgang mit der sie prägenden Flüchtigkeit und mit den unvorhersehbaren Veränderungsdynamiken, die diese Zeit prägen.

Mit steigender Dynamik der Gesellschaften und der Märkte, wachsender Komplexität des Produkts und somit des Produktentstehungsprozesses steigen die Zahl der Veränderungsimpulse und der Grad der Instabilität. Das stellt sich für die Qualität als Dilemma dar. Es besteht eine große Herausforderung darin, ein ausreichendes Maß an Stabilität zu erzeugen und gleichzeitig genug Spielraum für Veränderung und Innovation zu geben. Dies, zumal durch die vielen externen Impulse und eigenen Innovationen im Unternehmen das richtige Maß an Veränderung genauso überlebenswichtig ist wie das richtige Maß an Stabilität.

Es kommt also darauf an, immer wieder neu die richtige Balance zwischen Stabilität und Veränderung zu finden. Immer wieder neu, weil es keine dauerhafte Balance geben kann, eher eine temporäre Balance im Sinne einer *Quasistabilität*, also eines in kurzen Betrachtungszeiträumen stabil erscheinenden, in Wirklichkeit längerfristig aber nicht stabilen Zustands. Diese temporäre Balance hat eine zeitliche und eine räumliche Dimension. So gibt es einerseits in den Unternehmen eine typische Abfolge aus Phasen der Stabilität und Phasen der Veränderung. Und es gibt gleichzeitig und parallel Unternehmensbereiche, die sich gerade verändern sollen, und Bereiche, die gerade stabil bleiben sollen (Bild 2.2). Die Notwendigkeit des konzertierten Adressierens von Stabilität und Veränderung führt unmittelbar in die Notwendigkeit der Verbindung von Innovations- und Qualitätsmanagement.

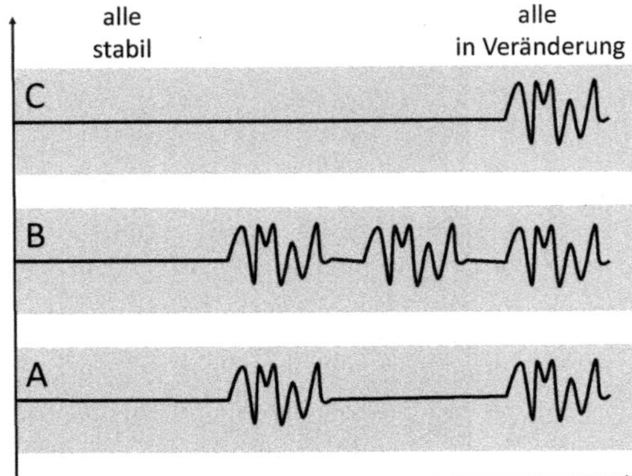

Bild 2.2
Veränderungsdynamik im Unternehmen

Je volatiler, unsicherer, komplexer und ambiguer das Umfeld der Unternehmen wird, desto schlüssiger ist es, seine *organisatorische Resilienz* zu erhöhen.

Organisatorische Resilienz

Organisatorische Resilienz bedeutet einerseits Widerstandsfähigkeit und andererseits die Fähigkeit einer Organisation, unvorhersehbare Krisen zu bewältigen.

Widerstandsfähigkeit soll nicht bedeuten, sich der Veränderung zu widersetzen, sondern in den Veränderungen, die sogar Krisen auslösen, gesund zu bestehen. Der Kultursoziologe Ulrich Bröckling nennt Resilienz das Oszillieren um einen Gleichgewichtszustand [Bröckling 2017], was das Bild der Balance von Stabilität und Veränderung unterstreicht. Resilienz soll die Überlebensfähigkeit der Organisation steigern.

Dimensionen der Resilienz

- Diversität der Meinungen und Perspektiven im Innern, um mehr Varianz der Handlungsoptionen zu erhalten,
- Kreativität, um Defizite durch Innovationen zu kompensieren,
- Robustheit, um unter den Stressoren der Disruption nicht einzuknicken,
- Antizipation, um die Veränderungsimpulse zu erkennen,
- Ausdauer, um die Täler der Veränderung zu durchschreiten.

Nach Markus Starecek, der in seinem Artikel „Organisationale Resilienz für strategielose Zeiten“, [Starecek 2013] die Erkenntnisse aus einer Arbeit von Liisa Välikangas zusammenfasst [Välikangas 2010]) und die genannten fünf Dimensionen auflistet.

Wenn die Steigerung der Resilienz in Zeiten der Transformation mehr als zuvor zum Überleben geboten ist, dann darf das Qualitätsmanagement dies nicht konterkarieren. Es muss sein Beharren auf schwer veränderlichen Regeln, seine Reduktion von Diversität (Varianz, Streuung) und seine Behäbigkeit überdenken und sich zu vielen dieser Aspekte mit neuen Ansätzen und Konzepten positionieren. Das Qualitätsmanagement muss seine eigene Balance zwischen Stabilität und Veränderung neu finden und der Organisation helfen, dies zu tun. Das Innovationsmanagement hingegen darf die Dynamiken der Veränderung nicht über ein die Resilienz übersteigendes Maß verstärken. Das Qualitätsmanagement braucht Öffnung und Dynamisierung, das Innovationsmanagement muss hingegen neben seinen prägenden divergierenden Phasen der Öffnung für kreative Ideen auch konvergierende Phasen der Stabilisierung, Mäßigung und Fokussierung erfahren.

Innovativität hingegen ist selbst ein Resilienzfaktor. Erfordert mehr organisatorische Resilienz ein anderes Qualitätsmanagement, das mehr Varianz zulässt, lässt sich für die Innovation eher sagen, dass Resilienz mehr davon benötigt. Denn Innovativität liefert „Mutationen" von Lösungen, viele Varianten bestehender Lösungen, aber auch neuartige Lösungen. Diese Mutationen erhöhen die Wahrscheinlichkeit, überlebensfähige Geschäftsmodelle, Produkte und Organisationsformen zu erhalten.

Von den Menschen allgemein und vor allem denen in den Organisationen, die sich in turbulenten, disruptiven Märkten und Branchen befinden, fordert die flüchtige Moderne viel Beweglichkeit; Veränderung und das Erlernen immer neuer Kompetenzen.

Kurz auf den Punkt gebracht: Die flüchtige Moderne ist schwer zu fassen. Begriffe wie VUKA sind Versuche, die Situation zu beschreiben.

Das Qualitätsmanagement, das in der schweren Moderne auf Stabilität angelegt war, muss sich verändern, weil dieses Maß an Stabilität nicht mehr möglich und nicht mehr erforderlich ist. Dennoch brauchen Organisationen Resilienz. Innovativität stärkt Resilienz, weil sie neue und viele Optionen bieten kann, die das Überleben sichern können.

Menschen in den Organisationen müssen sich und ihre Rollen immer wieder neu erfinden, sich immer wieder neu qualifizieren.

2.1.2 Paradigmenwechsel

Paradigmenwechsel sind gravierende Einschnitte. Treten neue Paradigmen erstmalig auf und lösen bisherige ab, verändern sie unser Bild von der Welt grundlegend. Die Paradigmen der digitalen Disruption lösen zahlreiche Dynamiken aus, die sich und die Paradigmen wiederum gegenseitig verstärken.

Der US-amerikanische Autor Arthur C. Clarke, der ab den 1930er-Jahren veröffentlichte und später zu den Big Three der englischsprachigen Science-Fiction gezählt wurde, sagte einmal: „Jede hinreichend fortschrittliche Technologie ist von Zauberei nicht zu unterscheiden." Heutige Paradigmenwechsel führen uns nun wahrhaftig in eine magische Welt.

Drei Metaparadigmen der digitalen Disruption

- **Das Internet ist ein neuer sozialer Handlungsraum**
  Es ist wichtig zu erkennen, dass nicht die technische Vernetzung das neue Paradigma darstellt, sondern die Tatsache, dass mit dem Internet ein neuartiger sozialer Handlungsraum entstanden ist. Neben der analogen, realen Welt können die Menschen in der virtuellen Welt miteinander in Beziehung treten. Menschen können sich im Internet ver- und entlieben, ohne sich jemals berührt zu haben. Im Internet sind neue Währungen entstanden, deren Genese und Management nicht den etablierten Regeln und Mechanismen der Notenbanken folgt. In dieser neuartigen Welt gelten Regeln der physischen Welt nicht oder stark eingeschränkt, sie hat ihre eigenen Regeln und Möglichkeiten.
- **Wir können Dinge in Daten und Daten in Dinge transformieren (Dinge-Daten-Dinge-Transformation)**
  Nie zuvor konnten Menschen Dinge in Daten und Daten in Dinge transformieren. Auch dieses Paradigma ist Auslöser für umwerfende Entwicklungen. Menschen konnten die Pläne für den Pyramidenbau in Stein ritzen und auf Papyrus schreiben, und andere konnten versuchen, sie zu kopieren, zu reproduzieren. Ungleich effizienter ist der Mechanismus, mit dem heute für ein Objekt ein digitaler Zwilling oder zumindest Schatten erstellt wird, der alle für die gewünschte Reproduktion relevanten Qualitätsmerkmale umfasst. In Sekundenbruchteilen ist der Datensatz auf der anderen Seite der Welt, je nach Komplexität lässt sich das Objekt in Minuten, Stunden oder Tagen reproduzieren.
- **Uns steht künstliche Intelligenz zur Verfügung**
  Künstliche Intelligenz tritt erstmalig neben die menschliche Intelligenz und löst viele neue Dynamiken aus. Sie schafft Möglichkeiten, Chancen und Bedrohungen, die es nie zuvor gegeben hat. Der Punkt, ab dem Maschinen sich selbst ohne Mitwirkung (und Willen) des Menschen verbessern und weiterentwickeln können, wird als technische Singularität klassifiziert und von einigen Wissenschaftlern innerhalb der nächsten drei Jahrzehnte erwartet.

Triggerinnovationen haben Paradigmenwandel und Dynamiken ausgelöst. Die Triggerinnovation der ersten industriellen Revolution war die Dampfmaschine. Für sie fanden Menschen viele unterschiedliche Einsatzgebiete. Sie hat unter anderem das Paradigma abgelöst, dass Kraft nur mittels natürlicher Quellen erzeugt werden kann, wie z. B. tierische und menschliche Muskelkraft, Wind, Wasser.

Die Triggerinnovationen der vierten industriellen Revolution sind die Computertechnologie – Hard- und Software – sowie die Vernetzung vieler einzelner Computer zum Internet. *Cyber-Physical Systems (CPS)* und das *Internet of Things (IoT)* sind also weder neue Dynamiken noch neue Paradigmen. Sie bilden eine Grundlage für die heutigen Paradigmenwechsel und Entwicklungen. Dabei ist zu beachten, dass diese Triggerinnovationen jahrzehntealt sind. Durch die stetige Verbesserung der Rechnerleistung, der realisierten Datenverarbeitungsgeschwindigkeit, der vergrößerten Speicher- und Datenübertragungsleistung und nicht zuletzt durch die wachsende soziale Akzeptanz und die Kompetenz vieler im Umgang damit haben wir schließlich eine Schwelle überschritten, ab der die längst vorhandene Technik zum Auslöser der vierten industriellen Revolution wurde.

Schon bei der ersten industriellen Revolution war ein ähnlicher Verlauf zu erkennen. Eine Nutzung der Dampfkraft gab es seit Jahrtausenden, die Dampfmaschine seit Jahrzehnten. Erst die Verbesserung der Leistung (genauer gesagt die Steigerung ihres Wirkungsgrades von 0,5 % auf 3 %) durch James Watt, Richard Trevithick und andere Ingenieure machte die Dampfmaschine fabrik- und dampfloktauglich.

Gesellschaftliche Entwicklung nicht durch Technik determiniert

Ob erste oder vierte industrielle Revolution, Dampfmaschine oder vernetzte Computer – erst wenn Gesellschaften der Technik Raum geben, können sie sich entfalten, wirksam werden und Innovationsdynamiken und -ketten auslösen. Der unterschiedliche Grad und die Art der Nutzung digitaler Technologien in den USA, China und Deutschland sind ein Beleg dafür.

Beschleunigte Innovationsdynamiken sind Teil einer Spirale aus Innovation und Erwartung. Je mehr und je weitreichender Innovationen den Alltag prägen, desto größer sind die Erwartungen an das Machbare. Je größer die Erwartungen der Kunden und Nutzer an die Möglichkeiten der Anbieter, Dienstleister und Produzenten, desto höher ist deren Innovationsdruck.

Mehr denn je ist die Markteintrittsgeschwindigkeit zum Erfolgsfaktor für Unternehmen geworden. Heute besteht eine globale Transparenz über die Verfügbarkeit neuer Produkte und Leistungen. Die globale Beschaffung ist nicht nur für Unternehmen, sondern auch für private Konsumenten an der Tagesordnung. Sofort wird bekannt, wenn irgendwo auf der Welt jemand eine Innovation erstmalig anbietet.

Erstanbieter und „Fast Follower", schnelle Innovationsfolger, können große Gewinne erzielen. Denn die Margen für innovative Produkte sind zunächst hoch, sinken aber mit jedem Follower weiter ab. Unter diesem Druck beschleunigen Unternehmen ihre Produktentstehungsprozesse. Doch das Risiko ist hoch. Ein Preis für diese Beschleunigung sind auch unausgereifte Produkte und Leistungen, mehr noch, das Risiko des Totalausfalls.

Kunden haben inzwischen gelernt, dass nahezu alles möglich ist. Neue Funktionen, enorme Preisreduktionen, schnelle Lieferungen, die Ad-hoc-Verfügbarkeit von Diensten und Leistungen, sogar kostenlose Leistungen, wenn auch unter dem Konzept, dass man wenn nicht mit Geld, dann mit seinen Daten zahlt. Besonders die Online-Verfügbarkeit hat die Erwartungshaltungen enorm verstärkt. Im Internet sind Dienste und Leistungen rund um die Uhr verfügbar. Allzu leicht findet eine Übertragung der Erwartungen auf die physische Welt statt, auf die Verfügbarkeit von Handwerkern, Hotelzimmern, Produkten.

Die Innovationsspirale führt nicht nur zur Beschleunigung, sondern häufig in eine gesteigerte Komplexität der Produkte sowie auch der Produktentstehungs- und Bereitstellungsprozesse. Wenn wir uns klarmachen, wie der Alltagsgegenstand Automobil sich in den letzten Jahrzehnten verändert hat, wird uns das deutlich. Wer Gelegenheit hat, ein 20 oder 30 Jahre altes Automobil selbst zu fahren, dem wird klar, welch viel höheren Grad an Ausstattung, Komfort, Assistenzfunktionen und Sicherheit Automobile heute haben. Und wer heute Bücher wie dieses liest, für den waren als Kind oder bereits als junger Erwachsener diese heutigen Young- und Oldtimer einmal ganz selbstverständlich zum Alltag gehörende neue Modelle. Die heutigen Automobile haben durch die vielen Zusatz-, Komfort- und Sicherheitsfunktionen einen extrem großen Komplexitätsgrad bekommen. Die Zahl möglicher Fehler und Fehlerursachen hat sich gegenüber damals vervieltausendfacht. Vor 30 Jahren konnten viele Nutzer noch selbst ihre Automobile reparieren, heute bei den allermeisten Problemen völlig undenkbar.

Unser gesamtes Leben ist mit der gestiegenen Komplexität der uns umgebenden Produkte und Dienstleistungen komfortabler geworden. Es ist aber auch viel abhängiger vom Funktionieren von Infrastrukturen und Dingen, die wir selbst nicht mehr beeinflussen können. Und die am Ende labil und fehleranfällig sind.

Komplexität hybrider Produkte

Besonders betroffen von gestiegener Komplexität sind Kombinationen aus physischen Produkten und Dienstleistungen, genannt *hybride Produkte*.

Es gibt hinsichtlich der Innovation zwei Stoßrichtungen. Die eine führt durch Weiterentwickeln, Anreichern und Verfeinern bestehender Lösungen zu mehr Komplexität. Hier wird die Innovationsspirale zur Komplexitätsspirale. Die andere erzeugt eine neue Einfachheit, d. h., die innovative Lösung ist einfacher als vorherige, sodass sie Komplexität reduziert (siehe Bild 2.3). Gerade darin liegt oft ein besonderer Anwendernutzen.

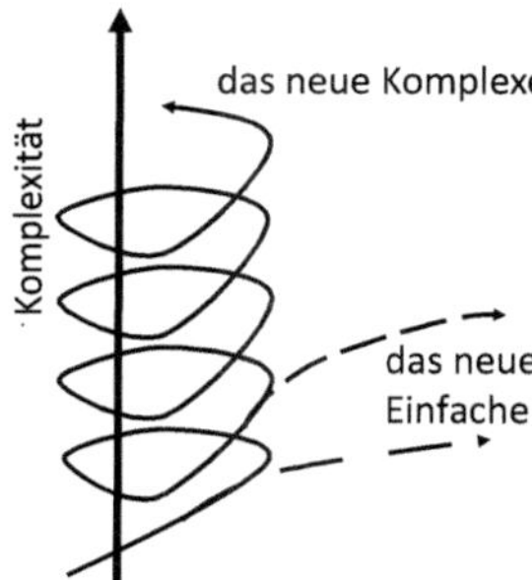

Bild 2.3
Neues komplex oder einfach

In Deutschland ist Verfeinern und Weiterentwickeln eine vorherrschende Innovationsrichtung. Vereinfachen bzw. das Erfinden neuartiger einfacher Lösungen ist häufig die Innovationsrichtung in den Software- und Digitalisierungshotspots, wie dem Silicon Valley.

Zwischen kompliziert und komplex unterscheiden

Kompliziert und komplex ist nicht das Gleiche. Was kompliziert ist, lässt sich mathematisch abbilden und beherrschen. Das ist eine Sache von Wissen und Fleiß. Für komplizierte Zusammenhänge lassen sich alle relevanten Prozessparameter finden, stellen wir sie identisch ein, entsteht bei Wiederholung das gleiche Ergebnis. Anders bei komplexen Zusammenhängen. Für sie lassen sich Wirkungen und Ergebnisse nicht vorhersagen. Deshalb muss man sich gewünschten Ergebnissen iterativ nähern und dabei immer wieder korrigierend eingreifen.

Das Innovationsmanagement hat bereits drei Paradigmenwechsel vollzogen, die auch das Qualitätsmanagement fordern und verändern:

- Das *Reifeparadigma*

  Produkte reifen beim Kunden. Prävention ist nicht möglich, wir brauchen schnelle Reaktion (bisher: Prävention geht vor Reaktion).

- Das *Bedürfnisparadigma*

  Bedürfnisse sind wichtiger als Anforderungen (bisher: Wenn wir alle Anforderungen erfüllen, entsteht Qualität).

- Das *Unplanbarkeitsparadigma*

  Wir müssen Qualität unter der Bedingung geringer Planbarkeit erzeugen (bisher: Wir planen alles, was wir tun, genau (Plan, Do, Check, Act)).

Reifeparadigma

Das Reifeparadigma begann in der Softwareentwicklung. Vor Jahrzehnten haben wir zunächst verblüfft festgestellt und murrend hingenommen, dann zunehmend klaglos als Normalität akzeptiert, dass neue Software, anders als Hardware, unfertig auf den Markt kommt. Erst im Einsatz bei uns Kunden entdecken die Designer viele Fehler und Fehlermöglichkeiten und beheben sie mittels mehrerer Upgrades, Updates und Patches nach und nach.

Um besser mit dem neuen Paradigma umzugehen, haben Entwickler bereits vor mehr als zwei Jahrzehnten begonnen, neue Entwicklungsprozess- und Projektmanagementansätze zu gestalten, und sogenannte agile Entwicklungsmethoden kreiert. Sie dienten dazu, besser und auch „schneller besser" zu entwickeln. Dahinter standen zweierlei Arten von Marktdruck, zunächst die Notwendigkeit, bessere Software zu entwickeln, also die Qualität zu verbessern, darüber hinaus der Druck, schneller zu werden.

Agil, Agilität

Agil heißt beweglich, adaptiv, flexibel. Agilität ist Beweglichkeit und die Fähigkeit zur Schnelligkeit, die Fähigkeit zur schnellen Reaktion und sogar Proaktion sowie die Fähigkeit zur friktionsarmen adaptiven Veränderung der Organisation.

Agile Produktentwicklungs- und Projektmanagementansätze sind zunächst für die Softwareentwicklung entstanden, weil dort zum einen zu jedem Zeitpunkt der Code mit im Vergleich zur Hardware deutlich geringerem Aufwand und geringeren Folgekosten geändert und ergänzt werden kann. Hinzu kam eine verbesserte Rechenleistung, die das Programmieren vereinfachte. So waren die Voraussetzungen gut, sich von etablierten Entwicklungsprozessen zu lösen und neue Wege zu gehen.

Zunehmend kommen agile Ansätze nun auch für Kombinationen von Hard- und Software zum Einsatz. Die meisten Produkte sind heute ohnehin eine Kombination von Hard- und Software. Auch Dienstleistungen stützen sich zunehmend auf Software oder sind ganz oder weitgehend softwarebasiert. Die alte Unterscheidung zwischen Hardware und Software ist also gar nicht mehr hilfreich, wenn es gilt, Entwicklungsprozesse zu gestalten. Heute lässt sich vielmehr zwischen *Quickware und Slowware* unterscheiden.

Die Unterscheidung in Slow- und Quickware erfolgte erstmalig 2017 im Rahmen eines FMEA-Kongresses, die Publikation im DGQ-Blog 2018 [Sommerhoff 2018], um die Unterschiede heutiger zu früheren Produktentwicklungskonzepten mit plakativen Begriffen aufzuzeigen (FMEA: Failure Mode and Effects Analysis, Fehlermöglichkeits- und -einflussanalyse; Verfahren zur Fehlerprävention). Und um darzulegen, dass und warum einige lang etablierte Methoden, wie die FMEA, an Tauglichkeit verlieren.

Mit dem *Manifest für Agile Softwareentwicklung* [Sutherland et al. 2001] wurde deutlich, dass die Entwicklung von Software von Beginn an als hochgradig iteratives, inkrementelles Projekt mit vielen Tests und Feedbacks durch den Kunden angelegt werden kann. Diese Vorgehensweise wird seitdem zunehmend auf Kombinationen aus Hard- und Software übertragen, die so komplex sind, dass sie auch nach Beginn der Nutzung durch den Kunden weiterentwickelt und „upgegradet" werden müssen, weil sich präventiv nicht alle Fehler antizipieren, geschweige denn abstellen lassen.

Die klassische Unterscheidung der Herstellung von Hard- und Software verwischt somit und wird durch die Unterscheidung in Slowwareprodukte, die am Ende des Entwicklungsprozesses wenig veränderbar sind und bis zum Ende der Nutzungsphase eher stabil bleiben, und Quickwareprodukte, die während der Nutzungsphase häufig verändert und upgegradet werden, abgelöst. Im Vergleich zur Slowware ist Quickware geprägt durch „permanent Beta" statt „null Fehler", durch „Reparaturpatches und Upgrades" statt „do it right the first time", durch hochgradig iterative statt überwiegend lineare Entwicklung (Bild 2.4).

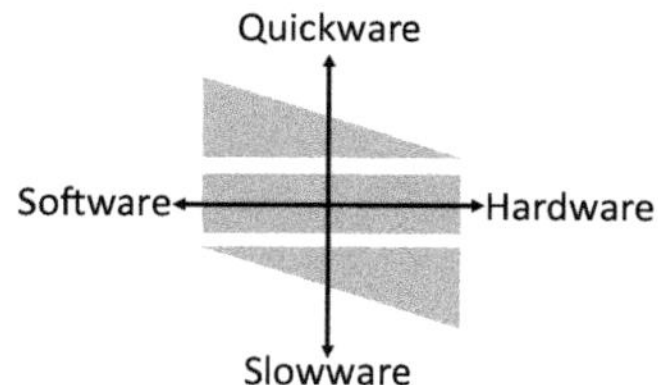

Bild 2.4
Quick- und Slowware als unterschiedliche Mixe aus Hard- und Software

Zwischen Quickware und Slowware unterscheiden

Anhand der Differenzierung zwischen Quickware und Slowware, die die Unterscheidung zwischen Software und Hardware ablöst, lässt sich aufzeigen, dass wir zwei unterschiedliche Produkttypen haben, die in grundlegend unterschiedlichen Prozessen entstehen. Quickware folgt dem neuen Paradigma „Wir reifen die Produkte beim Kunden".

Viele unserer Produkte und Prozesse sind so komplex geworden, dass wir präventiv mit den real für Markteinführungen zur Verfügung stehenden Zeiträumen und Ressourcen keine umfangreiche Prävention mehr leisten können. Insbesondere die Komplexität von Hightechprodukten und -dienstleistungen, eine hybride Kombination aus Hardware, Software und Services kann Zehntausende ungewollter und unerwünschter Effekte auslösen, die Entwickler niemals präventiv vorwegdenken und vor Markteinführung lösen könnten. Dann rückt aber die schnelle Reaktion in den Fokus. Durch Fixes, Patches, Upgrades und Updates reifen die Produkte beim Kunden, lösen Probleme, die man nicht antizipiert hat. Früher entstand Software so, daran haben wir uns inzwischen gewöhnt. Die Hardware entstand anders. Nämlich in ausgefuchsten weitgehend standardisierten Produktentstehungsprozessen, deren Stufen, Tests und Meilensteine auf maximale Prävention angelegt waren.

Inzwischen entsteht nicht mehr die Software auf die eine und die Hardware auf die andere Art, verläuft die Unterscheidung nicht mehr zwischen Hard- und Software (siehe Bild 2.4). Sondern ein Teil der hybriden Mixe aus Hardware, Software und Dienstleistung entsteht agil als Quickware und reift beim Kunden. Und ein anderer Teil entsteht als Slowware, auf dem langsamen etablierten Weg. Wenn ein Smartphone als Quickware reift, mag das bei allen Risiken noch gesellschaftliche Akzeptanz finden. Inzwischen werden aber bestimmte Autos schon auf diese Weise entwickelt. Dies gilt sogar für sicherheitsrelevante Features von Flugzeugen.

Doch auch für einfache Dinge geht heute oft Reaktion vor Prävention. So z. B. beim Ansatz des Minimum Viable Product (MVP). Mit diesem Begriff bezeichnen Start-up-Gründer und agile Produktentwickler minimalistisch ausgestaltete Produkte und Dienstleistungen, die nur die innovative Basisfunktion erfüllen, ohne jeglichen Schnickschnack und noch ohne später mögliche Zusatzfunktionen. MVP wird so zu einem neuartigen, paradigmatischen Qualitätsbegriff der agilen Entwickler. MVP entstehen als Quickware, nicht als Slowware. Ihre Einfachheit zeigt sich zudem als Mittel gegen überbordende Komplexität.

Bedürfnisparadigma

Das **Bedürfnisparadigma** ist ebenfalls eine Facette der magischen Welt, in der neuartige Dinge möglich sind. Wie sollen Konsumenten und Geschäftskunden denn Anforderungen an neuartige Lösungen formulieren, die sie sich bei aller Fantasie überhaupt nicht vorstellen können oder derer sie sich noch gar nicht bewusst sind?

Was unterscheidet eine gute von einer bösen Fee? Die böse Fee gibt einem drei Dinge, die man sich wünscht. Die gute Fee drei, die man braucht. Auch wenn man selbst gar nicht weiß oder artikulieren kann, was man braucht. Die späteren Nutzer haben keine Vorstellung davon, was alles möglich sein wird. Und das ist für die neuen Geschäftsmodelle und Produkte oft der Fall. Hier liegt das Pioniergebiet für Unternehmen, die dort neue Bedürfnisse entdecken und ihre Innovationen darauf richten (Bild 2.5).

Unsere Wirtschaft und Märkte haben bereits viele Wünsche erfüllt. Und oft neigen Menschen dazu, sich das Falsche zu wünschen. Deshalb ist es in der Metapher die böse Fee, die die Wünsche erfüllt. Darüber hinaus blieben bisher viele alte Bedürfnisse der Gesellschaft und ihrer einzelnen Menschen unberücksichtigt und unerfüllt. Ihre Erfüllung galt als unmöglich oder unökonomisch. Doch dafür bestehen inzwischen neuartige Lösungsmöglichkeiten. Auch durch neuartige Produkte und

Technologien werden viele neue Bedürfnisse geweckt. Bedürfnisse nach Ruhe, Liebe, Gesundheit, Sicherheit, Abwechslung, Bedeutung, Selbstwirksamkeit, Einzigartigkeit. Das Bedürfnis, die Welt anzuhalten, das Bedürfnis, die Welt anzustoßen. Widersprüchliche Bedürfnisse also. Bedürfnisse, die sich ungesund als Hass, Destruktion und Streit manifestieren, Bedürfnisse, die sich als Fürsorge, Engagement und Kooperation zeigen.

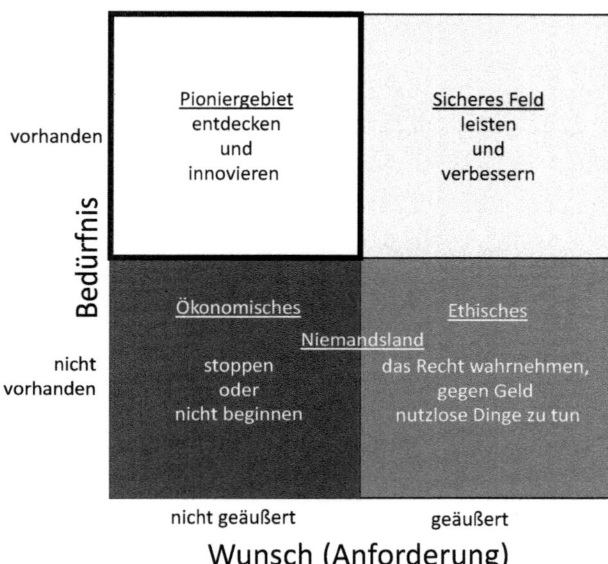

Bild 2.5 Unterscheidung von Wunsch (Anforderung) und Bedürfnis

Früher haben sich Menschen ein Auto gewünscht. Doch viele wünschen sich heute kein Auto mehr, brauchen aber Mobilität. Und erhalten sie auf neuartigen Wegen. Auch digitale Mobilität zeigt sich für manche Mobilitätszwecke als geeigneter Lösungsansatz. Sogar Online-Kollaboration wird dann zu einer Facette von Mobilität, weil sie einige Reisen und damit den Gebrauch eines Autos, Zuges oder Flugzeugs überflüssig macht. Und immer öfter auch den Besitz eines Autos.

Bedürfnisse, nicht Anforderungen sind die Trigger, um disruptive Geschäftsmodelle und innovative Produkte zu kreieren.

Ein Innovations- oder Qualitätsmanagement, das zwar mit Wünschen und Anforderungen, nicht aber genauso systematisch mit Bedürfnissen und Emotionen umgehen kann, wird in der neuen magischen Welt keinen Erfolg haben können. Denn diese Welt generiert gleichzeitig immer neue Möglichkeiten und immer andere Bedürfnisse. Im „sicheren Feld“ geäußerter Wünsche und vorhandener Bedürfnisse, da gilt es, zu leisten und zu verbessern, auch mit bereits vorhandenen Mitteln. Das Pioniergebiet neuer und bisher unausgesprochener Bedürfnisse hingegen fordert das Qualitätsmanagement methodisch und hinsichtlich seiner Kompetenzen und seiner Rollen neu.

Unplanbarkeitsparadigma

Das **Unplanbarkeitsparadigma** ist verwandt mit dem Reifeparadigma, geht aber weit darüber hinaus. Unsere Welt mag einerseits viel komplexer und deutlich volatiler geworden sein. Wir haben zusätzlich aber auch erkannt, dass sie doch immer schon komplex und volatil war, und besser verstanden, dass sie nie den Grad an Vorhersehbarkeit, Planbarkeit und auch Formbarkeit hatte, den wir jahrzehntelang in unseren Unternehmen vorausgesetzt haben. Der etablierte Begriff Kontrollillusion gibt unserem Irrtum einen trefflichen Namen, wir könnten auch Planbarkeitsillusion sagen.

Weil also der immense Innovationsdruck einen enormen Veränderungsdruck erzeugt und die Welt nicht die Maschine ist, die macht, was wir wollen, wenn wir die richtigen Hebel bedienen, müssen wir lernen, mit weniger Planung bessere Ergebnisse zu erzielen. Das ist auch die Stoßrichtung agiler Ansätze, und deshalb findet ein so intensives Experimentieren mit Agilität statt.

Nun bedeutet dieser Paradigmenwechsel nicht, Planen sei als untauglich zu unterlassen. Das müssen wir differenzieren. Wir müssen besser erkennen, welche Planungshorizonte, Planungsgenauigkeiten und Planänderungsmechanismen angemessen sind. An vielen Stellen sind kleinschrittiges Tun und Korrigieren, anders gesagt inkrementelle Iteration, die beste Planungsmethode. Dann kann sogar das P aus dem im QM legendären PDCA-Zyklus (Plan, Do, Check, Act) temporär verschwinden und es entsteht ein DCA-Zyklus aus Tun, Wirkungsmessen und Handlungsanpassung (Bild 2.6). Und das gilt je nach Umfeld- und Rahmenbedingungen sowohl auf der operativen als auch auf der strategischen Ebene.

Bild 2.6 Aus dem PDCA-Zyklus kann ein DCA-Zyklus werden

Obwohl das Wörtchen temporär anzeigt, dass das P nicht immer und nicht dauerhaft verschwinden muss, erschüttert dieser Paradigmenwechsel das Qualitätsmanagement. Er fordert ein viel agileres Qualitätsmanagement, das adaptiver, inkrementeller, iterativer ist.

Der Wechsel der Paradigmen ist kein abgeschlossener Prozess, sondern die Wahrscheinlichkeit ist hoch, dass sich in den nächsten Jahren noch weitere Paradigmenwechsel vollziehen werden.

2.1.3 Dynamiken der Welt 4.0

Die Welt 4.0 ist geprägt von neuen und neuartigen Dynamiken, wie z. B. den Dynamiken Beschleunigung und Komplexitätszuwachs. Triggerinnovationen und Paradigmenwechsel lösen diese und weitere Dynamiken aus und beschleunigen sie. Sie triggern, verstärken und beschleunigen aber auch einander. Dynamiken sind schwer aufzuhalten und zu verändern, vielleicht sogar hochgradig irreversibel.

Dynamik, Trend

Als Dynamiken seien hier länger – also über viele Jahre – anhaltende Entwicklungen verstanden, die für die digitale Disruption charakteristisch sind.

Trends hingegen sind prognostizierte, für die Zukunft vorhergesagte Entwicklungen oder Entwicklungsrichtungen. Die Steigerung von Trend ist Megatrend. Ein Megatrend ist ein alles dominierender oder zumindest ein vieles andere prägender Trend.

Trends und Prognosen bieten eine große Unsicherheit. Stattdessen lassen sich jetzt beobachtbare und jetzt wirksame Phänomene betrachten, die Dynamiken. Es ist manchmal schwer zu erkennen und zu unterscheiden, welche Entwicklungen stabile, länger anhaltende Dynamiken sind, und welche kurzfristige Effekte oder vorübergehende Moden. Hier sollen diejenigen Entwicklungen als Dynamiken im Vordergrund stehen, die als tiefgehend und längerfristig erscheinen. Doch auch diese mögen sich irgendwann erschöpfen. Wir können davon ausgehen, dass Dynamiken bestehen, die wir noch nicht als solche erkennen, und zum anderen, dass weitere Dynamiken entstehen werden. Denn die vierte industrielle Revolution ist in ihrer frühen Phase, und einiges spricht dafür, dass sie sich eher über einen Zeitraum von zehn bis 30 Jahren als über wenige Jahre hinweg entwickeln und ausgestalten wird.

Wer Organisationen gestaltet, wer Unternehmen durch diese turbulenten Zeiten steuert, muss die maßgeblichen Dynamiken in den Blick nehmen und grundsätzlich verstehen. Da sich die Dynamiken und der Blick darauf verändern, gilt es, sich informiert zu halten und die wissenschaftliche und gesellschaftliche Diskussion zu verfolgen.

Die konkrete Wirkung der Dynamiken ist nicht vorhersagbar, da sie zum Teil selbst komplex sind oder sich in einem komplexen Zusammenspiel gegenseitig beeinflussen. Dennoch ist es dringend notwendig, diejenigen Dynamiken zu identifizieren, zu benennen, zu beobachten und bestmöglich zu verstehen, die für das eigene Unternehmen relevant sind. Das Verstehen der Dynamiken der digitalen Transformation ist eine Voraussetzung dafür, eine Strategie planen zu können. Tabelle 2.1 benennt inklusive der genannten Dynamiken Beschleunigung und Komplexitätszuwachs 25 Dynamiken.

Tabelle 2.1 25 Dynamiken der digitalen Disruption

Angst und Überforderung	Autonomisierung	Automatisierung von allem	Beschleunigung	Beteiligung und Demokratisierung
Cyberkriminalität	Digitalisierung von allem	Disruption	Dominanz der Plattformen	Entgrenzung
Erregungsexzesse	Filterblase	Individualisierung, Singularisierung	Informationskapitalismus	Kollaboration
Kompetenzdrift	Komplexitätszuwachs	Kontinuierliche Akteursinteraktion	On-Demand-Ecomomy	Regulierungslatenz
The winner takes it all	Transparenz und Rückverfolgbarkeit	Unternehmensumbau	Vernetzung von allem mit allem	Virtualisierung

2.1.4 Herausforderungen der Welt 4.0

Die wachsende Innovationsdynamik in Form einer zunehmenden Innovationsfrequenz, -tiefe und -verbreitungsgeschwindigkeit löst eine zunehmende Veränderungsdynamik in den Unternehmen aus. Innovationen und Veränderungen stellen nicht nur neue Anforderungen, sondern schaffen gleichzeitig auch neue Möglichkeiten. Die Unternehmen reagieren darauf mit neuen Organisations- und Führungskonzepten. Verändert sich die Art, zu managen, müssen wir zumindest prüfen, ob sich die Art und Weise, Innovation und Qualität zu managen, ebenfalls ändern muss. Dass Veränderungen notwendig sind, ist dabei wahrscheinlich.

Aus der Erkenntnis, welche Paradigmenwechsel stattfinden und welche Dynamiken relevant sind, lassen sich die Herausforderungen ableiten, vor denen wir stehen. Die nächsten beiden Abschnitte zeigen Herausforderungen für das Innovationsmanagement und für das Qualitätsmanagement.

Gemeinsam haben Innovations- und Qualitätsmanagement die Herausforderung, ihre Wirksamkeit zu verbessern. Steht das Qualitätsmanagement vor einem Wirksamkeitsverlust über die letzten Jahre und Jahrzehnte, krankt das Innovationsmanagement außerhalb der eigens geschaffenen und gewachsenen Innovationsökosysteme, wie dem Silicon Valley, eher an einer Wirksamkeitshemmung. Gerade in den etablierten und klassischen Branchen und ihren Unternehmen gibt es eine Zögerlichkeit, die eigenen, noch funktionierenden Geschäftsmodelle durch disruptive neue Modelle anzugreifen. So sind deutsche Technologieunternehmen zwar innovativ. Allerdings fokussieren sie ihre Innovationskraft eher auf die Verbesserung bestehender Technologien und Fertigungsprozesse als auf die Kreation anderer Arten von Lösungen und Geschäftsmodellen oder die Übertragung der eigenen Technologie auf andere Felder.

Auch die Herausforderung der Integration, also sich besser miteinander und mit anderen Bereichen in der Organisation zu verzahnen, teilen beide, allerdings von unterschiedlichen Ausgangspositionen aus. Das Qualitätsmanagement hat bereits Integrationserfahrung, allerdings mit einem beschränkten Fokus, vor allem auf Umwelt- und Arbeitssicherheitsmanagement. Das Innovationsmanagement hat demgegenüber ein internes Integrationsproblem. Denn sogar zwischen Kreativen und Umsetzern im Innovationsprozess kann die Zusammenarbeit bereits gestört sein, herrschen unterschiedliche Kulturen. Kreativbereiche sind häufig isolierte Bereiche und von den Kernleistungserbringern getrennt, damit sich beide nicht gegenseitig stören. Innovation zu managen gilt bei vielen Kreativen als Widerspruch. Gerade in den Kreativbereichen gilt insbesondere das Qualitätsmanagement geradezu als störend, lähmend und bremsend, sodass Mitarbeiter dort versuchen, es außen vor zu lassen.

Die Semantik der Herausforderung

Herausforderungen lassen sich auf viele verschiedene Weisen sprachlich fassen. Wenn die Formulierung einer Herausforderung dazu dient, Ausgangspunkt für Analyse- und Lösungsfindungsprozesse zu sein, hat sich bewährt, sie als Frage in der Form „Wie können wir ...?" zu formulieren. Das „wir" betont die Notwendigkeit gemeinsamer Herausforderungsannahmen und Lösungsfindungen.

2.1.5 Herausforderungen für das Innovationsmanagement

Die allgemeine Innovationsdynamik stellt viele einzelne Unternehmen unter hohen externen Innovationsdruck, um mithalten und überleben zu können. Es kann leicht vorkommen, dass bisherige Innovationsprozesse nicht genügen, die erforderliche Zahl und Geschwindigkeit von Innovationen zu erzeugen. Das Innovationsmanagement steht unter einigen Herausforderungen (Tabelle 2.2).

Tabelle 2.2 Herausforderung für das Innovationsmanagement

Phänomen	Ausprägung	Herausforderung
Innovation und Disruption lösen schnelle und nicht planbare Dynamiken aus.	Vielzahl, Tiefe und Verbreitungsgeschwindigkeit von Innovationen und Disruptionen stellen Unternehmen schnell und immer wieder vor neue Herausforderungen. Die Innovation, das Bessere, ist die Schwester der Qualität, des Guten. Wir stehen unter hohem Innovationsdruck und dem Risiko von Disruptionen.	Wie können wir selbst innovativer sein und die Disruptionen der anderen überleben?
Das Internet ist ein neuer sozialer Handlungsraum.	Das Internet ist nicht nur ein technisches Netz. Die Menschen haben sich eine neue Welt geschaffen, in der neuartige Interaktionen und Geschäftsmodelle möglich sind. Aus der Perspektive der Menschen früherer Zeitalter ist dies eine geradezu magische Welt, in der die Naturgesetze und alte Gewissheiten nicht mehr gelten.	Wie nutzen wir die Möglichkeiten des neuen sozialen Handlungsraums Internet?
In nahezu allen Bereichen erfährt der Mensch Unterstützung, aber auch Verdrängung durch Technik.	Der Mensch erhält Unterstützung durch Technik (z. B. Augmented Reality), ist aber auch hochgradig überfordert und hat Angst, von der Technik verdrängt zu werden. Die einen treiben Innovation und Veränderung mit Lust voran, andere erhöhen den Widerstand dagegen.	Wie gestalten wir die Organisation so, dass ihre Menschen Innovation erzeugen wollen, können und dürfen?
Durch Einsatz künstlicher Intelligenz verliert der Mensch seine Rolle als Prozesssteuerer.	Die Menschen sind verunsichert.	Welche Rollen verbleiben, welche neuen, wichtigen Rollen geben wir den Menschen in der Organisation?

2.1.6 Herausforderungen für das Qualitätsmanagement

Das klassische Qualitätsmanagement ist als Antwort auf Fragen entstanden, die heute weniger wichtig oder gar abschließend beantwortet sind. Es muss nun Antworten auf neue, heute wichtige Fragen liefern. Zudem hat das Qualitätsmanagement an Wirksamkeit und Anerkennung verloren und verliert weiter. Ein Mehr des Bekannten und Vorhandenen erscheint dabei nicht die Lösung; andere, neuartige Lösungen sind gefragt. Dabei ist davon auszugehen, dass viele der bestehenden

Ansätze und Methoden weiterhin nützlich sein werden. Es geht also nicht darum, Tabula rasa zu machen, das Vorhandene vom Tisch zu fegen und alles neu zu erfinden. Vielmehr gilt es, zu prüfen, was unverändert erhalten bleiben kann, was der Verbesserung und Anpassung bedarf und wo neue Lösungen entstehen müssen.

Die heutigen und zukünftigen Herausforderungen für das Qualitätsmanagement resultieren im Wesentlichen auf den immensen Innovationsdynamiken. Tabelle 2.3 nennt die Herausforderungen und die Phänomene, auf denen sie basieren.

Tabelle 2.3 Übersicht über die Herausforderungen der Welt 4.0 für das Qualitätsmanagement

Phänomen	Ausprägung	Herausforderung
Die Automatisierung schreitet voran und kann jetzt nahezu alle Tätigkeitsbereiche umfassen.	Über Jahrzehnte haben wir vornehmlich das Handling, die Bearbeitung und den Transport von Gütern automatisiert. Inzwischen hat auch die Dienstleistung einen hohen Automatisierungsgrad, und die Automatisierung stößt in immer mehr Tätigkeiten vor, darunter planerische und kreative Tätigkeiten.	Wie nutzen wir die Möglichkeiten der Automatisierung in der Qualitätssicherung?
Die Autonomisierung schreitet voran. Lernende künstliche Intelligenz (KI) steuert Prozesse.	Es gibt immer mehr autonome, vom Menschen unabhängige Systeme und Teilsysteme. Lernende KI verändert immer wieder oder gar kontinuierlich, für Menschen nicht mehr nachvollziehbar, ihre Entscheidungsfindungsalgorithmen oder gar die Entscheidungsfindungsprämissen.	Wie validieren, verifizieren und zertifizieren wir Prozesse und Systeme, deren Entscheidungsfindungen wir nicht mehr verstehen und nachvollziehen können?
Qualität braucht Stabilität - die Welt 4.0 ist geprägt durch ständige Veränderung.	Die klassischen Qualitätsmanagementansätze sind in und für Zeiten stabiler Prozessorganisationen entstanden. Innovationsmanagement und Qualitätsmanagement gelten als inkompatibel. In der Welt häufigerer, tiefer gehender und schneller um sich greifender Veränderung gilt es, die Balance zwischen notwendiger Stabilität und notwendiger Veränderung neu zu finden.	Wie finden wir die richtige Balance zwischen notwendiger Veränderung und notwendiger Stabilität?
Das hohe Maß an Veränderung hat einen Schub von Agilisierung ausgelöst.	Agilisierung ist eine plausible Antwort auf die Veränderungs- und Innovationsdynamiken. Agilität hat es immer gegeben, wir sind aber jetzt noch besser darin geworden, weil wir es müssen. Das QM weiß meistens noch nicht, mit dieser Dynamik umzugehen.	Wie machen wir das QM selbst agil und wie kann das QM das agile Unternehmen gestalten helfen?

Tabelle 2.3 Übersicht über die Herausforderungen der Welt 4.0 für das Qualitätsmanagement *(Fortsetzung)*

Phänomen	Ausprägung	Herausforderung
Bisherige Berufe, Stellen, Funktionen und Rollen verändern sich oder verschwinden.	Die Unsicherheit der Menschen über ihre berufliche Zukunft steigt. Immer häufiger und immer schneller müssen sie neuartige Rollen und Funktionen einnehmen. Der Anteil von Zeitarbeit und (Schein-) selbstständiger Arbeit steigt anteilig. Es entsteht eine Zweiklassengesellschaft von Erwerbstätigen.	Wie gestalten wir die Organisation so, dass ihre Menschen Qualität erzeugen wollen, können und dürfen?
Wir kennen etablierte agile Produktentstehungsprozesse für Slowware, erfinden jetzt neue für Quickware.	Nahezu alle Produkte sind heute eine Mischung aus Hardware/Dienstleistung und Software. Einige (Slowware) werden langsam ausentwickelt dem Kunden übergeben, andere (Quickware) werden in Hochgeschwindigkeit entwickelt, dem Kunden unfertig übergeben und im Betrieb verbessert (Update/Upgrade/Patch).	Mit welchen Methoden können wir die Qualität von Quickware sichern?
Alles ist mit allem vernetzt.	Noch nie waren Unternehmen, Menschen und Maschinen in so großen Netzwerken so komfortabel miteinander verbunden. Qualität und Innovation entstanden immer schon aus der Vernetzung. Nun aber sind die Netzwerke viel fluider geworden, sie „wabern“. Das Unternehmen und die klassische Zulieferkette sind nicht mehr die einzig praktikable Möglichkeit, Arbeitsteilung zu organisieren.	Wie können wir in wabernden Netzen Qualitäts- und Innovationsfähigkeit herstellen? Wie können wir Möglichkeiten der Vernetzung nutzen?
Alles ist transparent – dennoch grassiert die Täuschung.	Alles ist recherchierbar, über Produkte, Hersteller, Kunden etc. herrscht große Transparenz. Es stehen große Datenmengen zur Verfügung. Dennoch erkennen wir oft den Wald vor lauter Bäumen nicht. Jeder macht sich seine eigene Wahrheit. Fakten werden zu Meinungen, Meinungen zu Fakten erklärt. Qualität und Innovation werden gleichzeitig häufig nur noch simuliert, es ist viel Täuschung im Spiel. Wir legen im Liefernetz die echten Fehler und echten Ursachen nicht offen, können sie deshalb auch nicht abstellen.	Wie leben und erhalten wir Qualitätsehrlichkeit?

Phänomen	Ausprägung	Herausforderung
Wir haben gleichzeitig Regulierungslücken und Überformalisierung.	Die technologische und gesellschaftliche Entwicklung schreitet so schnell voran, dass Regelwerke, Normen und Gesetze nicht mehr mithalten. Es gibt eine Lücke und Verzögerung bei der Regulierung. Gleichzeitig steigt die Zahl der Regeln und Regelwerke, die immer häufiger ungeeignet, einander widersprüchlich oder sogar paradox sind. Märkte, aber auch Organisationen sind zunehmend überformalisiert. Viele Unternehmen sind nur noch unter Umgehung und Verletzung von Regeln ökonomisch lieferfähig. Das erzeugt eine Sozialisation zum Regelbruch.	Wie gestalten wir Managementsysteme, die den formalen Anforderungen gerecht werden UND funktionieren?

2.2 Wirksamkeit

Handeln im Unternehmen, so auch das Managen von Qualität oder Innovation, muss vom Ziel der Wirksamkeit geleitet sein.

Wirksamkeit

Wirksamkeit ist der Grad, in dem etwas wirksam ist.

Wirksamkeit ist gleichbedeutend mit Effektivität.

Effektivität als Voraussetzung für Effizienz

Zuallererst muss Handeln im Unternehmen wirksam, effektiv sein.

Erst wenn wir wirksam sind, können wir überlegen, wie wir effizienter werden. Effizienz bedeutet, mit weniger Ressourceneinsatz die gleiche Wirksamkeit oder mit dem gleichen Ressourceneinsatz mehr Wirksamkeit zu erreichen.

Bei der Innovation wird das Primat der Effektivität über die Effizienz besonders deutlich. Neue, marktfähige Ideen lassen sich nicht erzwingen. Insbesondere der kreative Part des Innovationsprozesses ist daher nicht effizient. Viele generierte Ideen werden wieder verworfen oder nicht weiterverfolgt. Auf dem Weg hin zu einer Idee, die sich als marktfähig herausgestellt haben wird, durchlaufen Ideen und Prototypen viele Schleifen. Projekte geraten in Sackgassen, häufig müssen Teams zurückgehen oder sogar von vorne beginnen.

Es gilt also, Wirksamkeit zu erzielen. Allerdings wenden Qualitätsmanager die QM-Regelwerke und die QM-Methoden oft um ihrer selbst willen an, d. h., ohne angemessene Primärwirkung zu erzielen. Verpflichtungen der Unternehmen zur Regelwerks- und Methodenanwendung durch ihre Stakeholder verschärfen das Phänomen. Über die Jahre kommt es auf diese Weise mehr und mehr zur Überformalisierung der Organisation, die ihr Übriges dazu beiträgt, Wirksamkeit zu reduzieren.

Das Qualitätsmanagement hat eine zu geringe Wirksamkeit. Einige seiner Ansätze greifen nicht wie beabsichtigt, andere verlieren an Wirksamkeit. Die Durchdringung mit Qualitätsmanagement in den meisten Branchen ist hoch, die größten Effekte und Qualitätsverbesserungen nach der Einführung von Qualitätsmanagementsystemen sind bereits realisiert. In vielen Branchen steigt trotz Qualitätsmanagement die Zahl der Rückrufe und der Qualitätsprobleme.

Dafür gibt es drei Gründe:

- Einige Ansätze sind nicht so wirksam wie ursprünglich gedacht. Sie gehen von falschen Prämissen aus oder berücksichtigen wichtige Einflussfaktoren und Mechanismen gar nicht.
- Einige Ansätze haben sich hinsichtlich ihrer Wirksamkeit erschöpft. Als sie neu eingeführt wurden, war die Wirksamkeit hoch, dann stagnierte sie oder ging zurück.
- Einige Ansätze verlieren heute an Wirksamkeit, weil das Umfeld und die Umstände signifikant anders sind als zu der Zeit, als sie entstanden.

2.2.1 Wirkungsverlust durch Überformalisierung

Unternehmen und andere Organisationen sind geprägt von zahlreichen externen Reglementierungen und internen Formalisierungen. Die externe Regulierung generiert Gesetze, Normen, Branchenstandards, juristische Grundsatzentscheidungen (Präzedenzfälle) und vertragliche Pflichten, aus denen Anforderungen an Unternehmen hervorgehen.

Reglementierung und Formalisierung

Reglementierung ist das Setzen von Regeln durch dazu autorisierte, meist organisationsexterne Instanzen.

Formalisierung ist das Setzen von Regeln durch dazu autorisierte, meist organisationsinterne Instanzen.

Im Rahmen eines Anforderungsmanagements, das die externen Regeln erkennt und deren einzelne Anforderungen extrahiert, erfolgt die Gestaltung interner Formalisierungen, interner Regeln. Es scheint einen Konsens bei vielen Führungskräften und vor allem Qualitätsmanagern zu geben, nämlich, dass bis auf einzelne Regelbrecher die Mitglieder der Organisation die Regeln einhielten und auf diese Weise das Managementsystem wirksam sei. Dies ist allerdings häufig nicht der Fall, es gibt viele Regelbrecher in Unternehmen, und oft verspüren Mitarbeiter einen Druck zu einer Regelumgehung oder der kreativen Auslegung von Regeln bis hin zum Regelbruch.

Die Organisationssoziologen nennen derartiges Verhalten „informale Ausweichbewegungen" [Kühl 2018 und Kühl 2020] und erklären ihr Auftreten wie folgt. Weil Regeln oft aus Sicht der Mitarbeiterinnen und Mitarbeiter untauglich oder unvorteilhaft für sie selbst oder für das Unternehmen sind, versuchen sie, ihnen auszuweichen. Das gilt insbesondere für dysfunktionale, einander widersprechende und auch paradoxe Regeln. Die Motive können egoistisch sein, der Regel auszuweichen verschafft dann persönliche Vorteile, von der Vermeidung von Anstrengung bis zur Belohnung für Zielerreichungen. Oder Ausweichbewegungen sind altruistisch motiviert, sie sind nützlich für das Unternehmen.

Da Mitarbeiterinnen und Mitarbeitern bewusst ist, dass sie Regeln umgehen und brechen, machen sie das in einer Art und Weise, die möglichst nicht festzustellen oder nicht nachzuweisen sein wird. Das gilt unter anderem in Auditsituationen, wo sie zudem entdeckte Regelverstöße möglichst als absolute Ausnahme darstellen müssen, selbst wenn sie die „eigentliche Regel" sind. Bei Führungskräften äußert sich deren Ausweichbewegung häufig im aktiven Wegschauen beim Regelumgehen und sogar -brechen der Mitarbeiter. Auch das Wegschauen erfolgt sowohl aus egoistischen als auch aus altruistischen Motiven. Die Formulierung „eigentliche Regel" führt uns auf die Spur der Organisationskultur, die im Wesentlichen aus dem besteht, was nicht formal entschieden wurde, sondern miteinander an Verhaltensgewohnheiten wächst.

Es gibt in Abhängigkeit vom Grad der externen Reglementierung einen Korridor für eine angemessene Formalisierung. Unterformalisierung, also das Fehlen von Regeln zur angemessenen Umsetzung von Anforderungen aus externen Reglementierungen, mag in einigen Organisationen ein Problem sein, erscheint aber seltener als Überformalisierung. Unterformalisierung tritt zudem oft temporär auf, z. B. in Start-up- oder Wachstumsphasen, bei Änderung der Rechtsform oder beim Neueintritt in stark regulierte und somit reglementierte Branchen und Märkte.

Überformalisierung hingegen kommt häufiger vor. Um Risiken zu vermeiden, neigen vor allem Qualitätsmanagementbeauftragte oder andere Teilsystembeauftragte für Umweltmanagement, Arbeitssicherheit, Compliance etc. dazu, zu überformalisieren. Die Tendenz der Überformalisierung wächst mit der Zeit. Die immer wieder auftretenden Reglementierungsverschärfungen wie neue und verschärfte Gesetze,

Normrevisionen und Zertifizierungen speisen sie. Die Beauftragten integrieren neue, angehobene und neuartige Anforderungen ins Managementsystem. Allerdings sind sie viel schlechter darin, auf Grundlage des Wegfalls oder der Abschwächung von Anforderungen zu deformalisieren und auf diese Weise der zunehmenden Überformalisierung gegenzusteuern. So kann es sein, dass sich Unternehmen aus dem Korridor der angemessenen Formalisierung herausbewegen.

Die Gestaltung des formalen Managementsystems stand Jahrzehnte im Fokus des Qualitätsmanagements. Die Verbreitung und Intensität der Arbeit mit Managementsystemnormen zeigt dies eindrucksvoll. Die Schaffung und Einhaltung von Produktqualitätsstandards stützt sich auf Prozessstandards und Managementsystemstandards. Diese Standards zeigen auch das jeweilige Plateau, von dem aus Verbesserung möglich ist, sodass neue, höhere Plateaus erreicht werden können. Sie sind somit eine wichtige Säule für einen Prozess der kontinuierlichen Qualitätsverbesserung.

Für die Innovation hingegen können typische Ausprägungen der Formalisierung und seine Manifestation, das Managementsystem, hemmend und abträglich sein. Innovation geht oft mit dem Regelbruch einher. Denn genau dann, wenn wir bekannte Möglichkeits- und Lösungsräume verlassen, um neue zu betreten, brechen wir einerseits oft Regeln oder betreten andererseits ungeregelte und unformalisierte Bereiche. Was für die Qualität schädlich sein kann, nämlich das Brechen und Umgehen von Regeln, ist eine der Voraussetzungen für Innovation. Für Organisationen ist es schwierig, mit dieser Dualität umzugehen, bedeutet es doch, dass sowohl das Brechen als auch das Einhalten von Regeln gleichzeitig nützlich und schädlich ist.

Risiko der Unwirksamkeit des formalen Managementsystems

Das Managementsystem ist in vielen Organisationen unwirksamer, als Leitung und weitere Managementsystemverantwortliche erkennen. Das Ausmaß der Unwirksamkeit hängt vom Formalisierungsgrad selbst, aber auch vom Zusammenspiel aus externer Reglementierung und darauf gestützter interner Formalisierung ab.

- Mitarbeiter und Führungskräfte umgehen häufig und systematisch Regeln des formalen Systems, des Managementsystems. Dadurch ist das Managementsystem in wichtigen Feldern nicht wirksam.
  - Das ist nützlich, weil die Organisation dadurch auch bei dysfunktionalen, widersprüchlichen und paradoxen Regeln funktioniert sowie mehr Spielraum für Innovation gewinnt.
  - Das ist riskant, weil es negative Auswirkungen auf die Qualität hat oder bei Entdeckung Strafen nach sich ziehen kann.
- Führungskräfte und Managementsystemgestalter überschätzen die Wirksamkeit des Managementsystems und den Grad der Regeleinhaltung. Gleichzeitig übersehen und unterschätzen sie positive Effekte der Nichteinhaltung der Regeln.

- Systematische Regelumgehungen beeinflussen und prägen das informale System, die Kultur der Organisation. Es entstehen gewollte, aber auch ungewollte Wirkungen (Effekte).

2.2.2 Grenzen der Wirksamkeit von Standards

Unter den erwähnten Reglementierungen kommt den Standards eine besondere Rolle und Bedeutung zu. Standards sind eine wesentliche Voraussetzung für

- Prozesseffektivität,
- Prozesseffizienz und
- Störungsbehebungen.

Sie fördern *Prozesseffektivität*, denn mit ihnen lässt sich sicherstellen, dass ein beherrschter Prozess ein gewünschtes Ergebnis erzeugt. Voraussetzung ist, dass der Prozess und sein Ergebnis in allen relevanten Aspekten vorhersagbar sind. Das gilt für einfache und mit größerem Aufwand auch für komplizierte Prozesse. Das gilt allerdings nicht oder nur eingeschränkt für komplexe Prozesse, denn dort sind einige oder viele Effekte nicht vorhersehbar und nicht planbar.

Standards erzeugen darüber hinaus *Prozesseffizienz*, denn über sie lassen sich die Prozessparameter so einstellen, dass eine maximierte Wertschöpfung, minimierte Durchlaufzeiten und minimierter Ressourceneinsatz entstehen.

Standards helfen zudem, typische und vorhersehbare Störungen zu beheben. Diese Standards sind geplante und einstudierte auf spezifische Störungen bezogene Routinen, die darauf abzielen, die Störung zu beheben oder das Problem zu lösen. Zu ihnen gehören aber auch universellere Problemlösungsmethoden und -werkzeuge, die auch bei untypischen Störungen oder Problemen nützlich sind. Die einen dienen der Problemanalyse und andere der Lösungskreation. Beispiele sind die Fehlerbaumanalyse und das Brainstorming. Das Qualitätsmanagement nutzt seit Jahrzehnten ein Portfolio dieser Methoden und Werkzeuge.

Die Standardisierung von Methoden bis hin zum verpflichtenden Einsatz ist besonders ausgeprägt in Branchen, die ein großes und mehrschichtiges Lieferantennetzwerk haben. Um den Produktentstehungsprozess zu synchronisieren und kompatibel auszugestalten, schreiben (Qualitäts-)Regelwerke von großen Herstellern und ihren Branchenverbänden den Einsatz bestimmter Methoden, wie z. B. der FMEA, verpflichtend vor. Auch viele Managementtrainings favorisieren und propagieren ausgewählte standardisierte Methoden. Viele Führungskräfte, vor allem aber Qualitätsmanager demonstrieren daraufhin eine ausgeprägte Fokussierung auf standardisierte Methoden.

Standardisierung ist eine Voraussetzung für eine effiziente Industrialisierung. Eine Massenfertigung sowie auch die Massendienstleistung sind darauf angewiesen, dass ihre Systeme, Bauteile oder Teilleistungen zueinander passen. Dazu müssen sie im Rahmen definierter Toleranzen gleich sein. Um für komplexe Produkte und Dienstleistungen die einzelnen Komponenten zu standardisieren, entsteht die Notwendigkeit, auch Methoden, Prozesse und Managementsysteme einander anzupassen, sie kompatibel zu gestalten. Vor allem der Produktentstehungsprozess, der sich von der Entwicklung über die Beschaffung von Zulieferteilen und Leistungen bis zur Fertigung oder im Falle der Dienstleistungen bis zur Dienstleistungserbringung erstreckt, bedarf einer großen Kompatibilität der Teilprozesse aller Mitwirkenden.

Unterschiedliche Ebenen der Standardisierung

- Produktspezifikationen legen geforderte und notwendige Produktmerkmale fest.
- Prozessspezifikationen und -standards legen geforderte und notwendige Prozessmerkmale fest.
- Managementsystemstandards beschreiben Anforderungen an das Managementsystem.

Produktspezifikationen sind unmittelbar, Prozess- und Managementsystemspezifikationen meist mittelbar produktqualitätsrelevant. Sie sind demnach von großer Bedeutung für die Qualität und für das Qualitätsmanagement.

Allerdings gibt es *Umstände, unter denen Standards nicht wirksam sind,* die es näher zu betrachten gilt:

- Standards können untaugliche Anforderungen beinhalten, die nur vermeintlich, aber nicht wirklich produktqualitätsrelevant sind.
- Standards können nicht oder nicht mit vertretbarem Aufwand zu erfüllende Anforderungen beinhalten. Es besteht die Gefahr, dass sie umgangen werden.
- Standards können dem Einsatz besser geeigneter Methoden im Weg stehen, weil sie diese nicht explizit nennen oder gar untersagen oder weil sie stattdessen andere Methoden fordern.
- Zu Zeiten sehr schneller Innovations- und Veränderungsdynamiken fehlen Standards oft ganz, kommen spät oder gar zu spät und sind dann oft bereits zur Einführung untauglich.

Infolge davon ignorieren, umgehen und brechen Menschen Spezifikationen und Standards auf allen Ebenen.

In den 1980er-Jahren erkannten Ingenieure und Einkäufer die wachsende Notwendigkeit, Kompatibilität der Produktentstehungsprozesse in der Lieferkette zu erzeugen oder zu verbessern. Zu viele Qualitätsprobleme gründeten auf Inkompatibilitäten von Methoden und Prozessen, nicht funktionierenden Schnittstellen, Informationsdefiziten sowie auf Qualitätssicherungsinkompetenz. Es gab einen großen Bedarf, einerseits die Prozesse besser miteinander zu verzahnen sowie andererseits die Qualitätssicherung und das Qualitätsmanagement bei vielen Lieferanten über rudimentäre Ansätze hinaus zu entwickeln und auf signifikant höhere Reifegradstufen zu bringen. Zuvor hatten die großen Kundenunternehmen eigene Qualitätsmanagementstandards entwickelt und ihren Lieferanten vorgegeben. Doch diese zahlreichen mehr oder weniger unterschiedlichen Standards förderten geradezu die Varianz und Unterschiedlichkeit von Prozessen bei den Zulieferern. Denn diese mussten für ihre unterschiedlichen Kunden unterschiedliche Standards erfüllen.

Industrievertreter haben sich 1987 weltweit auf einen Qualitätsmanagementstandard geeinigt, die ISO 9001.

Die wichtigste Funktion der Einführung eines weltweiten Standards für ein Qualitätsmanagementsystem war die Verbesserung der Kompatibilität des liefernetzumspannenden Produktentstehungsprozesses.

Als 1987 die erste Fassung der ISO 9001 erschien und in den Jahren danach die Zertifizierung in einigen produzierenden Branchen langsam anlief und dann an Fahrt gewann, herrschten die folgenden Bedingungen:

- Die Produktentwicklung unter Einbeziehung vieler Lieferanten erforderte ein großes Maß an Koordination und Kompatibilität der Produktentstehungsprozesse.
- Die Methoden-, Prozess- und Systemkompatibilität der vielen Lieferanten eines Herstellers untereinander und mit diesem war gering.
- Viele Lieferanten hatten unzureichende und unreife Qualitätsmanagementsysteme.
- Die Verpflichtung der Lieferanten auf mehrere unterschiedliche Qualitätsstandards ihrer verschiedenen großen Kunden führte zu Unübersichtlichkeit und Mehraufwand.

Die eigenen Lieferanten mithilfe der ISO 9001 in Richtung mehr Kompatibilität und zu höheren Reifegraden zu entwickeln war herausfordernd. Ein Mittel, das diesen Prozess unterstützte, war das Audit mit den beiden, in der ISO 9001 selbst beschriebenen Funktionen der Feststellung der Konformität mit ihren und allen referenzierten und selbst definierten Anforderungen sowie der Feststellung der Wirksamkeit des Managementsystems. Die Konformität seiner Lieferanten selbst regelmäßig mittels Audits zu überprüfen (Second Party Audit), war allerdings enorm aufwendig, vor allem personalintensiv. Die internationale Norm ermöglichte nun die Delegation an neutrale Dritte (Third Party Audit), die Managementsystemzertifizierer.

Die Entwicklung der ISO 9001 und der Aufbau der Third-Party-Zertifizierung waren wichtige Schlüsselinnovationen. Die Phase, in der das darauf gestützte Vorgehen, der Ausbau der Managementsysteme, die Einführung der internen Auditierung und der externen Zertifizierung zu signifikanten Verbesserungen der Qualitätsfähigkeit führte, dauerte je nach Unternehmen und Branche drei bis sechs Jahre. Die Phase, in der eine Branche mit Pflicht zur Zertifizierung zu 80 % „durchzertifiziert" war, dauerte acht bis 15 Jahre. Dann hatte sich das Setting grundlegend verändert. Die Qualitätsfähigkeit vieler einzelner Lieferanten und die Kompatibilität relevanter Prozesse waren gestiegen. Standardisierung und Zertifizierung verloren deshalb an Triebkraft und Wirkung. Sie hatten ihre Ziele erfüllt, neue gab es nicht. Da sie aber unvermindert und methodisch kaum verändert weitergetrieben wurden, bis hin zur Ritualisierung, wuchs die Frustration der Mitarbeiter und Führungskräfte und sank die Anerkennung des Qualitätsmanagements. Mit der Beantwortung der Herausforderungen und Erreichen der Ziele der ersten Phase waren auch die Begründungen für diese Ausprägung des Qualitätsmanagements und seine Fortsetzung schal und obsolet geworden.

Das Aufkommen der Zertifizierung und die Massenbewegung einer Qualitätsmanagemententwicklung die Lieferantenkette „abwärts" hatten zudem einen schweren Geburtsfehler. Zunächst fehlte, was normal ist, Erfahrung auf Anwender- und Auditorenseite. Dann war die elementeorientierte erste Fassung der Norm (bis zur dritten Revision 2000) noch etwas ungelenk, viele Anforderungen muteten willkürlich an, waren schlecht begründet, und der Norm lag noch kein klares systemisches Verständnis von Wertschöpfung und Management zugrunde.

Die erste Ausgabe der ISO 9001 im Jahr 1987 und ihre Revisionen aus den Jahren 1990 und 1994 waren entlang von 20 sogenannten (Qualitätsmanagement-)Elementen strukturiert. Erst mit der Revision des Jahres 2000 löste eine Prozessstruktur die vormalige Elementestruktur ab. Dies galt als bedeutende Innovation, die die Alltagstauglichkeit und Akzeptanz des Regelwerks erhöhte. Noch heute finden sich in Handbüchern und im Managementsystem vieler Unternehmen Überbleibsel aus der Zeit, als die Norm nach Elementen strukturiert war.

Je nach Branche, Märkten und Produkten bestehen unterschiedliche Verpflichtungen und Potenziale einer Zertifizierung oder Akkreditierung:

- Verpflichtende Zertifizierungen und Aktivierungen sind Eintrittskarten für Märkte und daher unverzichtbar, wenn ein Unternehmen teilnehmen will.
- Freiwillige Akkreditierungen und Zertifizierungen können bei der Produkt- oder Unternehmensvermarktung unterstützen, ob eine solche Annahme aber realistisch ist, gilt es im Einzelfall zu prüfen.
- Darüber hinaus dienen Zertifizierungen und Aktivierungen oft genug auch organisationsentwicklerischen Zwecken, sind also nach innen gerichtet.

Ob und welche Akkreditierungen und Zertifizierungen sie pflegen, ist eine bedeutende strategische Entscheidung einer Organisation. Verpflichtende Teilnahmen können Organisationen nur durch Verzicht vermeiden, also den Verzicht auf die Teilnahme an Märkten, Ausschreibungen oder das Angebot bestimmter Produkte und Leistungen. Das kann eine strategische Option sein, wenn sie z.B. die Marktrisiken oder die Aufwände für die Zertifizierung als zu groß bewerten. Falls nicht, ist die Teilnahme beschlossene Sache. Anders sieht es mit den freiwilligen Teilnahmen aus. Hier muss der markt- oder organisationsentwicklerische Nutzen so groß sein, dass sich der Aufwand für eine Teilnahme lohnt.

Als Verpflichtungen und Fristen ins Spiel kamen, entstand Zeitdruck; die Unternehmen, andere Prioritäten setzend, gingen ihre Erstzertifizierung oft spät und mit heißer Nadel gestrickt an. Das führte früh dazu, dass Musterhandbücher in den Umlauf kamen, die nicht unternehmensspezifisch waren und Managementsysteme beschrieben, die für die Unternehmen und Mitarbeiter fremd wirkten. Ein Teufelskreis begann und Berater und Qualitätsmanager erstellten mit großem Aufwand schlechte Adaptionen dieser generischen, bürokratischen Musterhandbücher. Reaktanz vieler Mitarbeiter und Führungskräfte darauf galt als zu brechender Widerstand gegen Veränderung. Deren Verunsicherung über das Risiko einer Zertifikatsverweigerung nutzten Qualitätsmanager und Qualitätsmanagementberater aktiv, um in aufwendigen Prozessen die ersten Handbücher zu erstellen.

Viele von ihnen haben die wachsende Resignation als Desinteresse an Qualität missverstanden, welches es durch Belehrung zu überwinden galt. Früh haben sich Qualitätsmanager daran gewöhnt, Widerstände zu brechen, Mitarbeiter zu belehren, durchaus im Selbstbewusstsein und dem eigenen Anspruch, einer guten Sache zu dienen.

Eine Aufarbeitung dieser Genese hat in der Fachcommunity nie stattgefunden; es ist auch heute noch überwiegend so, dass Kritik an Auswüchsen, Dysfunktionalitäten, Irrungen und Wirrungen des Qualitätsmanagements, des Zertifizierungsgeschehens, der Methoden und der Regelwerke in der Fachcommunity verpönt sind. Das hat viel mit dem ursprünglichen vorhandenen Nutzen der Zertifizierung zu tun, aber auch damit, dass Qualitätsmanager und Auditoren das Qualitätsmanagement und die Zertifizierung unter wachsendem Rechtfertigungsdruck oft extrinsisch begründet haben. Eine Distanzierung davon ist auch deshalb für viele schwierig, weil es ihnen nicht gut gelingt, intrinsische Begründungen anzuführen.

Standardisierung begünstigt die ohnehin latente Gefahr der Überformalisierung der Prozesse und des Managementsystems. Überformalisierung kann zum systematischen Regelbruch führen.

2.2.3 Managementsysteme an der Leistungsgrenze

Das Managementsystem ist ein System aus entschiedenen Entscheidungsprämissen, das der zielorientierten Steuerung der Organisation dient. Dabei setzt es Anforderungen aus externen Reglementierungen und internen Vorgaben planvoll um.

Im Qualitätsmanagement gibt es ein isolationistisches Verständnis von Managementsystem, im Innovationsmanagement spielt der Begriff kaum eine Rolle.

Das Qualitätsmanagement hat nicht mit der Managementsystemgestaltung begonnen; es hat dafür eine durchgängige Begrifflichkeit geschaffen und Systemanforderungen identifiziert und ihre Erfüllung vorangetrieben. Dabei gab und gibt es das Missverständnis vieler Qualitätsmanager, das erste eingeführte Qualitätsmanagementsystem wäre das erste Managementsystem der Organisation. Das kann nicht sein, denn jede formale Festlegung hat von Beginn an das Managementsystem der Organisation begründet und jede weitere hat es ausgestaltet.

Das Managementsystem bildet das Formale oder die formale Seite der Organisation.

Managementsysteme kommen, wie es mit Blick in den Alltag scheint, an ihre Leistungsgrenze. Die Automobilindustrie leidet unter Rekordrückrufzahlen, in den deutschen Krankenhäusern grassieren multiresistente Keime, neu gebaute Häuser haben feuchte Keller, Großprojekte laufen völlig aus dem Ruder, immer wieder kommen Lebensmittelskandale auf, und bei einem globalen Smartphonehersteller explodierten und brannten vor wenigen Jahren Akkus in einem seiner neuen Modelle.

Andererseits bereitet es vielen etablierten Unternehmen Schwierigkeiten, die überlebensnotwendige Innovationsdynamik zu entwickeln. Ihr Innovationsgeschehen richtet sich auf die Verbesserung bestehender Produkte und Prozesse und die Erzielung von Skaleneffekten; zur Generierung von potenziell disruptiven Produkt- und Geschäftsmodellinnovationen ist es nicht ausgelegt. Das „Innovator's Dilemma" [Christensen 1997] beschreibt, dass Unternehmen, die eigene etablierte, gut zu verkaufende Produkte grundlegend innovieren, Gefahr laufen, Bestandskunden und die Effekte jahrelanger Optimierung und Skalierung zu verlieren. Tun sie es nicht, können innovative Wettbewerber sie angreifen.

Die Gründe dafür, dass Managementsysteme an ihre Leistungsgrenze kommen, sind vielschichtig:

- Gesetzgeber und andere Regelgeber stellen immer detailliertere und rigorosere Regeln auf, die sich zum Teil sogar widersprechen.

- Neue, noch agilere Organisationsformen produzieren schnell viele Innovationen, funktionieren aber weitgehend außerhalb der etablierten Managementsysteme. Klassische Qualitätsmanagementsysteme unterstützen diese Arbeitsweise kaum, stören sie eher.
- Produkte, Dienstleistungen und hybride Leistungen wurden und werden immer komplexer. Kombinationen von Hard- und Software erzeugen eine Vielzahl unvorhersehbarer Wechselwirkungen.
- Kunden werden immer anspruchsvoller, können weltweit Preise und Leistungen vergleichen, üben einen großen Termin-, Preis- und Anspruchsdruck aus.
- Produkte, Dienstleistungen und hybride Leistungen werden immer schneller auf den Markt gebracht, sind dabei oft unfertig und müssen nachträglich „gepatcht", „gefixt", „upgedatet" und „upgegradet" werden. ■

Klassische Managementsysteme sind für eine effiziente Leistungserbringung ausgelegt, nicht für eine hohe Innovationsdynamik. Viele Unternehmen schaffen es nicht, Managementsysteme zu gestalten, die für beides gut sind.

Die oben beschriebenen Qualitätsprobleme entstehen trotz umfangreicher Bemühungen und Maßnahmen für Steuerung und Beherrschung der Prozesse der Organisation und der Ausgestaltung eines Managementsystems. Das lässt zwei Schlüsse zu:

- Die Maßnahmen oder auch das Managementsystem werden nicht ausreichend umgesetzt.
- Es sind die falschen Maßnahmen oder es ist ein ungeeignetes Managementsystemkonzept.

Als eine mögliche Ursache für die Nichtumsetzung des Managementsystems kann die Überformalisierung vermutet werden. Darüber hinaus müssen wir uns zumindest mit der These befassen, dass typische, klassische Managementsystemkonzepte für die beschriebene Situation ungeeignet oder zumindest nicht mehr ideal geeignet sind. Die Suche vieler Organisationen und Führungskräfte nach neuen Organisationsformen und Führungsansätzen bekräftigt diese Vermutung.

2.2.4 Wirksamkeitsverlust einst wirksamer Programme

Der Erfolg von Programmen und Konzepten zum Innovationsmanagement, zur Organisationsentwicklung sowie zum Qualitätsmanagement hängt stark von dem Umfeld ab, in dem wir sie umsetzen. Verändert sich das Umfeld, kann sich die Wirksamkeit verändern, sie kann steigen, aber auch sinken. Auch die kontinuierliche Umsetzung des Programms selbst kann sich auf seine Wirksamkeit auswirken. Denn durch seine Implementierung verändern sich das Unternehmen und damit auch die Wirksamkeitsmechanismen.

Mechanismen des Wirksamkeitsverlustes

- Zum einen gibt es einen *Wirksamkeitsverlust durch Routinen*. Was als neuartige Intervention eine hohe Wirksamkeit auslöste, wird nach und nach zur Routine. Aufmerksamkeit und Fokus lassen nach, Wirksamkeit sinkt.
- Zum anderen entsteht *Wirksamkeitsverlust durch Veränderung*. Weil eine Intervention wirksam ist, verändert sie die Umstände. Und manchmal geschieht diese auch in einer Art und Weise, dass die Wirkung zurückgeht.
- Die *gesellschaftliche Akzeptanz als Wirksamkeitsfaktor* ist nicht zu unterschätzen. Die Wirksamkeit der Programme, Konzepte und Methoden verändert sich im verändernden gesellschaftlichen Kontext. Entwicklungen der aufgeklärten und freiheitlichen Gesellschaften haben deutliche Auswirkungen darauf, wie und ob sie wirken.

Der *Wirksamkeitsverlust durch Routinen* ist Folge eines Prozesses der nachlassenden Intensität und Achtsamkeit. Wenn wir den Grund für eine neue Vorgehensweise gemeinsam erkennen, sie zusammen konzipieren und sie miteinander einführen, dann erhält sie die größtmögliche Anstrengung und Aufmerksamkeit und damit auch eine große Chance auf Wirksamkeit. Die geschilderte Situation ist der Idealfall einer Einführung. Manchmal ist der Grad der Beteiligung ebenso beschränkt wie Einsicht, Anstrengung und Aufmerksamkeit. Dennoch die Begeisterung für etwas Neues mobilisiert Energien, die mit zunehmenden Routinen nachlassen können. Ein Beispiel ist eine Checkliste für die Lieferantenbewertung im Rahmen eines Programms zur Verbesserung der Lieferqualität. Zu Beginn der Einführung bearbeiten Anwender jeden Punkt der Liste, hinterfragen die Antworten durch Hinzuziehen der Lieferanten. Diese merken, dass bei ihrem Kunden der Fokus darauf liegt und bemühen sich um Klärung, Abhilfe und Verbesserung. Mit zunehmender Routine antizipieren Mitarbeiter Antworten. Sie kennen die Checkliste auswendig und die Lieferanten sehr gut, fassen also nicht mehr nach. Auch der Lieferant ist inzwischen routiniert darin, diesbezügliche Fragen geschickt zu beantworten und tiefer gehendes Nachfragen des Kunden abzuwenden, ohne selbst in Verbesserungsmaßnahmen zu investieren. Die Wirksamkeit des Programms lässt nach, Probleme mit Zulieferteilen häufen sich wieder.

Ein *Wirksamkeitsverlust durch Veränderung* ist gleichsam Wirkungsverlust durch Wirkung. Das erscheint zunächst paradox. Die Wirksamkeit eines Programms löst Veränderungen in der Organisation aus. Diese gewollten und positiven Veränderungen können von einer Art sein, dass sich die Rahmenbedingungen für das Programm so verändern, dass es an Wirksamkeit verliert. Ein Beispiel ist das Audit. In der Phase der Einführung eines Managementsystems ist es wirksam, deckt viele Nonkonformitäten und Verbesserungspotenziale auf. Je wirksamer und reifer das Managementsystem unter anderem mittels Hilfe durch das Audit wird, desto seltener gelingt diese dem Audit, bis es in seiner Wirksamkeit stark oder ganz nachlässt.

Gesellschaftliche Akzeptanz ist ein bedeutender Wirksamkeitsfaktor. Aufgeklärte und freiheitliche Gesellschaften haben eine Entwicklung genommen, die zu veränderten Haltungen und Verhaltensweisen geführt hat. Diese wirken sich auch stark innerhalb der Unternehmen aus. Klassische Managementkonzepte, die zum Teil viele Jahrzehnte alt sind, verlieren erkennbar an Akzeptanz und als Folge davon an Wirksamkeit. Das äußert sich konkret in beobachtbarem Verhalten von Menschen in Unternehmen, für das Tabelle 2.4 Beispiele nennt.

Tabelle 2.4 Mögliche Auswirkungen gesellschaftlicher Trends in Organisationen

Trend	negativ	neutral	Positiv
Infragestellung von Hierarchien	Ablehnung von Hierarchien Sinkende Bereitschaft zur Führung	Hierarchieverdrossenheit	Aufwertung des Individuums Aufwertung der Kompetenz
Bedeutungsverlust von Autorität und Autoritäten	Ignoranz fachlicher Kompetenz Verlust fachlicher Kompetenz Rückgang an Disziplin Sinkende Regeleinhaltung	Sinkende Bereitschaft zu Gehorsam	Weniger Autoritätshörigkeit
Saturiertheit	Sinkende Anstrengungsbereitschaft Rückzug ins Private		sinkende Selbstausbeutungsbereitschaft
Steigende Vernetztheit	sinkende Bindung ans Unternehmen	Ausbruch aus engen Teamzuordnungen	Kontakte als Ressource steigende Vernetzungskompetenz

Als Konsequenz von schwindender Hierarchieakzeptanz und Autoritätsverlust müssen Führungskräfte mehr erklären, beteiligen und Sinn stiften. Wer das nicht kann, hat einen schweren Stand als Führungskraft und steht in den Augen der Mitarbeiter mit wenig Legitimation da, denn das reine Führungskraftsein reicht nicht mehr aus, um Mitarbeiterverhalten zu steuern. Führungskräfte sehen sich immer häufiger vor der Notwendigkeit, selbstbewussten, wenig autoritätshörigen Mitarbeitern Freiräume für Entscheidungen und Vernetzung zu geben. Sie können kaum auf reinen Gehorsam bauen und die Interaktion der Mitarbeiter mit anderen nur bedingt kontrollieren. Das heißt auch, dass autonomiebestrebte Mitarbeiter sich auf eigene Faust im Unternehmen und darüber hinaus, bei Kunden, Lieferanten und weiteren, mit anderen Menschen vernetzen, egal, welche Team-, Bereichs- und Unternehmensgrenzen sie dabei überschreiten. Aus dieser Vernetzung ziehen sie Wissen und aktivieren Problemlösungskompetenzen.

Die Veränderung des Verhaltens der Geführten muss sich in Veränderungen des Verhaltens der Führenden spiegeln. Autoritäre Führung ist wirksam, insbesondere, wenn es um Performance und Umsetzung geht. Sie erfordert allerdings eine ausgeprägte Bereitschaft der Mitarbeiter zur Folgsamkeit. Autoritäre Führung ist aus Sicht der Unternehmenseigner und selbst vieler Mitarbeiter nicht per se schlecht, wenn es um die kurzfristige Existenzsicherung und Gewinnmaximierung geht. Die Frage ist, wie wirksam und nachhaltig vor dem Hintergrund der beschriebenen gesellschaftlichen Veränderungen diese Art zu führen ist, wie gut auf dieser Basis die für das langfristige Überleben notwendige Innovations- und Qualitätsfähigkeit ist.

Allerdings ist auch eine zunehmende Saturiertheit zu beobachten, die bei vielen Mitarbeitern nur noch eine geringe Anstrengungsbereitschaft zulässt. Damit einher geht oft ein Rückzug ins oder die Fokussierung aufs Private. Die Diskussion um Work-Life-Balance spiegelt das wider. Schon der Begriff ist entlarvend, denn er heißt nicht Work-Freetime-Balance, sondern impliziert einen Unterschied oder sogar Gegensatz zwischen Leben und Arbeit. Als ob Arbeit nicht Teil des Lebens sei. Klassische Managementkonzepte scheinen für viele junge und eine wachsende Zahl älterer Mitarbeiter die Balance nicht zugunsten Work zu verschieben.

Die veränderte Haltung zu Hierarchien, Autorität und Autoritäten, ein verändertes Arbeitsethos kann sich negativ auf die Wirksamkeit klassischer Managementkonzepte und -methoden auswirken. Sie stellt Führungskräfte, Personal- und Organisationsentwickler vor die Herausforderung, die bestehenden Managementkonzepte zu hinterfragen und neue zu entwickeln.

Die Wirksamkeitsmessung systemischer Interventionen in eine Organisation hinein ist besonders dann schwierig, wenn Interventionen, Wirkmechanismen und Interventionsfolgen komplex sind. Je größer die Potenziale und je unreifer die Organisationen sind, desto leichter ist es, vergleichsweise große Effekte zu erzielen. Dann kann es möglich sein, diese Effekte zu messen und aufzuzeigen, zumal vergleichsweise grobe Messergebnisse dafür genügen, die Wirksamkeit der Intervention aufzuzeigen. Doch gewollte kleine Effekte in bereits reifen Organisationen oder in komplexen Ursache-Wirkungs-Gefügen sind nur schwer oder nicht zu messen. Es gibt zu viele Einflussfaktoren und zu viele Effekte, darunter auch ungewollte. Eigentlich müsste man eine Bilanz aus gewollten und ungewollten Effekten machen.

2.2.5 Herausforderungen zur Wirksamkeit

Die globale Herausforderung sowohl des Qualitätsmanagements als auch des Innovationsmanagements ist: Wie erzielen wir Wirksamkeit? Differenziert heißt dies:

- Wie können wir die Wirksamkeit des Qualitätsmanagements und der Qualitätssicherung verbessern, sodass Menschen als Mitarbeiter mehr Qualität erbringen und als Nutzer mehr Qualität erhalten können?
- Wie können wir die Wirksamkeit des Innovationsmanagements verbessern, sodass wir mehr Innovationen schneller generieren können?

Die Formulierung bezüglich des Qualitätsmanagements mag breite Akzeptanz finden. Aber muss es wirklich darum gehen, mehr und schneller zu innovieren? Ja, denn wenn überhaupt Innovation für ein Unternehmen strategisch relevant ist, geht es genau um diese beiden Größen, die ein Innovationsmanagement in den Fokus nehmen muss: die Zahl und die Geschwindigkeit der Innovationen. Dabei sei vorausgesetzt, dass Innovationen überhaupt nur dann als Innovationen zählen, wenn sie am Markt realisiert sind.

2.3 Akzeptanz

Je stärker ein Fachgebiet und seine Protagonisten akzeptiert werden, desto mehr gewinnt es an Attraktivität und Anerkennung. Dies erhöht auch die Wirksamkeit. Denn hohe Akzeptanz erleichtert den Zugang zu Ressourcen und schafft mehr Aufmerksamkeit. Mangelnde Akzeptanz wirkt genau entgegengesetzt, verringert die Chancen für Wirksamkeit. Bild 2.7 zeigt die zwei Richtungen der Akzeptanz-Wirkungs-Spirale.

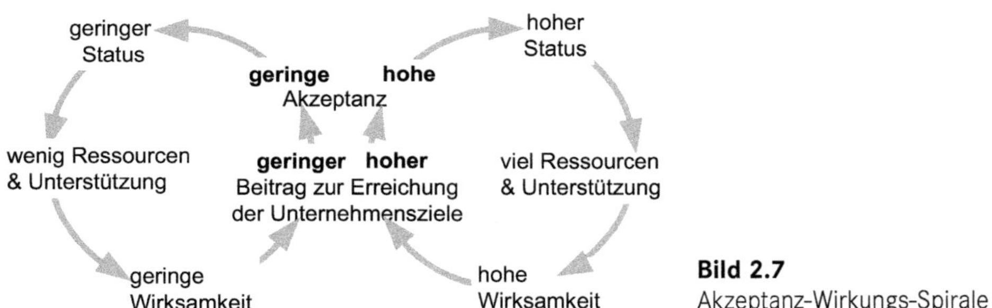

Bild 2.7
Akzeptanz-Wirkungs-Spirale

Die von außen wahrgenommene sowie die selbst erlebte Akzeptanz sind auch maßgeblich für die berufliche Attraktivität und damit dafür, ob kompetente und leistungsstarke Kandidaten zu gewinnen und zu halten sind.

2.3.1 Akzeptanz des Innovationsmanagements

Innovation ist das Thema unserer Zeit und hat eine große Strahlkraft. Auch das Innovationsmanagement erscheint für viele attraktiv, oft attraktiver als Qualitätsmanagement. Im Gegensatz zu Letzterem ist es noch nicht mit einem ebenso etablierten Kanon von Ansätzen und Methoden unterlegt. Das hat mehrere Gründe. Zunächst stand lange Zeit die Produktinnovation im Fokus. Für diesen Innovationsaspekt waren die Forscher und Entwickler in den Unternehmen und den unternehmensfokussierten Forschungseinrichtungen zuständig. Die hatten ihre Forschungsmethoden und etablierten, klassischen Entwicklungsprozesse; deren Ergebnis war Produktinnovation. Auch die Prozessinnovation, die Erfindung neuer Herstellverfahren erfolgte auf diesen Wegen. Das damit verbundene Bild vom Innovator war und ist häufig noch das des genialen Erfinders. Der geniale Erfinder ist ein Experte auf seinem Gebiet. Seine Kreativität basiert auf diesem Expertentum. Das moderne Verständnis, dass Innovation sich auf die kollektive Kreativität vieler stützt, auch und manchmal gerade die Kreativität von Nichtexperten, findet bei den Anhängern der klassischen Entwicklung wenig Akzeptanz.

Das strategisch so bedeutende Thema der Geschäftsmodellinnovation ist in Deutschland noch unterentwickelt. Im Silicon Valley und anderen Innovationshotspots in Asien steht die Geschäftsmodellinnovation im Fokus der Innovationsbemühungen. Zunächst entstehen neue Business-Case- und Use-Case-Ideen, die Start-ups dann mittels Technik realisieren. In Europa, besonders in Deutschland ist es eher so, dass Entwickler die Technik vorantreiben und dann nach neuen Einsatzgebieten für sie suchen.

Mit dem Aufkommen agiler Entwicklungsprozesse scheint zudem ein neues Akzeptanzthema auf Unternehmen zuzukommen, das über die Differenzierung von klassischem Entwicklungsprozess und neuartigem Innovationsprozess hinausgeht. Klassische Entwicklungsbereiche und darüber hinaus die gesamte klassische hierarchische Prozessorganisation erscheinen nicht als geeignetes Biotop für heute vielerorts angestrebte kreative und agile Innovationsbereiche und sind es vielleicht auch gar nicht. Deshalb siedeln viele Unternehmen ihre neuen Innovationsbereiche organisatorisch und prozessual, sogar räumlich oder rechtlich außerhalb an. In Stadtvillen oder alten, umgewidmeten Industriegebäuden entstehen kreative Innovationsinseln, deren Prozesse, Räume und Arbeitsbedingungen sich deutlich von den anderen Bereichen unterscheiden. Auch Mitarbeiterinnen und Mitarbeiter treten deutlich anders auf, grenzen sich durch Habitus, Sprache, Kleidung ab. Immer wieder führt das zu Unverständnis und sogar gegenseitiger Missachtung und fehlender Wertschätzung.

Drei relevante Aspekte bezüglich der Akzeptanz des Innovationsmanagements

- Akzeptanz eines modernen Innovationsprozesses, der klassische Entwicklungsprozesse entweder ersetzt oder ergänzt und erweitert
- Akzeptanz eines Prozesses für die Geschäftsmodellinnovation und der Verschiebung von Ressourcen und Fokus von der Produkt- und Prozessinnovation auf die Geschäftsmodellinnovation
- Akzeptanz neuartiger Subkulturen und Settings der Kreativ- und Start-up-Bereiche und ihrer Koexistenz mit andersgearteten Bereichen im Unternehmen

Ein Beruf Innovationsmanager ist in Deutschland nicht etabliert, zumindest nicht in dem Sinne, dass es durch einen Berufsverband oder eine Fachgesellschaft erarbeitete Berufsbilder oder Curricula für die Aus- oder Weiterbildung gäbe. Das ändert sich gerade insofern, als einige Hochschulen begonnen haben, Abschlüsse im Innovationsmanagement anzubieten. Auch steigt die Zahl der Stellenangebote, die explizit nach Innovationsmanagern suchen. Die Rolle der Innovationsmanager beginnt sich dabei zunehmend zu unterscheiden von der Rolle der Forschungs- und Entwicklungsleiter. Diese Fachvorgesetzten, Prozesseigner des Entwicklungsprozesses und Manager des Forschungs- und Entwicklungsbetriebes arbeiten klassischerweise nicht organisationsentwicklerisch, die Innovationsmanager müssen dies allerdings zunehmend leisten können.

2.3.2 Akzeptanz des Qualitätsmanagements

Qualität findet hohe Akzeptanz, Qualitätsmanagement nicht. Wie jede nicht differenzierende Aussage, die über viele hinweg getroffen wird, stimmt dieser Satz nicht für jedes Unternehmen, aber dennoch für viele, zu viele. Bei vielen Mitarbeitern und Führungskräften hat das Qualitätsmanagement den Ruf, bürokratisch und nicht wertschöpfend zu sein. Sie haben sich längst abgewendet, setzen die Prioritäten anderswo. Viele Qualitätsmanager sprechen über die Notwendigkeit, das Qualitätsbewusstsein zu schärfen oder die Qualitätskultur im Unternehmen zu verbessern. Das deutet darauf hin, dass es grundlegende Probleme gibt.

Hinzu kommt und ist sowohl der Wirksamkeit als auch der Akzeptanz abträglich, dass das Qualitätsmanagement weiterhin auf die Lösungsansätze und Rollen zurückgreift, die sich in den anderen Settings früherer Zeiten bewährt und etabliert haben, als die meisten Unternehmen stabile Prozessorganisationen. Oft erscheint das Qualitätsmanagement deshalb als wie aus der Zeit gefallen.

Die wichtigsten Faktoren, die die Akzeptanz des Qualitätsmanagements beeinträchtigen, sind:

- eine starke Fremdbestimmung des Qualitätsmanagements, das (als Bote, nicht als Urheber!) zahlreiche externe Anforderungen und Regelwerke in die Organisation trägt, von denen viele den Menschen als überzogen und unnütz erscheinen,
- die Rolle der Qualitätsbeauftragten als Verkomplizierer, die gerade in den zunehmend schnellen oder gar agilen Prozessen nicht mehr mitkommen, relevante Anforderungen in Vorgaben umzusetzen und das System realitätsnah zu beschreiben, und dennoch bei allem und jedem mitreden und mitentscheiden wollen,
- die Rolle der Qualitätsbeauftragten als Ordnungspolizisten, die Abweichungen und Regelverstöße suchen und ahnden und damit immer wieder lästig werden,
- der Wirksamkeitsverlust bzw. die fehlende Wirksamkeit, die vielen Mitarbeitern und Führungskräften den Eindruck verschaffen, QM-Methoden und -Aufgaben um ihrer selbst willen ausüben zu sollen.

Das Qualitätsmanagement hat auch eine Vermarktungsschwäche. Das betrifft die Vermarktung des Themas Qualität, des Qualitätsmanagements respektive der Qualitätssicherung, sowie ihrer Methoden und Werkzeuge. Das ist auch deshalb relevant, weil es im Qualitätsmanagement oft darum geht, andere im Unternehmen zu überzeugen und zusätzliche Ressourcen zu gewinnen.

Die (Selbst-)Vermarktungsschwäche des Qualitätsmanagements basiert auf:

- massiver extrinsischer Begründung der Aktivitäten,
- oft alltagsuntauglicher Sprache und Begriffen,
- dem Versäumnis oder der Unfähigkeit, einen Return on Quality auszuweisen,
- mangelndem Verständnis der Motive und Bedürfnisse der relevanten Gruppen.

Im Qualitätsmanagement wie auch in den verwandten Gebieten Umwelt- und Arbeitssicherheitsmanagement gibt es massive Argumentationsdefizite. Eines davon besteht in der übermäßigen Verwendung von äußeren Gründen. Diese *extrinsische Begründung* über Normen, Gesetze sowie das Beschwören von Risiken, wie Zertifikatsverlust, Auftragsverlust, Regress oder Kundenabwanderung, dominieren die Themenvermarktung. Sobald aber das beschworene Ereignis, das Audit, die Begehung, die Kundenreklamation erledigt sind, oft genug ohne nachhaltige negative Konsequenzen, entweicht hörbar Luft aus der erzwungenen Aufmerksamkeitsblase, und das Qualitätsmanagement versinkt bis zum nächsten Alarm in Vergessen und Missachtung. Eher noch nehmen Mitarbeiter diesen Alarmismus sogar übel und sind sauer auf das Qualitätsmanagement und seine Vertreter.

Im Windschatten der externen Anforderungen und der vielen Qualitätsregelwerke hat auch eine Fachsprache und qualitätsbezogene Alltagssprache Einzug gehalten, die im Ergebnis für viele Führungskräfte und Mitarbeiter aus anderen Bereichen ausgrenzend wirkt. Dabei ist es nützlich und von Vorteil, wenn es für spezifische konkrete Dinge und abstrakte Gedanken auch spezifische Namen, also Fachbegriffe gibt. Doch gilt es dann auch, einen unternehmensweiten Konsens über die Begriffe zu erzielen, und das ist oft nicht gelungen. Schon fundamentale Begriffe wie Qualität und Fehler sind strittig.

Die mit der Zeit entstandene qualitätsbezogene Alltagssprache hat sich nicht gut ins Unternehmen integriert. So war die Unsitte verbreitet, Sachverhalte und Themen mit den Kriteriennummern des EFQM-Modells oder Kapitelangaben der ISO 9001 zu versehen, besonders ausgeprägt bis 2000, als die Norm noch entlang von Elementen, nicht nach Prozessen strukturiert war. Dann verwendet das Qualitätsmanagement viele englische Begriffe und viele Abkürzungen oder gleich beides, Abkürzungen englischer Begriffe. Das betrifft insbesondere die Methoden und Werkzeuge.

Zumeist keinen Return on Quality angeben zu können hat zwei Gründe. Maßnahmen und Programme des Qualitätsmanagements sind erstens komplizierte Eingriffe in ein komplexes soziotechnisches Gefüge. Dabei ist es enorm schwer, die Ursache-Wirkungs-Ketten zu verstehen und aufzuzeigen, welche Effekte erzielt werden sollen. Oft gibt es noch weitere Ursachen, die ebenfalls wirksam sind, und es entstehen zudem nicht gewollte Effekte. In solchen Settings ist es oft nicht nur schwer, sondern sogar unmöglich, die Wirkung einer Maßnahme zu bestimmen oder darüber hinaus den Kosten für die Maßnahme einen Return on Investment gegenüberzustellen. Zweitens hat die bereits erwähnte extrinsische Begründung für Qualitätsmanagementhandeln die intrinsische Begründung, zu der auch eine Kosten-Nutzen-Rechnung gehört, ersetzt.

Kern des Marketings, auch des Selbst- und Themenmarketings, ist das Verstehen der Zielgruppen. Dazu gehört das Verstehen der Wünsche, Bedürfnisse, Motive, Schmerzpunkte und Sorgen. Zwar stellen zentrale Regelwerke des Qualitätsmanagements die Unterscheidung der *Interessierten Parteien* heraus, auch ein Begriff, der in den meisten Unternehmen nicht alltagstauglich ist. Ihre Anforderungen sollen analysiert und angemessen erfüllt und ihre Zufriedenheit soll sichergestellt werden. Doch fehlen dann meist eine taugliche Differenzierung der signifikant unterschiedlichen Subgruppen und das tiefe Eingehen auf Kommunikationsbedürfnisse, Motive und Befindlichkeiten dieser Gruppen, die Qualitätsmanager dafür verwenden, ein subgruppenspezifisches Marketing zu betreiben.

Nicht zuletzt fehlt es vielen Verantwortlichen auch am Handwerkszeug, dem Einsatz moderner Techniken und Methoden des Marketings. Das betrifft auch andere Berufsgruppen im Unternehmen. In vielen Unternehmen gibt es wenige oder fast keine Berührungspunkte zwischen Abteilungen für Marketing und für Qualitätsmanagement. Wo das so ist, fehlen auch Möglichkeiten, mehr über Marketing zu lernen oder unkompliziert kollegiale Unterstützung für internes Q-Marketing zu erhalten.

2.3.3 Herausforderungen zur Akzeptanz

Die fundamentale Herausforderung des Qualitätsmanagements bezogen auf seine Akzeptanz lautet:

- Wie können wir dem Qualitätsmanagement mehr Akzeptanz verschaffen, damit Führungskräfte, Mitarbeiter und das QM-Personal selbst gerne gemeinsam daran arbeiten?
- Wie erreichen wir, dass notwendige, aber unkomfortable Maßnahmen des Qualitätsmanagements Akzeptanz finden?
- Wie erreichen wir, dass Führungskräfte und Mitarbeiter ihre persönliche Mitverantwortung für gelingendes Qualitätsmanagement und gelingende Qualitätssicherung erkennen und annehmen.
- Wie erreichen wir Akzeptanz für die Protagonisten und ihre Rollen in der Organisation?

2.4 Antwort: Personenzentriertes Innovations- und Qualitätsmanagement

Wir leben in einer Zeit, in der Paradigmenwechsel uns Menschen vor nicht nur neue, sondern sogar neuartige Herausforderungen stellen. Leben und Arbeitswelt haben sich bereits verändert und verändern sich weiter. Die Veränderungen sind so schnell, so mannigfaltig und so global wie nie zuvor. Neben gesellschaftlichem Wandel ist es der Wandel der Arbeitswelt, der viele Menschen besonders stark betrifft. Verändertes Konsumverhalten und andere Konsumprozesse des neuen sozialen Handlungsraums Internet führen zu neuen Marktmechanismen. Veränderte Prozesse, Organisationsformen und Führungskonzepte erzeugen neue Arbeitswelten und schaffen neue berufliche Settings und Rollen.

Für manche Menschen ist das eine spannende Zeit der Entwicklung, des Abenteuers und des Eintritts in neue Welten. Innovation ist Verheißung, Versprechen, die Schaffung und Erfüllung immer neuer Träume. Für viele Menschen ist es aber eine Zeit des Verlustes, der Angst und Sorgen. Innovation ist für sie Warnung, Drohung, die Schaffung und Erfüllung immer neuer Albträume. Qualität rückt für beide Gruppen in den Fokus, und zwar als Lebensqualität in verschiedenen Ausprägungen, darunter wirtschaftsnah Qualität des Konsums und auch Qualität der Arbeit, aber auch Qualität von Beziehungen, Qualität der Freizeit.

Die Arbeitswelt hat in den letzten 150 Jahren viele technologische, soziale und politische Innovationen erfahren, die den Menschen zugutekommen. Arbeits- und

Gesundheitsschutz wurden systematisch entwickelt und ausgebaut, oft gegen enorme politische Widerstände. Für die Produktivität war das zu-, nicht abträglich, das ist inzwischen gut beforscht und belegt. Auch die Produktsicherheit wurde erhöht. Innovationen haben das Leben der Menschen erleichtert und bereichert. Dennoch müssen Menschen nach wie vor für ihre Rechte, für mehr Lebensqualität kämpfen, aufgrund der Paradigmenwechsel nun auch auf neuen Feldern und bezogen auf neue Gefährdungen. Nach wie vor stehen die manchmal unpersönlichen Bedürfnisse der Wirtschaft, der Märkte, des Kapitals (auch personifiziert als „scheues Reh") andersgearteten Bedürfnissen unterschiedlicher Gruppen von Menschen gegenüber, oft Menschen mit geringer individueller und eingeschränkter kollektiver Macht.

Es liegt an uns, als Führungskräfte und Spezialisten für Qualitätsmanagement und für Innovation in unseren Unternehmen, Nützliches für Menschen zu tun. Unsere Themen erfordern das. Nicht dass das Qualitäts- und das Innovationsmanagement bisher nicht immer wieder davon ausgingen und auch behaupteten, dass der Mensch im Mittelpunkt stehe. Vieles deutet aber darauf hin, dass uns das in der Wahrnehmung der Menschen selbst nicht immer gut gelungen ist. Und zusätzlich kommen die hier beschriebenen Paradigmenwechsel und neuen Herausforderungen hinzu und erfordern, auch den Menschenfokus neu zu setzen und neuartige Lösungen für Menschen zu finden.

In einer Zeit, die so extrem von Innovationsdynamiken geprägt ist und auf absehbare Zeit geprägt sein wird, darf das Qualitätsmanagement nicht nur nicht losgelöst von Innovationsmanagement betrieben werden. Vielmehr bedarf es eines eng abgestimmten Zusammenwirkens beider Disziplinen. Dass Qualität und Innovation miteinander verbundene Schlüsselthemen sind, wurde in den vorherigen Kapiteln schon angesprochen und soll insbesondere im nächsten noch besser begründet werden.

Eine schlüssige, universelle Antwort auf die festgestellten Gegebenheiten und die resultierenden Herausforderungen ist ein Personenzentriertes Innovations- und Qualitätsmanagement (PIQ). Was das ist, gilt es in den weiteren Kapiteln zu erläutern.

Prämissen des Personenzentriertes Innovations- und Qualitätsmanagement (PIQ)

- Das ist zum Ersten Personenzentrierung als Fokus auf den Menschen.
- Zum Zweiten ist es die Hervorhebung der Bedeutung zweier Schlüsselthemen unserer sich verändernden Welt, der Innovation und der Qualität.
- Zum Dritten ist es die Integration des Qualitätsmanagements und des Innovationsmanagements, denn ist nicht möglich, diese Themen getrennt voneinander zu adressieren.

3 Wissensgebiete Mensch und Organisation

Sowohl Innovationsmanagement als auch Qualitätsmanagement sind Disziplinen, die sich auf viele Wissensgebiete aller Wissenschaftszweige stützen müssen. Im Kern steht *Produkt- und Prozesswissen*, das Wissen um die Produkte des Unternehmens, seien sie physisch oder Dienstleistungen. Das dafür notwendige Fachwissen bezieht sich je nach Branche und Unternehmen auf Technologie, Material, Fertigungsprozesse, Dienstleistungsprozesse, Bildung, Medizin, Handel, Logistik und vieles mehr.

Qualitäts- und Innovationsmanagement greifen beide tief in die Strukturen und Kulturen des Unternehmens ein. Dafür brauchen beide Gebiete *Wissen über Mensch und Organisation*, darunter Organisationsentwicklung, Führung und Management, Verhalten. Dazu bedarf es eines Grundwissens über Psychologie, Soziologie, Pädagogik und Recht.

Beide Disziplinen haben auch ihr eigenes *I- & Q-Fachwissen*, qualitätsmanagement-, qualitätssicherungs- und innovationsmanagementspezifisches Wissen. Das ist für das Qualitätsmanagement das Wissen über allgemeine und branchentypische Regelwerke, Methoden und Werkzeuge. Für das Innovationsmanagement ist es das Wissen über Kreativität, Start-up-Mechanismen, Geschäftsmodell- und Geschäftsentwicklung.

Bild 3.1 zeigt die relevanten Wissensgebiete entlang der Klassifizierung FOS (Fields of Science and Technology) der OECD [FOS 2007]. Je nach Unternehmen und Branche sind im inneren Kreis andere Wissensgebiete oder auch Wissenschaftsgebiete relevant. Auch in den äußeren Kreisen gibt es branchenspezifisches Wissen, dort steht allerdings auch ein branchenübergreifendes, universales Wissen zur Verfügung.

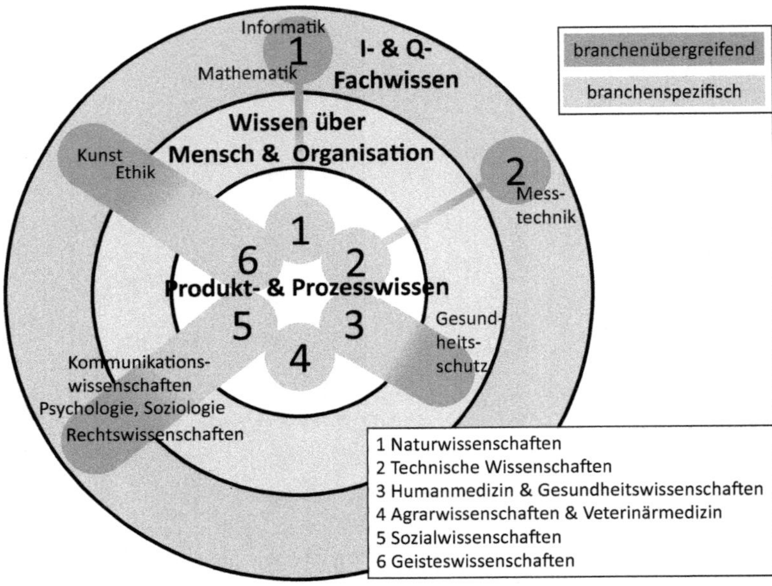

Bild 3.1 Wissensgebiete

Sowohl das Innovationsmanagement als auch das Qualitätsmanagement nutzen ein Portfolio von Teilgebieten aus allen Wissensgebieten. Die Qualitätswissenschaft und auch die Innovationswissenschaft sind Querschnittswissenschaften, die Erkenntnisse aus vielen, wenn nicht allen Wissenschaftsgebieten verwenden können. Sie müssen deshalb interdisziplinär angelegt sein. Kein Mensch kann diese Wissensgebiete allein überblicken, geschweige denn beherrschen. Allerdings ist es auch nicht erforderlich, die gesamte Psychologie, die gesamte Mathematik oder die gesamte Messtechnik zu beherrschen. Es gibt Teildisziplinen, die für das Innovations- und Qualitätsmanagement besonders relevant sind. Welches Wissen relevant ist und welches nicht ist auch von der Branche und dem Kontext des Unternehmens abhängig.

Dieses Kapitel richtet es den Fokus auf Mensch und Organisation. Der Fokus auf Mensch und Organisation ist auch deshalb wichtig, weil die Qualitätswissenschaft, bei aller Notwendigkeit zur Interdisziplinarität, den Charakter einer technischen Wissenschaft, einer Ingenieurwissenschaft hat.

Überblick über die Themen dieses Kapitels

Was müssen wir für das Personenzentrierte Innovations- und Qualitätsmanagement wissen über

- *Qualität und Innovation,*
- *Mensch,*
- *Organisation,*
- *Führung und Management?*

3.1 Qualität und Innovation

Ständig fallen die Begriffe Qualität und Innovation. Dennoch gib es ein unterschiedliches Verständnis, was Qualität und was Innovation ist.

3.1.1 Was ist Qualität?

Eine Schlüsselfrage für das Qualitätsmanagement ist: Was ist Qualität? Es stellt sich auch die Frage, ob der jahrzehntealte Qualitätsbegriff in Zukunft noch passt. Und darüber hinaus, welche neuen Begriffe mittlerweile außerhalb des Fachgebiets im Gebrauch sind.

Wie gehört dieses Thema in das Kapitel Mensch und Organisation? Qualität ist von Menschen für Menschen, und Qualitätsmanagement ist eine herausfordernde Aufgabe für die Organisation.

Das Befassen mit dem Begriff Qualität und der Definition dessen, was Qualität denn sei, beschäftigt viele Wissensgebiete. Sie steht im Zentrum der Qualitätswissenschaft, die selbst eine Querschnittswissenschaft durch viele Wissensgebiete ist.

Der Begriff Qualität bereitet einigen Aufwand für diejenigen, die sich beruflich mit ihm auseinandersetzen. Er ist im allgemeinen Sprachgebrauch positiv belegt. Allerding sind Kombinationen mit negativ belegten Begriffen wie „eine neue Qualität des Terrors“ oder „neue Qualität der Zerstörung“ dann wieder irritierend. Auch hier zeigt allerdings die Hinzunahme des Begriffs Qualität die Steigerung von etwas an. Im Alltag gibt es eine vielschichtige Verwendung des Begriffs Qualität. Er hat mehrere Arten von Bedeutungen. Zum einen ist Qualität Güte, was sich auch als Klasse, Niveau und Wert ausdrücken lässt. Qualität in einem solchen Verständnis geht immer mit einer positiven Beurteilung oder Bewertung einher. Darüber hinaus ist Qualität Eigenschaft, synonym auch Eigenart, Eigenheit, Eigentümlichkeit, Art, Beschaffenheit oder Zustand. Qualität ist im Alltag für Konsumenten etwas Positives und Erstrebenswertes.

Eine intensive Auseinandersetzung mit dem Begriff Qualität findet in vielen Fachgebieten statt, gute Beispiele bilden die Pädagogik, die Medizin und die Gesundheitswissenschaften sowie die Agrarwissenschaften. Sie sind Teil einer Diskussion in Gesellschaft und Politik, allerdings nicht um den Begriff als solchen und seine Definition, sondern um das, was Qualität der Altenpflege, Qualität der Gesundheitsversorgung, Lebensmittelqualität oder Qualität der Bildung ist. Immer stoßen diese Diskussionen an moralische Grundsatzfragen. Ein Beispiel dafür ist die Diskussion um das Tierwohl in der industriellen Landwirtschaft.

Moral, Ethik, Werte

Da diese drei Begriffe im weiteren Verlauf immer wieder fallen werden, seien hier ihre Definitionen genannt. Das ist wichtig, weil sie, insbesondere Ethik und Moral, immer wieder synonym verwendet werden. Erschwerend kommt hinzu, dass sie im Englischen und Amerikanischen anders als im Deutschen definiert sind, was bei englischsprachiger Fachliteratur und ihren Übersetzungen nicht immer Berücksichtigung findet.

Unter einer Moral versteht man ein Normensystem, dessen Gegenstand das richtige Handeln von vernunftbegabten Lebewesen ist und für sich das Anrecht auf Allgemeingültigkeit erhebt [Philopedia 2020].

Ethik ist die wissenschaftliche Beschäftigung mit der Moral [Philopedia 2020].

Werte sind erstrebenswerte, handlungsleitende Attribute.

Bereits in den 1960er-Jahren hat Avedis Donabedian für Medizin und Pflege eine Definition beigesteuert, die insbesondere in den Gesundheits- und Sozialwissenschaften den Qualitätsbegriff nachhaltig geprägt hat [Donabedian 1966]. Er unterschied zwischen

- Strukturqualität, die Qualität der Rahmenbedingungen und Ressourcen,
- Prozessqualität, die Qualität der Leistungserbringung und damit die des professionellen Handelns,
- Ergebnisqualität, die Güte dessen, was letztlich entsteht.

Idealerweise lässt sich zeigen, dass und wie stark Strukturqualität auf die Prozessqualität und beide auf die Ergebnisqualität wirken. Zudem hat Donabedian am Beispiel der Pflege Qualität als „Übereinstimmung zwischen dem Pflegeergebnis und den zuvor formulierten Zielen“ deklariert. Insoweit die Ziele auch auf Anforderungen eingehen, liegt diese Definition nah bei der, die seit Jahrzehnten die ISO-9000-Familie für das Qualitätsmanagement bereitstellt.

David Garvin war Professor an der Harvard Business School, als er 1984 einen Artikel veröffentlichte, der bis heute beachtenswert und bezüglich des Qualitätsbegriffs inspirierend und klärend ist [Garvin 1984]. Allerdings befasst sich sein Beitrag nicht mit Dienstleistungen. Einige, aber nicht alle Aspekte sind dennoch darauf übertragbar. Er identifiziert fünf verschiedene Ansätze, Qualität zu definieren. Er verwendet den Begriff approaches, hier mit Ansätze übersetzt, der allerdings ebenso mit Annäherungen übersetzt werden kann. Von fünf Seiten sieht Garvin die Menschen sich der Qualität annähern, listet und beschreibt fünf Ansätze:

- der philosophische Ansatz (bei Garvin „The Transcendent Approach“, der transzendentale Ansatz),
- der produktbasierte Ansatz (The Product-based Approach)
- der nutzerbasierte Ansatz (The User-based Approach)

- der produktionsbasierte Ansatz (The Manufacturing-based Approach)
- der wertbasierte Ansatz (The Value-based Approach).

Tabelle 3.1 stellt Garvins Definitionen sowie seine zentralen ergänzenden Betrachtungen kurz und übersichtlich dar.

Tabelle 3.1 Fünf Ansätze der Qualitätsdefinition nach Garvin

Ansatz	Bedeutung/Definition Qualität	Ergänzende Betrachtungen
Philosophisch (transzendental)	Immanente Exzellenz (innate excellence) „Nicht analysierbare Eigenschaft, die wir nur durch Erfahrung erkennen"	Vergleichbar mit dem Attribut Schönheit in Platons Diskussion der Schönheit, ein Begriff, der nicht definiert werden kann
Produktbasiert	Je mehr, desto besser	Güter können je nach Menge/Ausmaß des gewünschten Attributs, das sie besitzen, in eine Rangfolge gebracht werden
Nutzerbasiert	Qualität liegt im Auge des Betrachters	Eigene (idiosyncratic) und persönliche Auffassung (view) von Qualität, hochgradig subjektiv
Produktionsbasiert	Konformität mit Anforderungen (conformance to requirements)	Der primäre Fokus ist betriebsintern (internal) Betonung des Zuverlässigkeitsingenieurwesens (reliability engineering) sowie Statistischer Prozessregelung zur Reduktion von Abweichungen und Prozessstreuungen
Wertbasiert	Ein Qualitätsprodukt ist eines, das Leistung zu einem akzeptablen Preis oder Konformität (conformance) zu akzeptablen Kosten bietet	Qualität, ein Maß (measure) für Exzellenz, wird gleichgesetzt mit Nutzen (value), einem Maß für Wert (worth)*

* Um zwischen „value" und „worth" unterscheiden zu können, wird value-based mit wertbasiert, value aber mit Nutzen übersetzt. Nutzen kann wiederum mit use übersetzt werden.

Mittlerweile dominiert im Qualitätsmanagement eine Definition, die seit Jahrzehnten die ISO-9000-Familie für das Qualitätsmanagement bereitstellt. Garvin hat sie als produktionsbasiert charakterisiert. Allerdings, wenn wir davon ausgehen, dass bedeutende Kunden bedeutende Anforderungen formulieren, umfasst sie auch Aspekte von Nutzerorientierung.

Qualität in der ISO-9000-Familie

Qualität ist der Grad, in dem ein Satz inhärenter Merkmale Anforderungen erfüllt. Inhärent heiß innewohnend.

Diese Definition leistet eine wichtige Abgrenzung, ist sie aber auch ausreichend klar? Fachliche oder wissenschaftliche Begriffsdefinitionen sind nicht immer alltagstauglich. Die Zweifel an dieser Klarheit und Gebrauchstauglichkeit hatten den Lehrstuhl Qualitätswissenschaften der TU Berlin 2012 dazu veranlasst, unter fachöffentlicher Beteiligung eine neue Definition finden zu wollen [Jochem 2013]. Die damalige über ein Jahr geführte Online-Diskussion zeigte allerdings die Schwierigkeiten dieses Unterfangens auf. Im Ergebnis führte sie nicht zu einer neuen, im Fachgebiet akzeptierten Definition.

In der Kunden-Lieferanten-Beziehung ist die ISO-Definition von geringer Bedeutung, vermutlich ändert eine bessere Definition daran nicht viel. Denn zwischen Kunde und Lieferant muss mit Blick auf Kundenzufriedenheit und Markterfolg eine spezifische Konkretisierung des Qualitätsbegriffs für das konkrete Produkt stattfinden. Kunde und Lieferant (auch Dienstleister) müssen aus ihrer Perspektive jeweils klären:

- Welches ist die konkret von mir als Lieferant eingeforderte Qualität und welche Merkmale beschreiben sie?
- Was ist die konkret von mir als Kunde und von meinem Nutzer benötigte Qualität und welche Merkmale beschreiben sie?

Im Geschäftsleben ist Qualität demnach nicht Definitions- sondern Verhandlungssache. Wenn Qualität aber Verhandlungssache ist, ist das *Anforderungsmanagement* einer der wesentlichen Bausteine des Qualitätsmanagements. Anforderungsmanagement bedeutet die Übersetzung der aus vielen Quellen stammenden Anforderungen in Qualitätsmerkmale des Produkts oder der Dienstleistung sowie der Prozesse, die sie erzeugen. Sie sind damit maßgeblich für jedes Qualitätsmanagementsystem.

Das Anforderungsmanagement muss berücksichtigen:

- Anforderungen an das Produkt oder die Dienstleistung,
- Anforderungen an die Leistungsprozesse,
- Anforderungen an unterstützende und Führungsprozesse,
- Anforderungen an die Organisation,
- Anforderungen an das Verhalten von Repräsentanten und Mitarbeitern des Unternehmens.

Anforderungen formulieren dabei sowohl Kunden, Behörden und Gesetzgeber, Branchenverbände als auch sonstige Organisationen. Sie sind in Verträgen, Gesetzen, Verordnungen, Branchenstandards und Normen schriftlich niedergelegt. Oder die Unternehmen erheben sie dort, wo der Kunde sich an der Vertragsgestaltung nicht beteiligt, wie im Massengeschäft mit Endverbrauchern, mittels der Werkzeuge der Marktforschung. Darüber hinaus gibt es auch einen eigenen Anspruch, eine eigene Ambition, eigene Anforderungen der Unternehmer, Manager und Mitarbeiter an das, was Qualität sein soll.

Die Bedeutung der Anforderungen für die Qualität ist ein Grund dafür, warum das Qualitätsmanagement ein so ausgeprägt regelwerksdominiertes Fachgebiet ist.

Die im vorherigen Kapitel beschriebenen Paradigmenwechsel, Dynamiken und Herausforderungen der Welt 4.0 stellen weitere, neue Anforderungen an einen modernen Qualitätsbericht. Die etablierte Definition der ISO-9000-Familie ist dabei nicht falsch oder überflüssig geworden, reicht aber nicht mehr aus. Qualität hat in der Welt 4.0 mehr Facetten:

- *Minimum Viable Product (MVP):* Qualität ist auch dann gegeben, wenn ein Produkt einzelne oder viele Anforderungen nicht erfüllt, solange es fundamentale Funktionen erfüllt. Das gilt besonders bei komplexen Produkten, die viele Funktionen und Eigenschaften haben und weitere haben könnten.
- *Qualität der Perzeption:* Die individuelle Perzeption der Qualität eines Produkts oder seiner Merkmale kann sich von der objektiviert messbaren Qualität unterscheiden. Die Perzeption lässt sich in einem gewissen Rahmen durch das anbietende Unternehmen lenken.
- *Emotionale Qualität:* Qualität hat individuelle emotionale Komponenten, die weitgehend oder ganz unabhängig von inhärenten Merkmalen sein können. Dazu kann auch das Image eines Produkts oder des es anbietenden Unternehmens gehören.

Ein neuer Qualitätsbegriff ist *Minimum Viable Product,* abgekürzt MVP (englisch ausgesprochen).

Minimum Viable Produkt (MVP)

Ein MVP, übersetzbar mit „minimal (über-)lebensfähiges Produkt“, ist ein Produkt, das im Rahmen seiner Entwicklung gerade den Reifegrad überschritten hat, die für den Nutzer relevante(n) Basisfunktionalität(en) zu erfüllen.

Die Bezeichnung MVP stammt aus dem *Lean Startup*-Ansatz und wird Frank Robinson, dem Chef (CEO) einer US-amerikanischen Unternehmensberatung, zugeschrieben. Lean Startup ist das Prinzip der Entwicklung eines Geschäftsmodells oder einer Produktinnovation, bei dem die Entwickler so schnell wie möglich ein MVP auf Kunden- und Marktakzeptanz testen und je nach Feedback iterativ weiterentwickeln. Sie stellen die Entwicklung ein, wenn vorab formulierte Nutzen- und Wachstumshypothesen im Markexperiment trotz Iteration widerlegt werden. Eric Ries, wie Robinson im Umfeld der Start-up-Szene des Silicon Valley aktiv, hat das Prinzip analysiert, selbst angewandt und dann beschrieben [Ries 2011].

MVP ist auch ein Begriff für Qualität oder ein Qualitätsbegriff, allerdings ein Begriff, der den Qualitätsmanagern oft nicht bekannt ist, den sie nicht in den Kontext von Qualität stellen oder den sie sogar als Begriff für Nichtqualität einstufen. Bei vielen widerspricht dieses Minimalkonzept sogar ihrem Verständnis von Qualität. Dadurch wird auch deutlich, wie sehr sich die heutige amerikanisch-asiatische Innovations- und Qualitätskultur von der deutschen unterscheidet. Gemessen an den Erfolgen US-amerikanischer und chinesischer Unternehmen scheint deren Kultur die für die Welt 4.0 geeignetere zu sei.

Start-up

"A startup is a human institution designed to deliver a new product or service under conditions of extreme uncertainty." (Ein Start-up [es gibt keine deutsche Übersetzung, die in einem Wort ausdrücken kann, was wir heute unter Start-up verstehen] ist eine menschliche Institution, geschaffen, um ein neues Produkt oder eine neue Dienstleistung unter Rahmenbedingungen extremer Unsicherheit bereitzustellen.) Eric Ries, Begründer des Lean-Startup-Ansatzes

Zusätzlich zum Aushandeln dessen, was für ein Unternehmen und seine Produkte oder Dienstleistungen konkret Qualität ist, ist für das Qualitätsmanagement und für die Qualität von zentraler Bedeutung, welche Assoziationen und Wirkungen einerseits die Qualität selbst und andererseits die ihr zugehörigen Begriffe auslösen, welche Perzeption sie erfahren (Perzeption heißt Wahrnehmung und kann sowohl den Prozess des Wahrnehmens als auch den Inhalt der Wahrnehmung bezeichnen. Bezüglich Qualität geht es eher um Letzteres.). Wie wirken der Begriff Qualität und die auf ihn gestützten verwandten Begriffe Qualitätsmanagement und Qualitätssicherung auf Kunden, aber auch auf Führungskräfte und Mitarbeiter?

Die Kundenperzeption von Qualität beeinflussen viele Faktoren, die dem Produkt nicht innewohnen: das Image des Unternehmens, die Präsentation des Produkts, der Sozialstatus, den es verleiht. Wie Mitarbeiter und Führungskräfte Qualität wahrnehmen, fußt aber zusätzlich auch darauf, wie sie das Qualitätsmanagement, seine Regelwerke und Methoden sowie das Personal des Qualitätsmanagements wahrnehmen. Perzeption basiert zu einem Gutteil auf Emotionen. Das kann auch dazu führen, dass Qualitätsentscheidungen von Kunden hochgradig irrational erscheinen, wählen sie doch oft nicht die Lösung, die am besten funktionsbezogene Anforderungen erfüllt, sondern die, die bei vergleichsweise schlechterer Anforderungserfüllung ihre emotionalen Bedürfnisse besser befriedigt. Doch ist das nicht auch als Anforderung, als emotionale Anforderung interpretierbar?

Eine weitere Dimension der Qualität ist gesamtgesellschaftlicher Art. Unsere Erde hat in vielerlei Hinsicht begrenzte Ressourcen, und unser Lebensraum ist verletzlich. Die Verschwendung von Ressourcen und die Vergiftung und sonstige Beeinträchtigung des Lebensraums von Menschen, Fauna und Flora sind für einzelne Menschen, Teile regionaler Gesellschaften und für uns alle, die globale Gesellschaft, lebensgefährlich und überlebensgefährdend.

Wie ist es um die Qualität von Produkten und Dienstleistungen bestellt, die zwar Kunden real nutzen und ihre emotionalen Bedürfnisse befriedigen, dies aber um den Preis leisten, dass andere dadurch geschädigt werden? Was bedeutet es, wenn eine gleich gute Anforderungs- und Bedürfniserfüllung mit Produkten und Dienstleistungen möglich wäre, die nicht oder signifikant weniger schaden?

Nun ließe sich sagen, dass dazu der Gesetzgeber, wirkmächtige Verbände oder Kunden selbst diesbezügliche Anforderungen formulieren könnten. Und dann funktioniert die klassische Definition wieder: Qualität ist der Grad der Anforderungserfüllung. Derartige Anforderungen formulieren die genannten Gruppen auch in inzwischen ansehnlichem Umfang und unter dem Druck von Konsumenten und gesellschaftlichen Gruppen. Doch in der Realität haben Regelgeber, darunter auch die Gesetzgeber, keine Chance, ein in allen Aspekten nachhaltiges Wirtschaften einzufordern. Dafür ist die Lage insgesamt zu komplex und daher in Teilen auch noch nicht ausreichend verstanden. Oft entstehen ungewollte negative Effekte gut gemeinter Interventionen. Zudem gibt es zu viele Ziel- und Interessenkonflikte. Immer wieder weichen Gesetzgeber bestehende Regeln auf oder verweigern neue Regelsetzungen, weil sie Interessen der einen Klientel zulasten der anderen begünstigen, weil sie Wirtschaftswachstum nicht gefährden wollen oder aus anderen politischen und sonstigen Motiven. So bestehen auch Anforderungen an die Qualität, die sogar für einzelne Gruppen oder die Gesamtgesellschaft schädlich sein können. Ist dann Anforderungserfüllung wirklich Qualität?

Auch viele Konsumenten entscheiden und handeln nicht nachhaltig. Manche aus Unwissenheit, viele gegen besseres Wissen und zum eigenen Vorteil, wieder andere sind in Lebensumständen, die eine Wahrnehmung dieser Verantwortung erschweren oder unmöglich machen.

Für die Gesellschaft ist die Gesamtbilanz aus Nutzen und Wertschöpfung sowie Schaden und Ressourceneinsatz relevant, die den kompletten Lebenszyklus, von der Idee bis zur Entsorgung, umfasst. Allerdings gibt es keinen Konsens darüber, wie das eine oder das andere aus gesellschaftlicher Sicht zu bewerten ist. ■

Sowohl Konsumenten als auch Hersteller haben weitreichende Verantwortung. Es liegt in der ethischen Verantwortung von Konsumenten, Produkte zu fordern und zu bevorzugen, deren Bilanz für die Gesellschaft akzeptabel ist. Es gehört zur ethischen Verantwortung der Hersteller und Anbieter, die gesellschaftliche Gesamtbilanz ihrer Produkte und Dienstleistungen zu verbessern, mehr noch, zu optimieren. Das Bestehende verstärkt und schafft neue Zielkonflikte.

Die Entwicklung einer neuartigen Qualitäts- und Innovationskultur sowie die Berücksichtigung von irrational wirkenden, wahrnehmungsabhängigen, emotionalen Aspekten stellen die Tauglichkeit des klassischen Qualitätsbegriffs der ISO-9001-Familie infrage:

- Das Prinzip der Inhärenz, dass Qualität nur innewohnende Merkmale umfasse, ist zu stark einschränkend und für viele heutige Produkte nicht mehr tauglich. Eine moderne Qualitätsdefinition darf sich nicht auf inhärente Merkmale beschränken.
- Das Prinzip der Anforderungserfüllung ist zumindest für Innovationen bestenfalls eingeschränkt tauglich, wenn diese neue Bedürfnisse adressieren oder bestehende Bedürfnisse neu adressieren, zu denen Nutzer keine Anforderungen formulieren können. Eine moderne Qualitätsdefinition darf sich nicht auf Anforderungen beschränken, sie muss auch Bedürfnisse adressieren.
- Es gibt bezogen auf die Qualität eine globale ethische Dimension, die über Anforderungs- und Bedürfniserfüllung weit hinausgeht. Eine moderne Qualitätsdefinition muss die gesellschaftliche Gesamtbilanz berücksichtigen.

Wie kann gestützt auf diese Betrachtungen und Schlussfolgerungen eine moderne Qualitätsdefinition aussehen? Ein pragmatischer Ansatz ist, die bestehende Definition zu nehmen und sie so anzupassen, dass sie die drei hergeleiteten Aspekte berücksichtigt. Dieser Prozess erfolgt in drei Stufen:

Ausgangssatz: **Qualität ist der Grad, in dem ein Satz inhärenter Merkmale Anforderungen erfüllt.**

1. Erste Iteration, Wegfall „inhärent“:
   Qualität ist der Grad, in dem ein Satz von Merkmalen Anforderungen erfüllt.
2. Zweite Iteration, Berücksichtigung der Bedürfnisse:
   Qualität ist der Grad, in dem ein Satz von Merkmalen Anforderungen und Bedürfnisse erfüllt.
3. Dritte Iteration, Berücksichtigung der gesellschaftlichen Gesamtbilanz (Nachhaltigkeit):
   Qualität ist der Grad, in dem ein Satz von Merkmalen Anforderungen und Bedürfnisse erfüllt sowie eine günstige Gesamtbilanz für die Gesellschaft erzeugt.
   Anmerkung: Günstig ist, sowohl eine weniger negative als auch stärker positive Bilanz zu schaffen.

Es gibt einiges zu beachten, zu tun und zu koordinieren, damit Qualität entsteht. Kurzum, es gilt, Qualität zu managen. Das umso mehr, je komplexer Produkte sind. Um die heutige dominierende und mittlerweile als klassisch anzusehende Ausprägung des Qualitätsmanagements zu verstehen und die Brücke zu einer modernen Interpretation zu schlagen, ist es wichtig, eine auf wesentliche Aspekte verkürzte historische Betrachtung anzustellen.

Schon bevor Menschen begonnen haben, Produkte zu erzeugen, war Qualität für sie relevant: die Qualität gesammelter Früchte, die Qualität von Fleisch, die Qualität eines Unterschlupfs. Das ist besonders der Fall, seit der Mensch produziert, denn das Produzierte musste gut funktionieren: Werkzeuge, Jagdwaffen, Kleidung, Behältnisse. Auch Dienstleistungen mussten Qualitätsansprüchen genügen: das Pflegen der Kranken, das Erbringen kultischer Handlungen, das Reparieren von Kleidung, das Hüten des Feuers. Zunächst konnte jeder Mensch fast alles davon selbst, dann allerdings kam es zu einer immer ausgeprägteren Arbeitsteilung. Dass Arbeitsteilung entstand, hat viel mit Qualität zu tun. Es ist sinnvoll, dass die- oder derjenige die steinernen Pfeilspitzen für die Jäger herstellt, der sie besonders gut macht, besser als die anderen. Es ist sinnvoll, dass der jagt, der besonders gut Wild aufspüren kann und zudem besonders treffsicher mit Stein, Speer oder Bogen ist. Strukturqualität, Prozessqualität, Ergebnisqualität waren schon zu prähistorischen Zeiten überlebenswichtig. Je weiter die Zivilisation gedieh, desto komplizierter wurden Produkte und Dienstleistungen. Der Kompetenzbedarf wuchs an, Berufe bildeten sich heraus. Die Berufsinhaber entwickelten immer bessere Praktiken und ein Berufsethos. Zünfte formulierten Qualitätsanforderungen, an die sich ihre Mitglieder zu halten hatten. Verstöße wurde hart bestraft, diskreditierten sie doch die gesamte Zunft. Die heutigen Zünfte sind die zahlreichen Berufsverbände, die ebenfalls fast durchweg eine Qualitätsdiskussion für die Kernleistung ihrer Tätigkeit führen und oft ihre fachliche und berufliche Qualität definieren und Qualitätskriterien benennen.

Dass das Managen der Qualität selbst zu einem Beruf wurde, ist der weitergehenden Arbeitsteilung im Kontext der Industrialisierung geschuldet. Das heutige Qualitätsmanagement ist aus der Güteprüfung erwachsen. Zunächst ging es darum, am Ende von Prozessen gut von schlecht zu unterscheiden. Dazu diente die sogenannte Güteprüfung, auch Qualitätskontrolle oder (Qualitäts-)Inspektion genannt. Dann verlagerten die Unternehmen das Managen der Qualität immer weiter an den Beginn von Prozessen bzw. erstreckten es über den gesamten Prozess. Das war nicht neu und entspricht dem Vorgehen der Handwerker, es musste aber für die Fabrikarbeit mit Angelernten wiederentdeckt werden. Nun galt es, durch geeignete Methoden und Werkzeuge bereits das Entstehen von Fehlern zu verringern oder ganz einzuschränken und das Entstehen von Qualität zu begünstigen. So kamen vermehrt präventive Ansätze ins Spiel. Die Statistik, speziell die *Statistische Qualitätskontrolle (SQK)* auch *Statistische Qualitätsregelung (SQR)* genannt, bekam eine zentrale Funktion und Bedeutung. Diese Entwicklung zur Prävention ist durch die immer aktiven Mechanismen der Ergebnisverbesserung ausgelöst. Es ist kostensparend und ertragssteigernd, Fehler von vorneherein zu vermeiden. Aus Güteprüfung, Qualitätskontrolle, Inspektion wurde die Qualitätssicherung.

Bei komplexen Produkten und Prozessen und auch begünstigt durch ein zunehmendes Verständnis der systemischen Vernetztheit der Organisation rückte das Systemische der Qualitätssicherung ins Bewusstsein. Der Gedanke vom ganzheitlichen Qualitätsmanagement war geboren, und spätestens jetzt bekam das Qualitätsmanagement einen organisationsentwicklerischen Impetus. Diesen Übergang zur systemischen Organisationsentwicklung beschreiben die Begriffe *Total Quality Control (TQC)* und *Total Quality Management (TQM)*. Armand Vallin Feigenbaum schuf den Begriff und das Konzept des TQC während seiner Tätigkeit als Director Manufacturing Operations bei General Electrics und veröffentlichte es 1961. Als Begründer des TQM gilt William Edwards Deming, als Statistiker ein Schüler von Walter Andrew Shewhart, einem Pionier der statistischen Prozessregelung. Shewhart entwickelte um 1920 die erste Qualitätsregelkarte. Nach ihm ist die Shewhart-Regelkarte benannt. Deming half nach dem Zweiten Weltkrieg in US-amerikanischem Auftrag den Japanern, den bisherigen Feinden des Weltkriegs und neuen Verbündeten im Ost-West-Konflikt, beim Wiederaufbau ihrer Industrie. Er wurde dort zum hochverehrten Mitbegründer der modernen japanischen Qualitätsmanagementphilosophie. Deming hatte einen großen Anteil an der Entwicklung Japans vom belächelten Kopisten westlicher Produkte zur Wirtschaftsmacht und zum globalen Qualitätsführer der 1980er- und 1990er-Jahre.

TQC und TQM waren in der Fertigungsindustrie und für Fabrikbetriebe entwickelte Qualitätsmanagementkonzepte. Auch die 1987 erstmalig in Verkehr gebrachte und Jahrzehnte das Qualitätsmanagement dominierende **DIN EN ISO 9001** war spezifisch für die Fertigungsindustrie verfasst. Ihre Inhalte und vor allem ihre Sprache spiegelten das eindeutig wider. Dienstleistungsunternehmen haben in den 1980er- und 1990er-Jahren versucht, TQM-Konzepte zu adaptieren und die ISO 9001 für sich nutzbar zu machen. Moderne Weiterentwicklungen des TQM-Gedankens z. B. in Form des *EFQM-Modells* (früher EFQM Excellence Modell) sowie auch die konzeptionelle und sprachliche Weiterentwicklung der ISO 9001 machten es Dienstleistern etwas leichter, ans TQM anzuschließen. Mit der ISO 9004 entstand ein stark am EFQM-Modell orientierter Qualitätsmanagementleitfaden. Bis heute haben die vielen zueinander unterschiedlichen Branchen der Dienstleistung keine vergleichbare Durchdringung mit formalem Qualitätsmanagement erfahren wie die Unternehmen der Fertigungsindustrie. Das heißt nicht, dass es dort kein oder weniger Qualitätsmanagement gibt. Es ist typischerweise viel stärker integriert und erfolgt unter anderen Namen und in anderen internen Strukturen.

Die massiven Interventionen in die Unternehmen bei der Einführung von Statistischer Prozesskontrolle und Total Quality Management lassen sich als Organisationsentwicklungsprojekte klassifizieren. Sie waren gravierende Change-Projekte, haben mit bestehenden Kulturen interagiert, in ihrem Namen wurden Prozesse, Prozesslandschaften und Managementsysteme, Ablauf- und Aufbauorganisationen verändert. Auch die mit wachsendem Reifegrad und sich verändernden Märkten anzugehenden Themen und Potenziale erforderten zunehmend eine professionell organisationsentwicklerische Vorgehensweise. Das revidierte EFQM-Modell 2020

[EFQM 2019] geht viel stärker als seine früheren Modellversionen, die ISO 9001 (2015) oder das damalige TQM auf die Gleichzeitigkeit von Transformation in einer sich schnell verändernden Umwelt und Leistungserbringung im Alltagsgeschäft ein.

Total Quality Management gilt vielen Qualitätsmanagern und -managerinnen als Idealzustand eines wirksamen und akzeptierten Qualitätsmanagements, der Name wirkt kraftvoll, das Konzept erscheint so, als könne es nur noch modern ausgestaltet, aber nicht mehr übertroffen werden.

Total Quality Management – klingt zwar gut für die einen, für andere allerdings nicht. Für die historische Entwicklung des Qualitätsmanagements war die Idee des Total Quality Management bahnbrechend. Die historischen Meilensteine, die zu ihm führten, gilt es zu würdigen. Doch wie stehen Begriff und Konzept heute da? Für die, für die schon Qualitätsmanagement ein Reizwort ist, und das sind aktuell nicht wenige, ist die Ankündigung eines Total Quality Management eine Kampfansage. Wir müssen verstehen, wann und warum viele Organisationen, Mitarbeiter und Führungskräfte das Qualitätsmanagement als problematisch ansehen. Eine Ursache liegt in zunehmendem wirkungslosem Aktionismus.

Zudem wird der Begriff seit jeher von vielen Qualitätsmanagern falsch verstanden. Statt Total Quality Management haben sie Total Qualitymanagement interpretiert, haben nicht das bessere und ganzheitliche Management der Qualität, sondern den Ausbau der Macht des Qualitätsmanagements vorangetrieben. Vielen ist der Begriff zu einseitig. Sollen jetzt die Finanzer das Total Finance Management, Vertriebler das Total Sales Management, Umweltbeauftragte das Total Environmental Management ausrufen?

Ein Namenswechsel allein hilft nicht, auch das Konzept selbst ist überholt, denn es unterstellt, dass es einen globalen, strategieunabhängigen Fokus auf Qualität geben muss. Wir haben erlebt, dass die Beschäftigung mit TQM-Konzepten, z. B. mit dem EFQM-Modell, Qualitätsmanager dazu verleitet hat, alles in der Organisation als qualitätsrelevant zu deklarieren und sich dann konsequent für alles in der Organisation zuständig zu fühlen. Sie bekamen die Rollendifferenzierung zwischen Qualitätsmanager und Geschäftsführung nicht mehr hin. Überspitzt gesagt, wenn alles in der Organisation qualitätsrelevant ist, müssen Qualitätsmanager alles mitgestalten, in alles eingebunden werden – Total Qualitymanagement eben. Das dürfen verantwortliche Topführungskräfte nicht akzeptieren. So ganzheitlich wie behauptet waren viele TQM-Ansätze nicht.

Welche Strategierelevanz das Thema Qualität in der Organisation aktuell hat und zukünftig haben muss, ist Entscheidung der Strategieverantwortlichen, nicht der Total Quality Manager.

So haben viele Qualitätsmanager bis heute, unter anderem auch wegen meistens fehlender eigener Erfahrung mit Verantwortung für Geschäftsergebnisse, relevante Aspekte, Treiber und Mechanismen für die Erreichung der Unternehmensergebnisse nicht verstanden. TQM hilft da nicht weiter; Führungs-, Management-, Finanz-, Controlling-, Marketingkompetenzen durchaus.

Damals, zwischen 1960 und 1990, waren Total Quality Control und Total Quality Management erfolgsinduzierende Konzepte für viele Firmen. Doch das Wissen über damalige Erfolgsmechanismen ist heute wenig relevant. Die Welt 4.0 erfordert neue Mechanismen. Auch das Qualitätsmanagement und die Qualitätssicherung haben sich signifikant weiterentwickelt. Die Ausgangslage und Herausforderungen der heutigen Zeit verlangen nach anderen Konzepten als dem TQM. Vergessen wir also TQM, dann wird der Kopf frei für die heute relevanten Lösungsansätze. Beispiele für konkrete Herausforderungen sind:

- Wie bauen wir angemessene ganzheitliche Managementsysteme für zunehmend digitalisierte Organisationen oder für neuartige digitale Geschäftsmodelle?
- Wie managen wir neuartige Qualitätsanforderungen an digitale Daten, Produkte, Prozesse und Geschäftsmodelle?
- Wie bringen wir mehr Qualitätskompetenz und Qualitätsverantwortung in die wertschöpfenden Bereiche?

Unabhängig davon, ob Total Quality Management ein geeigneter Name ist und wie man Qualitätsmanagement nennt. Das Managen der Qualität ist und bleibt eine Aufgabe, die viele Stellhebel kennen und bedienen muss. Bild 3.2 zeigt modellneutral die vielen und unterschiedlichen Voraussetzungen und Treiber dafür, dass Dienstleistungs- bzw. Produktqualität entstehen kann. Es illustriert die zwei Ebenen der dafür notwendigen Ursache-Wirkungs-Mechanismen. Unmittelbar wirkt die Qualität der Leistungsprozesse und des Designs auf die Produkt- und Dienstleistungsqualität. Auf Letztere wirkt sich maßgeblich auch das Mitarbeiterverhalten aus. Ein Konglomerat miteinander verwobener Einflussfaktoren wiederum beeinflusst die Qualität der Leistungsprozesse und des Designs sowie das Mitarbeiterverhalten. Wesentliche Stellhebel am Beginn der Ursache-Wirkungs-Kette sind dabei Führungskompetenz und Führungshaltung. Je kompetenter die Führung, desto besser ist z.B. die Strategie, je konsequenter die Führungshaltung, desto leichter kann sich Mitarbeiterengagement entfalten [Sommerhoff 2017].

Mit der Entwicklung von der Güteprüfung zum ganzheitlichen Qualitätsmanagementsystem ging auch eine Veränderung der Rollen der im späteren Verlauf Qualitätsmanager genannten Funktion einher. Die Leiter Güteprüfung waren Ingenieure oder Naturwissenschaftler. Sie wurden zu Leitern der Qualitätssicherung, die nun entlang des ganzen Leistungsprozesses arbeiteten. Ihre Mitarbeiter hatten Funktionen als Qualitätsingenieure, Auditoren und Prüfer. Mit Ausgestaltung des

TQM und dem Aufkommen der Managementsystemnormen kamen zu den ursprünglichen Ingenieuraufgabenstellungen weitere systemgestalterische und organisationsentwicklerische Aufgaben hinzu, die psychologische, soziologische und pädagogische Kompetenzen erforderten. Der Qualitätsmanager wurde immer mehr zur Eier legenden Wollmilchsau mit dem Nachteil, nicht mehr allen so unterschiedlichen Aufgabenstellungen gleich gut gerecht zu werden. Das lag aber nicht allein an einer Aufgabenüberfrachtung, sondern an einer zu großen Rollen- und Kompetenzspreizung. Geniale Qualitätsingenieure scheitern in der Rolle als interne Berater und Change Manager, hervorragende Organisationsentwickler sind mit den technischen Details des Qualitätsingenieurwesens überfordert. Wer talentiert und qualifiziert für systemische Gestaltung des Managementsystems ist, muss noch längst kein guter forensischer Analytiker von Fehlerursachen beim Produkt sein und umgekehrt.

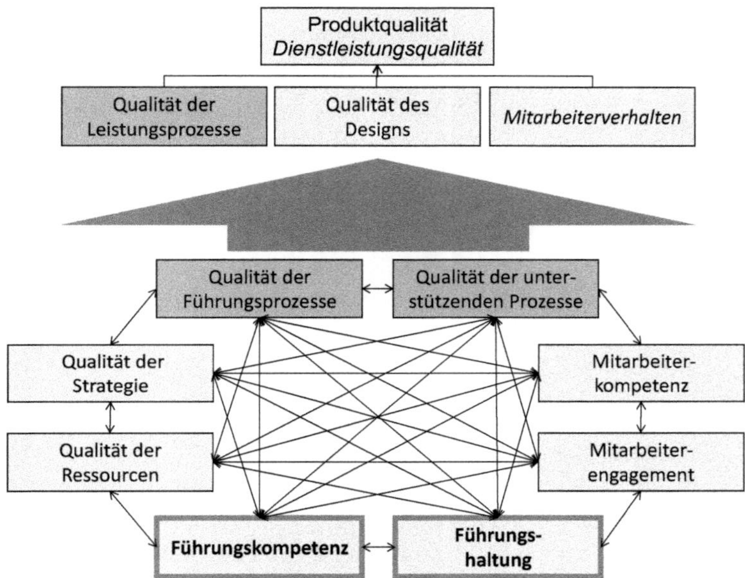

Bild 3.2 Treiber für Qualität [Sommerhoff 2017]

Die zunehmende Bedeutung der Organisationsentwicklung in Verbindung mit den Notwendigkeiten systemischen Qualitätsmanagements und der bleibenden Wichtigkeit einer guten technischen Qualitätssicherung führt zu dem Schluss, das Qualitätsmanagement und die Qualitätssicherung, die Rollen als Qualitätsmanager und als Qualitätssicherer zu differenzieren und zu trennen.

3.1.2 Was ist Innovation?

Eine Schlüsselfrage für das Innovationsmanagement lautet: Was ist Innovation?

Wie gehört dieses Thema in das Kapitel Mensch und Organisation? Innovation ist von Menschen für Menschen, und Innovationsmanagement ist eine herausfordernde Aufgabe für die Organisation.

Dieser Abschnitt befasst sich mit

- dem *Innovationsbegriff* des Fachgebiets und anschließend
- mit dem *Managen der Innovation*.

Bei der Innovation und dem Innovationsmanagement sind ebenso viele Wissensgebiete relevant wie beim Qualitätsmanagement.

Für den Begriff Qualität erfolgte eine Unterscheidung zwischen einem etablierten und einem modernen Qualitätsbegriff sowie die Herleitung einer modernen Neudefinition des Begriffs Qualität. Für den Begriff Innovation gibt es keinen Modernisierungsbedarf, er ist geradezu immanent modern, bezeichnet er doch selbst das Neue, Neuartige, nie Dagewesene, Moderne.

Innovation

Innovation bedeutet die Realisierung von etwas Neuem bzw. Neuartigem.

Anmerkung: Der Aspekt der Realisierung ist zentral, denn reine kreative Ideenfindung ist noch keine Innovation, solange und wenn die Ideen nicht realisiert werden.

Besonders häufig kommt das Adjektiv innovativ zur Anwendung; es bedeutet „von hoher Innovation". Anders als das Adjektiv qualitativ, das „hinsichtlich der Qualität" bedeutet und nicht „von hoher Qualität", weshalb es z. B. oft qualitativ besser (oder schlechter) oder qualitativ hochwertiger (oder minderwertiger) heißt. Für Letzteres gibt es viele verschiedene Eigenschaftswörter, gut, edel, hochwertig, erlesen und viele mehr. Im Unterschied zum Substantiv Qualität gibt es für das Substantiv Innovation auch ein Verb: innovieren.

Die Innovation stellt oft eine fortschrittliche Lösung für ein Problem, eine Herausforderung oder ein noch nicht erfülltes Bedürfnis dar. Die höchste Form der Innovation, sozusagen die Innovation ersten Grades, ist etwas noch nie Dagewesenes zu realisieren, das Allererste seiner Art. Innovativ, eine Innovation zweiten Grades, ist jedoch auch, in einem Unternehmen etwas dort, in diesem Kontext oder in diesem Setting noch nicht Dagewesenes einzuführen, auch wenn es anderswo schon existiert. Als innovative Unternehmen bezeichnen Menschen also sowohl die, die selbst das Neue erfinden, als auch die, die Bestehendes erstmalig in ein neues Setting oder in einen neuen Kontext bringen. Und dann gibt es noch die, die schnell anderswo erfundene Innovationen bei sich früh umsetzen, sogenannte *Fast Follower*, schnelle Innovationsfolger.

Innovation bezeichnet keine Produkteigenschaft, sondern entweder

- den Prozess des Erschaffens von etwas Neuem (Innovation als Prozess) oder
- die Wirkung, die etwas Neues hat (Innovation als Wirkung), oder
- das Neue an sich (Innovation als Objekt).

Hingegen bezeichnet Qualität eine Eigenschaft oder die Summe mehrerer Eigenschaften eines Produkts (Qualität als Eigenschaft). Das zusammengehörige Begriffspaar müsste somit Innovation und Qualitätssicherung oder Innovation und Qualitätsmanagement heißen.

Der Wirtschaftswissenschaftler Joseph Schumpeter hat bereits zu Beginn des 20. Jahrhunderts erstmalig den Begriff Innovation in sein Fachgebiet eingeführt. Er war auch derjenige, der die Wucht der Innovation beschrieb, als er von der *schöpferischen Zerstörung* sprach. Er erkannte diese Zerstörung nicht nur als zu duldende Begleiterscheinung, sondern vielmehr als Notwendigkeit und sogar Voraussetzung an, damit etwas Neues entstehen kann. Diese Wucht der Innovation verbindet sie unausweichlich mit Wandel, Veränderung, Disruption. Das unterscheidet Qualität und Innovation signifikant.

Qualität braucht und bietet Stabilität, Innovation ist Veränderung.

Die Geschäftsmodellinnovation, mit der sich bereits Schumpeter befasste, rückt heute, in Zeiten digitaler Disruption, in bisher noch nicht da gewesener Intensität in den Vordergrund. In seiner *Theorie der wirtschaftlichen Entwicklung* [Schumpeter 1912] sprach Schumpeter von „fünf Fällen neuer Kombinationen", heute würden wir von fünf Arten Innovation sprechen. Die fünf Fälle umfassen Produkt-, Prozess- und Geschäftsmodellinnovationen:

- Produktion eines neuen Gutes oder einer neuen Qualität eines Gutes (Produktinnovation),
- Einführung einer neuen Produktionsmethode (Prozessinnovation),
- Erschließung eines neuen Absatzmarktes (Marktinnovation/Geschäftsmodellinnovation),
- Eroberung neuer Bezugsquellen von Rohstoffen oder Halbfabrikaten (Beschaffungsinnovation/Geschäftsmodellinnovation),
- Neuorganisation der Marktposition, z. B. Schaffung oder Durchbrechung eines Monopols (Geschäftsmodellinnovation).

Im Januar 2020 starb Clayton Christensen, Professor für Betriebswirtschaft an der Harvard Business School. Er gilt als einer der Väter des Silicon Valley, seitdem er

1997 sein Buch *The Innovator's Dilemma* [Christensen 1997] veröffentliche und den Begriff der Disruption in die Diskussion um die Innovation einführte.

Eng verwandt mit der Innovation ist die Kreativität. Kreativität ist die Fähigkeit des Menschen, ideenreich, fantasievoll und schöpferisch zu sein. Kreativität ist als Disposition (Eigenschaft) eines Menschen ein Talent, kann aber auch als Fähigkeit durch Lernen und Üben weiter ausgebaut werden.

Auch die Kreativität von Menschen, die als nicht kreativ gelten und die vielleicht auch eine geringere Disposition zur Kreativität haben, kann durch geeignete Stimuli erhöht werden. Insbesondere in Teams entfaltet sich Kreativität besonders gut.

Wichtig ist, die Begriffe Kreativität und Innovation voneinander abzugrenzen. Zur Innovation gehört immer die Verwertbarkeit, mehr noch, die Verwertung. Innovativ ist, was Wirkung erzielt, also das neue Produkt, das der Markt annimmt, der neue Prozess, der effizienter ist als der vorherige. Kreativität kann absichtslos und wirtschaftlich gesehen auch nutzlos sein, wenn sie nicht zur Innovation führt. Weil aber Kreativität meistens eine notwendige Voraussetzung für Innovation ist, genießt sie im Innovationsmanagement einen hohen Stellenwert. Ein Unternehmen, das zwar kreativ, aber nicht innovativ ist, erzielt dadurch keinen Vorteil im Wettbewerb, abgesehen von wenigen Unternehmen, wo die Positionierung als kreativ zum Markenkern gehört und zur Mitarbeiter- und Kundengewinnung genutzt werden kann. Wer die Innovationsfähigkeit steigern will, muss sowohl kreativ als auch umsetzungsstark sein, um die potenzielle Innovation marktreif und gewinnträchtig auszugestalten.

Wenn der Ursprung des Qualitätsmanagements auf den Beginn der Arbeitsteilung in Gruppen prähistorischer Sammler und Jäger datiert werden kann, so reicht die Geschichte der Innovationen Hunderte Millionen Jahre weiter zurück.

Die Evolution ist ein Prozess der Innovation. Die Evolution des Menschen lässt sich als Abfolge physiologischer, physisch-morphologischer, mentaler, sozialer und dann sogar technologischer Innovationen beschreiben. Zunächst verlief dieser Prozess ohne aktives und bewusstes Zutun der tierischen Vorfahren und des Menschen selbst. Ein Innovationsmechanismus ist im Leben angelegt. Zufällige Mutationen des Reproduktionscodes, des Genoms, erzeugen beim Reproduzieren viele Varianten. Entstehen dabei zufällig Vorteile fürs Überleben und Vermehren, steigt die Wahrscheinlichkeit, dass eine vorteilhafte Variante sich mehr als andere fortpflanzt. Nachteilige oder auch nur weniger vorteilhafte Varianten verschwinden. Über Jahrmillionen testete die Evolution Zehntausende, eher Hundertausende oder Millionen Varianten. Dabei entwickelte sich nicht nur eine Art linear weiter. Vielmehr entstanden parallel Millionen von Arten, die koexistieren konnten, weil sie unterschiedliche und manchmal sogar sich ergänzende Spezialisierungen, Anpassungen und Kompetenzen entwickelten.

Dieser Innovationsmechanismus ist dem irdischen Leben *inhärent,* innewohnend. Er erfolgt unbewusst und ohne aktives Zutun der Menschen. Er ist nicht zielgerichtet. Dieser Mechanismus hat den Menschen als bisher einzige irdische Art zusätzlich in die Lage versetzt, darüber hinaus seine Evolution selbst und bewusst mitzugestalten. Seit mehreren Hunderttausend Jahren können wir selbst und bewusst Innovationen kreieren, und zwar zielgerichtet. Wir haben dieses Können genutzt, um uns vor Umwelteinflüssen wie Kälte und Hitze zu schützen, die Kraft und Reichweite unserer Gliedmaßen und Sinne zu vergrößern oder Phasen von Trockenheit und ausbleibender Ernte und fehlender Beute zu überstehen. Die literarische Figur des Prometheus, der den Göttern das Feuer stiehlt, verkörpert diesen Akt der Selbstermächtigung zur Innovation. Die Götter haben Prometheus hart für seinen Diebstahl bestraft, ketteten ihn an einen Felsen, wo ein Adler fortwährend von seiner nachwachsenden Leber fraß. Eine weitere Metapher, die wir so verstehen können, dass die Selbstermächtigung zur Innovation auch dazu führt, dass Menschen Dinge schaffen und erschaffen, die schädlich und destruktiv sind oder so genutzt werden können.

Im Kontext des Innovations- und Qualitätsmanagements die Evolutionsgeschichte zu behandeln könnte etwas weit hergeholt anmuten. Allerdings führt sie uns *ein mächtiges Innovationsprinzip* vor Augen: *das Generieren und Testen zahlreicher Varianten.*

Das Prinzip, viele Varianten zu generieren und einzelne davon zum Erfolg zu bringen, findet sich inzwischen auch in der Wirtschaft wieder, im Kleinen, wenn es um Ideen, Kampagnen und Produkte geht, aber auch im Großen, wenn es um Geschäftsmodelle oder Start-up-Unternehmen geht. Im Design Thinking, einem Konzept zur Ideengenerierung, gibt es für die Phase der Ideation, der Ideenfindung, einen Leitsatz „Quantität geht vor Qualität", der die Erzeugung vieler Varianten und Alternativen begünstigen soll. Später erst erfolgt dann die Fokussierung auf einzelne Ideen und dann auf eine Idee. Im Rahmen einer Praxiserprobung in mehreren iterativen Schleifen, dem Prototyping, werden sie getestet und erfahren weitere Ergänzungen und Konkretisierungen. Dabei muss eine Option sein, sie auch wieder zu verwerfen, wenn sie sich nicht bewähren, und in die Iteration des Prozesses zu gehen und eine andere Variante auszuwählen und zu testen. Idealerweise lernen die Innovatoren auch aus dem Nichtfunktionieren von Prototypen.

Im Falle des Verwerfens einer zunächst favorisierten Idee nach dem Prototyping ist es eine bewährte Strategie, eine der vorab rigoros abgelehnten besonders exotischen Ideen aus dem Pool der vielen Ideenvarianten wieder hervorzuholen und zu testen, sogenannte „dark horses", benannt nach den Außenseitern auf der Pferderennbahn, Pferde mit Potenzial, das aber noch nicht für alle erkennbar ist. Ihre Gewinnwahrscheinlichkeit ist gering, falls sie gewinnen, verschaffen sie denen, die auf sie setzen, aber immense Gewinne.

US-amerikanische Venture Capitalists, die große Vermögen investieren, stellen ein Portfolio vieler Start-ups zusammen. Die Auswahl basiert nicht auf der Annahme oder Einschätzung, dass jedes einzelne, viele oder sogar die meisten erfolgreich sein werden. Sondern darauf, dass einzelne darunter sind, die ein Hyperwachstum zu sogenannten Unicorns, Einhörnern, absolvieren werden. Als solche bezeichnet man Unternehmen, die in kurzer Zeit den Wert einer Milliarde US-Dollar überschreiten. Welche das sein werden, ist unmöglich vorherzusagen. Zwar lässt sich anhand von Kriterien eine Einschätzung treffen, wer das Potenzial dazu hat. Aber dann sind zu viele Unwägbarkeiten im Spiel. Im Nachhinein sehen die Erfolgsgeschichten der Unicorns und Gigacorns, Unternehmen, deren Wert zehn Milliarden US-Dollar übersteigt, wie vorgezeichnet aus. Ein schlüssiger, geradezu folgerichtiger Weg aus der Garage in den S&P 500, die Liste der wertvollsten US-amerikanischen börsennotierten Unternehmen.

Tabelle 3.2 zeigt die unterschiedlichen Ausprägungen zweier unterschiedlicher Innovationsphilosophien, der zielgerichteten Innovation und der richtungsoffenen Innovation.

Tabelle 3.2 Zwei Innovationsphilosophien

Zielgerichtete Innovation	Richtungsoffene Innovation
Zielgerichtet (hin zu)	Richtungsoffen (ausgehend von)
Fähigkeit zur Fokussierung	Fähigkeit zum Ergreifen von Opportunitäten (Nuggeting*)
Die Art des Ergebnisses ist determiniert	Es kann irgendein Ergebnis entstehen
Im Rahmen des bestehenden Geschäftsmodells	Neue Geschäftsmodelle begründend
Risiko des Übersehens von Innovationen	Risiko des Verzettelns

* Ein Nugget ist ein Goldklumpen, Nuggeting bedeutet, in der Lage zu sein, (zufällig) gefundene wertvolle Dinge zu erkennen.

Die Betrachtungen zur Innovation, insbesondere der richtungsoffenen, machen deutlich, dass obwohl Innovation und Qualität sowie deshalb Innovationsmanagement und Qualitätsmanagement zusammengehören, sie dennoch unterschiedliche Grundlagen benötigen und Notwendigkeiten entwickeln.

Innovation benötigt Raum für opulente und mehr oder weniger streuende Kreativität, wohingegen Qualitätsmanagement nicht unkreativ sein darf, allerdings eine zielgerichtete, effiziente Kreativität an den Tag legen muss.

Innovation benötigt Kreativität, aber Kreativität ist noch nicht Innovation. Eine Innovation ist eine umgesetzte Neuerung. Nach dieser Definition ist eine neue, vielleicht sogar geniale Idee eben noch keine Innovation. Die Idee ist der Ursprung der Innovation, und es braucht Prozesse der Ausgestaltung und Realisierung, damit aus der Idee die Innovation werden kann.

Die Kreativphase der Ideenerzeugung unterscheidet sich grundlegend von der Realisierungs- oder Umsetzungsphase eines Innovationsprozesses, wie Bild 3.3 zeigt. Wie bei der Unterscheidung zwischen Qualitätsmanagement und Qualitätssicherung lässt sich das am besten an den unterschiedlichen Typen zeigen, die die Kreativität und die die Umsetzung benötigen. Kreative sind schwer zu steuern, sie sind oft ungehorsam, verspielt und können sich verzetteln. Sie agieren unabhängig und mutig, zeigen Spürsinn und sind offen für Neues und anderes. Gute Umsetzer sind Macher, sie ticken deutlich anders, sie sind organisiert, fokussiert und diszipliniert. Sie arbeiten systematisch und stringent. Um Innovation zu erzeugen, braucht es die Symbiose dieser so unterschiedlichen Persönlichkeiten. In der frühen Kreativphase prägen die Eigenschaften der Kreativen den Prozess, in der Umsetzungsphase die der Macher. Auch die jeweilige Subkultur unterscheidet sich. Beide müssen ineinandergreifen, und die Phasen gehen fließend ineinander über. Auch in der Umsetzung wird noch Kreativität gebraucht, ebenso erfordert auch die kreative Phase systematische Vorgehensweisen.

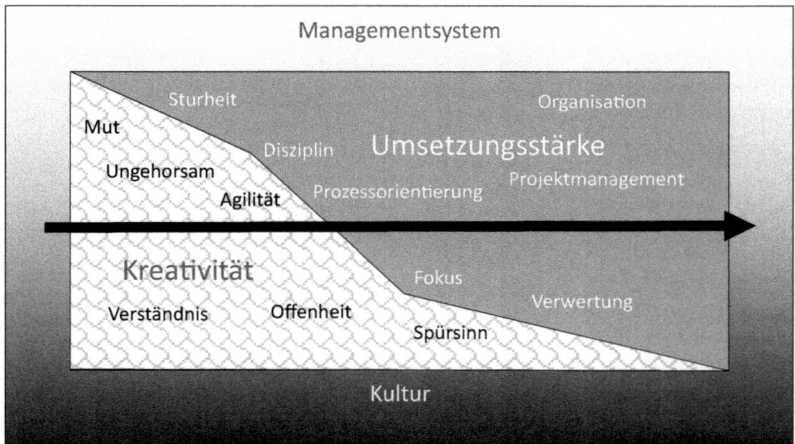

Bild 3.3 Unterschiede zwischen Kreativ- und Umsetzungsphase des Innovationsprozesses

Wenn Kreativität etwas so Buntes und Volatiles ist, ist sie dann als Prozess zu gestalten und zu managen, durch Managementsystemregeln zu steuern? Ja, wenn der Prozess und wenn die Regeln dafür spezifisch geeignet sind. Sie werden sich vom Umsetzungsprozess und seinen Regeln unterscheiden müssen. Kreativität ist systematisch stimulierbar und auch auf Ziele hin kanalisierbar. Dazu bedarf es geeigneter Eckpunkte und eines angemessenen Methodenportfolios. Frameworks wie Design Thinking, konkrete Methoden wie die Persona-Methode oder spezifische Werkzeuge wie Brainwriting verbindlich vorzuschreiben engen den Kreativprozess zu stark ein.

Kreativteams müssen aus Dutzenden Methoden und Werkzeugen auswählen und diese situativ und intuitiv anwenden können, um voranzukommen. ■

Die Besonderheiten der Kreativität lassen dazu verleiten, die Kreativphase oder den gesamten Innovationsprozess außerhalb des Managementsystems anzusiedeln. Das ist jedoch nicht nützlich, weil diese Inselbildung eine Kluft zwischen Innovationsgeschehen und Tagesgeschäft erzeugt. Eine dosierte Zweigleisigkeit ist sinnvoll und hat zum Ziel, einerseits das Tagesgeschäft stabil zu halten sowie andererseits die Innovation nicht durch die Belastungen des Tagesgeschäfts zu begrenzen oder zu stören. Kreativteams oder sogar Innovationsteams deshalb in eigenen Räumen und sogar an eigenen Standorten unterzubringen steht nicht im Widerspruch dazu, dass die Kreativphase und der gesamte Innovationsprozess innerhalb des Managementsystems gut integriert sind.

Die Innovation löst häufig Veränderungsnotwendigkeit aus. Neuartige Produkte, neuartige Prozesse und neue Geschäftsmodelle erfordern, dass Leitung, Führungskräfte und Mitarbeiter ihre Organisation selbst verändern. Auch wenn die Innovation zunächst noch auf Basis vorhandener, stabiler Prozesse erzeugt werden kann, erfordern ihre Folgen oft eine Neuorganisation oder eine neue Organisation. Unter Umständen beginnt aber bereits schon zu Beginn der Konkretisierung der Idee zu einer Innovation der notwendige Umbau der Organisation.

3.1.3 Die Verbindung von Qualität und Innovation

Innovation und Qualität sind miteinander verbunden, Innovationsgrad und Qualitätsgrad von Produkten entwickeln sich allerdings typischerweise gegenläufig, wie Bild 3.4 zeigt. Die Abbildung ist eine Prinzipskizze und stellt der Einfachheit halber lineare Verläufe dar. Mit der Zeit nimmt der Innovationsgrad ab, denn die Neuerung hört auf, neu zu sein. Zum einen steigt die Wahrscheinlichkeit, dass alternative Lösungen entstehen und schnelle Innovationsfolger auftreten. Zum anderen sinkt durch ihre zunehmende Bekanntheit die gefühlte Innovativität. Der Qualitätsgrad der Innovation steigt mit der Zeit, weil die Produktverantwortlichen gestützt auf eine wachsende Felderfahrung und kontinuierliche Verbesserung zunächst die Kinderkrankheiten heilen und dann darüber hinausgehende Qualitätsverbesserungen leisten. Hier kommt der Satz „Qualität braucht Stabilität“ zur Geltung, der besagt, dass eine gewisse Prozessstabilität und über einen längeren Zeitraum gesammelte Erfahrung die Grundlage für kontinuierliche Verbesserung des Qualitätsniveaus sind. Die Prozesseigner stabilisieren und verbessern die Herstell- und Leistungserbringungsprozesse, sodass sie Qualitätsmerkmale besser beherrschen und die Prozessstreuung weiter reduzieren. So kann der Qualitätsgrad ein Optimum erreichen. Ein theoretisches Maximum zu erreichen, ist zumeist nicht sinnvoll, weil Aufwand und Kosten dafür überproportional zum Nutzen steigen.

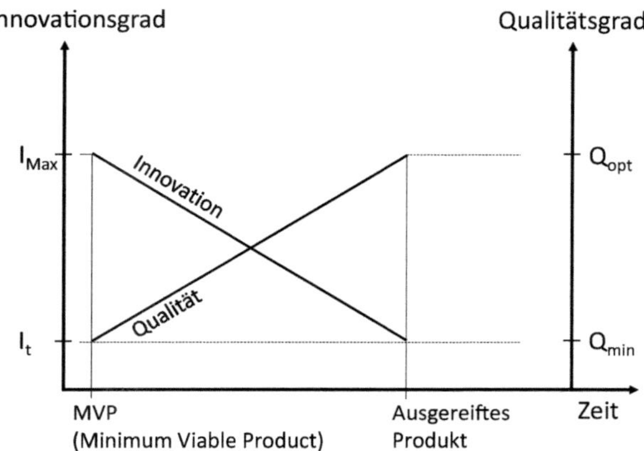

Bild 3.4 Gegenläufige Entwicklung von Innovations- und Qualitätsgrad einer Innovation

Die Minimalschwelle für die Markteinführung einer Innovation muss das Minimum Viable Product (MVP) sein, das minimal lebensfähige Produkt. Je häufiger Produktinnovationen an den Markt gehen, also bei steigender Innovationsfrequenz, was das Ziel vieler Unternehmen unter Marktdruck ist, desto deutlicher zeichnen sich zwei Niveaus ab, ein niedriges Qualitätsniveau aktueller Innovationen und ein hohes Qualitätsniveau etablierter Produkte, deren Innovationsgrad gesunken ist, wie Bild 3.5 zeigt.

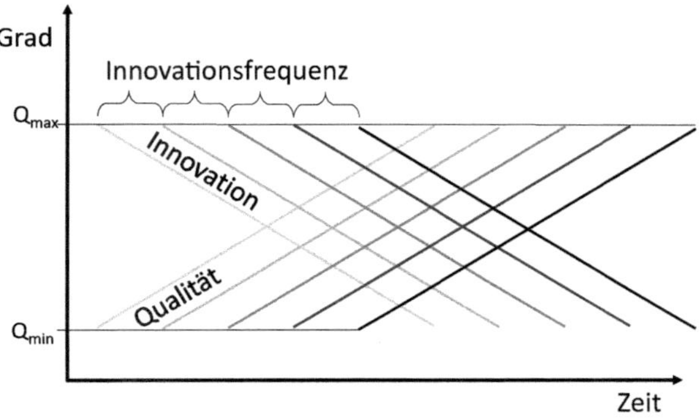

Bild 3.5 Zwei Qualitätsniveaus bei hoher Innovationsfrequenz

Gelingt es nicht, diese Gleichzeitigkeit unterschiedlicher Qualitätsniveaus und Innovationsgrade integriert zu managen, wird kein stimmiger Marktauftritt gelingen, und in der Organisation kann es immer wieder zwischen Qualitätsmanagement und Innovationsmanagement harte Auseinandersetzungen geben. Oder beide Bereiche arbeiten aneinander vorbei, was aufgrund der Verwandtschaft der Themen schädlich wäre.

3.1.4 Qualitäts- und Innovationsrisiken

Sowohl hinsichtlich Qualität als auch bezogen auf Innovation gibt es Risiken, denen ihre Schöpfer, aber auch die Rezipienten ausgesetzt sind.

Das größte Risiko besteht durch Qualitätsmängel, seien es Fehler oder Fehlen, nämlich das Fehlen von Qualitätsmerkmalen. Besonders risikoträchtig sind sogenannte sicherheitsrelevante Merkmale, weil diesbezügliche Mängel Leib und Leben oder erhebliche Sachwerte gefährden. Es gibt jedoch vier weitere große Gefahren für Qualität und Innovation:

- Der Qualitäts- und Innovationsirrtum
  - Mitarbeiter verstehen nicht gut genug, welche Bedürfnisse Kunden haben und welche Qualität sie benötigen. Sie erfinden und machen das Falsche richtig.
  - Kunden können nicht gut genug ausdrücken, welches Bedürfnis sie haben und welche Qualität sie benötigen. Sie verlangen das Falsche richtig.
- Das Qualitäts- und Innovationsunvermögen
  - Mitarbeiter schaffen es nicht, das komplexe Zusammenspiel von Einflüssen so zu managen, dass die nötige Qualität entsteht. Sie machen das Richtige falsch. Die Innovation greift nicht und wird verkannt.
  - Kunden schaffen es nicht, die ihren Nutzerbedürfnissen genügende Qualität zu erkennen und auszuwählen. Sie erkennen das Richtige nicht.
- Der Qualitäts- und Innovationsbetrug
  - Mitarbeiter simulieren gegenüber ihren Kunden wissentlich ein nicht vorhandenes Innovations- und Qualitätsniveau, um sich zu deren Lasten einen Vorteil zu verschaffen. Sie tarnen das Falsche und das falsch Gemachte als das Richtige und richtig Gemachte.
- Die Innovationseskalation
  - Mitarbeiter suchen oder nennen den persönlichen und gesellschaftlichen Preis der Innovation nicht. Die negativen Aspekte der Innovation überwiegen.
  - Kunden erkennen den persönlichen und gesellschaftlichen Preis der Inno-

vation nicht oder sie ignorieren ihn. Sie schädigen sich, andere oder die Gesellschaft.

- Um dem Qualitäts- und dem Innovationsirrtum zu begegnen, brauchen Mitarbeiter die Kompetenz, Empathie und Werkzeuge, die Kundenbedürfnisse zu erkennen und zu interpretieren, sowie als Kunden die Kompetenz und Methoden, einem Anbieter ihren Qualitätsanspruch zu beschreiben.
- Um dem Qualitäts- und Innovationsunvermögen zu begegnen, brauchen die Menschen in den Unternehmen die Kompetenz, die Werkzeuge und ein die Innovations- und Qualitätsfähigkeit des Unternehmens nachhaltig sicherstellendes systemisches Zusammenspiel.

Der Qualitäts- und Innovationsbetrug ist ein unterschätztes und verschwiegenes Phänomen; er diskreditiert das Qualitätsmanagement und hat zu einer Dialektik aus Sonntagsreden für die Qualität und ökonomisch begründetem Handeln gegen die Qualität geführt. Um dem Qualitätsbetrug zu begegnen, brauchen wir Qualitätsehrlichkeit, eine Qualitätskultur und ein Bündnis der Führungskräfte und Mitarbeiter über das Zuliefernetz hinweg, denen es näherliegt, nachhaltig zu agieren, als kurzfristige Vorteile zulasten von Kunden zu realisieren. Die Auseinandersetzung zwischen qualitätsbestrebten Führungskräften und Mitarbeitern und opportunistischen, latent qualitätsignoranten Führungskräften und Mitarbeitern besteht seit Langem und wird sich mit all ihren destruktiven Ausprägungen fortsetzen. Ein Personenzentriertes Innovations- und Qualitätsmanagement soll einen Beitrag leisten, die Pro-Qualitätsfraktion zu stärken.

Die Innovationseskalation ist ein schwierig zu adressierendes Phänomen. In einer Welt limitierter Ressourcen und für den Menschen mit seiner beschränkten Anpassungsgeschwindigkeit führen bestimmte Innovationen auch in eine persönliche oder kollektive Überforderung. Sogar existenzielle Bedrohungen sind denkbar, weil es Innovationen und Innovationsfolgen gibt, die die Menschheit gefährden.

Qualitätsunehrlichkeit hat ihre Ursachen also auch im Egoismus einzelner Menschen. Dazu gibt es interessante Erkenntnisse sozialbiologischer Forschung. Als Begründer der Sozialbiologie gilt Edward O. Wilson, der als Biologe lange zu Staaten bildenden Insekten, Ameisen und Bienen, forschte und in seinem Alterswerk *Die soziale Eroberung der Erde* [Wilson 2013] seine jahrzehntelangen Forschungsarbeiten anschaulich zusammenfasste. Er zeigt den Unterschied zwischen Altruisten und Egoisten auf. Hier geht es nicht darum, Menschen in Gut und Böse zu differenzieren. Beide Gruppen, die Altruisten und die Egoisten hatten in der Evolution des Menschen wichtige Funktionen. Die Altruisten haben sich für die Gruppe geopfert, um ihren Fortbestand zu sichern. Die Egoisten haben zum eigenen Vorteil Mitglieder der Gruppe geopfert und mittels ihrer Machtposition der Gruppe neue Wege aufgezeigt und auch Bedrohungen abgewendet. Egoisten wirken oft innovativ und disruptiv, Altruisten bewahrend und schützend. Auch in Unternehmen gibt es Zeiten, in denen Existenzsicherung vor Nachhaltigkeit geht. Dann setzen Führungskräfte und Mitarbeiter Mittel ein, die nicht unbedingt die Qualität für die Kunden verbessern, sodass in diesen Zeiten der Kunde oft das Nachsehen hat.

Wichtig ist, dass dieses Verhalten nur kurzfristig und in Notsituationen zum Einsatz kommt und nicht Teil des Geschäftsmodells ist, denn langfristig angelegt führt es in den gezielten Qualitätsbetrug. Zudem ist das Risiko hoch, dass die Notmaßnahmen langfristig die Mitarbeiter krank machen, weil sie gegen ihre Werte und Überzeugungen verstoßen.

3.1.5 Innovationstreiber Nichtqualität – Ambivalenz des Fehlers

Im Fokus des täglichen Agierens der Qualitätssicherung steht weniger die Qualität als die Nichtqualität, der Fehler, das Fehlen, die Abweichung, die Verschwendung, das Problem, die Beschwerde, die Reklamation. Qualität im Sinne einer Einhaltung aller Erwartungen und Spezifikationen sowie der Erfüllung aller Versprechen, die man selbst dem Kunden gegeben hat, bedeutet damit auch die Abwesenheit von Problemen und Fehlern. Daraus lässt sich eine weitere, ergänzende Definition von Qualität ableiten.

Qualität

Qualität ist die Einhaltung aller Spezifikationen, die Erfüllung aller produkt- und leistungsbezogenen Versprechen. Qualität ist somit andererseits die Abwesenheit von Defiziten, Fehlern und Problemen.

Für die Innovation allerdings geben der Mangel, das Defizit, das Fehlen, der Fehler, die Verschwendung oder das Problem den Anlass, neue Lösungen – Innovationen – zu suchen und zu finden.

Qualitätssicherung und Innovationsmanagement haben einen gemeinsamen Fokus und auch gemeinsame Ziele:

- Mangel, Defizit, Fehlen beheben,
- Fehler beheben und abstellen,
- Verschwendung reduzieren,
- Probleme lösen.

Allerdings gibt es gravierende Unterschiede zwischen Qualitätssicherung und Innovation. Die Qualitätssicherung will einen bereits spezifizierten Zustand erreichen oder wiederherstellen. Fehler versucht sie präventiv zu vermeiden und dauerhaft abzustellen („Do it right the first time"). Die Innovation hingegen versucht über bestehende Spezifikationen hinaus oder sich davon lösend, neue Zustände zu kreieren. Sie braucht Fehler, um aus ihnen zu lernen.

So wichtig, wie es ist, Anforderungen zu identifizieren und Qualitätsmerkmale daraus abzuleiten und zu spezifizieren, so wichtig ist es ebenfalls, Fehler zu spezifizieren. Wo das möglich und sinnvoll ist, kann das gemeinsam mit den Kunden geschehen, ansonsten muss das Unternehmen für sich selbst, für seine Mitarbeiter, klären, was Fehler sind. Dazu ist es notwendig, auftretende und potenzielle Fehler zu beschreiben und zu benennen und die unterschiedlichen Fehler und Fehlerarten zu klassifizieren.

Es gibt verschiedene Arten der Fehlerklassifizierung, wie Tabelle 3.3 zeigt.

Tabelle 3.3 Fehlerklassifizierungen

Grundlage	Fehlerarten	Erläuterung
Kritikalität der Fehlerfolge	▪ Nebenfehler ▪ Hauptfehler ▪ Kritischer Fehler	▪ Keine Einschränkung der Funktion ▪ Einschränkung der Funktion ▪ Gefährdung von Menschen oder Sachwerten
Bisheriges Auftreten	▪ Aufgetretener Fehler ▪ Potenzieller Fehler	▪ Fehler ist bereits aufgetreten ▪ Fehler ist denkbar, aber bisher nicht aufgetreten

Wiederholung	▪ Erstfehler
	▪ Wiederhol(ungs)fehler
		▪ Einmalig aufgetreten
		▪ Wiederholt aufgetreten
		  ▪ gleicher Fehler, andere Fehlerursache
		  ▪ gleicher Fehler, gleiche Fehlerursache

Erkennbarkeit, Entdeckung	▪ Offener/offensichtlicher Fehler ▪ Verdeckter Fehler (1. Grad) ▪ Verdeckter Fehler(2. Grad)	▪ Ohne oder mittels bei Produktgebrauch typischerweise vorhandener Hilfsmittel erkennbar ▪ Nur durch besondere Mittel oder gebrauchsunübliche Einblicke erkennbar ▪ Nur durch Zerstörung des Produkts (zerstörende Prüfung) erkennbar

Behebbarkeit	▪ Behebbare Fehler
	▪ Irreversible Fehler
		▪ Fehler, die zu beheben sind
		  ▪ mit vertretbarem Aufwand
		  ▪ mit nicht vertretbarem Aufwand
		▪ Fehler, die nicht zu beheben sind

Individuell nach Produkteigenschaften oder Produktfunktionen	Beispiele: ▪ Oberflächenfehler ▪ Laufgeräusche ▪ Maßfehler ▪ Verpackungsfehler ▪ Beschriftungsfehler ▪ Zeitüberschreitung ▪ Unvollständige Leistung	Bei etablierten Produkten gibt es häufig historisch gewachsene Benennungen von Fehlerklassen, die die interne Berichterstattung und externe Kommunikation mit Kunden vereinfachen.

Der Ruf nach einer „offenen Fehlerkultur" oder sogar die Behauptung, eine zu besitzen, sind allgegenwärtig. Es gibt allerdings gewichtige Motive und wirksame Ursachen dafür, dass keine offene Fehlerkultur entsteht:

- die Praxis von Kunden, Fehler zu bestrafen und zum Anlass zu nehmen, Kosten zu reduzieren, z. B. durch Strafen (Pönalen), Regresse,
- die Praxis von Führungskräften, Fehlerverursacher oder die, die Fehler aufzeigen, zu bestrafen oder zu benachteiligen,
- die Praxis von Führungskräften und Mitarbeitern, eigene Fehler zu verschweigen, häufig als Konsequenz aus den erstgenannten Praktiken,
- eine eigene Zurückhaltung, anderen, z. B. echten oder vermuteten Verursachern von Fehlern, Öffentlichkeit oder Nachteile zu verschaffen.

Insbesondere in machtasymmetrischen Branchen mit sehr großen und starken Kunden und vergleichsweise sehr kleinen und schwachen Lieferanten sind ein System und eine Kultur der Simulation von Qualität, des Missbrauchs von Fehlern anderer und des Vertuschens von Fehlern und Fehlerursachen entstanden.

In den 1950er-Jahren entwickelte der US-Amerikaner Philip Crosby, Zeitgenosse von Joseph Juran und William Edwards Deming, den Begriff und das Konzept Zero Defect, eine bedeutende Innovation und wiederum ein bedeutender Treiber von Folgeinnovationen. Nach Crosby ist es mit vertretbarem Ressourceneinsatz möglich, die Zahl der Fehler auf null (oder annähernd null) zu reduzieren. Gegen die These der Null-Fehler-Produktion gab es heftige Widerstände und es wurden intensive kontroverse Diskussionen geführt, bedeutete es doch, dass vorherige Anstrengungen zur Fehlerreduktion nicht ausreichend gewesen seien. In vielen Organisationen fortan zum Ziel erhoben, hat Zero Defect allerdings enorme Potenziale entwickelt und dazu beigetragen, damals hohe und auch hingenommene Fehler- und Verschwendungsquoten durch neue Anstrengungen erheblich zu reduzieren. Dies führte auch zu neuen Fehlerzählweisen; Fehler wurden bei vielen Serienproduzenten nicht mehr in Prozent, sondern in ppm, parts per million ausgewiesen.

Heute allerdings ist das Konzept neu zu bewerten. Die Unmöglichkeit, heutige enorm komplexe Produkte in immer komplexeren Prozessen unter Beteiligung vieler Partner unter wirtschaftlich vertretbarem Ressourceneinsatz ohne jeglichen Fehler zu produzieren, konterkariert das Propagieren einer Null-Fehler-Kultur und führt zum im Abschnitt 2.1.2 beschriebenen Reifeparadigma, mehr und mehr Produkte reifen beim Kunden und können nicht mehr ausgereift und damit fehlerfrei übergeben werden. Das bedeutet, dass immer mehr Anbieter Fehler in Kauf nehmen. Das führt zu Problemen bei und mit Kunden. Umso wichtiger ist es, dann schnelle Lösungen zu finden.

Es gibt also zwei gegenläufige Innovationstrigger für Produkt- und Prozessinnovationen:

- durch Ziele der Reduktion von Fehlern bis hin zum Extrempol Zero Defect,
- durch das Hinnehmen von Fehlern unreifer Produkte beim Kunden.

Ersteres erfordert präventive Ansätze, Letzteres reaktive Ansätze. Beide erfordern ein Lernen aus Fehlern.

Umgang mit Fehlern:

- Fehler müssen **spezifiziert** werden. Sie brauchen Beschreibungen, Namen, Klassifizierungen.
- Zunächst sollten Fehler durch **Prävention** vermieden werden. Allerdings ist es unmöglich (zumindest oft unwirtschaftlich), alle potenziellen Fehler und Fehlerursachen vorab zu erkennen. Es wird also früher oder später Fehler geben.
- Aufgetretene und potenzielle Fehler müssen **analysiert** werden. Es gilt ihre Ursachen und potenziellen Ursachen zu finden.
- Fehlerhafte Produkte und Dienstleistungen müssen **gemanagt** werden. Sie müssen identifiziert und gegebenenfalls isoliert werden. Es gibt mehrere Optionen, wie z. B. Reparatur bzw. Korrektur oder Austausch bzw. erneute Leistungserbringung.
- Fehler (und im weiteren Sinne Mängel, Probleme, Verschwendung etc.) triggern Innovationen und Verbesserungen. Es gibt Phasen, in denen es sogar sinnvoll ist, Fehler zuzulassen oder **Fehler zu provozieren.**
- Um **Fehler zu vermeiden,** sind ihre Ursachen abzustellen. Es gibt insgesamt drei Ansätze, um die Wirksamkeit von Fehlern zu reduzieren.
  - **Auftrittswahrscheinlichkeit reduzieren:** Die Ursache tritt seltener oder nicht mehr auf.
  - **Entdeckungswahrscheinlichkeit erhöhen:** Der Fehler wird leichter/öfter entdeckt, möglichst, bevor seine Folgewirkung eintritt.
  - **Folgewirkung abschwächen:** Die Auswirkung des Fehlers ist weniger schlimm.

3.2 Mensch

Sowohl im Qualitäts- als auch im Innovationsmanagement hat der Mensch einen festen Platz in der Diskussion um Systeme und Methoden. Die Normen und Modelle, auf die sich das Qualitätsmanagement beruft, befassen sich vertieft mit der Ressource Mensch und dem Menschen als Kompetenz- und Verantwortungsträger. Auch zum Kunden gibt es dort viele Überlegungen, über seine Anforderungen, über die Kundenzufriedenheit. Das Innovationsmanagement befasst sich mit der menschlichen Kreativität auf der einen und den menschlichen Bedürfnissen auf der anderen Seite.

Qualität und Innovation sind Aspekte, die isoliert von den Bedürfnissen und der Bewertung des Menschen nicht existieren. Zwei Gruppen lassen sich dabei unterscheiden, die, die Qualität und Innovation für andere erschaffen, und die, die sie erhalten und rezipieren. Zur Gruppe der Rezipienten gehören alle Menschen, auch die Schöpfer von Qualität und Innovation.

3.2.1 Schöpfer von Qualität und Innovation

Der Mensch ist der Schöpfer seiner modernen Umwelt, ein *Homo faber*. Der lateinische Begriff bedeutet „der schaffende Mensch". In der philosophischen Anthropologie, dem Zweig der Philosophie, der sich mit dem Wesen des Menschen befasst, dient er zur Unterscheidung des modernen Menschen, der aktiv seine Umwelt gestaltet, von den Menschen früherer Epochen, die dies noch nicht oder nur in sehr geringem Maße taten. Die Naturgewalten sind mächtig und können immer wieder die Pläne des Menschen zunichtemachen und seine Schöpfungen zerstören. Aber seit Jahrtausenden gestaltet der Mensch wesentliche Aspekte seiner nahen und weiteren Umwelt. Mit zunehmender technologischer Fähigkeit gelingt es dem Menschen, immer mehr Lebensbereiche immer grundlegender zu verändern. Oft zu seinem Vorteil, doch nicht selten zu seinem langfristigen Nachteil. Viele, wenn nicht alle Aspekte seines Schaffens haben mit Qualität zu tun, idealerweise mit der Lebensqualität für viele, oft mit der Lebensqualität für Einzelne ohne Rücksicht auf die anderen. Es geht darum, Gutes zu schaffen, Qualität, und Besseres zu schaffen, Innovation. Für die Schaffer von Innovation gibt es eine Bezeichnung, Innovator, die Qualitätsschaffenden besitzen keinen so prägnanten Namen.

Es sind Bedürfnisse der Menschen, ihre Begierden und im Extremfall ihre Gier, die bestimmen, was sie als Qualität erleben. Qualität ist die angemessene Erfüllung von Bedürfnissen, man könnte dies auch Lebensqualität nennen. Nichtqualität ist die unzureichende Erfüllung von Bedürfnissen. Unerfüllte Bedürfnisse äußern sich in Träumen und Wünschen.

Qualität ist, wenn Träume wahr werden.

Wer Qualität erzeugen will, muss die ausgesprochenen und unausgesprochenen Bedürfnisse, Träume und Wünsche der Rezipienten kennen. Damit dies umso besser gelingt, muss man ebenso ihre Sorgen, Nöte, Schmerzen und Ängste in Erfahrung bringen.

Qualität ist von und für Menschen. Es ist der Antrieb der Menschen, etwas zu tun und neu zu erfinden, welches ihnen selbst und denen, die ihnen nahestehen, nutzt. Sie streben nach Anerkennung für das, was sie tun, und es ist leichter, für etwas Anerkennung zu erhalten, was qualitativ gut ist. Es ist ein Bedürfnis der Menschen, Qualität zu erschaffen und die Welt zu verbessern.

Menschen wollen eine gute und nützliche Arbeit machen, wollen etwas Gutes und Nützliches abliefern, welches sie mit Stolz ihren Familien, Freunden und ihren Kunden zeigen können. Dies ist ihnen ein tief liegendes Bedürfnis und Kern ihres Arbeitsethos. Dies nicht tun zu können oder zu dürfen, bereitet ihnen Pein. Nicht unser Bestes zu geben, gilt als kritikwürdig. Etwas bewusst schlechter zu machen, als wir es könnten, gilt als verwerflich, etwas bewusst zu zerstören oder funktionsunfähig zu machen, gilt als Sabotage und wird nach Möglichkeit bestraft. Doch es gibt auch die schöpferische Zerstörung, die der Wirtschaftswissenschaftler Joseph Schumpeter als einen Prozess beschreibt, der „unaufhörlich die alte Struktur zerstört und unaufhörlich eine neue schafft" [Schumpeter 1912].

Die *Belohnungs- und Anerkennungssysteme* des Menschen und der Gesellschaft belohnen die Schaffung von Qualität. Manchmal klaffen allerdings die Vorstellungen darüber auseinander, was gut ist, sodass jemand im guten Glauben handelt, Qualität zu erzeugen, andere diese Qualität aber nicht erkennen können. Denn es muss klar sein und konkrete Berücksichtigung im Qualitätsmanagement finden, dass es eine Vielzahl von Motiven und Bedürfnissen gibt und Menschen unterschiedlich sind und sich das in unterschiedlichen Bewertungen und Zielen, aber auch Potenzialen und Kompetenzen äußert.

Es gibt *Zielkonflikte,* sodass Führungskräfte nicht immer Qualität belohnen, sondern die Anreize manchmal so setzen, dass sie mindere Qualität oder die Simulation von Qualität in Kauf nehmen oder sogar verlangen, um andere Ergebnisse, wie z.B. Stückzahl, Termineinhaltung oder kurzfristige Erträge durch Anreize zu begünstigen. Auch Nichtverstehen oder Missverstehen der Nutzeranforderungen und -bedürfnisse sowie der resultierenden Qualitätsmerkmale können zu falschen Zielsetzungen und darüber zu fehlenden Anreizen für Qualität oder falschen Anreizen für Nichtqualität führen. Qualität herstellen zu wollen, aber nicht zu dürfen, stürzt viele Menschen in Konflikte. Diese können ein schädliches Ausmaß annehmen und Motivation und Engagement signifikant beschädigen. Darunter kann die Arbeitsqualität dann noch weitergehend leiden.

Viele Menschen träumen davon und streben an, etwas Neues, Besseres zu erfinden, somit innovativ zu sein. Neben Qualität ist also auch das Innovieren ein menschliches Bedürfnis, sowohl das Gute besser zu machen als auch neue Ideen für das Gute und das Bessere zu realisieren. Unter den verschiedenen, für gelingende Innovation notwendigen Zutaten ist die Kreativität von besonderer Bedeutung. Viele Menschen hegen einen Wunsch nach und einen Drang zur Kreativität.

Kreativität ist im 20. Jahrhundert nach und nach zu einem prägenden gesellschaftlichen Ideal erhoben worden, sagt der Soziologe Andreas Reckwitz in seinem Buch *Die Erfindung der Kreativität* [Reckwitz 2012].

Im Berufsleben ist es üblich, Rationalität über Emotionalität zu stellen, von einem *Homo oeconomicus* auszugehen, dem rein rational getriebenen Nutzenoptimierer. Doch viel eher ist der Mensch ein *Homo irrationalis*, wie die gemeinsamen Forschungen der Psychologen Daniel Kahneman, 2002 mit dem Wirtschaftsnobelpreis ausgezeichnet, und seines früh verstorbenen Kollegen Amos Tversky eindrucksvoll gezeigt haben [Kahneman 2012]. Ein weiterer Träger des Wirtschaftsnobelpreises, Richard Thaler, ausgezeichnet 2017 und Professor für Verhaltens- und Wirtschaftswissenschaften, hat durch seine Forschungen weitere Erkenntnisse beigesteuert [Thaler 2019]. Danach sind insgesamt und auch im menschlichen Geschäftsgebaren und bezogen auf die Produkt- und Interaktionsqualität persönliche Motive und Bedürfnisse sowie emotional begründetes Verhalten maßgeblich, auch wenn diese auf Anhieb nicht zu erkennen sind und die Akteure sie sogar verschleiern. Dazu zählt unter anderem Verhalten, das sogar nachhaltig schädlich ist und erhebliche Nachteile bringt. Die Verschleierung erfolgt aktiv bewusst oder auch unbewusst.

Menschen begründen emotionale und aus persönlichen Beweggründen getroffene Entscheidungen nach außen hin bewusst als rational, sogar vor sich selbst; sie *rationalisieren* diese emotionalen Entscheidungen im Nachhinein. Rationalisieren erfolgt aber auch unbewusst, d. h., Entscheider reflektieren und erkennen die emotionale Begründung ihrer eigenen Entscheidung und das Ausweichen zur Suche nach uneigentlichen, rational vertretbaren Gründen selbst nicht. ■

Doch kommen wir zurück zur Behauptung, Qualität sei, wenn Träume wahr werden. Sind unsere Grundbedürfnisse erfüllt, sind es unsere Träume, die unser Streben leiten. Unsre eigenen, aber auch die der anderen, wenn wir für sie Produkte und Dienstleistungen erschaffen und erbringen.

Die Verhaltensökonomik, eine Querschnittswissenschaft zwischen Psychologie und Wirtschaftswissenschaften, ist für das Qualitäts- und Innovationsmanagement zu einem wichtigen Wissensgebiet geworden. Qualitäts- und Innovationsmanager sollten sich Grundkenntnisse für ihre Arbeit aneignen. Auch in Marketing, Vertrieb und Organisationsentwicklung sind die Erkenntnisse der Verhaltensökonomik wichtig. ■

3.2.2 Rezipient von Qualität und Innovation

Qualität und Innovation sind von Menschen geschaffen und richten sich an Menschen. Alle, auch die, die die Qualität und Innovation schaffen, sind als Konsumenten die Rezipienten der Arbeitsergebnisse anderer Schaffender. Konsum heißt in der Volkswirtschaftslehre der Verbrauch für die private Bedürfnisbefriedigung. In diesem Sinne verbrauchen wir nicht nur Güter, sondern gebrauchen auch Dienstleistungen so, dass wir auch diesbezüglich von Konsum sprechen.

Der Konsument und die Konsumentin sind die privaten „Verbraucher", die man im Geschäftsleben auch von den institutionellen Verbrauchern, den Geschäftskunden oder den Business-to-Business-Kunden (abgekürzt B2B) unterscheidet. Sind einzelne Menschen Kunden einer Sache oder einer Leistung, nennt man das Konsumentengeschäft, in der Sprache der Manager auch häufig Business-to-Consumer (abgekürzt B2C).

Unternehmen kaufen nicht von Unternehmen, *Menschen kaufen von Menschen!*

Nur im juristischen Verständnis kaufen Unternehmen bei oder von Unternehmen, in Wirklichkeit aber kaufen immer Menschen bei und von Menschen. Menschen kaufen für sich oder andere Menschen im Unternehmen von unternehmensungebundenen Menschen oder Menschen im Unternehmen. Ein B2B-Geschäft ist zwar formal ein Geschäft zwischen Unternehmen, aber Unternehmen haben keinen Willen und agieren ausschließlich über ihre menschlichen „Agenten".

Unterscheidung der Rezipientenrollen Käufer und Nutzer

Es gibt unterschiedliche Rezipientenrollen. Die beiden relevanten Rollen, in denen Menschen Qualität in Anspruch nehmen, sind *Käufer und Nutzer*. Beide sind unterschiedliche Ausprägungen der Rolle Kunde. Unterscheiden sich Käufer und Nutzer, unterscheiden sich typischerweise ihre Bedürfnisse, Motive, Sorgen etc.

Ein Käufer kann etwas selbst nutzen oder es anderen zur Nutzung überlassen. Eine Nutzerin kann etwas selbst zur Nutzung erwerben oder es von anderen bereitgestellt bekommen. Die Qualitätsanforderungen und die Zufriedenheit von Käufern und Nutzern einer gleichen Sache können sich unterscheiden. Beispiele für diese zwei Rollen prägen unseren Alltag. Die Eltern kaufen ein, was ihre Kinder essen, und auch eine Zeit lang, was diese anziehen. Die Krankenversicherung bezahlt für die an uns erbrachten Gesundheitsleistungen. Unser Unternehmen zahlt für ein Training, das wir erhalten.

Das Qualitätsmanagement hat von jeher dem Kunden, hier kann sowohl der Nutzer als auch der Käufer gemeint sein, besondere Bedeutung beigemessen. Qualität muss sich demnach an dem Erfüllungsgrad von Kundenanforderungen und an der Kundenzufriedenheit mit dem Produkt oder der Dienstleistung messen lassen.

Über die Jahrzehnte ist dabei das Fachwissen um Anforderungen und Zufriedenheit immer weiter angewachsen. Heute wissen wir, dass nicht nur die offensichtlichen Anforderungen, sondern tief liegende emotionale Bedürfnisse, dass nicht allein Zufriedenheit, sondern Begeisterung und emotionale Kundenbindung erfolgsentscheidend sind.

Roman Becker, Gründer eines auf die Kundenbeziehung spezialisierten Marktforschungsunternehmens, und Gregor Daschmann, Professor für Publizistik an der Universität Mainz, haben viele Jahre lang über den Zusammenhang von Kundenzufriedenheit und emotionaler Kundenbindung geforscht. Sie konnten zeigen, dass Zufriedenheit nicht zwingend zu Bindung führt und welche Attribute Bindung begünstigen. Auf Basis von 28 391 Kundeninterviews in über 250 Unternehmen aus 30 Branchen haben sie ein von ihnen so genanntes Fan-Portfolio errechnet (siehe Bild 3.6) [Becker, Daschmann 2015].

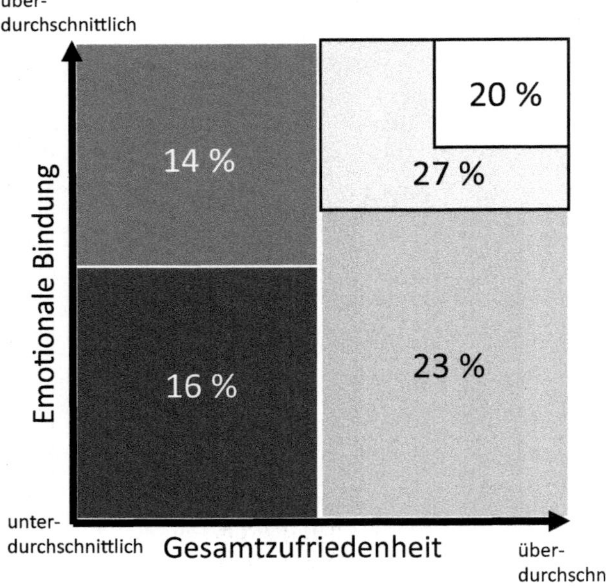

Bild 3.6 Unterscheidung in unterschiedlich gebundene und zufriedene Kunden [Becker, Daschmann 2015]

Das Fan-Portfolio unterscheidet zwischen den 20 % hochzufriedenen und emotional besonders stark gebundenen „Fan-Kunden“, weiteren 27 % überdurchschnittlich emotional gebundenen und überdurchschnittlich zufriedenen „Sympathisanten“. Eine Gruppe von 16 % ist unterdurchschnittlich emotional gebunden und ebenso unterdurchschnittlich zufrieden. Von besonderem Interesse sind zum einen die 14 % Kunden, die überdurchschnittlich emotional gebunden, aber unterdurchschnittlich zufrieden sind. Becker und Daschmann nennen sie Gefangene. Für diese Kunden ist Zufriedenheit zu steigern. Zum anderen sind es die 23 % unterdurchschnittlich gebundenen und überdurchschnittlich zufriedenen Kunden, von den Autoren „Söldner“ genannt. Diese Gruppe ist durch zufriedenheitssteigernde Maßnahmen nicht zu binden, die Gefahr ist latent hoch, sie zu verlieren.

Der Fokus auf Kundenzufriedenheit, wie ihn z. B. die ISO 9001 vornimmt, reicht nicht aus, um Kunden zu binden. Unternehmen müssen in der Lage sein, neben der Zufriedenheit auch die emotionale Bindung zu messen und zu adressieren. Es gibt Kunden, für die zufriedenheitssteigernde Maßnahmen, und andere Kunden, für die Maßnahmen, die die emotionale Bindung erhöhen, erforderlich sind. ■

Auch in der Geschäftskundenbeziehung, dem sogenannten Business-to-Business-Geschäft, handeln nicht Unternehmen mit Unternehmen, sondern Menschen in Unternehmen mit Menschen in Unternehmen. Wer Qualitäts- und Innovationsverantwortung hat, muss in der Lage sein, die eigentlichen Motive, Bedürfnisse und Emotionen von Nutzern und Käufern zu identifizieren und voneinander angemessen zu unterscheiden.

Kunden in ihrer Ausprägung als Nutzer und Käufer haben eine herausgehobene Stellung in der Beziehung mit einem Anbieter, die sich in ihrer Entscheidungsmacht in unserer wettbewerblichen Wirtschaft begründet. Unternehmen sind wirtschaftlich darauf angewiesen, dass Kunden ihre Leistungen und Waren kaufen. Auch dort, wo durch die Nutzer kein Geld fließt, bedeutet ihre Kritik oder ihr Ausbleiben einen Reputationsverlust und Rechtfertigungsnotstand, z. B. bei kommunalen staatlichen Leistungen oder im privat oder öffentlich finanzierten Kultur-, Sport- oder Sozialbetrieb. Oder auch bei den Lebensmittel- und Kleidungskäufen der Eltern für ihre Kinder. Diese Macht des Kunden sowohl in der Rolle als Käufer als auch in der Rolle als Nutzer zu erkennen und ernst zu nehmen war ein Meilenstein für das Qualitäts- und auch Innovationsmanagement, weil es die Bedeutung der Kundenorientierung unterstrich und auch zu entsprechenden Umsetzungen führte. Methoden zur systematischen Identifikation der Kundenanforderungen, aber auch zur Messung der Kundenzufriedenheit wurden ins Portfolio der Qualitätsmanagementmethoden aufgenommen. Zudem und oft losgelöst davon haben Vertriebs- und Marketingabteilungen ebenso und mit spezifischen Methoden an diesen Themen gearbeitet.

Gestützt auf praktische Erfahrungen und wissenschaftliche Erkenntnisse sind zwei Entwicklungen hervorzuheben:

- die Erkenntnis, dass neben Kundenanforderungen die oft unausgesprochenen emotionalen Bedürfnisse ausschlaggebend für die Bewertung der Qualität und der Innovativität eines Produkts sind,
- die Erkenntnis, dass Zufriedenheit allein nicht die richtige Steuerungsgröße ist, sondern dass zusätzlich die emotionale Bindung an den Anbieter langfristig über den Erfolg der Geschäftsbeziehung entscheidet. ■

Eine besondere Rollenzuweisung, die in der sozialen Dienstleistung ausgeprägt war, bis sie durch die Professionellen dort reflektiert und verworfen wurde, aber bis heute vereinzelt und vor allem bei staatlichen Leistungen zu beobachten ist, ist die *Rolle des zur Dankbarkeit verpflichteten Zuwendungsempfängers*. Der zur Dankbarkeit verpflichtete Zuwendungsempfänger ist meistens, aber nicht zwingend ein Nutzer, der nicht selbst Käufer ist. Denn zahlt der Zuwendungsempfänger nicht einmal selbst, verstärkt das diese Rollenzuschreibung noch weiter. Sie ist für die Qualitäts- und für die Innovationsfähigkeit fatal, weil sie dazu führt, dass Anbieter nicht darauf angewiesen zu sein glauben, die Kundenperspektive einnehmen zu müssen.

Neben den Begriffen Kunde, Konsument, Käufer und Nutzer gewinnt der englische Begriff User an Bedeutung in der Fachdiskussion. Er ist zwar zunächst nicht mehr als eine Übersetzung von Nutzer, Anwender. Dennoch steht er meistens in einem speziellen Kontext und ist in eingedeutschte Fachbegriffe eingebunden. User Experience ist solch ein Fachbegriff und bezeichnet die Erfahrung, die ein Nutzer währende seiner Customer Journey mit einem Produkt und an den Kontaktpunkten mit dem Anbieter macht. User Focus, ein Begriff unter anderem aus dem Design Thinking, eines Ansatzes zur Generierung von Durchbruchsinnovationen, bezeichnet die tiefgehende Kundenbedürfnisfokussierung.

Prinzipal-Agent-Theorie

Die *Prinzipal-Agent-Theorie* (englisch principal-agent theory) hilft, einige Problematiken der Beziehung zwischen Qualitätsschaffenden (Agenten) und beauftragenden Kunden (Prinzipale) zu erkennen.

Der Prinzipal-Agent-Theorie liegt das Prinzipal-Agent-Problem oder auch Prinzipal-Agent-Dilemma zugrunde. Ihre Urheber waren 1976 Michael Jensen und William Meckling. Jensen war von 1967 bis 1988 Professor für Ökonomie an der University of Rochester (US-Staat New York), an der auch Richard Thaler, der Begründer der Verhaltensökonomik, studierte und von 1974 bis 1978 Assistenzprofessor war. Meckling war Professor für Management and Government Policy an der gleichen Universität.

Die Theorie unterscheidet zwischen einem Prinzipal als Auftraggeber für eine Leistung und dem Agenten, dem beauftragten Leistungserbringer. Der Agent besitzt in der Regel einen Wissensvorsprung, den er zugunsten, aber auch zuungunsten des Prinzipals einsetzen kann. Der Wissensvorsprung erzeugt eine Informationsasymmetrie. Insbesondere kann der Agent darauf gestützt den eigenen Nutzen maximieren. Die Theorie dient dazu, das Verhalten von Menschen zwischen und in Organisationen zu erklären, auch innerhalb von Hierarchien, wo häufig Führungskräfte als Prinzipale und Mitarbeiter als Agenten auftreten.

Die Prinzipal-Agent-Theorie ist an den Erkenntnissen der Verhaltensökonomik (siehe Abschnitt 3.2.1) zu spiegeln. Wo die Prinzipal-Agent-Theorie von Nutzenoptimierung aufseiten sowohl des Prinzipals als auch des Agenten ausgeht, müssen wir irrationale Motive und Verhaltensweisen erwarten und in Kauf nehmen. Dann lassen sich wichtige Kenntnisse aus der Anwendung dieser Theorie auf unsere konkrete Praxis ziehen.

Menschen haben physische und emotionale Bedürfnisse, sind voller Träume und Wünsche, aber auch belastet von Sorgen, Ängsten und Schmerzen. Menschen wollen Qualität erhalten. Sie wollen Gutes für sich, und wenn sie können, auch das Beste. Es ist ein Bedürfnis der Menschen, Qualität zu erhalten. Dabei hat jede und jeder Einzelne einen eigenen, individuellen Maßstab dafür, was für sie oder ihn Qualität ist.

Die allermeisten Menschen können heute das, was sie zur Befriedigung ihrer existenziellen Grundbedürfnisse benötigen, nicht selbst herstellen. Sie können auch die Vielzahl der heutigen komplexen Dinge und Dienstleistungen nicht allein oder selbst produzieren, die über die Grundlagen hinaus in reichen, entwickelten Gesellschaften das Leben prägen. Sie sind darauf angewiesen, Leistungen und Produkte zu konsumieren, die andere in hochgradig arbeitsteilig organisierten Prozessen für sie erbringen und herstellen. Nahezu alle Menschen sind für ihre nackte Existenz und erst recht für ein Leben in Würde auf die Qualitätsarbeit anderer angewiesen. Menschen leben hinsichtlich Qualität in Abhängigkeit von anderen Menschen. Wer nichts hat, für den ist das Beste oft unerreichbar und das Gute eine Gnade. Er nimmt, was er bekommen kann, unabhängig von der Qualität. Wer es sich aber leisten kann, kann das Gute, sogar das Beste gezielt suchen und erhalten.

Recht auf Qualität

Wenn Menschen ein Recht auf ein Leben in Würde haben, dann haben sie unmittelbar daraus abgeleitet *ein Recht auf Qualität*.

Inzwischen bevölkern über 7,5 Milliarden Menschen eine Erde mit schwindenden Ressourcen. Ohne Innovationen, die dabei helfen, diese Menschen zu ernähren, zu beherbergen, zu kleiden, gesund zu erhalten und darüber hinaus einen hohen Grad an Bedürfnisbefriedigung zu erzeugen, können so viele Menschen nicht in Würde leben.

Notwendigkeit für Innovation

Damit alle Menschen dieser Welt in Würde leben können, gibt es die *Notwendigkeit für Innovation*. Innovation ist ein Überlebensthema für die Menschheit.

Auf Basis dieser Überlegungen wird auch deutlich, dass die Qualität und die Innovation jeweils ein moralisches und ein ethisches Thema sind. Die normative Ethik als philosophische Disziplin stellt Kriterien für gutes und für schlechtes Handeln auf.

Ein weiterer Aspekt der Rezipientenrolle sind Erwartungen, darunter Erwartungen bezüglich der Qualität und der Innovativität. Die Wahrnehmung von Qualität aufseiten der Kunden, Nutzer und Leistungsempfänger hängt stark mit deren Erwartungen zusammen. Erwartungen entstehen sowohl für das Produkt bzw. die Leistung wie auch für die Geschäftsbeziehung selbst bzw. die Interaktionsprozesse zwischen Anbieter und Lieferant auf der einen, und Kunde, Nutzer und Leistungsempfänger auf der anderen Seite. Auch bezogen auf den Innovationsgrad von Produkten und der Organisation gibt es Erwartungen.

Ein physisches Produkt oder eine Dienstleistung kann allen Spezifikationen entsprechen und sogar Begeisterung auslösen. Gleichzeitig kann die Interaktion mit dem Anbieter so problematisch sein, dass ein Erleben von Mangel und Nichtqualität entstehen kann. Prozesse der Bestellung, Lieferung, Rechnungsstellung sowie weitere Interaktionsprozesse sind deshalb qualitätsrelevant, auch dann, wenn es eigentlich „nur“ um das Produkt oder die Dienstleistung geht.

Enttäuschte Erwartungen sind der Ursprung für Unzufriedenheit, Reklamationen, Abwanderung von Kunden sowie für negative Berichterstattung.

Wenn sie dadurch entstehen, dass das Produkt oder die Interaktionsprozesse ihre Spezifikationen nicht erfüllen, ist es unmittelbar eine Sache der Qualitätssicherung und des Qualitätsmanagements, deren Einhaltung herzustellen oder wiederherzustellen. Wenn sie deshalb entstehen, weil überzogene Erwartungen geweckt wurden, willentlich oder unwillentlich, ist die grundsätzliche Problematik dieselbe, allerdings liegt die Lösung nicht im Produkt selbst oder im Prozess, sondern in der Kommunikation mit den Kunden.

3.2.3 In unterschiedlichen Rollen

In der Organisation ist von zentraler Bedeutung, welche Rollen Menschen einnehmen und wie die unterschiedlichen, für den Erfolg der Organisation wichtigen Rollen ineinandergreifen. Rolle ist ein zentrales soziologisches Konstrukt.

Rolle

Rolle ist ein Bündel von Verhaltenserwartungen an einen Menschen.

Rolle ist demnach weniger selbst gewählt als von anderen zugewiesen. Menschen können gleichzeitig unterschiedliche Rollen einnehmen und zugesprochen bekommen. Es gibt unterschiedliche private Rollen, die Menschen gleichzeitig einnehmen, wie Partnerin, Mutter, Nachbarin, Übungsleiterin im Verein, und berufliche Rollen, wie Qualitätsbeauftragte, Führungskraft, Moderatorin.

Unterscheidung von Rolle, Funktion und Stelle

- Die **Stelle** fasst für einen Menschen in der Organisation die Aufgaben und Befugnisse zusammen. Die Stelle ist einem Stelleninhaber fest zugeordnet, sie bestimmt seine Zuordnung in der Aufbauorganisation. Es kann mehrere gleichgeartete Stellen geben. Mehrere Menschen können sich eine Stelle teilen. So ist es möglich, eine halbe Stelle innezuhaben, nicht aber eine halbe Funktion oder eine halbe Rolle.
  Beispiele:
  - Person A: Stelle als Abteilungsleiterin Qualitätssicherung.
  - Person B: Stelle als Laborant im Prüflabor.
- Die **Funktion** umfasst den Kernaufgabenbereich, den ein Mensch im Zusammenspiel der Prozesse und Aufgaben der Organisation innehat. Menschen in der Organisation können die gleiche Funktion, aber unterschiedliche Stellen haben. Inhaber einer Stelle können mehrere unterschiedliche Funktionen haben.
  Beispiele:
  - Person A: Koordination aller qualitätssichernden Maßnahmen in Entwicklung und Fertigung.
  - Person B: Durchführung aller Sonderprüfungen, die nicht inline im Fertigungsprozess durchgeführt werden können.
- Die **Rolle** besteht maßgeblich aus Verhaltenserwartungen anderer an eine Person. Rollen können formale und informale Grundlagen haben. Eine Rolle korreliert typischerweise mit Stelle und Funktion, kann davon aber auch weitgehend losgelöst sein. Menschen haben innerhalb und außerhalb von Organisationen mehrere Rollen inne. Spreizen die Rollen in der Organisation zu weit auseinander, kann es zu Konflikten bei der Rollenausübung kommen.
  Beispiele:
  - Person A: Anführerin für das eigene Team. Konfliktmoderatorin und Vermittlerin zwischen Fertigung und Entwicklung. Sparringspartnerin für den Personalleiter bei Change-Projekten. Coach für einen jungen Vertriebsmitarbeiter.
  - Person B: Messdienstleister. „Mädchen für alles" im Labor. Spaßvogel und Stimmungsaufheller. Teammotivator und Teamzusammenhalter.

Person A ist also Abteilungsleiterin, koordiniert alle qualitätssichernden Maßnahmen, ist Anführerin für das eigene Team etc.

In einem Unternehmen gibt es basale Aufgaben, wie in Tabelle 3.4 dargestellt. Die Aufgaben sind zu erledigen, um am Markt bestehen zu können. Je komplexer das Produkt und die Situation sind, desto feiner lassen sich die Aufgaben differenzieren. Es ist aber nützlich, einmal diese grundlegende Betrachtung der Verbindung der basalen Aufgaben und damit einhergehender Rollen anzustellen.

Tabelle 3.4 Basale Aufgaben und zugehörige Rollen

Aufgabe	Rolle	Prozess	Bezug zu Qualität und Innovation
Produkte bereitstellen oder Leistungen für die Kunden erbringen	Wertschöpfer	Leistungs-, Wertschöpfungsprozess	Qualität erbringen/umsetzen Qualität erbringen/umsetzen
Produkte und Leistungen für die Kunden entwickeln	Entwickler/Innovator	Leistungs-, Wertschöpfungsprozess	Innovation erzeugen Qualitätsmerkmale designen
Rahmenbedingungen für effektive Leistungs-, Führungs- und Unterstützungsprozesse schaffen Ressourcen bereitstellen	Interner Dienstleister	Unterstützende Prozesse oder sogar Leistungsprozess	Interne Qualität erbringen, externe Qualität begünstigen Innovation begünstigen
Der Organisation Ziel, Vision, Richtung und Strategie geben, strategische Entscheidungen treffen	Stratege	Führungsprozess (Strategieprozess)	Qualitäts- und Innovationsziele und -strategie
Prozesse lenken und steuern, im Tagesgeschäft Entscheidungen treffen	Lenker/Steuerer	Führungsprozess (Unternehmenssteuerung)	Qualität sichern
Mitarbeiter auswählen, entwickeln, führen	Anführer	Führungsprozess (Mitarbeiterführung)	Qualität der Führung qualitätsvolles und innovatives Handeln stimulieren
Planen	Planer	Prozessimmanent (alle Prozesse)	Qualität sichern, Innovation begünstigen
Den Reifegrad der Organisation absichern und steigern, um Ergebnisfähigkeit zu maximieren, Change-Projekte managen	Organisationsentwickler, Change Manager	Führungsprozess (Organisationsentwicklung)	Qualitäts- und Innovationsfähigkeit herstellen und verbessern

Zentral ist die Aufgabe, dem Kunden die verlangte Leistung zu erbringen oder das bestellte Produkt in der versprochenen Qualität zu liefern. Damit das gelingt, ist ein bestehendes Produkt zu verwenden oder ein neues zu entwickeln. Die einen müssen in der Rolle der eigentlichen *Wertschöpfer* die versprochene und verlangte Leistung für die Kunden erbringen. Sie sind unmittelbar im Wertschöpfungsprozess tätig und müssen zuverlässig und effizient sein. Bietet das Unternehmen eine

Dienstleistung, müssen die Wertschöpfer kundenorientiert und bereit und fähig sein, zu dienen.

Das Unternehmen kann selbst Produkte entwickeln, diese Aufgabe aber auch passiv oder aktiv delegieren. Passive Delegation bedeutet, ein gegen Lizenzgebühr oder frei verfügbares Produkt zu produzieren oder zu beschaffen und weiterzuverkaufen. Aktive Delegation wäre, jemand mit der Entwicklung einer Dienstleistung oder eines Produkts zu beauftragen. Selbst zu entwickeln bedeutet, selbst die Kundenbedürfnisse, die Technologie, das Material etc. in ausreichender Tiefe zu kennen und zu beherrschen und verschafft häufig einen strategischen Vorteil, weil das Unternehmen seine Kompetenz sowie Qualitäts- und Innovationsfähigkeit ausbaut und sich Alleinstellungsmerkmale selbst erarbeiten kann. *Entwickler und Innovatoren* kreieren Produkte und Dienstleistungen. Kreativität, Innovationsbereitschaft und Innovationsfähigkeit zeichnen sie aus. Eine besondere Rolle haben Innovatoren und Entwickler des Geschäftsmodells, sie arbeiten „an der Organisation" und müssen deshalb einen hierarchisch hohen Rang oder eine Spezialistenposition auf Augenhöhe mit hochrangigen Führungskräften haben. Sie können Mitarbeiterinnen und Mitarbeiter niedrigerer Hierarchiestufen in der Aufgabe unterstützen.

Leistungserbringung und Entwicklung benötigen meistens unterstützende Prozesse, sodass weitere Aufgaben anfallen, die es zu leisten gilt, z. B. interner und externer Transport, die Bereitstellung von Hard- und Software, die Erstellung von Rechnungen, die Administration der Mitarbeiter. Diese Prozesse können strategisch sein und gehören daher eher ins Unternehmen, sind aber delegierbar und können an spezialisierte Dienstleister delegiert werden. Einige schaffen als *interne Dienstleister* die Rahmenbedingungen dafür, dass die Wertschöpfer ideal arbeiten können. Interne Dienstleister müssen eine dienende Rolle einnehmen können. Darin liegt nichts Herabwürdigendes, zumal die Leistungserbringung ohne ihre interne Dienstleistung nicht zu schaffen wäre.

Steuerung und Lenkung sind typische Führungsaufgaben. Ein gewisser und in geeigneten Settings ist auch ein hoher Grad an Selbststeuerung realisierbar. Unabhängig davon, ob Wertschöpfung sowie Lenkung und Steuerung oder ob interne Dienstleistung sowie Lenkung und Steuerung in einer oder mehreren Händen liegen, sind sie als Aufgaben zu differenzieren und führen hin zu spezifischen Rollen. Die Rolle der Prozesseigner und Führungskräfte besteht darin, im Tagesgeschäft zu lenken und zu steuern. Diese Rollen als *Lenker und Steuerer* können Wertschöpfer zu einem gewissen Grad auch selbst ausüben, genau das ist bei Ansätzen zur Selbststeuerung im Fokus; es wird aber voraussichtlich, je nach Größe und Komplexität des Unternehmens, eine oder mehrere Steuerungsebenen geben. Lenker und Steuerer müssen organisieren und koordinieren können, brauchen Überblick und sollen vernetzt denken.

Bei einer weiteren Führungsaufgabe geht es darum, der Organisation eine Richtung, eine Intention zu geben. Dies ist die Rolle der *Strategen.* Sie ist typischerweise die zentrale Rolle der obersten Führungskräfte einer Organisation.

Die Bezeichnung Anführen mag ungewohnt erscheinen und ist im Unternehmenskontext kaum gebräuchlich. Vertrauter ist uns in den Organisationen der Begriff Führen. Aber das Führen umfasst unterschiedliche Führungsaufgaben, darunter das Lenken und Steuern, und ist zu unspezifisch. Anführen ist ein Teilaspekt von Führen. Führungskräfte aller Ebenen müssen auch *Anführer* sein, mit der Besonderheit, dass hochrangige Führungskräfte auch die Anführer von Anführern oder sogar die Anführer von Anführern von Anführern sind. Wo es Anführer gibt, gibt es auch Geführte.

Ob auf operativer oder strategischer Ebene, das Planen gehört integral zur jeweiligen originalen Aufgabe. Planen ist deshalb in vielen Organisationen auch kein eigener Prozess, sondern integraler Bestandteil anderer Prozesse. Das Planen führt zur Rolle der *Planer,* die häufig mit anderen Rollen gebündelt auftritt. Die Trennung von Planung und Ausführung sowie der Rollen von Planenden und Ausführenden war eine „Erfindung“ Frederick Taylors und ein Grundkonzept des Taylorismus und seines Scientific Managements. Sie hat sich aber nicht langfristig bewährt, weil sie einerseits theoriegestützte Planung ohne praktische Umsetzbarkeit begünstigt, andererseits das Einbringen der Erfahrungen und des Engagements der Ausführenden für konzeptionelle und prozessuale Verbesserungen ausblendet.

Es bleiben zwei verwandte Aufgaben, die der Organisationsentwicklung und die des Change Managements. Sie führen zu Rollen als *Organisationsentwickler* und *Change Manager.* Nur ein Unternehmen, das keinen Veränderungseinflüssen unterläge und sich bereits ideal aufgestellt hätte, fände keine Verwendung und Notwendigkeit dafür. Wir gehen davon aus, dass es keine ideale Aufstellung gibt, dass es stattdessen ein temporäres Optimum gibt, das es immer wieder neu zu erreichen gilt. Es macht bereits einen Unterschied, ob eine Organisationsaufstellung neu ist oder über einen längeren Zeitraum etabliert. Wären alle relevanten Einflussfaktoren über diesen Zeitraum stabil, bestünde dennoch ein signifikanter Unterschied zwischen dem Beginn diese Phase und ihrem weiteren Verlauf. Das Neue wirkt anders und fühlt sich anders an als das Etablierte. Das Neue löst positive Erwartungen bei den einen und Misstrauen bei den anderen aus. Das Etablierte führt zur Gewöhnung, kann zur Nachlässigkeit verleiten und bei veränderungsaffinen Menschen auch zu Langeweile und Unruhe führen. Routinen entstehen und führen zu Verschiebung von Aufmerksamkeit und Prioritäten.

Auf diesen internen Reifungs- und Gärungsprozess treffen in der realen Situation dann viele Veränderungsimpulse. Führungskräfte und Mitarbeiter gehen, andere kommen. Kunden und Lieferanten verändern sich, die Märkte verhalten sich dynamisch. Neue Gesetze verändern die Regeln, neue Technologien die Bedeutung des eigenen Produkts. Je häufiger, tiefer (disruptiver) und je schneller sich Situation,

Anforderungen und Rahmenbedingungen für das Unternehmen verändern, desto dringlicher ist es, systemisch und somit organisationsentwickelnd den Reifegrad des Unternehmens abzusichern und zu steigern, um seine Ergebnisfähigkeit zu maximieren sowie Change-Projekte zu managen.

Diese Rollen sind tendenziell zu Rollenbündeln kombinierbar, sodass einzelne Personen zwei oder sogar mehrere Rollen in ihrer Funktion versammeln, dieses Prinzip stellt Bild 3.7 dar. Beispiele sind die Bündelungen der Rollen als Lenker und Planer, als Wertschöpfer und Planer oder als Stratege und Organisationsentwickler. Besonders bei Führungskräften geht die Möglichkeit der Bündelung weit. Allerdings ist eine zu große Spreizung der Rollen nicht sinnvoll, weil sie zu Überforderung auf der einen oder anderen Seite der Spreizung führt. Hier sind zwei Achsen betrachtet, die hierarchische Spreizung und die Spreizung des Wirkungsfeldes.

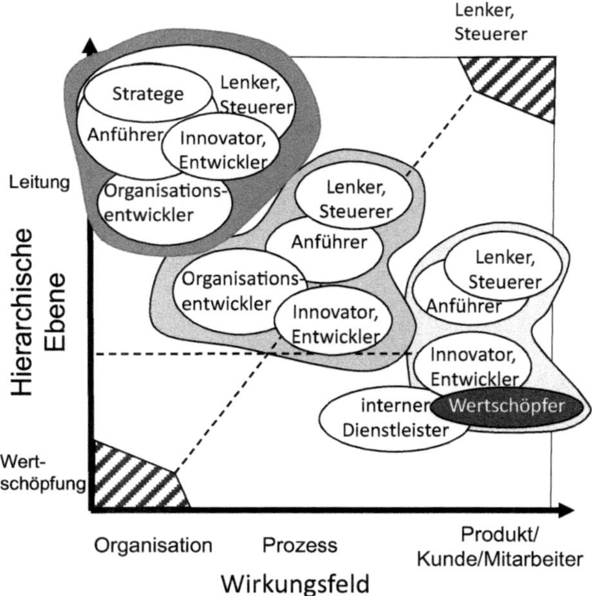

Bild 3.7 Rollen, Rollenbündel und Rollenspreizungen nach Hierarchie und Wirkungsfeld (in Anlehnung an das Rollenbündelmodell des DGQ-Fachkreises Q-Berufe)

Hierarchie und Wirkungsfeld

Hierarchie

- Leitungsebene
- Mittlere Management- und Seniorexpertenebene
- Operative und Expertenebene

Das Wirkungsfeld besteht für einige in der Organisation selbst, ihrem Aufbau und ihrer Veränderung und Weiterentwicklung, ohne Betrachtung der Details von Prozessen und Produkten. Für andere geht es eher um einen oder mehrere Prozesse, für weitere um ein oder mehrere Produkte; bei Prozessen und Produkten geht es dann um deren Details.

Wirkungsfeld

- *Arbeiten an der Organisation:* Wirkungsfeld Organisation, Breite, strategische Zusammenhänge verstehen.
- *Arbeiten am Prozess:* Wirkungsfeld Prozess, Breite und Tiefe, prozessuale Vernetzungen und Details verstehen.
- *Arbeiten am Produkt:* Wirkungsfeld Produkt, Tiefe, produktbezogene Details verstehen.

Bezüglich der Wirkungsfelder ist es unrealistisch, dass sich Einzelne gleich gut mit den strategischen Zusammenhängen der Organisation und ihres Umfeldes, der operativen Vernetzung der Prozesse sowie der Tiefe einzelner Prozesse und zudem der Tiefe und Details der Produkte befassen können.

Es gibt Organisationen mit für sie typischen und historisch etablierten extrem weiten Spreizungen. Dies ist z. B. die Klinik, in der die Ärztliche Direktorin Strategin, Anführerin und Unternehmenslenkerin ist und selbst noch operiert oder therapiert, also Wertschöpferin ist. Desgleichen an der Universität, an der ein Präsident bzw. Rektor selbst forscht und lehrt. Oder das Gericht, an dem die Gerichtspräsidentin auch Richterin ist. Diese Konstellation ist typisch für sogenannte professionsgeprägte Organisationen, das sind Organisationen, in denen Professionen, besonders autonome und autarke Berufe, eine herausragende und prägende Stellung haben. Zwar sind diese Bündelungen und Spreizungen etabliert und typisch, dennoch aber in ihrer Konsequenz hochproblematisch. Denn beides braucht zu viel Zeit und Energie; und weil die Rollen so unterschiedlich sind, ist es schwierig, in beiden die nötige Meisterschaft zu entwickeln. Das geht häufig zulasten der Führungskompetenz, denn in professionsgeprägten Organisationen sind traditionell fachliche Qualifikationen ausschlaggebend für Karrieren, Führungsqualifikationen oft in geringerem Ausmaß. Nicht selten wird bei der Auswahl von Spezialisten für Führungspositionen sogar über erkannte Führungsdefizite hinweggesehen.

Es gibt aber auch Organisationen mit selbst gewählten extremen Spreizungen und Bündelungen. Problematisch sind sie dann, wenn sie eine zu große Hierarchiespanne umfassen (wenn sie in Bild 3.7 die horizontale Linie überschreiten) und wenn sie sowohl an der Organisation als auch am Produkt arbeiten und zusätzlich auch die hierarchische Spreizung ins Spiel kommt (wenn sie in Bild 3.7 die diagonale Linie überschreiten).

Hinsichtlich der Führungsprozesse sind starke Bündelungen der Rollen möglich und auch erstrebenswert. Hochrangige Führungskräfte füllen gleichzeitig die Rollen als Stratege, Anführer von Anführern, Geschäftsmodellinnovatoren, Organisationsentwickler sowie Lenker und Steuerer aus. Bei Führungskräften nachgeordneter Hierarchiestufen fällt die Rolle als Stratege eher weg, alle anderen Führungsrollen treten oft im Bündel auf. Dennoch ist es sinnvoll, sie als eigene Rollen zu differenzieren, denn sie können auch allein von einzelnen Personen eingenommen werden.

Die Rollen (Produkt-)Innovation und (Produkt-)Entwickler, Wertschöpfer und interner Dienstleister können zwar auch gebündelt werden, sind aber in den meisten Organisationen bei unterschiedlichen Personen angesiedelt, weil sie meistens einer starken Spezialisierung bedürfen. Auch finden sich in Organisationen, zumal in großen Organisationen, viel detailliertere Rollendifferenzierungen und Rollenbündelungen, insbesondere bei den Rollen, die nicht Führung betreffen.

3.2.4 Der Mensch als Kompetenzträger

Der Mensch ist der Kompetenzträger in der Organisation. Kompetenzen als die Fähigkeiten, zu handeln, Fachwissen und Methoden zielgerichtet einzusetzen, sich selbst zu organisieren sowie soziale Bindungen zu gestalten sowie zu kommunizieren, sind unverzichtbar für die Erschaffung von Qualität und für das Innovieren.

Kompetenz

Gesamtheit von Fähigkeiten, Fertigkeiten und Wissen eines Menschen [Wank 2005, S. 8].

Der Kompetenzdiagnostiker John Erpenbeck und der Wirtschaftspsychologe Lutz von Rosenstiel unterscheiden die in Bild 3.8 benannten vier Kompetenzklassen.

Bild 3.8
Kompetenztypen (nach Erpenbeck und Rosenstiel [Erpenbeck 2007])

Neben erworbenen Kompetenzen prägen unsere Persönlichkeit Dispositionen, körperliche und psychische Eigenschaften. Einige sind nicht, andere schwierig und kaum veränderbar. Einige Menschen sind klein, andere groß, einige introvertiert, andere extravertiert. Das Zusammenspiel von Kompetenzen und Dispositionen bestimmt, was wir können oder eher gut können und was wir nicht können oder eher schlecht können.

Allerdings bestehen die Gefahren, dass Führungskräfte den Menschen einerseits auf seine Kompetenzträgerrolle reduzieren und seine Bedürfnisse übersehen, andererseits aber nur einen Ausschnitt seiner Disposition und Kompetenzen betrachten und nutzen. Eine *Defizitorientierung* ist in den Unternehmen, in der Gesellschaft sehr verbreitet. Es ist üblich, Kompetenzdefizite zu identifizieren und kompensieren zu wollen. Die in Mitarbeitergesprächen verabredeten Weiterbildungen setzen häufig bei Schwächen und Defiziten an. Weniger verbreitet ist der Ansatz, individuelle Stärken und Talente auszubauen und zur Geltung zu bringen.

Auch bei der Personalauswahl bzw. der Stellenbesetzung missachten wir oft Kompetenzen und Dispositionen. Oft werden Menschen in Stellen gebracht, die bereits spezifiziert wurden, ohne die Disposition, die Kompetenzen und Eigenarten eines konkreten Menschen zu kennen. Mitarbeiter sollen „in ihre Stellen hineinwachsen".

Anders der Ansatz, eine Organisation auf die Stärken, Kompetenzen und Talente der konkreten Individuen gestützt zu spezifisch auszugestalten. „Hire for attitude and train for skills", rekrutiere wegen der Einstellungen und trainiere die Fähigkeiten, lautet ein geflügeltes Wort. Leo Tolstoi, russischer Romanautor von Weltruhm, sagte: „Schnitze dein Leben aus dem Holz, das du hast." So oder so verändert sich eine Organisation mit jedem, der kommt, und jedem, der geht, nicht nur, weil sich das Kompetenz- und Stärkenportfolio leicht oder stark verändert, sondern auch, weil sich etablierte soziale Interaktionen und Bindungen verändern.

Weil sowohl das Schaffen von Qualität als auch das Innovieren besondere Kompetenzen benötigen, ist Kompetenz ein Schlüsselthema für das Innovations- und das Qualitätsmanagement. Beide Themen benötigen bei einigen Überschneidungen dabei unterschiedliche Kompetenz- und Dispositionsprofile (Tabelle 3.5).

Tabelle 3.5 Basale Kompetenzen und Einstellungen für Innovations- und Qualitätsmanagement (beispielhafte Auswahl)

	Innovation	Qualität
Fachlich-methodische Kompetenz	Kreativität stimulieren	Fehler- und Fehlerursachen analysieren
Sozial-kommunikative Kompetenz	Begeisterung und Kooperation für Veränderung erzeugen	Den Dialog über Fehler- und Fehlerursachen führen
Aktionsbezogene Kompetenz	Prototypen erzeugen und ausprobieren	Maßnahmen planen und umsetzen

	Innovation	Qualität
Personale Kompetenz	Sich von eigenen Ideen wieder lösen können	Organisiert sein
Disposition	Neugierig Offen für die Ideen anderer Mutig ...	Zuverlässig Bereit, Fehler einzugestehen Kundenorientiert ...

Umgang mit Kompetenzen und Dispositionen

- Wir können zwischen menschlichen Kompetenzen (Fähigkeiten) und Dispositionen (Eigenschaften) unterscheiden.
- Kompetenzen können wir gezielt weiterentwickeln, Dispositionen sind nicht oder kaum und dann schwierig veränderbar („Hire for attitude and train for skills").
- Wir müssen ein klares Bild davon haben, welche Kompetenzen und Dispositionen für Qualität und für Innovation förderlich sind.
- Wir sind oft defizitorientiert statt stärken- oder talentorientiert und versuchen, Menschen in Organisationen zu verbessern, statt die Organisation um die konkreten Stärken und Talente ihrer Individuen herum zu gestalten.

3.2.5 Der Mensch als Ressource

Der Mensch stellt in der Organisation eine wichtige Ressource dar. Wir begründen leidenschaftlich, warum der Mensch im Mittelpunkt des Unternehmens, im Mittelpunkt des Innovations- und Qualitätsmanagements stehen muss. Ist es da ein Widerspruch, den Begriff Mitarbeiterressource (Humanressource, human resources, Humankapital) zu verwenden? Immerhin wurde Humankapital in Deutschland 2004 zum Unwort des Jahres gekürt *(www.unwortdesjahres.net)*. Die Begründung lautete: „Es degradiert Menschen zu nur noch ökonomisch interessanten Größen." Doch stimmt das überhaupt? Der Begriff stellt den Menschen eben nicht auf die gleiche Ebene wie Gebäude und Betriebsmittel.

Der Mensch ist Mensch, einzigartig; und der Mensch ist der Träger von Kultur, Wissen, Verantwortung in der Organisation. Menschen bestimmen die Ziele, verwirklichen wichtige ihrer Träume in und mit Unternehmen. Und sie sind nicht nur, aber auch eine außerordentlich wertvolle Ressource. Ihr Wissen und Können sind Ressourcen, ihre Empathie ist Ressource und ihr Körper ist Ressource. Körperkraft kommt zum Wohle der Gesundheit immer weniger als Ressource zum Tragen, wurde und wird durch diesbezüglich um ein Vielfaches leistungsfähigere Maschinen ersetzt. Motorische Geschicklichkeit wird ebenfalls zunehmend maschinell ersetzt. Wichtig bleibt die körperliche Präsenz dennoch in allen Bereichen, wo Kunden dieser Präsenz bedürfen, auch wenn es maschinelle Alternativen gibt. Das betrifft in besonderer Weise die Dienstleistung am Menschen, obwohl es auch hier zunehmend Virtualisierungen und Automatisierungen geben wird, z.B. Sprachassistenten und Pflegeroboter. Die Ressource Empathie ist nicht zwingend an körperliche Präsenz gebunden, dennoch gibt es viele Kundenschnittstellen, wo nur körperliche Präsenz des Mitarbeiters den für den Kunden notwendigen Grad an Empathie vermitteln kann. Die Ressource menschliches Wissen und Können ist ebenfalls enorm wertvoll (Bild 3.9).

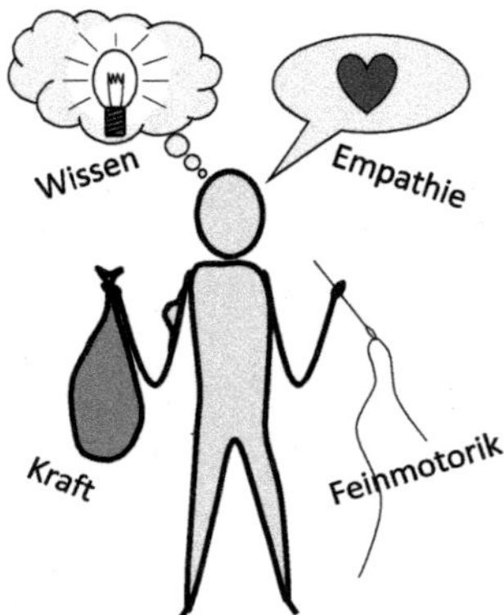

Bild 3.9
Dimensionen der Ressource Mensch

Maschinen und Automaten haben bereits die Ressourcen Körperkraft und motorisches Geschick weitgehend ersetzt. Künstliche Intelligenz schreitet jetzt in großen Schritten voran, die Ressourcen Wissen und Können zu substituieren. Wir müssen uns darüber hinaus darauf einstellen, dass diese Technologie weitere Entwicklungsschritte vollzieht. Heute schließen Wissenschaftler nicht mehr aus, was bisher von fast allen für unmöglich erachtet wurde, dass Maschinen Empathie, ein Bewusstsein entwickeln könnten. Zumindest konnte man Maschinen bereits beibringen, menschliche Gefühle erkennen und simulieren zu können.

Die Menschen in den Organisationen sehen mit großer Sorge die Entwicklung, dass ihre personalen Ressourcen einer weiter verstärkten Gefahr unterliegen, überflüssig zu werden, und fürchten um ihre eigene Bedeutung, um ihren Platz in der Organisation. Zwei Ängste greifen um sich. Es ist die Angst, ersetzt zu werden, die Angst vor Verlust der ökonomischen Grundlage seiner selbst und der eigenen Familie. Sie ist für viele in vielen Branchen und Unternehmen real und realistisch, die globale Pandemie 2020 bekräftigt sie. Dann besteht auch die Angst, nicht gebraucht zu werden. Sie ist diffuser, erschüttert Menschen, kann in eine existenzielle Krise führen. Häufig machen sie für sich selbst oder im Familien- oder Freundeskreis bereits die Erfahrung, dass Mitarbeiter Verfügungsmasse und entbehrlich sind. Arbeit ist eine bedeutende soziale und psychologische Dimension, sie bestimmt den Sozialstatus in der Gesellschaft und den Selbstwert von Menschen. Gelänge es also der Gesellschaft, die Menschen ohne Arbeit wirtschaftlich abzusichern, bliebe dennoch eine bedeutende Lücke.

In Organisationen, deren Veränderungsfrequenz, -tiefe und -schnelligkeit in einer turbulenten Zeit zunehmen, ist die Sorge der Menschen um ihren Arbeitsplatz in Verbindung mit ihrer existenziellen Sorge um die wirtschaftliche Existenzgrundlage und das Fundament für ihren Selbstwert und sozialen Status ein wichtiges Hemmnis für ihre Mitwirkung an der Veränderung. Es wird verstärkt durch die Erfahrung einer großen Distanz und Abgeklärtheit vieler Führungskräfte bei der „Neuallokation der Personalressourcen“ oder der „Derekrutierung“.

Im Umgang mit Veränderung ist anzuerkennen, dass die Ablehnung vieler Mitarbeiter gegen Veränderungen im Allgemeinen sowie gegen spezifische Änderungsprojekte nicht nur legitim, sondern sowohl emotional als auch rational gut begründet ist. Sie basiert weder auf charakterlichen noch intellektuellen Defiziten. Reine Appelle für eine Offenheit für Veränderung wirken auf diese Menschen nicht. Führungskräfte, Innovationsmanager und Organisationsentwickler müssen sich bei derartigen Vorbehalten gegen Veränderung fragen: Warum ist in unserer Organisation das Vertrauen in unsere Fähigkeit, Veränderung positiv zu gestalten, so gering? Nicht selten sind es aber die Mitarbeiter, die Veränderung vorantreiben möchten, veränderungsbereit sind und auf änderungsunwillige oder sogar -unfähige Eigner und Führungskräfte stoßen, die unter ihren eigenen Verlustängsten leiden.

3.2.6 Der Mensch als sozialer Interakteur

Organisationen sind geprägt durch die Interaktion ihrer Mitarbeiter untereinander und deren Interaktion mit den Menschen, die selbst oder deren Organisationen ihre Stakeholder sind. Das *Manifest für Agile Softwareentwicklung* [Sutherland et al. 2001] formuliert vier Paradigmen für eine Arbeitsweise, die extrem kunden- und damit qualitätsorientiert ist. Es entstand vor ca. 20 Jahren im Kontext qualitativ und bezüglich der Geschwindigkeit nicht mehr ausreichender Softwareentwicklungsprozesse. Bis heute blieb es im Qualitätsmanagement nahezu unbeachtet. Im Innovationsmanagement gilt das Manifest als Trigger für die konkrete Ausgestaltung agiler Entwicklungsprozesse. Doch auch für das Qualitätsmanagement ist das Manifest von höchster Bedeutung, denn seine vier Kernaussagen stellen für dieses Wissensfeld einen Paradigmenwechsel dar. Besonders das erste Paradigma geht auf die Bedeutung des Menschen ein. Es postuliert:

„Individuen und Interaktionen sind wichtiger als Prozesse und Werkzeuge“ (aus dem *Manifest für Agile Softwareentwicklung* [Sutherland et al. 2001]).

Weil einige Diskussionen mit Qualitätsmanagern über diesen Satz ein Missverständnis deutlich machen, sei ergänzt: Das Manifest sagt nicht, Prozesse und Werkzeuge seien unwichtig oder dass die Beschäftigung mit Individuen und Interaktionen die mit Prozessen und Werkzeugen ablöse.

Viele Mitarbeiter und Kunden haben bereits die Erfahrung gemacht, dass in einem Setting, in dem kompetente Menschen ideal interagieren, sie aber unreife Prozesse und schlechte Werkzeuge zur Verfügung haben, durchaus Qualität für Kunden entsteht. Sie haben auch erlebt, wie unter als Best Practice geltenden Prozessen und unter Einsatz idealer Werkzeuge, aber bei versagender Interaktion oder versagenden Individuen, Qualitätsprobleme, Fehler und Kundenunmut entstehen.

Allerdings gibt es keinen Gegensatz zwischen Prozess und Interaktion, denn Interaktion ist ein sozialer Prozess; einer von einer Art, die wir bei allen Prozessbetrachtungen in unseren Organisationen häufig übersehen haben oder als Teil unserer Unternehmensprozesse nicht eigens erkannt und deshalb auch nicht weiter analysiert und gestaltet haben. Es liegt häufig viel mehr Augenmerk auf den Schrittfolgen von Unternehmensprozessen als auf dem sozialen Prozess der Interaktion. Soziale Prozesse sind auch viel eingeschränkter isolierbar, standardisierbar und nach Plan gestaltbar als andere Prozessarten, wie Logistik- oder Fertigungsprozesse. Soziale Prozesse sind in den anderen Prozessarten der Organisation enthalten und gehen über sie hinweg.

Schlüssel der sozialen Interaktion ist die Kommunikation. Der Kommunikationswissenschaftler und Psychotherapeut Paul Watzlawick hat fünf Axiome der Kommunikation formuliert [Wazlawick 2012]:

- Man kann nicht nicht kommunizieren.
- Jede Kommunikation hat einen Inhalts- und einen Beziehungsaspekt.
- Kommunikation ist immer Ursache und Wirkung.
- Menschliche Kommunikation bedient sich analoger und digitaler Modalitäten.

  Analog bezieht sich in diesem Zusammenhang auf nonverbale Kommunikationsformen wie Gesten oder Mimik, digital bezieht auch auf wortgestützte Formen wie das gesprochene Wort, Schrift oder Zeichen.
- Kommunikation ist symmetrisch oder komplementär.

  Hier geht es um die Art der Beziehung der Kommunizierenden. Bei (Rang-) Gleichheit ist Kommunikation symmetrisch und strebt nach Minimierung von Ungleichheiten. Bei Hierarchieunterschieden ist Kommunikation komplementär, sodass das Verhalten des einen das Verhalten des anderen bedingt und umgekehrt.

Wenn jemand in einer bestimmten Situation unbewusst oder bewusst nichts sagt, ist eine Botschaft. Darüber hinaus verstehen wir auch nonverbale Kommunikation sowie manchmal auch deren Fehlen oder Minimalismus. So wie wir nicht nicht kommunizieren können, können wir in Organisationen nicht nicht interagieren. *Interaktionsqualität* ist ein wesentlicher Treiber für Qualität und für Innovation.

Interaktionsqualität

Die Qualität des gemeinsamen oder aufeinander bezogenen Handelns mehrerer Akteure. Bei hoher Interaktionsqualität entsteht konfliktarm oder sogar konfliktfrei effizient ein Ergebnis. Bei niedriger Interaktionsqualität ist die Interaktion konfliktgeladen oder große Reibungsverluste machen sie ineffizient.

Für die Interaktion sowie die Kommunikation gibt es in Organisationen formale und informale Regeln. Die informalen Regeln sind Kernaspekt der Organisationskultur, auch darauf werden wir noch vertieft eingehen. Menschliche Interaktion ist zudem stark von Emotionen geprägt. Sie löst in uns selbst in unseren Gegenübern Emotionen aus. Bei anderen wahrgenommene und eigene Emotionen beeinflussen wiederum, was wir tun. Es gibt zwar, besonders in Unternehmen, eine Neigung zur demonstrativen Rationalisierung, diese sollte nicht darüber hinwegtäuschen, wie relevant Emotionen für die Interaktion sind.

3.2.7 Der Mensch im Qualitäts- und Innovationsmanagement

Welches Menschenbild haben Qualitäts- und Innovationsmanagement? Wie fließt Wissen über das Wesen des Menschen, die Motive menschlichen Handelns und die Grundlagen seines Verhaltens in diese Fachgebiete ein? Sind dieses Menschenbild und Wissen geeignet, die bestmöglichen Qualitätsmanagement- und Innovationsmanagementansätze zu fördern? Die unterschiedliche Genese beider Fachgebiete hat zu ebenso unterschiedlicher Berücksichtigung des Menschen geführt.

Im Qualitätsmanagement, das auf eine jahrzehntelange ungebrochene Tradition zurückblickt, spielen seine historisch gewachsenen Menschenbilder eine große Rolle, auch deshalb, weil es regelwerksfokussiert methodenkonservativ ist. Hinzu kommt, dass das Qualitätsmanagement seine Prägung durch Ingenieure und in der Fertigungsindustrie erhalten hat, der Einfluss der Sozial- und Geisteswissenschaften, die einiges zum Menschen beizusteuern haben, war jahrzehntelang sehr gering und seine Protagonisten standen typischerweise außerhalb des Fachgebiets.

Das Innovationsmanagement ist eine vergleichsweise junge Disziplin. Bezieht man die klassische Produkt- und Geschäftsentwicklung in die historische Betrachtung ein, liegt zumindest eine gravierende Zäsur hin zu einem modernen Kreativitäts- und Innovationsmanagement vor. Auch die Produktentwicklung war lange Zeit durch Ingenieure geprägt, allerdings nicht in den Dienstleistungsbranchen. Doch auch in der Dienstleistung, von den sozialen und Bildungsdienstleistern einmal abgesehen, hatten Sozial- und Geisteswissenschaften wenig Gewicht. Erst im modernen Innovationsmanagement der letzten 30 Jahre hat das Verstehen menschlichen Verhaltens und Handelns eine fundamentale Bedeutung erhalten. Psychologie und Pädagogik flossen immer stärker ins Fachgebiet ein.

Der Mensch im Mittelpunkt

- Der Mensch ist der entscheidende Faktor für das Gelingen von Innovations- und Qualitätsmanagement.
- DerMensch muss im Fokus stehen. Nur so kann der Zweck eines verzahnten Innovations- und Qualitätsmanagement erfüllt werden.

3.2.7.1 Der Mensch im Qualitätsmanagement

Das Qualitätsmanagement hat im Laufe seiner fachlichen Entwicklung Phasen mit unterschiedlichem Fokus durchlaufen. Die Statistische Prozesskontrolle (SPK, englisch SPC, auch Statistische Qualitätskontrolle, SQK, genannt) der 1950er-Jahre hat das Produkt, seine Merkmale und die Mathematik in den Fokus genommen. In der 1980er-Jahren haben die Vorläufer der 1987 erstmalig veröffentlichten ISO 9001 sowie diese dann selbst zunächst das Qualitätsmanagementsystem und die QM-Methoden, dann ab 2000 die Prozesse und das Prozessmanagement in den Mittelpunkt des Qualitätsmanagements gerückt. Das Total Quality Management (TQM) hat in den 1990er-Jahren die Rolle der Führung und die systemische Vernetzung der Einflüsse auf die Qualität betrachtet. Insbesondere das TQM japanischer Prägung sieht die Menschen im Kollektiv als Entdecker von Fehlern und Fehlerursachen und als Qualitätsverbesserer. Ihr Qualitätsbewusstsein sollte von außen stimuliert werden, sie erhielten Anleitung und Rituale dafür. Sie heißen Kaizen, Lean, KVP, Poka Yoke, 5S etc. Viele TQM-Impulse sind in die Weiterentwicklung der ISO 9001 und auch in die Entwicklung der Qualitätspreismodelle wie Malcolm Baldrige National Quality Award (USA) und das EFQM Excellence Modell (Europa) sowie deren viele regionale und nationale Pendants eingeflossen. Sie haben, wie z. B. das EFQM-Modell, die Organisation als Mechanismus beschrieben, in der Führungskräfte die richtigen 24 Hebel bedienen, die „Befähigerteilkriterien", um mit größerem und kleinerem Zeitverzug die gewünschten Ergebnisse zu erzielen, geordnet in vier Ergebniskriterien mit jeweils zwei Teilkriterien. Die Ergebniskriterien sind verwandt mit dem Ansatz der Balanced Scorecard, die mit vier ähnlichen, Perspektiven genannten Kriterien arbeitet und die ab ca. 2000 eine große Verbreitung erzielte.

All dies waren bedeutende Innovationen im Management. Der Mensch rückte bei diesen Ansätzen, Normen und Modellen für das Qualitätsmanagement erst nach und nach in den Fokus. Sie sehen ihn als wichtigen Faktor, er ist Akteur, Verantwortlicher, Kompetenzträger, Ressource, manchmal, wie z. B. im Ishikawa-Diagramm, Störfaktor bzw. Fehlerquelle. Eine große Wertschätzung erhält der Kunde, allerdings mit dem Blick auf einen rationalen Nutzenoptimierer, der seine Anforderungen benennt und der diesbezüglich auf deren Erfüllung gestützte Zufriedenheit anstrebt. Insbesondere das europäische EFQM-Modell sowie vergleichbare Modelle anderer Regionen messen dem Menschen als Führungskraft und Mitarbeiter unter den QM-Ansätzen schon viel Raum zu. Doch weder die Qualitätsambition des Menschen, das (Menschen-)Recht auf Qualität, noch der Mensch als solcher mit seinen Emotionen und Bedürfnissen steht wirklich bei all diesen Werken sowohl an erster Stelle als auch im Mittelpunkt.

Versachlichung des Menschens

Im Qualitätsmanagement herrscht eine Versachlichung und Instrumentalisierung des Menschen. Darüber hinaus ermangelt es ihm aber am Verstehen und der Berücksichtigung menschlicher Motive, Bedürfnisse und Verhaltensweisen. Das Qualitätsmanagement baut zu sehr auf vereinfachende und idealisierte Vorstellungen von menschlichem Handeln. Es setzt auf seine rationale Zugänglichkeit und blendet die das reale Verhalten prägenden Widersprüchlichkeiten, Paradoxien und Konflikte der Organisation weitgehend aus. ■

Ist gerade die Zeit der digitalen Disruption, der vierten industriellen Revolution mit ihren immer weitergehenden technischen Lösungen bis hin zur künstlichen Intelligenz dafür geeignet, den Menschen in den Mittelpunkt des Qualitätsmanagements zu rücken? Die Zeit, die vernetzte, intelligente Maschinen prägen, in denen wir die Prozesse vom Menschen entkoppeln, soll eine Zeit des Menschen sein? Vieles spricht dafür, dass der Mensch sich in den Organisationen, im Wirtschaftsleben, in der Gesellschaft und auch im Qualitätsmanagement aktiv seinen Platz erstreiten muss, um nicht ins Hintertreffen zu geraten. Er ist und bleibt der ausschlaggebende Gestalter und Empfänger von Qualität.

Als Fazit bleibt: Personenzentriertes Qualitätsmanagement muss den Menschen selbst in den Mittelpunkt seines Handelns stellen. Dabei geht es sowohl um den Menschen in der Organisation, Führungskräfte und Mitarbeiter, als auch außerhalb der Organisation, Käufer und Nutzer.

3.2.7.2 Der Mensch im Innovationsmanagement

Ein Grundsatz des Design Thinking, des in den letzten Jahren enorm an Verbreitung gewinnenden Frameworks zur Innovationsgenerierung, besteht darin, menschen- und bedürfnisfokussiert zu designen und Lösungen zu finden. Er ist zu einem seiner Erfolgsfaktoren geworden. Das liegt auch daran, dass Entwickler dazu neigen, Innovationen oft nicht menschenfokussiert bzw. menschbedürfnisfokussiert voranzutreiben. Viele Innovationen haben Effektivitäts-, Effizienz- und Produktivitätsgewinne zum Ziel, sie sind erfindergetrieben. Davon profitieren oft unmittelbar zunächst nur wenige Menschen, z.B. die Erfinder und Eigner der Innovationen.

Viele weitere Menschen verlieren zunächst einmal und manchmal dauerhaft und erfahren bedrohliche Disruptionen. Das Verlassen der bisherigen Komfortzonen ist da noch das Geringste, immer wieder verlieren Menschen ihren Lebensraum, ihre Lebensweise, ihre Arbeitsstelle, ihre Selbstbestimmung oder ihre sozialen Bindungen durch Disruptionen.

Das zeigt sich besonders in den Hochphasen industrieller Revolutionen. Diese Erkenntnis ist deshalb bedeutend, da wir uns mit hoher Wahrscheinlichkeit zu Beginn der Hochphase der sogenannten vierten industriellen Revolution befinden. Beispiele für den Umgang mit tief in die Gesellschaft greifenden disruptiven Veränderungen zeigen die Maschinenstürme von Textilarbeitern im frühen 19. Jahrhundert in England (Fabriken wurden angezündet; zahlreiche Beteiligte wurden dafür hingerichtet) oder der legendäre Aufstand der schlesischen Weber 1844, deren Existenzgrundlage durch die Überkapazitäten neuer maschineller Webstühle entfiel.

Viele dieser Disruptionen wirkten sich gleichzeitig auch positiv aus, verringerten gesundheitsgefährdende Belastungen durch körperliche Arbeit, schufen eine bessere Gesundheitsversorgung und den Zugang zu einst exklusiven Leistungen, wie Transport, Bildung und Gütern des täglichen Bedarfs, Lebensmitteln und Kleidung. Bisherige Luxusgüter für wenige an der Spitze der Gesellschaft konnten sich immer mehr Menschen niederer Klassen leisten.

Für den Wirtschaftswissenschaftler Joseph Schumpeter flankierten soziale Innovationen technische Innovationen und machten diese erst wirksam. Dennoch dominieren technische Innovationen an Zahl und Intensität häufig gegenüber sozialen und anderen Innovationsarten.

Seit die Bedeutung der Kreativität für die Innovation erkannt wurde, rückte die „Psychologie des Users“ immer stärker in den Fokus der Innovatoren. Kreativitätskonzepte und Innovationsansätze nutzen viele Grundlagen und Methoden der Sozialwissenschaften. Viele Berater und Coaches sowie auch Mitarbeiterinnen und Mitarbeiter von Innovationsbereichen haben psychologische, pädagogische, künstlerische oder sozialwissenschaftliche Qualifikationen.

■ 3.3 Organisation

Organisationen sind von Menschen geschaffen, damit sie effizienter ihre Bedarfe erfüllen können, als es ihnen einzeln oder „unorganisiert“ gelänge. Die Organisation wirkt als Ermöglicher komplexer Leistungen sowie als Hebel oder Leistungsverstärker; mittels einer funktionierenden Organisation kann der Mensch Kompetenzen und Ressourcen so bündeln und verstärken, dass größere, komplexere und mehr Leistungen entstehen, als durch einen Einzelnen möglich. Insofern soll die Organisation dem Menschen und seinen Bedürfnissen dienen.

Organisation

Organisation ist ein nach außen abgegrenzter, unter definierten Regeln strukturierter, arbeitsteiliger Zusammenschluss von Menschen, die Zweck und Auftrag der Organisation gemeinsam erfüllen.

Organisation ist ein Oberbegriff über unterschiedliche Organisationsvarianten. Darunter befinden sich gewinnorientierte, wie Unternehmen, aber auch nicht gewinnorientierte, wie staatliche Verwaltungen, Schulen, Armeen.

Nicht nur Organisationen wie die Unternehmen und Non-Profit-Institutionen, sondern auch lokale und überregionale staatliche Verbünde, die historisch ihren Ursprung in den zunächst nomadisierenden und dann ortsgebundenen Stammes- und Herrschaftsverbänden haben, dienen unter anderem als kollektive Leistungsverstärker für Menschen.

Das „Sich-Organisieren" basiert auf der Bündelung der Kräfte mehrerer oder vieler Menschen, vor allem aber auch auf Arbeitsteilung und damit einhergehend auf Fokussierung von besonderen Fähigkeiten, also auf Spezialisierung. Heute nennen wir dies *Spezialisierung auf Kernkompetenzen.* Ursprünglich ist Kompetenz etwas dem einzelnen Menschen Zuzuschreibendes, aber es lassen sich auch kollektive Kompetenzen, Organisationskompetenzen, benennen.

Direkt mit der Spezialisierung verbunden sind die Aspekte der Qualität und der Innovation, denn die Spezialisten entwickelten zunehmend eine Kunstfertigkeit in ihren Spezialaufgaben und den Drang, die Dinge in ihrem Aufgabenbereich zunächst gut und dann besser und ressourceneffizienter herzustellen oder zu leisten. Das gilt auch für das Führen und das Organisieren selbst. Insofern sind Organisationen nicht nur kollektive Leistungsverstärker, sie sind auch kollektive Qualitätsverbesserer und Innovationstreiber.

Die Spezialisierung auf Kernkompetenzen führte aber auch zu einem Verlust anderer Kompetenzen. Zunehmende Kompetenztiefe geht zulasten der Breite des Kompetenzspektrums. Die Begriffe T-Shaped Personality oder T-förmige Kompetenz hingegen bezeichen ein Kompetenzprofil, bei dem jemand sowohl über ein breites Kompetenzspektrum verfügt (der Querbalken des T) als auch in einem Fachgebiet tiefe Kompetenz augweist (der Längsbalken des T). Der moderne Mensch kann schon längst nicht mehr seine Bedürfnisse, nicht einmal seine Grundbedürfnisse durch eigene Produktion und Leistung selbst erfüllen. Jeder ist auf die Kompetenz und Leistung vieler anderer angewiesen und andere auf ihn. Daraus resultieren eine gegenseitige Abhängigkeit und die Pflicht, seine Sache gut zu machen, sowie der Anspruch und das Recht, von anderen gut Gemachtes zu erhalten.

Vernetzung als Basis für Qualität und Innovation

Qualität und Innovation können nur aus der Vernetzung vieler entstehen. So entstehen in der Organisation eine gegenseitige Verpflichtung zur Qualität und die Notwendigkeit zur Kooperation.

Eine Organisation kann als Organismus beschrieben werden, doch diese Metapher ist begrenzt tauglich, um einige ihrer Phänomene zu erklären, z. B. das Prinzip der Arbeitsteilung und der Wahrnehmung unterschiedlicher Aufgaben ihrer verschiedenen Menschen. Eine Organisation ist aber kein Organismus, und ihre Teile sind keine Glieder und Organe eines Organismus; sie ist ein soziales System mit interagierenden Individuen, die jederzeit eigene Entscheidungen für und gegen die Organisation treffen können, was die Teile eines Organismus nicht können. Eine Organisation ist auch kein Wesen mit einem Willen und einer Meinung. Oft heißt es, „das Unternehmen will", „Ziele des Unternehmens sind" oder „das Unternehmen verlangt". Nein, es sind immer konkrete Menschen in Organisationen, die meinen, wollen und verlangen.

Organisation als Ort

Eine Organisation oder ihre Sonderform Unternehmen ist ein Ort, physisch oder virtuell, an dem Menschen zusammenkommen, um ihre Kompetenzen und Kräfte für gemeinsame Ziele und Aufgaben zu bündeln.

Heute können wir die Organisation wechseln. In der Frühzeit, wo Sippen-, Stammes- und Herrschaftszugehörigkeit meist ein Leben lang anhielten, war dies schwierig. Verlust der Mitgliedschaft in einer Organisation war über lange Zeiträume lebensbedrohlich, der Erwerb einer neuen Zugehörigkeit schwierig bis unmöglich. Heute sind Unternehmen geprägt durch beiderseits freiwillig gewählte sowie temporäre und damit auch mit der Zeit wechselnde Loyalitäten. Einen besonderen Widerspruch stellt dabei das Streben der Führungskräfte von Unternehmen nach der Loyalität ihrer Mitarbeiter bei gleichzeitiger eigener Illoyalität dar, die sich in rigoroser Entlassungsbereitschaft zwecks Kostensenkung und Strategiewechsel sowie in eigener Wechselbereitschaft zwecks Karriereoptimierung äußert.

Einer der meistzitierten Artikel mit grundlegenden Fragestellungen zur Organisation, insbesondere des Unternehmens als Sonderform der Organisation, ist „The Nature of the Firm" von Ronald Coase aus dem Jahr 1937 [Coase 1937]. Der Brite Coase war Professor an der London School of Ecomomics und später an der University of Chicago Law School und erhielt 1991 den Wirtschaftsnobelpreis. Eine von Coases Fragen lautet: Warum und unter welchen Bedingungen entstehen Unternehmen (firms)? Er fragt dies vor dem Hintergrund, dass stattdessen auch selbstständige (independent, self-employed) Menschen miteinander Verträge schließen könnten, um zu produzieren und Leistungen zu erbringen. Coase untersuchte, unter welchen Bedingungen Unternehmer (entrepreneur) Menschen einstellen (hire), anstatt Kooperationsverträge mit ihnen zu schließen (contracting). Unter der von den Wirtschaftswissenschaften vertretenen traditionellen These, dass der Markt effizient ist und deshalb mit der Zeit immer jemand auftritt, der ein Gut oder eine Dienstleistung am billigsten anbietet, sollte es immer günstiger sein, etwas extern zu beschaffen (contracting out) als zu dessen Herstellung jemand anzuheuern. Coase begründet den Vorteil der Gründung eines Unternehmens damit, dass dieses die Transaktionskosten, die Marktnutzungskosten, ganz oder teilweise vermeiden kann, indem es die Herstellung von Gütern und Erbringung von Dienstleistungen internalisiert.

Transaktionskosten (transaction costs)

Transaktionskosten sind Kosten für „die Benutzung des Marktes" (market transaction costs). Darunter fallen Kosten für das Kaufen und Verkaufen, Mieten und auch die Kosten, die unternehmensintern entstehen, um sich zu organisieren, also Managementkosten (managerial transaction costs) oder anders gesagt Kosten der innerbetrieblichen Hierarchie.

Gemäß der Transaktionskostentheorie fallen bei jeder Transaktion Transaktionskosten an.

Allerdings sinkt der „return to the entrepreneur function", die Rendite aus der Unternehmerfunktion, weil Gemeinkosten ansteigen sowie überbeanspruchte („overwhelmed") Manager eine Neigung zu Fehlern bei der Ressourcenzuordnung haben, und es entsteht ein natürliches Limit. Diese Kosten egalisieren die Vorteile der Unternehmensbildung, es entsteht ein abnehmender Grenznutzen.

Nun zur Schlussfolgerung aus den vorangestellten Überlegungen: Die Größe eines Unternehmens ist ein Ergebnis einer optimalen Balance aus dem Nutzen der Internalisierung von Leistungen und den tendenziell mit ihrer Größe und Komplexität wachsenden Transaktionskosten.

Wichtige Einflussfaktoren dabei sind bezogen auf eine steigende Zahl von Transaktionen:

- die Transaktionskosten und der Grad ihres Anstiegs,
- die Wahrscheinlichkeit unternehmerischer Fehler und der Anstieg der Fehlerrate,
- die räumliche Streuung der Transaktionen,
- die Unterschiedlichkeit der Transaktionen.

Indem er das Thema unternehmerischer Fehler adressiert, berührt Coase auch das Thema Qualitätsmanagement insofern, als es Mechanismen und Methoden zur Fehlererkennung und Fehlerbehebung nicht nur bezogen auf das Produkt, sondern auch bezogen auf Prozesse, darunter Führungsprozesse, bereitstellen muss. Innovationsentscheidungen sind fundamentale unternehmerische Entscheidungen, die häufig neue und andersgeartete Transaktionskosten für das Unternehmen induzieren.

Jede Organisation hat einen Zweck und eine darauf ausgerichtete Mission, einen Auftrag. Diesen Auftrag geben ihr ihre Eigner oder Leitungen, oder sie erhält ihn durch eine externe, gesellschaftliche Instanz, z. B. durch eine Landes- oder Bundesregierung. Bei den allermeisten Unternehmen besteht der Zweck darin, Geld zu verdienen. Eigner und weitere Investoren geben Mittel, die sie verzinst sehen wollen. Das Unternehmen benötigt dafür einen Mechanismus. Dieser besteht aus einem Geschäftsmodell, das klärt, auf welche Weise eine Wertschöpfung entstehen soll, sowie aus Prozessen, die den Betrieb des Geschäftsmodells leisten. Das Geschäftsmodell bestimmt also, was die Organisation konkret tut und wie sie es tut, um ihre langfristige Existenz zu sichern. Für das Wie gibt es grundsätzliche und operative Alternativen. Die grundsätzliche Alternative, die die Organisation für sich wählt oder kreiert, ist die Strategie. Die operativen Alternativen sind zum Teil strategisch, zum Teil handwerklich.

Es gibt Organisationen, deren Zweck es nicht ist, Geld zu mehren. Doch auch diese Organisationen benötigen Mittel, sodass sie Mittelflüsse generieren und organisieren müssen. Doch egal, ob monetäre Wertschöpfung oder qualitative Wertschöpfung den Hauptzweck darstellen, beide Aspekte sind immer miteinander verzahnt.

Wer Geld verdienen will, muss Qualität bieten, wer Qualität bieten will, muss Geld investieren können. Und Qualität zu bieten bedeutet, etwas gut genug zu machen. ■

Unternehmen und einige andere Organisationen stehen in einem anstrengenden, nicht enden wollenden Wettbewerb zueinander. Wer kein Monopol hat, muss ständig daran arbeiten, den eigenen Mechanismus der Wertschöpfung oder die Wertschöpfung selbst zu optimieren, um kosteneffizienter zu werden und für Kunden oder Auftraggeber attraktiv zu sein. Es gilt also, seine Sache nicht nur gut zu machen, sondern Innovation zu schaffen, die Sache besser zu machen; weil jeder, der etwas besser als das bereits Vorhandene anbieten kann, sich einen Vorteil im Wettbewerb verschaffen kann. Besonders ergiebig ist es, etwas neu zu schaffen, etwas, das es vorher nicht oder so nicht gab und das ein bisher noch unbefriedigtes Bedürfnis stillt oder einen neuen oder verbesserten Nutzen stiftet.

Damit sind zwei der wichtigsten Themen für die Existenz von Organisationen adressiert: Qualität (gut genug) und Innovation (besser, neu):

- Qualität heißt, eine Sache oder Leistung, die ich anbiete, gut genug zu machen, sodass für Kunden ein angemessener Nutzen entsteht.
- Innovation heißt, etwas Neues zu schaffen oder etwas Vorhandenes so zu verbessern, dass für Kunden ein Zugewinn von Nutzen entsteht.

Nutzen heißt zunächst einmal funktionaler Nutzen, wie z.B. der tägliche Transfer von der Wohnung zur Arbeitsstelle. Sachen und Leistungen können jedoch auch oder ausschließlich einen emotionalen Nutzen haben, z.B. ein Automobil aus dem eigenen Geburtsjahr zu fahren oder das Modell, in dem man als Kind von den eigenen Eltern chauffiert wurde. So stellen auch soziale Distinktion und Reputationsgewinn einen Nutzen das, was sich auch in dem Begriff „Geltungskonsum“ widerspiegelt.

Der angestrebte Grad der Zweckerfüllung lässt sich als Vision, Ziel oder als Konglomerat von Zielen beschreiben.

Definitionen

- **Zweck:** grundlegende Existenzberechtigung der Organisation
- **Vision:** beschreibt einen langfristig angestrebten Zielerreichungsgrad/ Zweckerfüllungsgrad
- **Mission:** konkreter Auftrag der Organisation, Konkretisierung des Zwecks, bestimmt Art der Leistungserbringung
- **Wertschöpfung:** Zugewinn an Nutzen (Beitrag zur Zweckerfüllung)
  - monetäre Wertschöpfung: Zugewinn an Organisationswert, Verzinsung des eingesetzten Kapitals (Return on Investment)
  - qualitative Wertschöpfung: Zugewinn an Lebensqualität
- **Ziele:** konkretisieren den angestrebten Grad der Zweckerfüllung, machen ihn messbar
  - strategische Ziele: grundlegende Ziele, Ziele ersten Ranges
  - Sub-, Teil- oder operative Ziele: Ziele nachgeordneter Ränge
- **Geschäftsmodell:** beschreibt den Mechanismus der Wertschöpfung
- **Strategie:** grundsätzlicher Ansatz und grundlegende operative Alternative, den Zweck zu erreichen und das Geschäftsmodell auszugestalten

3.3.1 Organisationsstruktur

Als Organisationsstruktur bezeichnet die Betriebswirtschaft das Zusammenspiel aus Aufbau- und Ablauforganisation. In einem darüber hinausgehenden Verständnis soll hier auch die Ausstattung mit Räumen, Maschinen, Software etc. einbezogen sein. Neben den dinglichen Bestandteilen der Infrastruktur gehören auch immaterielle Elemente dazu, wie das Managementsystem, das verfügbare Wissen, die Beziehungen mit Partnern, Kunden und weiteren Interessengruppen. Auch die Mitarbeiterressource, die Anzahl und Kompetenz der Mitarbeiter, lässt sich als infrastrukturelle Komponente betrachten (ohne damit eine Herabwürdigung des Menschen zu verbinden).

Organisationsstruktur und Organisationsinfrastruktur

Organisationsstruktur ist eine Mischung aus Architektur und „Betriebssystem" einer Organisation. Die Architektur bildet ihre Aufbauorganisation, das Betriebssystem ihre Ablauforganisation.

Die Organisationsinfrastruktur umfasst alle infrastrukturellen Aspekte der Organisation, dazu gehören auch materielle (Gebäude, Betriebsmittel etc.) und immaterielle Vermögensgegenstände (Software, Wissen, Managementsystem etc.) sowie auch die Belegschaft als Personalinfrastruktur. Materielle und immaterielle Vermögensgegenstände heißen auf Englisch tangible and intangible assets. ■

Die Struktur oder auch Infrastruktur einer Organisation ist eine wichtige Grundlage für ihre Innovations-, Qualitäts- und Ergebnisfähigkeit.

Zwei Kategorien sind von besonderer Bedeutung für die Struktur einer Organisation und somit für ihr Managementsystem, ihre Qualitäts- und ihre Innovationsfähigkeit:

- die **Aufbauorganisationsform** und
- die **Rechtsform.**

3.3.1.1 Aufbauorganisationsformen

Jede historische Epoche hatte spezifische Formen ihrer Organisationen. So war die vorindustrielle Zeit geprägt durch kleine, patriarchale, feudale und überwiegend lokal agierende Organisationen in Landwirtschaft und Handwerk. Ihre Mitglieder lebten oft auch gemeinsam auf den Höfen oder in Stadthäusern, in denen auch die Werkstätten eingerichtet waren.

Mit der Industrialisierung entstanden zahlreiche große Organisationen, die es zuvor nur vereinzelt gab. Die Trennung von Arbeit und dem, was wir heute Privatleben nennen würden, schritt schnell voran. Die Bindung der Mitglieder an die Organisation war nur noch schwach, ihre Austauschbarkeit war groß, was zu großen sozialen Verwerfungen führte, insbesondere zu allen Phasen, in denen ein Überangebot an Arbeitskräften bestand.

Nach und nach entstanden bezogen auf Aufbau- und Ablauforganisation neuartige Formen der Organisation. Die starke und immer feingliedrigere Arbeitsteilung ermöglichte und erforderte andersartige Ablauforganisationen. Neue Technologien, wie Telegrafie, Funk und Telefon, beschleunigten die Kommunikation, vor allem erlaubten sie die Kommunikation in Echtzeit über große Distanzen. Das veränderte die Entscheidungs- und somit Führungsstrukturen und mithin die Managementsysteme.

Jede Epoche, so auch die unsere, sucht und bildet Organisationsformen, die den jeweiligen gesellschaftlichen und wirtschaftlichen Voraussetzungen und Anforderungen genügen. Die heutigen Experimente mit agilen und selbstgesteuerten Organisationen spiegeln die moderne Suche nach geeigneten Formen wider, ohne dass diese bereits abgeschlossen wäre.

Zwei Merkmale prägen die Organisation: die Art und Weise, wie sich ihre Hierarchie gestaltet, sowie die Art und Weise der Bildung und Abgrenzung ihrer Organisationseinheiten. Ab einer gewissen Größe, bis zu der oft nur eine Führungsebene besteht, haben Organisationen bis auf wenige Ausnahmen eine mehrstufige Führungshierarchie.

Structure follows process, process follows strategy

Peter Drucker, einem aus Österreich stammenden US-Amerikaner, Professor an mehreren Universitäten und Urvater der modernen Managementlehre und der Unternehmensberatung, wird der Satz zugeschrieben: Structure follows process, process follows strategy. Die Ablauforganisation dient demnach der Strategieumsetzung, die Aufbauorganisation der Herstellung einer dafür geeigneten Ablauforganisation.

Die Betriebswirtschaft unterscheidet:

- die *funktionale Organisationsstruktur*, die Organisationseinheiten mit der gleichen Aufgabe (Entwicklung, Produktion etc.) zusammenfasst, und
- die *divisionale Organisationsstruktur*, die alle erforderlichen Aufgaben für unterschiedliche Produktgruppen oder Märkte in Divisionen (oder Sparten) zusammenfasst.

Realisiert werden sie in unterschiedlichen Ausprägungen und Mischformen bezüglich ihrer Leitungssysteme:

- *Matrixorganisation:* Sowohl Funktionen als auch Sparten sind jeweils zusammengefasst und haben eigene Leitungsstrukturen, sodass Mitarbeiter sowohl Funktionsvorgesetzte haben (Beispiel Entwicklung oder Produktion) als auch Spartenvorgesetzte (z. B. Industrieprodukte oder Automotiveprodukte).
- *Linienorganisation:* Über die Hierarchieebenen verästelt sich die Organisation mit ihren Organisationseinheiten zu einem Hierarchiebaum, jede Organisationseinheit ist nur einer Führungskraft zugeordnet. Varianten sind:
  - Einlinienorganisation,
  - Mehrlinienorganisation (mit Ähnlichkeiten zur Matrixorganisation) sowie
  - Kombinationen aus Ein- und Mehrlinienorganisation.
- *Stablinienorganisation:* Neben den typischen Attributen der Linienorganisation prägen Stabsfunktionen, die auf mehreren oberen Hierarchieebenen angesiedelt sein können, die Aufbauorganisation.
- *Soziokratische Organisation:* hierarchiearme oder nahezu hierarchiefreie Organisation mit weitreichenden Selbststeuerungsmechanismen.

Die konkrete Ausgestaltung der Aufbauorganisationsform bildet einen Rahmen für und stellt Anforderungen an die Ausgestaltung des Managementsystems und auch des Qualitäts- und des Innovationsmanagements, wie Tabelle 3.6 aufzeigt.

Tabelle 3.6 Einfluss der Aufbauorganisationsform auf Qualitäts- und Innovationsmanagement

Qualität und Qualitätsmanagement	Innovation und Innovationsmanagement
Globale Managementsystemanforderungen: ▪ Entscheidungsbefugnisse und Entscheidungsprozesse ▪ Verantwortlichkeiten, Rollen, Funktionen ▪ Berichtswege ▪ Grad der Deckung von Ablauf- und Aufbauorganisation	
▪ Aufbau der Qualitätsfunktion(en) und Integration in die Aufbauorganisation ▪ Aufbau der anderen managementsystemrelevanten Funktionen (z. B. Compliance Officer, Umweltmanagementbeauftragte) und Integration in die Aufbauorganisation ▪ Art der Integration unterschiedlicher Teilmanagementsysteme	▪ Aufbau der Innovationsfunktion(en) und Integration in die Aufbauorganisation ▪ Grad der strategischen Verzahnung der Entwicklungen in unterschiedlichen Produkt- und Marktbereichen

Typisch für größere Unternehmen ist ein pulsierender Wechsel zwischen unterschiedlichen Zuständen der Aufbau- und Ablauforganisation, zwischen

- Zentralisierung und Dezentralisierung,
- Sparten- und Linienorganisation,
- Outsourcing und Insourcing,
- Hierarchisierung und Enthierarchisierung.

Dieses oft in regelmäßigen Zeitzyklen erfolgende Changieren zwischen unterschiedlichen Polen irritiert viele Mitarbeiter und auch Managementsystemverantwortliche. Es darf nicht als falsch oder als planlose Suche nach dem richtigen Zustand missverstanden werden, denn es gibt keinen richtigen Zustand oder Idealzustand, vielmehr die Notwendigkeit eines ständigen Arbeitens an der Organisation, um sie in der richtigen Balance zu halten. Je größer die Organisation, desto schwerer fällt ihr typischerweise eine reibungsarme Anpassung an neue Prämissen oder die Veränderung.

Kein stabiler Idealzustand einer Organisation

Es gibt keinen dauerhaften Idealzustand einer Organisation. Interne und externe Dynamiken wirken auf die Organisation und stören temporäre Gleichgewichte. Darauf muss die Organisation reagieren und Anpassungen vornehmen. Dann neigen Führungskräfte und auch gesamte Organisationen dazu, ihre Initiativen zu weit zu treiben, über den Punkt hinaus, wo deren Vorteile überwiegen. Zusätzlich ist es aber so, dass der eine oder der andere Pol nicht nur Vorteile hat. Mit der Zeit schwächen sich Vorteile ab oder Gewöhnung daran schwächt ihre Wahrnehmung als solche, und die Nachteile drängen sich überdeutlich in den Vordergrund. Dies veranlasst Führungskräfte, immer wieder auch neue Führungskräfte, das Pendel in die andere Richtung zu bewegen. Der Effekt wiederholt sich nach einigen Jahren, das Pendel schwingt zurück.

Die Aufbauorganisationsform steht auch in gegenseitiger Beeinflussung mit der Rechtsform der Organisation.

3.3.1.2 Rechtsformen

Die Rechtsform einer Organisation bestimmt wesentlich ihren Charakter, in erster Linie ihre Struktur und darüber mittelbar auch ihre Kultur. Sie ist nicht nur eine Formalität, sondern stellt die Organisation unter rechtsformspezifische Anforderungen, die für die Ausgestaltung des Managementsystems prägend sind. Die Rechtsform ist gesetzlich verankert. Insofern sind es für eine Gesellschaft mit beschränkter Haftung das deutsche GmbH-Gesetz (GmbHG) oder für die Aktiengesellschaft das Aktiengesetz (AktG), das unter anderem das deutsche Konzernrecht regelt, die wesentliche Rahmenbedingungen für die Ausgestaltung ihrer Struktur definieren. Weitere organisationsformspezifische Regelungen sind im Handelsgesetzbuch (HGB) dargelegt. In allen Ländern gibt es entsprechende Organisationskonstruktionen und diese regelnde Rechtsnormen.

Die wichtigste Aufgabe der Rechtsform der Organisation ist es, Rechtssicherheit zu schaffen. Dazu gehört,

- Eigentumsverhältnisse sowie
- Einfluss- und Entscheidungsrechte verbindlich festzulegen und
- die Geldströme in und um Organisationen zu regeln.

Daran haben nicht nur die unmittelbar an der Organisation Beteiligten und die Mitglieder der Organisation, sondern auch die Gesellschaft ein großes Interesse. Denn Organisationen haben wichtige gesellschaftliche Funktionen und tragen wesentlich zu derer Entwicklung und Befriedung bei.

Gefragt, welches die wichtigsten Regelwerke für das Managementsystem sind, hat bisher kaum eine Qualitätsmanagerin oder ein Qualitätsmanager die genannten Gesetze genannt, viele stattdessen aber die ISO 9001, vergleichbare Umweltmanagement- oder andere Standards sowie branchenspezifische Qualitätsmanagement- und vergleichbare Regelwerke. Dabei sind die Gesetze für das Managementsystem der Organisation relevanter und prägen auch seine Ausgestaltung mehr als alle nachgeordneten Regelwerke.

Die Anforderungen der rechtsformspezifischen Gesetze der eigenen Organisation kennen

Wir sollten über ein gewisses Grundlagenwissen bezogen auf die Rechtsform der eigenen Organisation und der mit ihr verbundenen Mütter und Töchter sowie Schlüsselpartner verfügen. Denn einige Entscheidungen und Verhaltensaspekte der jeweiligen Führungskräfte erschließen sich oft erst auf Basis dieses Wissens.

Tabelle 3.7 zeigt Einflüsse der Rechtsform auf das Qualitäts- und das Innovationsmanagement. Die Einflüsse können global auf das Managementsystem wirken, aber auch spezifisch auf Qualität und Qualitätsmanagement oder Innovation und Innovationsmanagement.

Tabelle 3.7 Einfluss der Rechtsform auf Qualitäts- und Innovationsmanagement

<table>
<tr><th>Qualität und Qualitätsmanagement</th><th>Innovation und Innovationsmanagement</th></tr>
<tr><td colspan="2">Globale Managementsystemanforderungen:
▪ Gestaltung der Entscheidungsbefugnisse einzelner Leitungsmitglieder und des Leitungsgremiums, weiterer Gremien (inklusive Mitbestimmung) und der Führungskräfte weiterer Führungsebenen
▪ Gestaltung der Entscheidungsprozesse
▪ Berichtspflichten</td></tr>
<tr><td>▪ Einfluss von Gremien (z. B. Gesellschafterversammlung oder Aufsichtsrat) auf die Qualitätsstrategie
▪ Einfluss des Finanzmanagements auf die Qualitätsstrategie
▪ Haftungsfragen bei Qualitätsproblemen
▪ Art der Zusammenarbeit mit Partnern, unter anderem Zulieferern (darunter auch gruppen- oder konzerninterne Zulieferer und solche aus rechtlich verbundenen Unternehmen)
▪ Dokumentationspflichten</td><td>▪ Einfluss von Gremien (z. B. Gesellschafterversammlung oder Aufsichtsrat) auf strategische Innovationsentscheidungen
▪ Art und Größe der Budgets für Entwicklung und Innovation (unter anderem in Abhängigkeit von Finanzierungs- und Gewinnabführungsstrategien)
▪ Möglichkeiten der Ausgliederung von Start-ups und des Eingehens von Joint Ventures
▪ Eigentumsrechte an Patenten und intellektuellem Eigentum</td></tr>
</table>

3.3.2 Organisationskultur

Kultur ist für Unternehmen ein wichtiges, aber schwieriges Thema. Zudem gibt es unterschiedliche Schulen, die sich zum Teil widersprüchlich dazu äußern, was Kultur ist, wie sie entsteht und ob und wie Menschen sie beeinflussen können. Anders als bei der Organisationsstruktur, die ein vergleichsweise einfaches Lernfeld darstellt und zu der viele Studienfächer und Berufsausbildungen unterrichten, ist das Lernfeld Organisationskultur vergleichsweise schlecht adressiert. So besteht gemessen an der Bedeutung ein eklatantes Wissens- und Kompetenzdefizit bei Führungskräften und Managementsystemgestaltern.

Der Begriff Kultur hat viele Bedeutungen und findet in unterschiedlichen Kontexten Verwendung. Und weil bei den Verantwortlichen so wenig Wissen über Kultur besteht, fließen die Bedeutungen unterschiedlich stark in ein Alltagsverständnis von Organisationskultur ein. Da ist zum einen der „große" Kulturbegriff, der das vom Menschen Geschaffene neben das Natürliche stellt und so die Differenzierung Kultur und Natur ermöglicht. Dann gibt es den mit der Kunst verbundenen Kulturbegriff, der Künstler als Kulturschaffende sieht und in dem unter anderem Literatur, bildende Kunst, Architektur, Theater und Film als eigene kulturelle Ausdrucksformen gelten.

Es ist üblich, die Kultur regionaler Gesellschaften bis hin zu regionalen und nationalen Ausprägungen zu unterscheiden. Eine grobe Differenzierung ist die zwischen einem westlichen und östlichen Kulturraum oder zwischen europäischen, asiatischen und afrikanischen Kulturräumen. Es gibt kulturelle Unterschiede zwischen Spaniern und Iren, Friesen und Franken. Hierbei spielen gemeinsame geschichtliche Entwicklungen, Gebräuche und Traditionen und eine für die regionale Gesellschaft typische Sozialisation, Erziehung und Bildung prägende Rollen. Auch geografische und klimatische Unterschiede prägen; Küsten oder Berge, niederschlagsreiche, fruchtbare Landstriche oder Steppengebiete, Stadt und Land begünstigen unterschiedliche kulturelle Entwicklungen.

Grundsätzlich und zusätzlich je nach Tenor und Kontext ist der Begriff Kultur politisch, ideologisch und auch emotional aufgeladen. Seine Verwendung im Unternehmen erfordert Fingerspitzengefühl und ist immer auch riskant, weil zwischen zwei oder mehr Gruppen ein unterschiedliches Verständnis von Kultur, Werten und Organisationsentwicklung deutlich werden kann. Auch deshalb ist eine reflektierte und fundierte Begriffsklärung für jede tiefer gehende Diskussion dringend erforderlich.

Denn es gibt die Verwendung des Begriffs Kultur im Kontext des Arbeitens und Wirtschaftens in und zwischen Unternehmen. Unternehmenskultur, Führungskultur, Innovationskultur, Qualitätskultur, Fehlerkultur, Risikokultur und Entrepreneurkultur sind einige der Begriffskombinationen, die besondere Aspekte der Organisationskultur in den Fokus stellen. Im Unterschied dazu gibt es lokale, sozialisations- und gruppenspezifische Subkulturen in Unternehmen.

Organisationskultur

Ein Muster gemeinsamer Grundprämissen, das die Gruppe bei der Bewältigung ihrer Probleme externer Anpassung und interner Integration erlernt hat, das sich bewährt hat und somit als bindend gilt; und das daher an neue Mitglieder als rational und emotional konkreter Umgang mit Problemen weitergegeben wird [Schein 1985].

Der Begriff Unternehmenskultur wird synonym zur Organisationskultur verwendet, überwiegend dort, wo die Organisation ein Unternehmen ist.

Diese Definition stammt von Edgar Schein, einem Professor für Organisationssoziologie am Massachusetts Institute of Technology. Er gilt als Mitbegründer der Organisationspsychologie und der Organisationsentwicklung. Sein Drei-Ebenen-Modell der Kultur unterscheidet die Ebene der Artefakte, Symbole, Rituale und Verhaltensmustern von der Ebene der Werte und Normen sowie von der die kulturelle Basis bildenden Ebene der Grundannahmen.

Es wirkt, als würde in den letzten Jahren immer häufiger über Organisationskultur gesprochen, doch das mag täuschen, diesen Eindruck erhält man oft von den Themen, die schon lange in der Diskussion stehen – ohne dass wir damit deutlich weiterkommen. Dieses Sprechen geschieht oft aus der Not und einem Änderungsbedürfnis heraus. Meist ist damit die Hilflosigkeit verbunden, nicht zu wissen, wie man Organisationskultur beeinflussen kann. Manche haben es auch versucht und sind daran gescheitert.

Schon die Verwendung des Organisationskulturbegriffs in der Literatur ist enorm breit gespreizt und führt zu einem diffusen Gebrauch in der Praxis. Viele Diskutanten prallen mit unterschiedlichen Organisationskulturbegriffen aufeinander, was ein Aneinandervorbeireden begünstigt. Und es erschwert ein gemeinsames Verständnis über die Stärken und Schwächen der Ausprägung der eigenen Organisationskultur. Es behindert eine Verständigung auf konzertiertes Handeln, um auf die Kultur zu wirken. Die Qualitätsmanager beteiligen sich am Disput mit den zusätzlichen Begriffen Qualitätsbewusstsein, Qualitätskultur und Fehlerkultur. Innovationsmanager sprechen über Innovationskultur, Start-up-Kultur, Entrepreneurkultur. Die vorherrschende Begriffsverwirrung erschwert wirkungsvolles und zielgerichtetes Arbeiten an der Organisationskultur erheblich. Ob dies überhaupt möglich sei, ist zwischen dies bejahenden „Interventionalisten“ und dies verneinenden „Kulturalisten“ strittig. Interventionalisten vertreten die Position, dass die Kultur gestaltbar sei, Kulturalisten, dass sie nicht gestaltbar sei [Kühl 2018].

Je unschärfer die Begriffe und das Wissen über Organisationskultur sind, desto intensiver vertreten Führungskräfte ihre Glaubenssätze. Vereinfachungen und Metaphorik ersetzen eine tiefe Auseinandersetzung mit dem, was Organisationskultur ist und wie sie im Unternehmen wirkt. Besonders verbreitet sind Verallgemeinerungen bezogen auf Professionen, Nationalitäten, Geschlecht, Alter und weitere Eigenschaften. Ältere Mitarbeiter kommen schlecht mit der Digitalisierung zurecht, junge gut. Frauen, die führen, führen anders als Männer, haben eine bessere Sozialkompetenz. Chinesen verhalten sich anders als Bulgaren. Erin Meyer, Professorin am INSEAD (Institut Européen d'Administration des Affaires), eine der Business Schools mit weltweit hoher Reputation, hat sich intensiv mit Organisationskulturen befasst. In ihrem Werk *The Culture Map. Decoding How People Think, Lead, and Get Things Done Across Cultures* [Meyer 2014] geht sie darauf ein, dass sich Gruppen und Kulturen unterscheiden, aber nicht so grundsätzlich und pauschal, wie viele annahmen. Bild 3.10, in Anlehnung an die Texte und Grafiken von Meyer erstellt, zeigt auf, dass sich Eigenschaften von Gruppen unterscheiden, sich dabei aber überlappen.

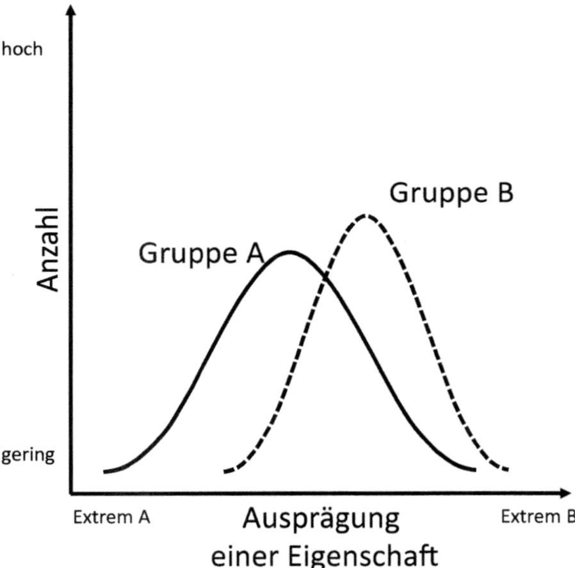

Bild 3.10
Ausprägungen von Eigenschaften verschiedener Gruppen in Anlehnung an [Meyer 2014]

Im Bild wird sofort deutlich, wie wenig hilfreich Pauschalisierungen sind, à la Angehörige der Gruppe A sind Einzelgänger, die der Gruppe B Teamspieler. Für Einzelne können die zugewiesenen Eigenschaften genau umgekehrt ausgeprägt sein.

In Anlehnung an die Arbeiten des in 2020 verstorbenen niederländischen Kulturwissenschaftlers und Sozialpsychologen Geert Hofstede, Professor für Organisationspsychologie und Internationales Management an der Universität Maastricht, zeigt Meyer acht Kulturdimensionen (sieheTabelle 3.9) die für unterschiedliches kulturelles Agieren besonders relevant sein sollen. Hofstede beschrieb zunächst fünf, dann sechs Dimensionen [Hofstede, Hofstede, Minkov 2010] (siehe Tabelle 3.8), er ergänzte später Nachgiebigkeit und Beherrschung.

Tabelle 3.8 Kulturdimensionen nach [Hofstede 2010]

Kulturdimension	Pole
Machtdistanz	Gering versuch hoch, Maß dafür, wie gleichmäßig Macht verteilt ist
Individualismus versus Kollektivismus	Selbstbestimmung, Ich-Erfahrung und Eigenverantwortung versus Netzwerkintegration und Wir-Gefühl
Maskulinität versus Femininität	Konkurrenzbereitschaft und Selbstbewusstsein versus Fürsorglichkeit, Kooperation und Bescheidenheit
Unsicherheitsvermeidung	Geringe Vermeidung in Form von Toleranz, wenigen und veränderlichen Regeln versus Sicherheitsbestreben und Formalisierungsneigung
Lang- oder kurzfristige Ausrichtung	Langer versus kurzer Planungshorizont, Flexibilität und Egoismus versus Sparsamkeit, Beharrlichkeit
Nachgiebigkeit und Beherrschung	Lockerheit und Offenheit für Kulturunterschiede versus Ernsthaftigkeit und Selbstbeherrschung

Tabelle 3.9 Kulturdimensionen nach [Meyer 2014]

Kulturdimension	Pole (im Sinne extremer Ausprägungen an den Polen)
Kommunizieren	Kontextarm versus kontextreich
Beurteilen	Direktes negatives Feedback versus indirektes negatives Feedback
Überzeugen	Von Prinzipien ausgehend versus von Anwendungsfällen ausgehend
Führen	Egalitär versus hierarchisch
Entscheiden	Im Konsens versus von oben nach unten
Vertrauen	Auf Arbeit (Ergebnissen) beruhend versus auf Beziehungen beruhend
Widersprechen	Konfrontativ versus konfliktvermeidend
Termine vereinbaren	Zeitlich linear versus zeitlich flexibel

Wie viele Theorien zur Kultur sind auch die von Hofstede und ihre Weiterentwicklung von Meyer umstritten, es gibt wie an den anderen Theorien valide Kritik daran. Der Kulturwissenschaftler Klaus Hansen nennt Hofstedes Ansatz „eine Katastrophe" [Hansen 2011, S. 252], wirft Hofstede seinen empirischen, auf Statistiken begründeten Ansatz vor und kritisiert besonders, dass der Eindruck entstünde, „dass Kultur aus hard facts bestehe, die man messen und wiegen kann". Es gibt wahrscheinlich keine unumstrittene Theorie zur Kultur, und darin besteht auch eine große Schwierigkeit für „Kulturarbeiter" in der Organisation.

Die unterschiedlichen Theorien zur Kultur tragen zum Verständnis bei und geben wertvolle Impulse bei Veränderungsprozessen. Wichtig dabei ist, sich immer die Offenheit zu bewahren, sich auch von einem bestimmten Ansatz zu lösen, wenn sich dieser als wenig praktikabel erweist. ■

Bei Thema Kultur kommt hinzu: Berater unterschiedlicher Schulen adressieren und bearbeiten Kulturthemen in der Organisation, mal ganzheitlich, mal fokussiert auf einzelne Teilaspekte. Sie sind kompetent und eloquent, und die Orientierung suchenden Führungskräfte sind oft gerne geneigt, deren Sichtweisen und Lösungsansätze zu übernehmen. Dabei wäre eine eigene fundierte Position so wichtig, um auch einmal gegenhalten zu können, damit die eigene Organisation das Thema Kultur nachhaltig und langfristig angehen kann und nicht zum Spielball unterschiedlicher, sich oft konterkarierender Ansätze Externer und Interner wird.

Ein weiterer Erklärungsansatz ist das Modell der *drei Seiten der Organisation,* das zudem eine Brücke zwischen Managementsystem und Organisationskultur spannt.

3.3.3 Die drei Seiten der Organisation

Ihre Struktur und ihre Kultur sind sowohl wesentliche Charakteristika als auch Gestaltungsdimensionen einer Organisation. Die Gestaltung der Regeln des Managementsystems als ein wichtiges Element der Struktur ist einer der Hebel, die Organisation oder das Unternehmen nach den Erfordernissen des Geschäftsmodells und den Anforderungen der Stakeholder zu gestalten. Das haben wir im Griff, denken wir, wenn uns auch einige der externen Anforderungen als überflüssig oder schwierig zu erfüllen erscheinen. Organisationskultur allerdings erweist sich den meisten als viel schwierigeres Thema. Wir wissen, wie relevant sie für das Funktionieren und den Erfolg der Organisation ist. Die meisten Führungskräfte und Managementsystemverantwortlichen stehen aber vergleichsweise hilflos davor, sie wirksam zu beeinflussen.

Doch vielleicht wissen wir weniger über die Mechanismen des Managementsystems, als wir glauben. Vielleicht überschätzen wir seine Wirksamkeit, verkennen die Grenzen seiner Wirksamkeit und übersehen Felder von Unwirksamkeit. Und vielleicht ist das Thema Organisationskultur viel enger mit dem Managementsystem verbunden, als wir bisher erkannt haben. Organisationssoziologen wie Stefan Kühl, Professor für Organisationssoziologie an der Universität Bielefeld, haben mit dem Modell der drei Seiten der Organisation einen Ansatz gefunden, der dabei hilft, die Wirksamkeit und vor allem die teilweise Unwirksamkeit formaler Systeme, also unserer Managementsysteme, besser zu erklären und zu verstehen [Kühl 2018].

Die folgenden Ausführungen schließen an Abschnitt 2.2.1 an, das den Wirkungsverlust durch Überformalisierung konstatiert. Es greift dort bereits eingeführten Gedanken und Begriffe auf und stellt sie in den Kontext des Modells der drei Seiten der Organisation.

Regeln des Managementsystems sind in der Sprache der Organisationssoziologie *entschiedene Entscheidungsprämissen*. Das bedeutet, jemand, der dazu befugt ist, sei es ein einzelner Entscheider oder ein Gremium, hat entschieden, wie zu entscheiden ist. Die entschiedenen Entscheidungsprämissen bilden die *formale Seite der Organisation* und somit ihr Managementsystem. Daneben gibt es eine *informale Seite,* die nicht ohne Entscheidungsprämissen und damit nicht ohne Regeln ist, sondern von *nicht entschiedenen Entscheidungsprämissen* geprägt ist. Das sind informale Regeln. Dazu gehören z. B. Regeln zur Priorisierung von Kundenprojekten bei Ressourcenknappheit oder über informelle Berichtswege, welche den offiziellen Regeln widersprechen. Über die Ausgestaltung der Entscheidungsprämissen der informalen Seite hat kein Entscheider formal entschieden, sie sind durch Imitation und Wiederholung kulturell gewachsen. Und neben „prinzipiell entscheidbaren, aber nicht entschiedenen Entscheidungsprämissen" gibt es welche, die Führungskräfte auch nicht formal entscheiden wollen, können oder dürfen, weil sie z. B. gegen die guten Sitten oder Normen oder Kundenanforderungen oder gegen Befugnisse verstoßen. Warum gibt es sie dann? Warum gibt es nicht ausschließlich entschiedene Entscheidungsprämissen? Warum ist die informale Seite so gewichtig, so groß in der Organisation? Die Antwort ist: Weil Organisationen sonst nicht funktionieren können. Denn sind formale Regeln dysfunktional, widersprüchlich oder paradox, oder akzeptieren Mitarbeiter oder Führungskräfte sie aus anderen eigenen Motiven nicht, vollziehen sie sogenannte *informale Ausweichbewegungen*. Sie prägen weitgehend die Kultur des Unternehmens. Sie können dort entstehen, wo nicht formalisiert wurde, sie entstehen aber auch als Konsequenz von Umgehungen und dem Beugen und Brechen der formalen Regeln.

Die auf der formalen Seite getroffenen Festlegungen können in der komplexen Gesamtgemengelage einer Organisation nie gut genug sein, um ein reibungsloses und effizientes Funktionieren der Organisation zu ermöglichen. Sie sind oft in sich selbst widersprüchlich und sie widersprechen manchmal den schwer veränderlichen, über lange Zeiträume gewachsenen und verstetigten Gewohnheiten in der Organisation. Also kommt es zu „informalen Ausweichbewegungen", die die Funktionsfähigkeit und Effizienz der Organisation wiederherstellen. Mitarbeiter haben die Fähigkeit, Dysfunktionalitäten und Paradoxien des Regelwerks durch Umgehung der Regeln und die Ausprägung informaler neuer Regeln zu umgehen. Was eine funktionierende Form der Selbstorganisation und Selbststeuerung, eine „unerkannte Agilität", bedeutet.

Im April 2018 wurde berichtet, dass die Gewerkschaft Verdi nach fünfjähriger harter Tarifauseinandersetzung Mitarbeiter von Amazon Deutschland aufgefordert hat, sich an alle Vorschriften und Regeln des Unternehmens zu halten. So könnten auch die Standorte, die nicht streiken können oder dürfen, den Druck auf das Unternehmen erhöhen. Wir wissen aus Erfahrung, dass „Dienst nach Vorschrift" ein schwer zu konterndes Mittel der Auseinandersetzung betrieblicher Parteien ist, um das Unternehmen zu lähmen.

Vereinfachende Zuordnung der formalen und informalen Seite

Die weitgehende Gleichsetzung der informalen Seite mit dem Managementsystem und der informalen Seite mit der Kultur der Organisation mag Organisationsexperten nicht in allen Belangen als schlüssig erscheinen. Sie ist aber gut genug, um viele relevante Phänomene des Managementsystems, der Organisationskultur und des Zusammenspiels der beiden zu erklären und daraus Gestaltungshinweise zu entnehmen. ■

Eine dritte Seite ist die *Schauseite der Organisation*, mit der sie sich nach außen oder auch nach innen schön und oft auch geschönt präsentiert. Zu ihr gehört z.B. auch das Leitbild, gehören repräsentative Architektur, die Selbstbeschreibungen in Stellenausschreibungen, der Internetauftritt und viele Inhalte, Bilder und Aussagen der Werbung der Organisation. Seine Schauseite oder sogar Schauseiten schön zu halten, kann Fragen nach der Authentizität aufwerfen, es besteht das große Risiko, dass Schauseite und erlebbare Realität so weit auseinanderklaffen, dass Kunden oder andere Stakeholder stark negativ darauf reagieren. Es gilt also, die Lücke nicht zu groß werden zu lassen. Doch die Funktion der Schauseite ist wichtig, eine Organisation, die immer, auch mit ihren ungelösten Problemen und aufgrund von widersprüchlichen Anforderungen und Erwartungen der verschiedene Stakeholder, auch selbst oft widersprüchlich ist, muss sich durch das Zeigen schöner Schauseiten auch ein Stück weit vor ständiger Kritik und externer Intervention schützen, um in diesem geschützten Raum ihre Probleme lösen zu können.

Tabelle 3.10 zeigt ergänzend Erklärungen, Beispiele und Funktionen der drei Seiten der Organisation.

Tabelle 3.10 Drei Seiten der Organisation

Seite	Erklärung	Beispiele	Funktion
Schauseite	Gezielt erzeugtes Bild, das die Organisation nach außen und auch nach innen zeigen will **Die Fassade**	Leitbild, Internetauftritt, Stellenanzeigen, Werbematerial	Widersprüchliche externe Anforderungen befriedigen Organisation schützen Organisation befrieden Organisation vermarkten
Formale Seite	Entschiedene Entscheidungsprämissen, die bewusst gesetzten Regeln **Das Managementsystem**	Prozesse, Befugnisse, Berichtswege, Standard Operating Procedures (SOP), Spezifikationen, Kennzahlensystem, Ziel- und Incentivierungssystem	Verpflichtende externe Anforderungen erfüllen Ansprüche/Anforderungen der Eigner und Entscheider erfüllen Governance und Compliance ermöglichen

Tabelle 3.10 Drei Seiten der Organisation *(Fortsetzung)*

Seite	Erklärung	Beispiele	Funktion
Informale Seite	Nicht entschiedene Entscheidungsprämissen, die traditionell-kulturell gewachsenen Regeln **Die Organisationskultur**	Dos and Don'ts, informale Verhaltensnormen, Fehlerkultur, aktives Wegschauen, informelle Kommunikation	Dysfunktionalitäten des Formalsystems ausgleichen Zielkonflikte lösen Kollektive Ansprüche/Anforderungen von Organisationsmitgliedern erfüllen

Das Modell der drei Seiten der Organisation ist hilfreich dabei, die Wirksamkeit, aber auch die Unwirksamkeit formaler Systeme zu betrachten. Bild 3.11 veranschaulicht die drei Seiten der Organisation, hebt die wichtigen Begriffe hervor und zeigt den Pfad von einer externen Überreglementierung zu einer internen Überformalisierung, die Zielkonflikte, Dysfunktionalitäten und Paradoxien erzeugt, worauf Mitarbeiter mit informalen Ausweichbewegungen reagieren, die sich kulturell verfestigen können. Das führt in eine sogenannte *brauchbare Illegalität [Kühl 2020]*, deren Nützlichkeit als *unerkannte, informale Agilität* betrachtet werden kann. Für diese Illegalität gibt es egoistische Motive, persönliche Vorteile, und auch altruistische Motive, Nutzen für das Unternehmen, ohne persönliche Vorteile zu erhalten. Dies begünstigt eine riskante *Sozialisation zum Regelbruch*.

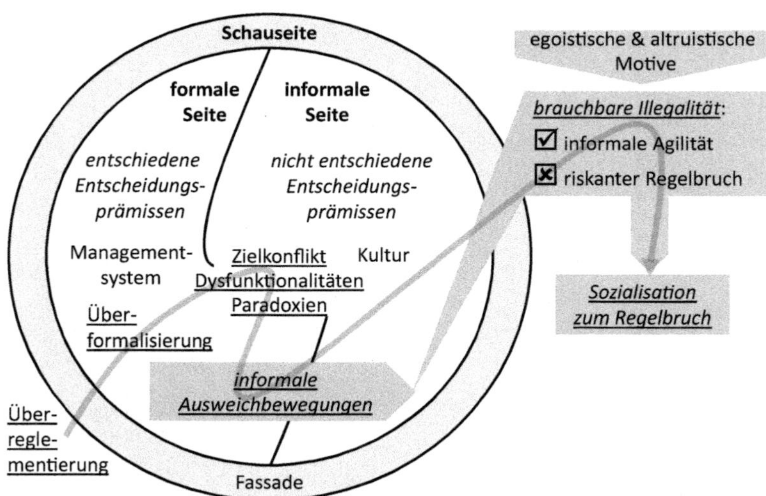

Bild 3.11 Die drei Seiten der Organisation

Informale Ausweichbewegungen sind nicht per se gut und nützlich, auch deswegen gibt es die Notwendigkeit, zu schauen, wie man sie beeinflussen kann. Denn es gibt einige, die direkte und indirekte Risiken auslösen, ungesetzlich sind, die

Zielerreichung gefährden oder die Strategie konterkarieren. Desgleichen gilt allerdings auch für formale Festlegungen. Die sind nicht per se gut, weil sie im guten Glauben an positive Wirkung getroffen wurden. Die Wirksamkeit und Wirkung formaler Festlegungen, also der Festlegungen des Managementsystems, sind nicht präzise vorhersagbar, unter anderem, weil die entstehende Interaktion mit der informalen Seite nicht vorhersehbar ist. Wirkungen lassen sich annehmen, antizipieren und als Hypothesen formulieren. Jede Intervention in die Organisation ist dann ein Experiment zur Falsifizierung dieser Hypothesen. Stellen sie sich als falsch heraus, müssen weitere Schritte der Organisationsentwicklung folgen, um die angestrebte Wirkung zu erreichen.

Direkte Risiken sind die Risiken für reale Schäden aus der Nichteinhaltung von Regeln (z. B. gesundheitliche Beeinträchtigungen oder Schäden an Vermögenswerten), indirekte Risiken sind die der Bestrafung und des Reputationsverlustes, unabhängig davon, ob der reale Schaden eingetreten ist.

Ein über Jahrzehnte gehegter Kardinalfehler des Qualitätsmanagements besteht im Glauben an die durchgängige Formalisierbarkeit der Organisation oft in Verbindung mit der Negierung der Existenzberechtigung ihrer informalen Seite und der ihr eigenen informalen Ausweichbewegungen. Nichtzugehörigkeit zur formalen Seite wird dabei auch oft als Anarchie oder chaotischer Zustand missverstanden, seine Regelbasiertheit nicht erkannt - so wie Managementsystemformalisten häufig auch nicht die Regelbasiertheit agiler Arbeitsformen erkennen. Das sich hartnäckig haltende Image des bürokratischen QM rührt zum Teil aus dem Versuch, die formale Seite zu maximieren bzw. die gesamte Organisation formal zu erfassen und alle ihre Aspekte zu regeln und zu steuern.

Erkennen Sie an, dass sich eine Organisation nicht durch perfekte Formalisierung zu einer perfekten Maschine gestalten lässt. Sie bleibt immer ein soziales System, in dem nicht alle menschlichen Reaktionen und Gruppendynamiken vorhersagbar sind. Wer Regeln für Organisationen formuliert und darüber hinaus Managementsysteme gestaltet, muss offen für dadurch induzierte nicht gewollte Effekte sein und darauf zügig reagieren.

Schlimmer als der Formalisierungsglaube jedoch ist, dass Qualitätsmanager und Leitungen im Namen des Qualitätsmanagements Eingriffe in die Organisation gemacht haben, die zum Teil nicht nur nicht die gewünschte Wirkung erzielt haben, sondern sogar unerwünschte Wirkungen auslösten oder verschärften. In der komplexen Gemengelage aus Schauseite, formaler Seite und informaler Seite der Organisation, eingebunden in ein turbulentes Marktumfeld mit den rasanten Entwicklungen der Digitalisierung, sind die Wirkungen formaler Interventionen nicht präzise und oft nicht einmal vorhersagbar. Weil aber viele Formalentscheidungen und grundlegende Projekte zur Qualitätsmanagementausgestaltung aufwendig und unter schwierig zu organisierender Kooperation vieler entstanden, wurden sie nach erfolgtem Kraftakt auch auf lange Sicht „durchgezogen“. Dringend notwendige Anpassungen aufgrund der zu beobachtenden Wirkungen und Nebenwirkungen blieben oft aus. Das Beharren galt sogar als Standfestigkeit, das Neujustieren als Unsicherheit oder Wankelmut. Erschwerend kommt hinzu, dass bei einigen Veränderungen die Führungskräfte und Mitarbeiter ein Tal der Tränen durchschreiten müssen, bis sich der gewollte Effekt nach längerer Zeit einstellt.

Wurden bezogen auf das Managementsystem Ausweichbewegungen der Mitarbeiter deutlich, im Audit Abweichungen genannt, galt es, diese zu verhindern, zu sanktionieren und gegebenenfalls erkannte Abweichler oder alle noch einmal zu beschulen oder sogar die Regel noch zu verschärfen, damit die höhere Dosis noch besser wirkt. Das kann meistens nicht gelingen und ist auch oft misslungen. Die informale Seite ist dafür zu mächtig. Dabei hätten die Formalentscheidungen sofort nach Bekanntwerden der ungewollten De-facto-Wirkungen angepasst werden müssen, und immer so weiter.

Die Starrheit der Managementsystemdokumentation hat diese Problematiken verschärft. Vorgabedokumente waren zu aufwendig und zu schwierig zu ändern. Diese Starrheit bestand mehrere Jahrzehnte und lockert sich erst seit wenigen Jahren durch neue, flexiblere und veränderungsschnellere Technologien der Dokumentenerstellung (z. B. kooperativ mit Wikiansätzen) und Dokumentation (elektronisch) und die Rücknahme der Forderung nach einem Qualitätsmanagementhandbuch mit der Revision der ISO 9001 2015. Doch noch heute sind viele Managementsystemdokumentationen mit problematischen Relikten der letzten Jahrzehnte durchzogen; einen dringend nötigen Neuaufbau auf aktuellem Stand und auf aktuelle Bedürfnisse hin hat es in den meisten Organisationen nicht gegeben. Das liegt auch am riesigen Dokumentationsvolumen und der mannigfaltigen Querreferenzierung. In vielen Unternehmen müsste man reinen Tisch machen, „Tabula rasa“, und dann die Dokumentation neu aufbauen. Ein Kraftakt, mit dem sich viele Verantwortliche überfordert sehen. Der konzeptionelle und Abstimmungsaufwand wäre enorm, die erforderliche Ressource für die Umsetzung vielen zu groß. Also arbeiten wir mit allen negativen Konsequenzen mit den verkorksten Dokumentationssystemen weiter und nehmen in Kauf, dass sie wenig Beachtung finden und das Image des Qualitätsmanagements weiter beschädigen.

Managementsystembeauftragte und Führungskräfte

- neigen unter der Rigorosität der Gesetze, Normen, Branchenstandards und vertraglichen Anforderungen zur Überformalisierung des formalen Systems (des Managementsystems),
- gehen fälschlicherweise davon aus, dass eine unmittelbare Beeinflussung der Kultur (z. B. via Leitbildprojekt) möglich sei,

- übersehen den Einfluss von Änderungen am Formalsystem auf die Kultur,
- erkennen ungewollte Effekte ihrer Änderungen am Formalsystem nicht,
- erkennen viele informale Ausweichbewegungen und deren Systematik nicht,
- billigen brauchbare Regelverletzungen stillschweigend und fördern so eine Sozialisation zum Regelbruch,
- unterschätzen oder missachten den Selbstorganisationsgrad der Mitarbeiter, ohne deren Regelverletzungen oft keine Termineinhaltung, Wirtschaftlichkeit und Projekterfolge möglich wären.

Gerade hoch reglementierte Branchen und Unternehmen in diesen Branchen sind besonders anfällig für Überreglementierung, Überformalisierung und infolge davon von informalen Ausweichbewegungen bis hin zu einer brauchbaren Illegalität. Als brauchbare Illegalität bezeichnen Soziologen, dass Führungskräfte und Mitarbeiter Nutzen aus dem Umgehen, Ignorieren und Brechen von Regeln, darunter auch Gesetzen, ziehen. Das kann persönlicher Nutzen sein, der zulasten des Unternehmens geht, das kann auch Nutzen für das Unternehmen sein. Das Qualitätsmanagement bewegt sich überwiegend auf der Formalseite der Organisation. Die den Mitarbeitern bekannte Diskrepanz zwischen idealisiertem formalem Qualitätsmanagementsystem und gelebtem Regelbruch begünstigt, das Qualitätsmanagement als unpragmatisch, unpraktisch und weltfremd einzuschätzen.

In überformalisierten Branchen und Unternehmen ist brauchbare Illegalität, das bewusste Verletzen von Regeln, weitverbreitet. Das erschwert Qualitätsmanagement und diskreditiert es auch, denn es erscheint als realitätsfern und ahnungslos.

Bild 3.12 zeigt, wie unterschiedliche Arten von Interventionen als Varianten von Formalisierung Folgewirkungen auf der formalen Seite auslösen und resultierende Effekte. Darunter sind geplante und ungeplante, gewollte und ungewollte.

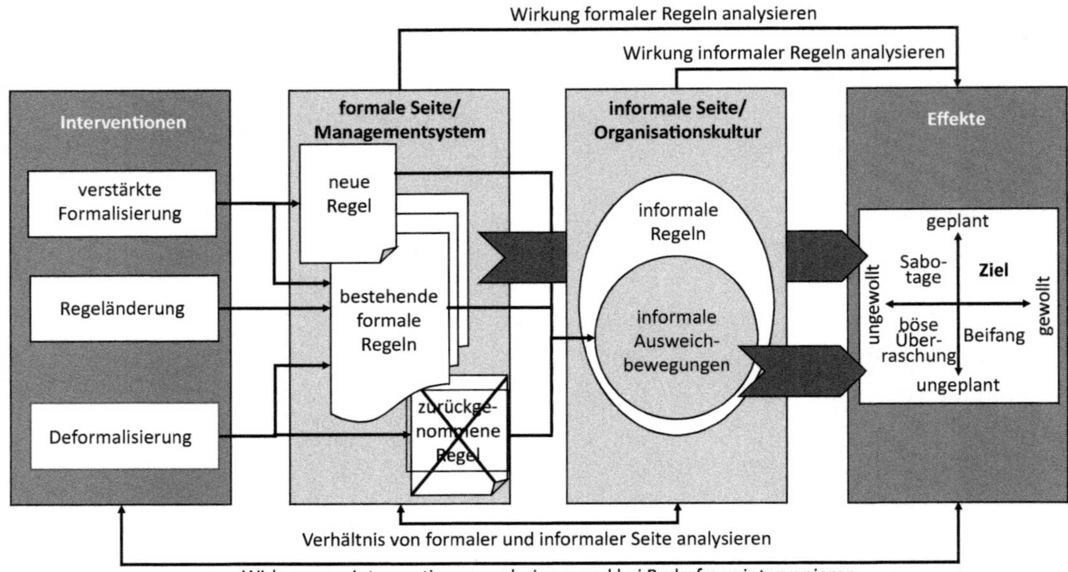

Bild 3.12 Effekte von Interventionen ins Regelsystem

Bezogen auf die drei Seiten der Organisation, insbesondere die formale Seite und die informale Seite, haben Qualitätsmanagement und Innovationsmanagement unterschiedliche Defizite:

- Der blinde Fleck des Qualitätsmanagements besteht in der Negierung der informalen Seite.
- Der blinde Fleck des Innovationsmanagements besteht in der Negierung der formalen Seite.

Das Qualitätsmanagement hat die prägende Wirkung seiner Formalisierungsmaßnahmen auf die Organisationskultur nicht erkannt und zudem die Existenzberechtigung der informalen Seite der Organisation mit ihren überlebenswichtigen informalen Ausgleichsbewegungen negiert.

Das Innovationsmanagement macht den genau reziproken Fehler. Es pocht auf die Nichtformalisierbarkeit des Innovationsgeschehens und stellt der Formalisierung die Innovationskultur als alternativen Ansatz entgegen. So gibt es Innovationsmanager, die die Sinnhaftigkeit einer Formalisierung des Innovationsprozesses, insbesondere seiner Kreativphasen abstreiten, und es gilt zu verstehen, warum diese erfahrenen Experten dies tun. Sie mussten erleben, dass Organisationen oft überformalisiert waren, sodass ein für Innovation schwieriges Setting entstand. Eine mögliche Lösung bestand darin, sich massiv gegen Formalisierung zu wehren bis dahin, zentrale Aspekte, wie z. B. die Prozessstandardisierung, rundweg abzulehnen. So ist die Erzeugung eines Mythos der Nichtformalisierbarkeit des Innovationsgeschehens Teil des Schutzmechanismus gegen eine falsche und übermäßige Formalisierung. Gleichzeitig sagen die Experten, dass die Innovationskultur maßgeblich für die Innovationsfähigkeit sei. Das hätte sie dann mit der Qualitätsfähigkeit gemein, die auch eine Qualitätskultur benötigt. Allerdings entstehen vor diesem Hintergrund Innovationssubkulturen, die sich aus der Abgrenzung zu wichtigen Bereichen und Regeln der Organisation speisen. Viele Organisationen haben dieses Phänomen erkannt und führen diese Trennung räumlich und organisatorisch gezielt herbei. Innovation Labs, Design Thinking Labs, Epic Shit Labs, Joint Ventures und Start-ups werden außerhalb der klassischen Kernorganisation aufgebaut und betrieben. So schützen sich beide voreinander, die Bereiche des Kerngeschäfts vor kreativem Chaos und die Kreativbereiche vor Lähmung.

Ein Teil des Hypes rund um die Agilität in Innovations- und Entwicklungsbereichen lässt sich gestützt auf diese Beobachtungen besser verstehen. Die Kreativbereiche haben einen sozial akzeptierten Weg und vorzeigbare Formate gefunden, die sie ihre Andersartigkeit leben lassen. Agilität ist dabei interessanterweise für Kreativbereiche ein Formalisierungskonzept: Agile Formate geben einerseits den notwendigen Spielraum für einen situativ richtigen Innovationsansatz und andererseits durch ihre Prinzipien und Methoden ein Formalgerüst. Agilität ist nicht unformal, sie ist nur so anders und auf so ungewohnte Art formal, dass die Kreativen es nicht als bürokratisch erleben. Andersherum wirkt das agile Arbeiten auf die den klassischen Formalismen folgenden Mitarbeiter und Führungskräfte als unformal, weil sie oft die Regelbasiertheit der agilen Arbeit nicht erkennen und sich die Regeln anders manifestieren, nicht in Form der klassischen Regelwerke und Dokumentationen. Sie wirken eher wie antrainierte Katas. Katas sind Bewegungsabläufe im Kampfsport, die man so häufig übt, bis sie automatisiert ablaufen. Im Unterschied zu den informalen Regeln sind diese Katas aber formal und basieren auf „entschiedenen Entscheidungsprämissen“, denn die Trainings und ihre häufigen Einsätze sind bewusst ausgewählt.

3.3.4 Organisation als Ort sozialer Vernetzung und Interaktion

Die Organisation ist einer der bedeutendsten sozialen Orte für Menschen unserer Zeit. Nahezu jeder ist mit Organisationen verbunden und mit einer oder mehreren einzelnen ganz intensiv. Eine besonders intensive Beziehung besteht zu Organisationen, deren Mitglied wir sind, so z. B. zum Unternehmen, in dem wir arbeiten, oder zur Universität, an der wir studieren oder studierten. Vielen Organisationen bleiben wir auch nach unserem Ausscheiden als aktives Mitglied verbunden. Doch auch als Kunden, Patienten, Lernende und in vielen anderen Lebenssituationen binden wir uns eng an Organisationen, werden von denen als ihre Stakeholder angesehen. Diese enge Bindung, die mehrere und sogar viele Menschen gleichzeitig mit einer Organisation eingehen, schafft in besonderer Weise eine Bindung zu anderen Menschen. Insofern ist die Organisation, ist ein Unternehmen auch ein Ort und Treffpunkt, an dem soziale Gruppen zusammenkommen und sich formen. In der global vernetzten Welt umfasst die Gruppe auch soziale Beziehungen von Menschen, die sich selten oder nie physisch begegnen. Die fortschreitende Digitalisierung und die wohl doch längerfristig wirkenden Folgen der 2019 beginnenden Pandemie verstärken dies sogar noch, da es mehr, bessere und vielseitigere Möglichkeiten der Kollaboration aus der Distanz sowie Praxis im Umgang damit gibt. Die soziale Vernetzung erstreckt sich auch über die Peripherie einer Organisation, über ihre Partner und Zulieferer. Auch kleine Strukturen bis hin zu Einzelselbstständigen sind hochgradig vernetzt und bilden regelrechte virtuelle Organisationen.

Bisher und auf absehbare Zeit sind es Menschen und ihre soziale Vernetzung und Interaktion, die den Charakter einer Organisation bestimmen und die maßgeblich für ihren Erfolg sind. Menschen können und wollen vom Erfolg der Organisation profitieren. Und Menschen leiden in und an der Organisation, wenn dort Bedingungen herrschen, die sie beeinträchtigen und krank machen. Blühen Menschen auf, fällt es ihnen leichter, Qualität zu kreieren und innovativ zu sein; unterdrücken Kollegen und Führungskräfte sie oder schränken sie sie ein, beeinträchtigen die Rahmenbedingungen sie körperlich und seelisch, fällt es ihnen schwerer, Qualität zu erbringen und Neues zu erfinden.

In Organisationen sind es nicht die Umstände, die Menschen beeinträchtigen, es sind die Entscheidungen und das Handeln anderer Menschen.

Die Entscheider, Führungskräfte, haben im Guten wie im Schlechten die größten Stellhebel in der Organisation. Sie schaffen für die meisten anderen die Rahmenbedingungen für die Qualität der Arbeit sowie für die Qualitäts- und Innovationsfähigkeit der Organisation.

Organisationen setzen ihre Mitglieder zahlreichen Widersprüchlichkeiten und Konflikten aus, denen sie sich, wollen sie Mitglied bleiben, kaum entziehen können. Zu den Widersprüchlichkeiten gehören *Dilemmata und Paradoxien.*

Dilemma

Ein Dilemma besteht aus unerwünschten Alternativen, die sich gegenseitig ausschließen und durch Wahl einer Alternative aufgelöst werden können.

Ein typisches Dilemma im Qualitätsmanagement besteht z. B. bei einem 8D-Report im Kontext einer Kundenreklamation. Nenne ich die wahre Fehlerursache, mache ich mich (oder Kollegen) für Regresse haftbar. Nenne ich sie nicht, besteht die Gefahr, dass sie nicht nachhaltig abgestellt werden kann.

Paradoxie (Paradoxon)

Eine Paradoxie (gebräuchlich auch: ein Paradoxon) besteht aus miteinander verbundenen Aussagen, die sich gegenseitig logisch ausschließen.

Ein Beispiel für eine Paradoxie lautet: „Fehler sind gut, weil wir aus ihnen lernen; wir folgen einer Null-Fehler-Strategie." Oder: „Wir liefern weltweit an alle großen Automobilhersteller; der Kunde ist König."

Zu den Konflikten in einer Organisation gehören:

- Zielkonflikte, die auf widersprüchlichen oder paradoxen Zielsetzungen basieren,
- Verteilungskonflikte, die im Wettstreit um zumeist limitierte Ressourcen entstehen,
- Beurteilungskonflikte, bei denen die Auseinandersetzung auf den unterschiedlichen Beurteilungen eines Sachverhalts basieren,
- Beziehungskonflikte, die auf belasteten oder gestörten individuellen Beziehungen zwischen Kontrahenten basieren,
- Wertekonflikte, die entstehen, wenn Konfliktparteien sich durch unterschiedliche Werte leiten lassen, die sie von der jeweils anderen Seite unbeachtet oder verletzt sehen.

Nicht nur die Organisation an sich, auch das Qualitätsmanagement sowie das Innovationsmanagement sind voller Dilemmata, Paradoxien sowie Ziel- und anderer Konflikte und begünstigen deren Aufkommen in der Organisation.

3.3.5 Das Ökosystem der Organisation

Die Organisation kann sich selbst nicht genug sein, sie ist eingebunden in ein sie umgebendes Ökosystem aus vielen anderen Organisationen. Dazu gehören Institutionen und Individuen, der oder die Märkte, aber auch die regionale, nationale und globale Gesellschaft. Die Organisation ist Teil eines globalen Netzes, ihres eigenen Lieferanten- und Partnernetzes, über die Partner wiederum eingebunden in deren Netze und so fort.

Ökosystem der Organisation

Das Ökosystem der Organisation ist das Netz aus Partnern, Lieferanten, Marktteilnehmern und anderen Stakeholdern, in das sie eingebunden ist und in dem sie eine für andere wichtige Rolle einnimmt und die anderen für sie.

Anmerkung: Andere (z. B. die Übersetzer des EFQM-Modells) verwenden synonym den englischen Begriff Ecosystem, zum Teil explizit mit der Begründung, dass dann klarer ist, dass es hier nicht um ökologische, sondern um ökonomische Belange geht.

In einem Ökosystem wirken die einzelnen „Mitglieder" oder Entitäten aufeinander, zum Teil direkt über Beeinflussungen anderer Mitglieder. Diese Wirkungen können sich günstig oder ungünstig auf die Organisation auswirken. Zum Teil erfolgen diese Beeinflussungen auch indirekt über lange Ursachen- und Wirkungsketten. Ein solches Ökosystem ist ein typisches komplexes System, das bedeutet, seine Dynamiken sind nicht konkret und im Detail vorherseh- und vorhersagbar. Bestimmte Teildynamiken lassen sich antizipieren und beherrschen, insgesamt gilt das jedoch nicht.

Qualität und auch Innovation entstehen aus der Vernetzung, also im und aus dem Ökosystem und auch für das Ökosystem. Deshalb ist es für die Organisation auch so wichtig, sich nicht allein mit sich selbst, sondern mit ihrem Ökosystem, ihrer Rolle darin und mit den anderen Entitäten und deren Rollen zu befassen.

So lassen sich acht Ebenen vom Individuum (ich) bis hin zum Ökosystem unterscheiden, in Bild 3.13 zusätzlich visualisiert:

- **Ich** in der Organisation
- Wir in unserem **Team**
- Wir in unserem erweiterten Netzwerk aus **Teams** und Individuen der Organisation
- Wir alle in unserer **Organisation**
- Unser **Netzwerk** aus direkten Partnern, den direkten Kunden, Dienstleistern, Lieferanten
- Unser **erweitertes Netzwerk** aus Kunden unserer Kunden, Partnern unserer Partner
- Das gesamte **Ökosystem** aus allen für unsere Organisation wichtigen Entitäten
- Das **globale Ökosystem** der Ökosysteme

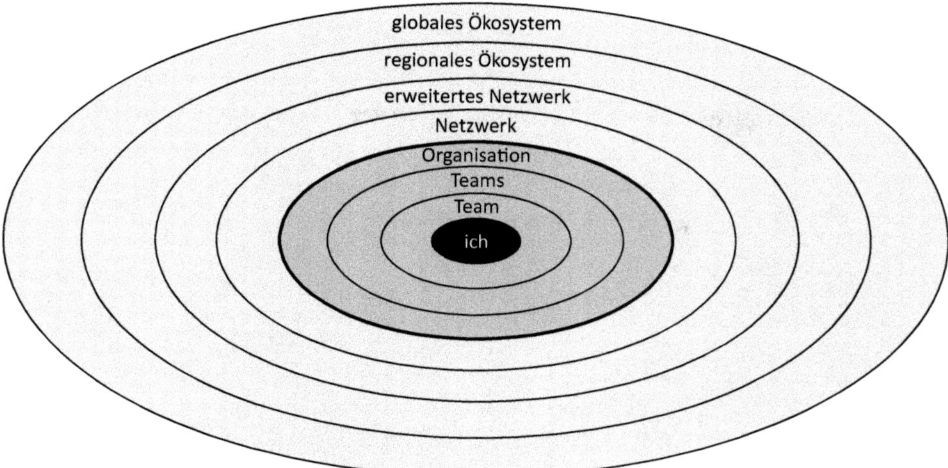

Bild 3.13 Das Ökosystem der Organisation

Die Ökosystembetrachtung geht über die etablierte Stakeholderbetrachtung weit hinaus. Die Assoziation mit Ökosystemen der Natur, die wiederum insgesamt ein großes globales Ökosystem bilden, kann neue Perspektiven eröffnen. Eine Innovation, vielmehr noch eine Disruption ist wie das Eindringen einer neuen Tier- oder Pflanzenart in einem natürlichen Ökosystem, Biologen sprechen auch von invasiven Arten. Manche Arten fügen sich mit geringen Auswirkungen ein, andere verdrängen bisherige Arten vollständig, noch andere verändern das Ökosystem grundlegend. Auch das Verschwinden von Arten, oft durch die massiven Einwirkungen des Menschen, verändert Ökosysteme. Es gab Zeiten, da haben Menschen versucht, durch Ausrottung von Arten oder das gezielte Einbringen von Arten Ökosysteme zu ihren Gunsten zu verändern. Meistens hat das zu unvorhergesehenen negativen Kettenreaktionen geführt, wie z. B. die Verwüstung ganzer Regionen.

Viele der Beziehungen im Ökosystem der Organisation sind formal nicht geregelt und nicht gesteuert. Die Organisation kann oft nur reaktiv damit umgehen. Weitere Beziehungen sind formal geregelt und gemangt, das sind insbesondere die Beziehungen zu Stakeholdern des direkten, eigenen Netzwerks. Einige dieser Regelungen erfolgen bilateral oder sogar multilateral, die Partner handeln sie miteinander aus. Andere sind unilateral, einerseits kann es sein, dass die Organisation selbst anderen Bedingungen (Anforderungen) vorgibt. Das können große und starke tendenziell eher als kleine und schwache durchsetzen. Oder sie empfängt andererseits unverhandelbare Bedingungen und Anforderungen anderer, wobei es unterschiedliche Arten von Anforderungen und Anforderungsgebern gibt, wie Tabelle 3.11 und Tabelle 3.12 zeigen.

Stakeholder

Stakeholder einer Organisation sind relevante Parteien, die Stakes (Interessen, Ansprüche, Anteile) an der Organisation halten und Anforderungen an sie stellen.

Anmerkung: Ein deutsches Synonym, das auch die ISO-9000-Familie in ihrer deutschen Übersetzung verwendet, sind Interessierte Parteien. Zusätzlich sind synonym auch die Begriffe Interessengruppen oder Anspruchsgruppen gebräuchlich.

Anmerkung: Shareholder sind eine Teilmenge der Stakeholder, die Shares (Anteile) an der Organisation haben, also ihre (Mit-)Eigner sind. Mitte der 1980er-Jahre wuchs der Fokus auf den Shareholder-Value und entbrannte ein Richtungsstreit zwischen Verfechtern der Shareholder- und der Stakeholderorientierung. Von letzterer nahmen die Befürworter an, dass sie eher zu nachhaltigem Handeln und somit für das Unternehmen langfristig besseren Entscheidungen führe.

Mit Anforderungen im Ökosystem befassen sich Produktentwicklung, Qualitätssicherung und Qualitätsmanagement intensiv, deswegen folgen hier einige grundlegende Überlegungen dazu. Qualitätssicherung ist die Realisierung zugesicherter Produkteigenschaften und die Reduktion von Fehlern und Verschwendung. Wer die Qualität eines physischen Produkts sichern soll, muss es selbst, die Anforderungen daran, seine Funktionen, seine Einsatzbedingungen, seine Systeme, Bauteile und Materialien sowie den Produktentstehungsprozess im Detail kennen.

Wer ein physisches Produkt verwendet oder eine Dienstleistung in Anspruch nimmt, der hat typischerweise die Globalanforderung bzw. den Anspruch, dass es oder sie funktioniert. Produkt und Dienstleistung müssen Funktionen erfüllen, für die sie gemacht und um derentwillen sie genutzt werden. Im Funktionieren besteht die basale Anforderung eines Nutzers. Ein Hut kann die Funktionen haben, vor Kälte, Nässe oder Sonneneinstrahlung zu schützen. Dass er seine Trägerin oder seinen Träger ziert, könnte eine Zusatz- oder Nebenfunktion sein. Dies kann aber auch die eigentliche, die Hauptfunktion sein, sonst gäbe es nicht so viele Kopfbedeckungen, die weder vor Kälte, Nässe noch vor der Sonne schützen.

Doch nicht nur das Produkt, auch das Unternehmen als Organisation, sein Managementsystem und seine Prozesse stehen unter mannigfaltigen externen und eigenen Anforderungen. Wer den Stoff für Hüte färbt, darf mit den Chemikalien nicht Wasser verschmutzen oder Kunden vergiften. Wer produziert, darf Arbeiterinnen und Arbeiter nicht übermäßigen Gesundheitsrisiken aussetzen. Wer mit Hüten Geld verdient, muss manchmal Steuern dafür entrichten.

Unterschiedliche Stakeholder richten unterschiedliche Arten von Anforderungen an die Organisation, wie Tabelle 3.11 zeigt.

Tabelle 3.11 Gegenstände und Arten von Anforderungen

Gegenstand	Anforderungsart	Beschreibung
Produkte (inklusive Dienst-leistungen)	Funktionen	Kern- oder Minimalanforderungen an die Funktionalität (Minimum Viable Product (MVP))
	Nebenzusatzfunktionen	Funktionen über das MVP hinaus
	Nichtfunktionen	Funktionen, die das Produkt nicht haben darf
	Eigenschaften	Eigenschaften, die Dienstleistung, Produkt oder das Material, aus dem es besteht, haben muss
	Nichteigenschaften	Eigenschaften, die Dienstleistung, Produkt oder Material, aus dem es besteht, nicht haben darf
Prozesse	Anforderungen an den Leistungserbringungsprozess	Wie das Produkt entwickelt und hergestellt, wie die Dienstleistung erbracht werden muss
	Anforderungen an Test- und Prüfprozesse	Wie das Produkt oder die Dienstleistung getestet und geprüft werden muss
	Anforderungen an Service- und Informationsprozesse	Wie Kunden bei Nutzung und Reparatur der Produkte sowie Inanspruchnahme der Dienstleistungen beraten, unterstützt und informiert werden müssen
Unter-nehmen/ Organi-sation/ Manage-mentsystem	Governance, Compliance und Transparenz	Allgemeine und rechtsformspezifische Anforderungen an die Führungsstrukturen und Führung, Steuerungsmechanismen und Steuerung der Organisation sowie an die Compliance, Transparenz und die Berichterstattung
	Finanzmanagement und Rechnungswesen	Allgemeine und rechtsformspezifische Anforderungen bezüglich Finanzmanage-ment und Rechnungswesen, Transparenz, Besteuerung, Finanzberichterstattung etc.
	Risiken	Anforderungen an das Management von Risiken inklusive Berichtspflichten
	Arbeits-, Gesundheitsschutz	Anforderungen zum Schutz von Arbeit-nehmern vor körperlichen und psychi-schen Beeinträchtigungen
	Gebäude und Betriebsmittel	Anforderungen an die Gestaltung und den Betrieb der Gebäude und Betriebsmittel

Tabelle 3.11 Gegenstände und Arten von Anforderungen *(Fortsetzung)*

Gegenstand	Anforderungsart	Beschreibung
	Managementsystem	Anforderungen bezüglich Umwelt-, Qualitäts-, Energie- und gegebenenfalls anderer Managementsysteme
	Datenschutz und -sicherheit	Anforderungen an den Schutz persönlicher Daten und bezüglich der allgemeinen Sicherheit von Daten
	Sonstige Anforderungen aus Gesetzen, Verträgen oder anderen verbindlichen Quellen	Jegliche weitere Anforderung aus nicht bereits adressierten, allgemeinen oder branchenspezifischen, regionalen oder internationalen verbindlichen Vorgaben und Regeln

Es gibt unterschiedliche Arten von Anforderungsgebern. Die einen haben institutionellen Charakter, die anderen einen nicht institutionellen (Tabelle 3.12). Insbesondere bei den institutionellen Anforderungsgebern gibt es definierte, standardisierte und verschriftlichte Formate, die Anforderungen darlegen. Institutionen bilden und formulieren Anforderungen im Rahmen geregelter und standardisierter Prozesse. Hingegen sind nicht institutionelle Anforderungsgeber, wie z. B. Konsumenten, typischerweise nicht organisiert, haben keinen dezidierten Meinungs- und Konsensbildungsprozess über Anforderungen an ein Unternehmen. Die Identifikation der Anforderungen erfolgt deshalb überwiegend durch Recherche und Forschung, z. B. in Form von Markt- oder Meinungsforschung. Oft reagieren institutionelle Anforderungsgeber auf Meinungsbildungsprozesse in der Gesellschaft, und umgekehrt reagiert die Gesellschaft auf die formal gefassten Anforderungsbildungsprozesse der Institutionen. Für einige nicht institutionelle Anforderungsgeber gibt es Stellvertreterinstitutionen, wie z. B. Verbraucherschutzorganisationen oder Bürgerinitiativen.

Tabelle 3.12 Anforderungsgeber und Formate für Anforderungen

Art	Anforderungsgeber	Formate
Institutionelle Anforderungsgeber	Gesetzgeber	Nationale und internationale Gesetze
	Behörden	Ausführungsbestimmungen, Verwaltungsvorschriften, Rechtsverordnungen
	Gesetzlich fundierte Gremien	Nationale und internationale Richtlinien
	Normeninstitute	Nationale und internationale Normen
	Branchen-, Fach-, Berufsverbände	Standards, Richtlinien, Stand der Technik

Art	Anforderungsgeber	Formate
	Interessenvertretungen (Gewerkschaften, Verbraucherschutzverbände etc.)	Tarifverträge, spezifische Formate
	Gerichte	Gerichtsurteile, Präzedenzfälle/Grundsatzentscheidungen
	Gesetzlich und vertraglich eingesetzte Schiedsgerichte, WTO* etc.	Statuten, Richtlinien, Schiedssprüche
	Geschäftskunden (Business-to-Business (B2B))	Verträge
	Gesellschafter, Aktionäre	Beschlüsse
	Kapital-, Kreditgeber	Verträge
Nicht institutionelle Anforderungsgeber	Konsumenten, Kunden (Business-to-Consumer (B2C))	Ausgesprochene Wünsche und Forderungen, Erkenntnisse aus Marktforschung
	Öffentlichkeit/Bürger	Ausgesprochene Wünsche und Forderungen, Erkenntnisse aus Meinungsforschung

* WTO steht für World Trade Organization, die Welthandelsorganisation, deren Mitgliedsstaaten deren Regeln und Schiedsgerichtsbarkeit anerkennen.

Auf die Produktqualität und das Qualitätsmanagement bezogene Anforderungen sind eine Teilmenge der gesamten Anforderungen, unter denen ein Unternehmen steht. Die Aufteilung des Anforderungsmanagements hinsichtlich der Anforderungen, die mit Qualität und mit Qualitätsmanagement zu tun haben, und anderen Anforderungen ist willkürlich. Schlüssiger ist es, zwischen Anforderungen, die das Produkt und den Produktentstehungs- bzw. Leistungserbringungsprozess betreffen, und Anforderungen, die die Organisation und ihr Managementsystem betreffen, zu unterscheiden. ■

Nach dem Eingehen auf Anforderungen, die Anforderungen aus dem Ökosystem der Organisation sind, sei hier abschließend noch auf einen bedeutenden Aspekt hingewiesen. Aus der Ökosystembetrachtung heraus kommt man schnell an den Punkt, Aspekte der Nachhaltigkeit zu adressieren. Die Wirkungen, die eine Organisation in ihrem Ökosystem auslöst, können positiv, aber auch enorm negativ sein. Es gibt negative Folgen, die Organisationen auch bewusst in Kauf nehmen, solange sie sich im Rahmen der an sie gestellten Gesetze und weiteren Anforderungen bewegen. Manche Organisationen sind sogar bereit, gegen Anforderungen zu verstoßen und zu ignorieren, welche Schäden sie verursachen. Andererseits schlagen bei Organisationen auch die negativen Effekte des Handelns anderer auf. Inwieweit die Menschen einer Organisation, ihre Eigner, Führungskräfte und weiteren Mitglieder, sich darum bemühen, gezielt positive Effekte zu erzielen und die negativen Effekte zu minimieren, die auch unter legitimer Einhaltung formaler Anforderungen entstehen, ist eine Frage ihrer Werte und Ambitionen sowie ihrer Prioritätensetzung, ihrer Bereitschaft zum Verzicht auf kurzfristige Gewinne und der Konsequenz ihres Handelns.

3.3.6 Alternative Arbeitsweisen und Organisationsformen

Dieser Abschnitt hat während der Manuskripterstellung zunächst den Titel „Neue Arbeitsweisen und Organisationsformen" getragen. Doch je weitergehend man sich damit befasst, desto klarer wird, dass die zunächst für neu gehaltenen Formen nicht wirklich grundlegend neu sind, sondern längst bekannt und in der Praxis gelebt. Dennoch gibt es auch in diesem Feld Innovationen. Neu sind oft die Begriffe, und als neu erleben wir, was wir nicht kannten, oder manchmal auch, was wir vergessen haben. Hinzu kommt, dass in den Zeiten der „schweren Moderne" der Eindruck entstand, dass Wissenschaftler und Praktiker die Managementwissenschaften dahin gehend weiterentwickeln, dass ideale Organisationsformen erkannt und bekannt werden und sich zunehmend verbreiten. Es entstand ein klassisches Managementverständnis mit klassischen Managementpraktiken, Organisationsformen und Arbeitsweisen. Die „leichte Moderne" mit ihrem Anstieg des VUKA-Grades hat die Suche nach alternativen Praktiken beflügelt, zumal die klassischen Konzepte zu versagen scheinen oder zumindest an Wirksamkeit deutlich verloren haben.

Die Managementliteratur und -kongresse befassen sich in den letzten Jahren auffallend häufig mit „neuen Führungsansätzen und neuen Organisationsformen". Berufsverbände und Fachgesellschaften für Führungskräfte, Personaler, Controller, Qualitätsmanager und andere kommentieren und propagieren neue Arbeitsweisen, oft genannt Arbeiten 4.0 oder New Work, befassen sich unter anderem intensiv mit Konzepten der Selbststeuerung oder Selbstorganisation. Das ist umso bemerkenswerter, weil diese Organisationsformen klassischen, etablierten Managementschulen und deren Lehrmeinungen und der Auswahl, Sozialisation, Erfahrung und den Usancen der allermeisten Führungskräfte zum Teil deutlich zu widersprechen scheinen.

Zwei Motive dafür sind erkennbar. Zum einen schreitet die Disruption wohl so schnell und so breit voran, dass viele pragmatisch nach alternativen Konzepten suchen und mit ihnen experimentieren. Zum anderen herrscht eine Suche nach Sinn, nach „Purpose", nach Spiritualität, nach Nachhaltigkeit und ein Bestreben nach Menschlichkeit in einer Wirtschaft und Gesellschaft, die viele immer mehr in bedeutenden Aspekten als menschenfeindlich, ressourcenfressend, sinnlos, skrupellos und zerstörerisch erleben. In aufgeklärten, freiheitlichen Gesellschaften steigt offensichtlich die Bereitschaft, dies nicht mehr hinzunehmen, sondern die damit verbundenen Probleme zu benennen und Lösungen zu entwickeln. An dieser Suche nach Sinn beteiligen sich sowohl Führungskräfte, Wissenschaftler und Unternehmensberater als auch Mitarbeiterinnen und Mitarbeiter.

Weil die Menschen überwiegend qualitätsbewusst und ins Gelingen verliebt sind, weil viele kreativ sein wollen und können, erscheint es sinnvoll, wenn auch nicht in jedem Unternehmen zwingend erforderlich, den Mitarbeitern in der Organisation weitreichende Entscheidungsbefugnisse zu geben. Moderne Experimente zur Selbststeuerung von Unternehmen durch Mitarbeiter zeigen, dass sogar sehr weitreichende Befugnisse der Mitarbeiter zu positiven Unternehmensentwicklungen führen können. Ohne ein hohes Maß an Motivation für Qualität und Innovation wäre Selbststeuerung nicht denkbar.

Eine mehrjährige Aufschwungphase hatte in Deutschland zudem aufgezeigt, dass sich viele Arbeitnehmer von unattraktiven Arbeitgebern lösen, dass es schwieriger geworden ist, Führungskräfte zu finden, die unter den klassischen Bedingungen arbeiten, und dass Teile der jungen Generation viel weniger karriereorientiert sind als ihre Vorgängergenerationen.

Dabei reichen die Entwicklungen alternativer Konzepte weit vor die digitale Disruption zurück. Viele der heute als neu erscheinenden Ansätze wurden vor Jahrzehnten bereits gelebt und beschrieben. Schon im 19. Jahrhundert begannen die Generäle Carl von Clausewitz (Zeitzeuge und Analytiker der Napoleonischen Kriege bis 1815) und einige Jahrzehnte später Helmuth von Moltke („der Ältere", von 1858 bis 1888 preußischer, dann deutscher Generalstabschef) Konzepte zu beschreiben, zu trainieren und umzusetzen, die wir inzwischen als agil bezeichnen würden. Sie vermitteln ein auch heute taugliches Verständnis von strategischer sowie auch operativer Agilität mit hohen Graden an Selbstorganisation und Selbststeuerung der Truppenteile bis hin zu kleinen Einheiten. Stephen Bungay, Autor mehrerer militärhistorischer Werke, hat diese Konzepte ausführlich beschrieben und für Unternehmen adaptiert [Bungay 2011]. In der Offiziersausbildung der preußischen Armee wurde selbstständiges Handeln in Kenntnis der Mission und Ziele unter dem Namen Auftragstaktik trainiert. Das war ein Paradigmenwechsel zum vorherigen und in den anderen Armeen geltenden Prinzip von Befehl und Gehorsam, das in Extremsituationen immer wieder versagte. Die Auftragstaktik und ihre Konsequenzen entsprechen überhaupt nicht dem Bild, das viele heute von Preußen haben. Friedrich dem Großen wird der Satz zugeschrieben: „Ich habe Sie zum Stabsoffizier gemacht, damit Sie wissen, wann Sie nicht gehorchen sollen." Dass wir derartige Konzepte im 19. Jahrhundert nicht vermuten, hat auch damit zu tun, dass wir wissen, wie hierarchisch die damalige Gesellschaft war und wie wenig Freiräume sie den einzelnen Menschen in ihrem Beruf, aber auch als Bürger gab. So sind zwar Konzepte der Selbststeuerung alt, doch heute ist die Voraussetzung dafür viel besser, in einem Gesellschaftssystem und einer Gesellschaft, die viele Freiräume gibt und die viel weniger ausgeprägte hierarchische Klassenschranken hat.

In den 1970er-Jahren begann in niederländischen Unternehmen mit den Umsetzungen der Methode der soziokratischen Kreise (niederländisch Sociocratische Kringorganisatiemethode, englisch Sociocratic Circle Organisation Method) ein weiterer Vorstoß in die systematische Selbstorganisation. Die Idee der Soziokratie kam bereits im 19. Jahrhundert auf und galt als Weiterentwicklung der klassischen Demokratie. Im Kern geht es um fraktale Selbstorganisation, darum, wie Gruppen Entscheidungen treffen und wie man eine Organisation gestaltet, in der mehrere Gruppen (Kreise) interagieren müssen. Eine spezifische Ausgestaltung der Soziokratie ist die Holokratie (auch Holakratie) oder auf Englisch Holacracy. Sie ist stark formalisiert. Der Unternehmer Brian Robertson hat sie in seinem Unternehmen in Anlehnung an soziokratische Praktiken als Variante entwickelt und eingeführt, darüber gesprochen und geschrieben [Robertson 2015] und damit eine kleine Bewegung ausgelöst, der einige Unternehmer gefolgt sind.

Theorien wie Spiral Dynamics, eine Theorie über die Entwicklung von menschlichen Weltanschauungsebenen von Don Beck, einem US-amerikanischen Unternehmensberater, und dem Autor Chris Cowan auf Basis der Arbeiten des Psychologieprofessors Clare Graves, oder die Theory U [Scharmer 2013] des Deutschen Otto Scharmer, der an der Sloan School of Management des Massachusetts Institute of Technology (MIT) lehrt, zeigen evolutionäre Entwicklungsstufen von Individuen und sozialen Systemen (Staaten sowie auch Organisationen) und beschreiben sowohl die Wirkung als auch den Nutzen von Spiritualität, als sie selbst auch geradezu spirituelle Komponenten aufweisen. Diese Ansätze sind nicht oder nicht in allen Aspekten fundiert wissenschaftlich begründet, was aber nicht den Rückschluss zulässt, dass sie unseriös oder nutzlos sind. Sie kondensieren einerseits die Weisheit philosophischer, religiöser und spiritueller Traditionen und liefern interessante Diskussionsgrundlagen, Metaphern, Erklärungsmuster und zeigen Entwicklungspfade und Reifegradstufen von Entwicklungen auf. Der Begriff Purpose Driven Organisation (in etwa: sinngetriebene Organisation) bezeichnet in der aktuellen Managementliteratur die Unternehmen, die Sinn und Zweck in den Fokus ihres Umgangs mit Mitarbeitern stellen, aber auch ihrer Strategie- und Führungsarbeit schlechthin.

Der aus Belgien stammende Berater und Autor Frederic Laloux hat zwölf Beispiele selbstorganisierter oder anders gesagt selbstgesteuerter Organisationen analysiert, die aus unterschiedlicher Motivation und auf Basis unterschiedlicher Konzepte, darunter auch Holokratie, entstanden, und in seinem Werk *Reinventing Organizations* [Laloux 2015] beschrieben. Auch er greift den Spiral-Dynamics-Ansatz auf, bevor er die Beobachtungen aus realen Unternehmen auswertet. Er kommt, vereinfacht gesagt, zu den folgenden Ergebnissen. Selbstgesteuerte Organisationen können nach innen und nach außen Sinn stiften, sie haben „ihre Sinnfrage“ für sich beantwortet. Hinzu kommt, dass, so unterschiedlich und individuell sie hinsichtlich ihrer konkreten Selbststeuerungsansätze sein mögen, sie zwei Herausforderungen adressiert und gelöst haben:

- Die relevanten Rollen in der Organisation sind geklärt. Jeder kennt seine Rolle und die Rollen der anderen. Verändern sich die Rollen, was jederzeit situativ notwendig werden kann, werden die neuen Rollen sofort ausgehandelt.
- Ein Verfahren zur Entscheidungsfindung ist etabliert und funktioniert. In dieses Verfahren werden systematisch die eingebunden, deren Wissen und Erfahrung für eine gute Entscheidung relevant ist. Dennoch sind die Verfahren schlank und nicht zwingend demokratisch, eher soziokratisch.

Anhand dieser zwei Aspekte wird die Unterschiedlichkeit zu den klassischen Ansätzen, Managementschulen und Usancen deutlich. Etabliert und üblich ist ein Denken in Stellen und Funktionen, nicht in Rollen. Etabliert ist die Entscheidung durch eine allwissende, allverantwortliche und allmächtige Führungskraft. In dieser Denkwelt bedeutet, Entscheidungen zu delegieren, entweder, verdienten Mitarbeitern eine Gnade oder eine Aufwertung zu gewähren, oder ist in den Augen anderer Führungskräfte und sogar einiger Mitarbeiter Kennzeichen von Führungsschwäche.

Verschafft die Fähigkeit einer Gesellschaft, demokratische, soziokratische, selbstgesteuerte Organisationen zu bilden, ihr einen Vorsprung gegenüber autoritär geführten Gesellschaften, die systematisch Selbstbestimmung und demokratische Praktiken konterkarieren und eindämmen? Sind diese Gesellschaften innovativer? In ihrem Werk *Why Nations Fail (Warum Nationen scheitern)* [Acemoglu, Robinson 2012] stellen Daron Acemoglu, ein armenischstämmiger US-amerikanischer Ökonom und Professor am MIT, und James Robinson, ein britischer Ökonom und Politikwissenschaftler, Professor an der University of Chicago, die These auf, dass Nationen, in denen autoritäre Führungen ihre Macht durch Einschränkungen von Freiheitsrechten absichern, scheitern oder zumindest ihr Potenzial bei Weitem nicht ausschöpfen. Hingegen seien Nationen mit weitreichenden Freiheiten ihrer Institutionen und Bürger innovativer, Unternehmertum sei vielseitiger und erfolgreicher.

Sind derartige Unternehmen innovativer? Auf den ersten Blick sind autoritär geführte Organisationen kraft- und machtvoller in der Umsetzung, vor allem in Verbindung mit einer Bereitschaft zu einer gewissen Skrupellosigkeit. Doch es kommt für den langfristigen Erfolg auch darauf an, wer die eigenen Ressourcen am wirkungsvollsten einsetzt. In Unternehmen, in denen die Ressource Mitarbeiter erfolgsrelevant ist – und das in vielen der Fall –, erweisen sich Selbstorganisation und Selbststeuerung als ökonomisch erfolgreich, wie Frederic Laloux aufgezeigt hat.

Die Beteiligung der Mitarbeiter, Freiräume, selbstbestimmter Zugriff auf Ressourcen, hierarchische Augenhöhe sowie die Möglichkeit, die eigenen ethischen Werte leben zu können, steigert die Innovationsfähigkeit von Teams und Organisationen. Entmündigung, Reglementierung, Limitierung von Ressourcen, Nötigung zu unethischem Verhalten und hierarchisches oder autoritäres Gebaren hemmen die Innovationsbereitschaft und auch -fähigkeit der Mitarbeiter. ■

Dass Innovation in hierarchiearmen Settings mit vielen Freiräumen für die beteiligten Menschen prosperiert, darüber scheint es einen breiten Konsens zu geben. Wie sieht es aber mit der Qualität und Qualitätsfähigkeit aus? Können Führungskräfte Mitarbeiter zur Erbringung von Qualität zwingen? Braucht Qualität autoritär erzeugte Zucht und Ordnung? Es gibt in den meisten Prozessen zu viele Momente, wo Mitarbeiter nur selbst für das Erzeugen von Qualität und das Verhindern von Fehlern verantwortlich sind. Der Koch entscheidet am Ende allein und selbst, ob er sich nach dem Toilettengang die Hände wäscht. Und so mancher Zwang in autoritären Settings führt zu den kleinen, unbeobachteten Trotzreaktionen des Alltags, dem Übersehen des Fehlers und der Simulation von Anstrengung und von Qualitätsbemühen. Aber solch ein Verhalten korrumpiert, schleift sich ein und wirkt somit nachhaltig fatal. Besonders schlimm ist die Steigerungsform der Sabotage, zu der Einzelne greifen und damit nicht nur moralische, sondern auch strafrechtliche Grenzen überschreiten.

Bezogen auf die Qualität wirkt sich Selbstverantwortung potenziell günstig, mangelnde Selbstverantwortung potenziell schädlich aus. ■

In hierarchischen Settings, erst recht in autoritären, ist es für Mitarbeiter zum einen schwierig, Verbesserungsideen umzusetzen, und andererseits riskant, Fehler zuzugeben. Zum anderen kommt erschwerend hinzu, dass dann das Qualitätsbewusstsein der Führungskräfte im Guten, aber auch im Schlechten maßgeblich und limitierend ist. Es kann aber bei Einzelnen gering ausgebildet sein; in den Augen einer Führungskraft steht Qualität zudem manchmal in einem echten oder vermeintlichen Konflikt mit ökonomischen Zielen und dem Bedürfnis, in seinem Verantwortungsbereich nicht mit Fehlern oder Problemen in Verbindung gebracht zu werden. In diesem Fall versuchen Führungskräfte, Fehler zu verschweigen, und verhindern einen offenen, Verbesserungsinnovationen auslösenden Umgang damit. Mitarbeiter sehen und erkennen ein solches Verhalten und richten – im Rahmen eines Spannungsfelds zwischen individuellen Werten und notwendigem Pragmatismus – ihre eigenes danach aus.

Neben der Kontrolle durch Führungskräfte findet in Organisationen ein erhebliches Maß an sozialer Kontrolle statt. Je nach Kultur und Setting kann soziale Kontrolle qualitätsförderliches Verhalten unterbinden oder begünstigen. In hierarchischen Organisationen und denen mit einer unreifen Fehlerkultur führt die soziale Kontrolle zur Eindämmung von Eigeninitiative und von der Beschäftigung mit Fehlern, damit diese dem Team nicht schaden. In selbstorganisierten und selbstgesteuerten Organisationen hingegen fördert soziale Kontrolle innovatives und qualitätsförderliches Verhalten, fordert geradezu zur konstruktiven Beschäftigung mit eigenen Fehlern auf.

Selbstorganisation und Selbststeuerung ergänzen Selbstverantwortung und erweitern deren Rahmen. Wer als Mitarbeiter die Organisation mitgestaltet und mitsteuert, erhält die Verantwortung, die in klassischen Organisationen allein die Führungskräfte haben. Als Fazit bleibt festzuhalten, dass Selbstorganisation und Selbststeuerung sowohl die Leistungsfähigkeit der Organisationsowie ihre Qualitäts- und ihre Innovationsfähigkeit steigern als auch die Arbeitsbedingungen für Mitarbeiter verbessern sollen.

Eine Sonderform und Konkretisierung der Selbststeuerung und Selbstorganisation, auf die es sich eigens einzugehen lohnt, ist **die agile Organisation.** Der Begriff agil ist alt und hat eine etablierte Alltagsbedeutung und eine neu aufgeladene Bedeutung in der Organisationsentwicklung. So haben die meisten Menschen eine Vorstellung von agilen Senioren oder Agility als Hundesport, aber deutlich weniger eine von einer agilen Organisation. Agil und Agilität könnten temporäre Begriffe im Management sein, Modewörter. Das *Manifest für Agile Softwareentwicklung* [Sutherland et al. 2001] und die seitdem um sich greifende Beschäftigung mit agilem Projektmanagement, agiler Entwicklung und agilen Unternehmen beweisen das Gegenteil. Dass das Manifest und das agile Projektmanagementkonzept Scrum außerhalb der Community der Softwareentwickler viele Jahre lang nahezu unbeachtet geblieben sind, ist eine interessante Parallele zum als agile Methode klassifizierten Konzept des Design Thinking, das fast 20 Jahre lang in Deutschland wenig bekannt war und seit einigen Jahren ebenfalls einen Hype verursacht.

Die Beschäftigung mit dem Konzept Agilität ist inmitten der Führungskräfte angekommen. Wir können das darauf zurückführen, dass die Suche nach neuen Antworten dringlicher geworden ist, nach Antworten auf die Frage, wie Führungskräfte mit und in der VUKA-Welt zurechtkommen können. Nun, längst nicht allen erscheint die Antwort geeignet oder ausreichend. Das Suchen und Ringen um geeignete neue Managementkonzepte hat gerade erst begonnen.

Agilität ist eine plausible Antwort auf die überlebenswichtigen Fragen:

- Was hilft mir auf Märkten, in Umgebungen und mit Situationen zu bestehen, die volatil, unsicher, komplex und mehrdeutig sind?
- Was hilft mir, eine große Komplexität von Prozessen und Produkten zu beherrschen?

Im Detail geht es dabei um weitere Fragen wie:

- Wie schaffen wir einen schnelleren Markteintritt für ein komplexes Produkt – weil jeder Monat, jede Woche, jeder Tag langsamer entgangenen Gewinn bedeutet?
- Wie schaffen wir es, noch flexibler auf Änderungen von Kundenbedürfnissen, neue Anforderungen, neue Möglichkeiten und Wettbewerberaktivitäten zu reagieren?
- Wie schaffen wir es, die häufiger werdenden Change-Projekte öfter, schneller, besser und vor allem mit weniger Reibung zum Erfolg zu bringen?
- Wie schaffen wir es, schneller und häufiger zu innovieren, um attraktiv für unsere Kunden zu bleiben und um immer effizienter zu werden?
- Wie schaffen wir es, Projekte, Geschäftsmodelle, Produkte schneller und besser zu stoppen, wenn sie nicht oder nicht gut genug funktionieren?

Ist aber Agilität überhaupt eine neue oder neuartige Antwort? Weder die exzessive, modische Nutzung des Begriffs agil noch die Darlegung agiler Prinzipien wie im *Manifest für Agile Softwareentwicklung* noch die zunehmende Verbreitung agiler Methoden dürfen darüber hinwegtäuschen, dass Agilität in Organisationen ein uraltes Phänomen ist. Das, was wir heute als agil klassifizieren, hat schon vor Hunderten, wenn nicht Tausenden von Jahren einzelnen Menschen, Gruppen und Organisationen dabei geholfen, in Zeiten der Disruption schnell neue Wege zu testen und dann auch zu gehen, so, wie auch die Selbstorganisation und Selbststeuerung historische Vorläufer hat. Der Begriff Agilität hilft uns heute dabei, diese Mechanismen besser zu verstehen und sie erlern- und schneller adaptierbar zu gestalten. Dass wir den Begriff heute so häufig verwenden, zeigt, dass wir gesteigertes Bedürfnis nach Dynamik, Flexibilität und Selbststeuerung haben, nach höheren Agilitätsgraden. Es heißt nicht, dass wir nicht agil waren. Bisher hat allerdings das Adjektiv flexibel meistens ausgereicht.

Das intensive Experimentieren mit agilen Settings in Organisationen und mit agilen Organisationsformen der letzten Jahre verschafft uns interessante Erkenntnisse und steuert für viele Unternehmen sinnvolle Konzepte bei. Von daher ist zu erwarten, dass die aktuelle Agilitätsdiskussion noch auf Jahre hinaus einen bedeutenden Beitrag zum Umgang mit den Dynamiken der digitalen Disruption leisten wird, indem sie hilft, dort, wo es sinnvoll ist, einen höheren Grad an Agilität auf bessere Art und Weise zu erzielen, als das ohne sie der Fall gewesen wäre.

Agil, Agilität

Agil heißt beweglich, adaptiv, flexibel. Agilität ist Beweglichkeit und die Fähigkeit zur Schnelligkeit, die Fähigkeit zur schnellen Reaktion und sogar Proaktion sowie die Fähigkeit zur friktionsarmen adaptiven Veränderung der Organisation.

Agilität ist kein neues Phänomen. Unabhängig von der Verwendung des Begriffs im Management ist das Konzept von Agilität uralt. Sowohl in der Evolution als auch in der Wirtschaft, der Gesellschaft und bezogen auf das Individuum war Agilität zu jeder Zeit dann ein Erfolgskonzept, wenn starke Veränderungen des Umfeldes, Umbrüche und Disruptionen aufkamen. Die evolutionäre Entsprechung von Agilität ist die Fähigkeit, viele Mutationen zu entwickeln und somit ein großes Spektrum von Veränderung mit einem großen Spektrum von Varianten zu beantworten. Dieser Ansatz ist auch auf Unternehmen übertragbar. Agile Methoden greifen dieses Prinzip auf, z. B. durch schnelle Praxistests von improvisierten Prototypen am Kunden. Auf diese Weise wird frühzeitig deutlich, welche (Ideen-)Mutation eine Chance hat, in der Realität des Marktes zu bestehen, und welche nicht.

Agilität betrifft drei Ebenen

- **Strategische Agilität**
  Agilität bei der strategischen Anpassung, die Schnelligkeit, strategierelevante Veränderungen des Ökosystems seines Unternehmens zu erkennen und darauf mit neuen Strategien zu reagieren, also neue Strategien zu entwickeln und umzusetzen.
- **Operative Agilität**
  Agilität im Alltag und vor allem im Zusammenspiel mit Kunden und den anderen Stakeholdern, dazu zähl Agilität in Prozessen und in der Projektarbeit.
- **Organisatorische Agilität**
  Agilität in der Organisationsentwicklung, die Fähigkeit, sich immer wieder neu und angepasst aufzustellen (Aufbau- und Ablauforganisation), die Fähigkeit, Change-Initiativen und Change-Projekte friktionsarm zum Erfolg zu bringen.

Agiles Arbeiten ist oft geprägt durch agile Konzepte, Methoden und Werkzeuge, wie Scrum oder Design Thinking, Lean Startup, Kanban. Es basiert jedoch nicht auf Methoden und Werkzeugen, sondern auf agilen Prinzipien. Agile Prinzipien sind

- **Kundenbedürfniszentrierung** und kontinuierliche Kundeninteraktion,
- **inkrementell-iteratives Vorgehen** (inkrementell: Vorgehen in kleinen Schritten, besonders bei Entwicklung und Planung; iterativ: Vorgehen mit „Rückschleifen“, um sich einer idealen Lösung immer besser anzunähern),
- **Subsidiarität** (die Delegation der Verantwortung möglichst weit „unten“ in der Hierarchie, dort, wo Mitarbeiter die Interaktion mit Kunden erleben, Kundenbedürfnisse, Chancen und Risiken als Erste erkennen und daraufhin ohne Verzug handeln können).

Subsidiarität ist ein Begriff aus der Staatstheorie und drückt auch hier aus, so viel Verantwortung wie möglich auf kommunaler Ebene anzusiedeln, dort, wo die Verwaltungen und Entscheidungen eng an den Lebensbedürfnissen der Menschen sind. Erst wo das nicht geht oder sinnvoll ist, sind nächsthöhere Instanzen (Regierungsbezirke, Länder, Bundesregierung) verantwortlich zu machen.

Agile Organisationen lassen sich an der Umsetzung der agilen Prinzipien erkennen. Einige Anwender agiler Methoden, wie z. B. Scrum, erkennen nur die Nutzer etablierter agiler Methoden als Agile (Agilistas ist eine gebräuchliche Selbstbezeichnung, der Mediziner Markus Holtel, ehemaliger Ärztlicher Qualitätsmanager und heute Ärztlicher Direktor einer Klinik, führte in einer gemeinsamen Arbeitsgruppe den Begriff Aguilleros ein, den wir gerne und mit einem Schmunzeln übernehmen). Diese Methodenüberhöhung greift zu kurz.

Unerkannte, unbenannte Agilität

Ein beachtenswerter Aspekt ist, dass im Zuge der informalen Ausweichbewegungen in überformalisierten Systemen so etwas wie eine unerkannte und unbenannte Agilität entsteht.

Von großer Bedeutung für die konkrete Organisation ist das richtige Maß zwischen Agilität und Stabilität. Wenn es lange Phasen gab, in denen wir in den Unternehmen ohne den Begriff Agilität auskamen, dann hat das einen guten Grund. Stabilität war die Regel, die Notwendigkeit von Agilität die Ausnahme. Begriffe wie Veränderung (Change), Diversifizierung und Flexibilität haben in den letzten Jahrzehnten ausgereicht, um die notwendigen Diskussionen über Strategien und Lösungsansätze zu führen. Das hat auch damit zu tun, dass trotz aller immer vorhandenen Entwicklungen und Veränderungen des Unternehmensumfeldes im Vergleich zu heute lange Phasen der Stabilität von Märkten, Branchen und Unternehmen vorherrschten. In solchen Phasen geht es um Verbesserung, auch kontinuierliche Verbesserung und Effizienzsteigerung. In Zeiten, in denen nicht Stabilität, sondern Disruption prägend ist, verlieren diese Ansätze an Bedeutung, Agilität hingegen gewinnt an Bedeutung.

Doch wie immer kommt es auf das richtige Maß an. Es ist also auch legitim, nicht oder eher gesagt wenig agil zu sein, wenn das strategisch gut fundiert ist und zu gewünschten Ergebnissen führt. Prozessorganisation und Projektorganisation behalten auch mit dem Aufkommen agiler Organisationskonzepte ihre Bedeutung und Berechtigung. Auch innerhalb einer Organisation kann, darf und muss es Bereiche unterschiedlicher Agilität geben.

Guido Fischermanns, Professor für Prozess- und Projektmanagement an der Hochschule für Wirtschaft und Verwaltung in Berlin, hat die drei Typen Prozess-, Projekt- und agile Organisation als Extremformen in einem gleichschenkligen Dreieck dargestellt [Fischermanns 2015], das in Bild 3.14 zur Seite gekippt ist, um eine zeitliche Dynamik in Richtung Agilität darzustellen. Links stehen die beiden klassischen Organisationstypen, rechts der neue „4.0-spezifische“ Typ, die agile Organisation. Das Dreieck ist auch deshalb eine gute Visualisierung, weil es neben den drei extremen Ausprägungen einer Reinform, also einer „reinen“ Prozess-, Projekt- oder agilen Organisation, ein Feld aufspannt, in dem Mischformen der drei Typen angesiedelt sind. Denn auch ausgeprägte Prozessorganisationen haben Entwicklungsprojekte, Projektorganisationen haben Logistikprozesse. Genauso verhält es sich mit agilen Formaten, die heute vereinzelt auch in klassischen Organisationen anzutreffen sind.

Ähnliche Überlegungen stammen von John Kotter, inzwischen emeritierter Professor für Führung (Leadership) der Harvard Business School, der von einem dualen Betriebssystem spricht [Kotter 2015]. Er sagt, das Tagesgeschäft, das Zuverlässigkeit und Effizienz benötigt, stützt sich überwiegend auf die hierarchische Prozessorganisation; die Kreativarbeit, die Schnelligkeit und Ideenvarianz braucht, stützt sich überwiegend auf die vernetzte, agile Projektorganisation. Beide Zustände oder Systeme können schlüssig koexistieren, es muss kein Entweder-oder geben.

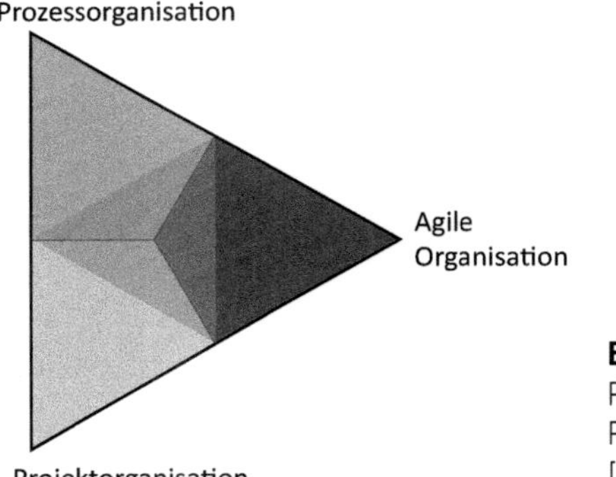

Bild 3.14
Prägungen der Organisation durch Projekt, Prozess oder Agilität in Anlehnung an [Fischermanns 2015]

Wie werden oder sind Organisationen agil? Eine Organisation kann agil werden, wenn sie einen Weg findet, die agilen Prinzipien nachhaltig zu leben. Voraussetzung dafür ist eine entsprechende Unternehmenskultur. Agilitätsförderliche Kulturen sind geprägt durch Menschenzentrierung, Bedürfnisfokussierung, Transparenz, Innovativität und Bereitschaft zur Veränderung. Zentrale Bedeutung kommt den Führungskräften zu. Gelingt es ihnen, signifikante Anteile von Macht, Verantwortung und Entscheidungsbefugnissen an Mitarbeiter zu übertragen? Gelingt es ihnen, neue Führungsrollen einzunehmen, dienende Führung zu leben? Denn wenn nicht, verlaufen Agilisierungsbemühungen im Sande. Bei den Führungskräften verbleibt die ultimative Verantwortung für Strategie, Zielerreichung und Organisationsentwicklung. Doch sie beteiligen Mitarbeiter in klar geregelten, mehr oder weniger weit gesteckten Grenzen an dieser Verantwortung.

Für klassisch ausgewählte und sozialisierte Führungskräfte sind dies gravierende Neupositionierungen, verbunden mit einer Notwendigkeit zu eklatanten Verhaltensänderungen. Und ebendies gelingt oft nicht, sodass viele Agilisierung nicht erst betreiben und so manche Agilisierungsversuche scheitern. Bis zu einem gewissen Grad kann die Agilisierung als Graswurzelbewegung der Mitarbeiter voranschreiten, stößt dann aber schnell an Grenzen. Sie braucht mächtige Förderer in der Unternehmensleitung, idealerweise einen Konsens im obersten Führungsgremium und vieler weiterer Führungskräfte. Je größer die Organisation, desto schwieriger ist das zu erreichen, deshalb scheitern gerade dort viele Versuche.

Nicht selten entstehen zunächst einmal agile Inseln, z. B. in den Entwicklungsbereichen. Von dort aus und gestützt auf dort gemachte Erfahrungen lassen sich weitere Bereiche agilisieren. Allerdings ist zu beachten, dass nicht alle Bereiche der Organisation agil sein müssen. Für einige Bereiche sind Prozessorganisation oder klassisches Projektmanagement angemessener als agile Arbeitsweisen. Gibt es Bereiche unterschiedlichen Agilitätsgrads in der Organisation, ist es Aufgabe der Leitung, der Führungskräfte und Organisationsentwickler, dafür zu sorgen, dass diese Bereiche schlüssig miteinander zusammenwirken.

Agilität ist nicht abhängig von bestimmten Methoden; es geht um individuelle Wege zur Umsetzung agiler Prinzipien. Es gibt jedoch Konzepte und Methoden, die die agilen Prinzipien gezielt aufgreifen und umsetzen helfen. Dazu gehören Scrum, ein Projektmanagement- und Produktentwicklungskonzept, Kanban („IT-Kanban"), eine Aufgabenmanagementmethode, Lean Startup, ein Konzept zur Geschäftsmodell- und Produktentwicklung, und Design Thinking, ein Konzept zur Entwicklung innovativer Produkte und Problemlösungen. Ayelt Komus, Professor an der Hochschule Koblenz, hat 2017 [Komus 2017] zum dritten Mal die Nutzung und Verbreitung agiler Methoden abgefragt. Er stellt fest: „Agile Methoden werden weiterhin vor allem in der Softwareentwicklung genutzt, aber bereits ein Drittel der Teilnehmer nutzen agile Methoden für IT-nahe [40 %] bzw. Nicht-IT-Aktivitäten [34 %]."

Die Einführung agiler Prinzipien stellt für viele Organisationen ein Veränderungsprojekt dar, das durch klassische Prozessorientierung oder Projektmanagement geprägte Organisationen aufwühlt. Agile Teams entwickeln dabei manchmal eine Tendenz, sich abzuschotten und unter sich zu bleiben oder sich und die eigene Arbeitsweise zu überhöhen, und bei skeptischen oder nicht ausreichend eingebundenen Führungskräften und Mitarbeitern halten sich Vorbehalte gegen agiles Arbeiten. Das betrifft auch häufig Qualitätsmanager, die beobachten, dass die agilen Teams von Beginn an außerhalb des etablierten Managementsystems agieren. Einige halten das agile Arbeiten auch für geradezu anarchisch und regellos, doch dieser Eindruck täuscht, denn es basiert auf klaren und sogar rigorosen Regeln.

Qualitätsmanager können helfen, die agilen Prinzipien im weiterentwickelten Managementsystem zu verankern. Dazu müssen sie sich aber auf agile Ansätze einlassen und vertieft mit Agilität und ihren Methoden befassen. Unter anderem sollte die Zusammenarbeit zwischen sehr und wenig agilen Bereichen in der Organisation stimmig geregelt sein. Innovationsmanager können helfen, ihre oft schon ausgeprägten Erfahrungen mit agilen Arbeitsweisen einzubringen. Dies wird in Zukunft immer wichtiger werden, da die digitale Disruption zu einer Zunahme agiler Organisationen und agiler Organisationsbereiche führt, weil Agilität eine typische Antwort auf Volatilität und Disruption ist. Dabei können verkrustete, überformalisierte Organisationen von der Anwendung agiler Formen profitieren, indem sie elegantere, weniger als bürokratisch erlebbare Managementsysteme gestalten. Umgekehrt profitieren Kreativbereiche von einer Integration ins Managementsystem durch eine Reduktion der Abgrenzungsnotwendigkeit. Beiden Seiten kommt eine Entwicklung zugute, die zunehmende Leichtigkeit und schnelle, einfache Anpassungsfähigkeit der Dokumentation. Agilität ist auch eines von mehreren Konzepten für organisatorische Resilienz.

Sieben Thesen zur Agilität von Organisationen

- Agilität ist ein geeignetes Konzept, die Überlebensfähigkeit der Organisation zu stärken.
  Die strategische Frage, auf die Agilität eine Antwort sein kann, lautet: Wie gehen wir besser mit Unvorhersehbarkeit und Unplanbarkeit um? Der fundamentale Paradigmenwechsel dabei ist der von der Planbarkeit und a priori Beherrschbarkeit zur variantenreichen Lösungsevolution, zum experimentell-tastenden Vorgehen und zur schnellen Entscheidungsrevision.
- Agilität ist nicht neu.
  Schon seit jeher gibt es Agilität. Weder sie selbst noch der Begriff ist neu. Bisher haben Begriffe wie Flexibilität und Anpassungsfähigkeit für unsere Diskussion allerdings ausgereicht. Dass wir einen neuen und zusätzlichen Begriff verwenden, hängt einerseits damit zusammen, dass mehr Unternehmen unter einem viel größeren Anpassungsdruck stehen als zuvor. Hinzu kommt auch, dass wir relevantes altes Wissen nicht ernst genug nehmen und immer wieder neue Managementmoden suchen. So entsteht der aktuelle Hype um Agilität.
- Agilität ist nicht die einzige Antwort auf die Frage, wie wir in der VUKA-Welt bestehen.
  Es wird weitere Antworten auf diese Frage geben, nach denen wir suchen müssen. Organisatorische Resilienz kann z. B. eine weitere Antwort sein. Vielleicht ist Agilität auch ein Teilaspekt von Resilienz; und diese umfasst weitere Lösungsansätze, wie Robustheit und Redundanz.
- Organisationen müssen sich nicht von nicht agil zu agil entwickeln. Sie müssen besser agil werden.
  Es geht nicht darum, überhaupt agil zu werden, sondern handwerklich besser agil zu werden und noch höhere Agilitätsgrade zu erreichen. Das ist notwendig, weil wir eine nie da gewesene Innovationsdynamik haben, für die unsere bisherige Flexibilität nicht immer ausreicht. Es gab nie zuvor in der Menschheitsgeschichte so viele, so viele tiefgehende und sich weltweit so schnell verbreitende Innovationen.

- Verordnete Agilität kann bereits gelebte Agilität zerstören.
  Agilität wird meistens mit mehr Selbststeuerung und -organisation verbunden. Es gibt aber bereits eine gelebte, oft verborgen gehaltene und deshalb meist übersehene Selbstorganisation. In unseren überformalisierten Organisationen haben Mitarbeiter ihre Spielräume dafür genutzt, ungeeignete Regeln zu umgehen und so die dadurch verursachten Dysfunktionalitäten und Paradoxien zu entschärfen und die Organisation leistungsfähig und lieferfähig zu halten. Nur wenn wir diese Ressource und Kompetenz anerkennen und nutzen und erst dann, wenn wir die Überformalisierung zurückfahren, können wir besser agil werden. Verordnete Agilität ist paradox und kann schädlich sein und versagen.
- Organisationen brauchen unterschiedliche Agilitätsgrade.
  Nicht jede Organisation benötigt den gleich hohen Grad an Agilität, und auch innerhalb der Organisation gibt es Bereiche, die viel und die wenig Agilität brauchen und vertragen. Wenn Agilität in unserer Organisation für bestimmte Aufgaben ein probates Mittel ist, müssen wir sie genau dafür aktivieren und nicht über die ganze Organisation stülpen. Wir müssen Organisationsbereiche mit hohen gebrauchten und gewollten Agilitätsgraden mit denen mit niedrigeren Agilitätsgraden versöhnen und verzahnen.
- Unternehmensweite Agilisierungskonzepte sind hochriskant.
  Eine signifikante Agilisierung der Organisation erfordert tiefgehende Interventionen, verändert ihre Führungskonzepte, Prozesse und Kultur. Das ist hochriskant, weil es vieles oder alles auf den Kopf stellt. Und es ist für die meisten Führungskräfte und Mitarbeiter eine Reise ins Unbekannte. Die Organisation benötigt erfahrene Organisationsentwickler, Führungskräfte, die sich selbst neu erfinden können und auch die Irrungen und Wirrungen der Transformation aushalten. Lieber keine Agilisierungsinitiative starten als eine halbherzige und inkonsequente. Lieber in einzelnen Bereichen experimentieren als überall gleichzeitig. Lieber viele schnelle kleine Schritte als einen riesengroßen. ■

3.3.7 Organisationsentwicklungsziele Resilienz und Reifegrad

Organisatorische Resilienz bedeutet die Fähigkeit eines Systems, Störungen zu verkraften, ohne dass sich wesentliche Systemfunktionen - ungesteuert - massiv ändern bzw. versagen. Und eine solche Fähigkeit ist ein erstrebenswertes Ziel einer Organisationsentwicklung.

Der Resilienzbegriff war ursprünglich auf den Menschen bezogen, erst später erfolgte seine Übertragung auf Organisationen. Die Konzepte einer persönlichen und einer organisatorischen Resilienz oder Organisationsresilienz sind zwar verwandt, ihnen liegen aber unterschiedliche Mechanismen zugrunde, das muss man wissen und beachten, wenn man den Resilienzbegriff im Kontext der Organisation benutzt. Es gibt noch zwei weitere Ebenen der Resilienz, wie Tabelle 3.13 zeigt.

Tabelle 3.13 Resilienzebenen

Ebene	Definition	Verantwortung
Persönliche Resilienz	Die Fähigkeit, persönliche Rückschläge und schwierige Lebenssituationen ohne bleibende Beeinträchtigungen zu überwinden	Disposition, nur sehr eingeschränkt selbst gestaltbar
Organisationsresilienz	Die Fähigkeit einer Organisation, funktionsbeeinträchtigende Ereignisse und bedrohliche Phasen ohne bleibende Beeinträchtigungen zu überwinden	Verantwortung von Leitungen, Führungskräften, Organisationsentwicklern und Managementsystemgestaltern
Netzwerkresilienz	Die Fähigkeit des Unternehmensnetzwerkes, funktionsbeeinträchtigende Ereignisse und bedrohliche Phasen ohne bleibende Beeinträchtigungen zu überwinden	Kollektive Verantwortung von Leitungen, Führungskräften, Organisationsentwicklern und Managementsystemgestaltern im Netz
Gesellschaftliche Resilienz	Die Fähigkeit einer Gesellschaft, gravierende Bedrohungen und schädliche Großereignisse ohne bleibende Beeinträchtigungen zu überwinden	Politische Verantwortung von Entscheidungsträgern und einflussreichen Persönlichkeiten in Gesellschaft, Behörden, Regierung und Parlamenten

Die Mechanismen der persönlichen Resilienz sind andersgeartet als die der organisatorischen. Zur gesellschaftlichen Resilienz gehört im weiteren Sinne auch die ihrer kritischen Infrastrukturen, ihrer Gas-, elektrischen und Kommunikationsnetze, aber auch die ihrer zivilgesellschaftlichen und politischen Institutionen, ihrer Verwaltung und Gesundheitsversorgung. Organisationsresilienz und Netzwerkresilienz, gemeint ist das externe Netzwerk der Organisation aus Lieferanten und sonstigen Partnern, sind beide sowohl relevant als auch durch Organisationsentwicklung und Führungshandeln beeinflussbar.

Die große Pandemie hat die Bedeutung der Beschäftigung mit Resilienz auf allen Ebene deutlich gemacht. Viele Aspekte des Risikomanagements zahlen auf die Resilienzbildung der Organisation ein, auch das Business Continuity Management, zu beiden Themen gibt es auch Normen (ISO 31000:2018 Risikomanagement, ISO 22301:2012 Business Continuity Management).

Organisations- und Netzwerkresilienz lassen sich durch unterschiedliche Konzepte entwickeln, die sinnvollerweise aufeinander abzustimmen und miteinander zu verzahnen sind (Tabelle 3.14). Eines davon ist die Agilität. Eine schnellere, bessere Adaptivität auf operativer, strategischer und organisationsentwicklerischer Ebene ist resilienzförderlich. Aber auch Robustheit ist ein resilienzförderliches Konzept. Verwandt dazu ist die Redundanz, die Dopplung von kritischen Systemen, Ressourcen und Infrastrukturen. Hieran wird aber auch deutlich, dass es Konflikte zu etablierten Konzepten gibt, so z. B. zum Leankonzept, das zwar enorm wirtschaftlich ist und die Kapitalbildung reduziert, aber die Anfälligkeit bei Störungen erheblich erhöht.

Tabelle 3.14 Resilienzförderliche und resilienzreduzierende Konzepte

Resilienzförderlich	Resilienzreduzierend
Opulenz, Reserven, finanzielle Rücklagen Redundanz, Dopplung	Lean, Verschlankung
Einfachheit, Robustheit	Komplexität, Kompliziertheit
Diversifizierung	Fokussierung, Spezialisierung
Second Source	Single Sourcing
Hohe Agilität	Starrheit, geringe Agilität
Regionalisierung	Globalisierung

Ein weiteres Entwicklungsziel der Organisationsentwicklung ist ein hoher Reifegrad der Organisation. Reifegrad kann als Maßstab für das Leistungspotenzial der Organisation dienen. Im Grunde geht es um die Frage, wie fähig eine Organisation ist, die von ihr geforderten Ergebnisse zu erzielen. Statt Leistungspotenzial kann man also auch Ergebnisfähigkeit sagen. Innovationsfähigkeit und Qualitätsfähigkeit sind Teilmengen der Ergebnisfähigkeit der Organisation, die Ertragsfähigkeit ist eine weitere Teilmenge, die besonders im Blick der Eigner und Investoren ist. Eine reife Organisation mit hoher Ergebnisfähigkeit sollte auch wertvoller sein als eine unreife mit niedriger Ergebnisfähigkeit, es sei denn, ihr wird auch bei geringer Reife ein enormes Potenzial beigemessen. Doch um es zu heben, muss auch wieder Reife wachsen.

Es gibt unterschiedliche ökonomische Ansätze, den Wert eines Unternehmens festzustellen oder zu berechnen, z. B.:

- das Ertragswertverfahren,
- das EBIT-Verfahren (Earnings Before Interests and Taxes, Gewinn vor Zinsen und Steuern),
- der EVA (Economic Value Added).

Diese Verfahren dienen dazu, den Wert eines Unternehmens, z. B. für einen Verkauf oder Kauf, festzustellen. Auch unabhängig von Verkaufsabsichten gibt es in vielen Unternehmen die Vorgabe der Eigentümer oder das Bestreben des Managements, in definierten Abständen den Unternehmenswert und seine Veränderung im Betrachtungszeitraum festzustellen. Da es unterschiedliche Berechnungsverfahren gibt und viele Prämissen unter Unsicherheit zu setzen sind, sind schon die Auswahl des Verfahrens und die Formulierung von Prämissen ein auf ein Wunschergebnis hin zielgerichteter Akt. Es macht dann einen großen Unterschied, ob der

Käufer oder der Verkäufer rechnet, ob der scheidende Vorstandsvorsitzende oder die neue den Unternehmenswert feststellen lassen will.

Unterschiedliche Ratingverfahren, wie auf Basel III basierende Kreditwürdigkeitsbewertungen der Banken oder die Verfahren der großen Ratingagenturen, dienen dazu, das Risiko der Kreditentscheidung einer Bank oder die Investition eines Investors zu bewerten. Die darauf gestützten Unternehmensratings nutzen komplexe, ausdifferenzierte und ganzheitliche Kriterienkataloge und Algorithmen. Die der Ratingagenturen bleiben der Öffentlichkeit dabei weitgehend intransparent, wohingegen die Basel-III-Dokumente publik sind. Dabei gilt es auch, das Zukunftspotenzial des Unternehmens zu bewerten, seine Innovationskraft, den Grad seiner Kundenbindung, den Grad des Mitarbeiterengagements oder auch die Mitarbeiterkompetenz.

Es gibt weitere Ansätze, den Wert oder das Potenzial eines Unternehmens zu bewerten, die nicht ursprünglich die ökonomische Dimension in den Vordergrund stellen oder zum Maßstab der Bewertung und Einstufung machen. Dazu zählen die Wissensbilanz, der Global Innovation Index (GII) und das EFQM-Assessment, das im Qualitätsmanagement seit vielen Jahren bekannt ist.

Im Prinzip bilden die etablierten Ratings oder Assessments den Reifegrad der Organisation auf einer Skala ab. Meistens ist es eine lineare Skala, wie auch beim EFQM-Assessment, das eine Punkteskala von 0 bis 1000 verwendet. Die EFQM bestimmt mittels eines Katalogs von Kriterien und zwei verschiedenen Bewertungsalgorithmen nach der sogenannten RADAR-Logik (Results/Ergebnisse, Approach/Vorgehensweisen, Assessment/Bewertung, Refinement/Verbesserung) den globalen Reifegrad eines Unternehmens. Ein Team von branchenerfahrenen Spezialisten für verschiedene Wissensgebiete des Unternehmens identifiziert Stärken, Schwächen und Potenziale und erarbeitet eine Punktebewertung.

Der organisatorische Reifegrad, gemessen mit fundierten Rating- oder Assessmentverfahren, kann also als Maßstab für die Ergebnisfähigkeit der Organisation dienen. Mit ihm lassen sich sowohl die Reifegradentwicklung des Unternehmens über einen Zeitverlauf messen als auch Vergleiche zwischen Unternehmensbereichen oder zwischen verschiedenen Unternehmen anstellen. Er ist also auch als globale Steuerungsgröße für Organisationsentwicklung geeignet.

Auch Ratings und Assessments weisen Messungenauigkeiten auf, und sie sind manipulierbar. Erfahrung, Kompetenz, Unabhängigkeit und Standing der Assessoren sowie die Intensität des Assessments haben großen Einfluss auf die Validität des Messergebnisses. Und obwohl die Kriterien des EFQM Excellence Modells und RADAR-Bewertungsalgorithmen versuchen, den Blick auf wahrscheinliche zukünftige Entwicklungen zu richten, ist es schwierig und risikobehaftet, Prognosen zu machen. Allerdings ist es plausibel, davon auszugehen, dass ein Unternehmen mit hohem gemessenem Reifegrad eine größere Überlebenswahrscheinlichkeit hat als ein Unternehmen mit geringem Reifegrad und dass ein Unternehmen, dem es gelingt, seinen Reifegrad zu steigern, erfolgreicher Organisationsentwicklung und Existenzsicherung betreibt als ein Unternehmen, dessen Reifegrad sinkt.

Die etablierten ganzheitlichen Rating- und Assessmentmodelle zeigen, wie viele systemisch miteinander vernetzte Kriterien auf einen hohen Reifegrad und somit eine gute Ergebnisfähigkeit des Unternehmens einzahlen. Sehr reife Organisationen erzielen nicht zu jedem Kriterium höchste Reifegrade, zeigen aber auch in keinem Feld eine sehr niedrige Reife auf. Die EFQM nennt die herausragend reifen Organisationen exzellent. Der Excellence-Begriff wird dabei so verwendet, dass ca. 5 bis 10 % einer Branche oder auch eines Wirtschaftsraums (regional, international, global) als exzellent gelten.

Am anderen Ende der Reifegradskala befinden sich einzelne unreife Unternehmen, im Prinzip in gleicher Größenordnung wie die exzellenten Unternehmen. Derart unreife Unternehmen sind gefährdet. Es ist unwahrscheinlich, dass sie lange dort verharren. Sie haben, aus welchen Ursachen auch immer, einen Reifegradverlust erlitten oder sind jung und deshalb noch unreif. Entweder sie schaffen eine signifikante Reifegradentwicklung oder sie verschwinden. Eine naheliegende These ist, dass sich die Reifegradverteilung der Unternehmen annähernd normal verteilt und eine Gauß'sche Glockenkurve bildet. Die Skala der EFQM ist so angelegt, dass die in der Mitte der Skala angesiedelten Unternehmen als gute, die rechts davon als sehr gute Unternehmen gelten. Nur herausragend, also exzellent, sind demnach eben vergleichsweise wenige.

Der Reifegrad einer Organisation lässt sich mathematisch als Summenvektor in diesem dreidimensionalen Organisationsentwicklungsraum darstellen. Er setzt sich aus den Vektoren für strukturellen Reifegrad, fachlichen Reifegrad und kulturellen Reifegrad zusammen. Der Vektor für den Gesamtreifegrad verläuft in diesem Modell immer auf der Raumdiagonale. Das ist mehr als eine mathematische Spielerei. Auf diese Weise lässt sich besser differenzieren und auch einfach visualisieren, wie sich der Gesamtreifegrad zusammensetzt. Es macht einen großen Unterschied für die Organisation, welches Profil ihrem Gesamtreifegrad zugrunde liegt. So gibt es die „nüchternen Mechaniker des Erfolges“, bei denen die Reifegrade von Fachlichkeit und Infrastruktur hoch, der Reifegrad der Kultur eher niedrig ausgeprägt ist. Anders gestrickt sind die mittellosen Nerds, denen Infrastruktur fehlt, die aber kompetent sind und eine reife Kultur aufweisen.

■ 3.4 Führung und Management

Das Thema Führung und Management hat zwei Facetten: Menschen führen und Organisationen brauchen Führung. In der Fachliteratur und auch in der Führungskräftequalifizierung unterscheiden viele Autoren und Trainer zwischen den Verben managen (to manage) und führen (to lead), den Substantiven Management (management) und Führung (leadership) sowie Manager (manager) und Führer (leader). In der englischen Sprache ist der Begriff Leader etabliert und häufig im Gebrauch. Mögliche Übersetzungen sind Leiter oder Führer. Mit Leiter ist im Deutschen nicht das getroffen, was auf Englisch Leader bedeutet. Zudem ist aus offensichtlichen historischen Gründen die Bezeichnung Führer verpönt. Das ist nachvollziehbar, führt aber zu weniger tauglichen Umschreibungen, wie Führungskraft oder Leitung. Viele Führungskräfte allerdings sind keine Leader, eher Manager. Das ist nicht abwertend gemeint, an vielen Stellen werden Menschen gebraucht, die gut managen, und zwar auf vielen Ebenen bis hin zur Unternehmensleitung. Leitung hingegen ist ein entpersonalisierender Begriff. Rein sprachlich sind Management und Führung also schon Herausforderungen, inhaltlich allemal.

Es gibt viele in Nuancen oder grundsätzlich unterschiedliche Definitionen von Führung. Die folgenden Definitionen zeigen, wie die Begriffe hier zur Anwendung kommen.

Führen und Managen

Führen ist, Richtung zu geben und andere dazu zu bewegen, in diese Richtung zu gehen.
Managen ist Dirigieren, Organisieren und Koordinieren. ■

Es gibt andere Definitionen; ein Streit darüber, welches die richtige Definition ist, ist so wie bei vielen anderen Begriffen dann nutzlos, wenn es gilt, sich durchzusetzen, und dann fruchtbar, wenn es zu einer erkenntnisreichen Diskussion über den Begriffsgegenstand kommt. Und wie überall gilt, wer, wie hier, einen wichtigen Begriff einführt und benutzt, muss den anderen aufzeigen, was er darunter meint.

Die Art, wie wir typischerweise managen, führen und beides miteinander verzahnen, ist stark von längerfristigen Sozialisationen und Schulen, geprägt. Der Begriff Schule ist doppeldeutig, zum einen ist die Schule (wie z.B. eine Business School) ein Lernort, zum anderen aber auch eine Lehrmeinung. Ändern sich Paradigmen, geraten auch diese Schulen unter Rechtfertigungs- und Veränderungsdruck bzw. entstehen neue Schulen. Naturgemäß sind viele Führungskräfte über 40 und hochrangige Führungskräfte auch über 50 und über 60 Jahre alt. Letztere haben ihre Führungslaufbahn vor 25 bis 35 Jahren begonnen. Sie sind für eine Führungskarriere ausgewählt worden und haben Karriere gemacht, weil sie die damals geltenden Anforderungen und Erwartungen erfüllten. Sie waren einer zweifachen Sozialisation unterworfen. Zunächst wurden nur die mit einer bestimmten Sozialisation für eine Führungsaufgabe ausgewählt, sodass man von einer *Sozialisation für die Aufgabe* sprechen kann; und dann erfolgte die *Sozialisation in der Aufgabe,* eine starke Prägung durch die Ausübung von Führung und von Management. Selbstverständlich lernen wir hinzu, eignen uns neues Wissen an, machen Erfahrungen, feiern Erfolge und erleben Niederlagen. Wir machen Fehler. Zur klassischen Führungskräftesozialisation gehört allerdings auch, keine falschen Entscheidungen getroffen und keine Fehler gemacht zu haben. Das Negieren, Leugnen, Vertuschen und Kaschieren von Fehlern ist daher unter Führungskräften weitverbreitet. Läuft es schlecht, erfolgt dann externale Attribuierung, die Zuschreibung an andere Verursacher oder andere, nicht vorhersehbare, nicht beeinflussbare äußere Umstände. Bezüglich der Erfolge gilt hingegen internale Attribuierung, dafür sieht sich die Führungskraft selbst ursächlich verantwortlich.

Doch soll hier kein falscher und einseitiger Eindruck entstehen. Führungskräfte sind ausgewählt worden, weil in ihnen eine Disposition zur Führung erkannt wurde. Sie haben Managen und Führen über viele Jahre praktiziert, im Tun gelernt und sich weiterentwickelt. Sie haben Führungstrainings, Assessments und Auswahlprozesse durchlaufen. Und standen immer wieder vor großen Herausforderung, erst recht in der heutigen Zeit. Diese sind so groß, dass die bisherige Art zu führen infrage gestellt wird.

Und längst sind neue Sozialisationen entstanden, werden andere Typen für Führung ausgewählt, erfolgt Führen so anders, dass neuartige Prägungen entstehen können. Doch dieser Prozess ist sehr langsam, er zieht sich über viele Jahre hin. Für viele Unternehmen ist er in Zeiten des extremen Wandels auch zu langsam.

3.4.1 Führen und geführt werden

„Manche führen, manche folgen“ ist eine Liedzeile der wegen ihrer kalkulierten Tabubrüche umstrittenen Band Rammstein und wurde bald nach Veröffentlichung 2009 auf T-Shirts gedruckt; vorne steht „manche führen“, auf dem Rücken „manche folgen“. Das Führen mit seinen korrespondierenden Polen „andere führen“ und „von anderen geführt werden“ ist ein unumgängliches Thema in Gesellschaft und Unternehmen.

Seit Langem versuchen Wissenschaftler und Personaler, das Führen zu greifen, es erlern- und entwickelbar zu machen. Aus vielen Wissensgebieten kommen wertvolle Beiträge zum Führen. Zahlreiche Modelle und Konzepte versuchen, es zu erklären. Einige ergänzen sich und andere unterscheiden sich grundlegend voneinander. Es gibt sogar Konzepte, die für Organisationen die Notwendigkeit zu führen weitgehend oder ganz infrage stellen. Doch das erscheint unrealistisch, und wenn man gelebte Formen der Selbstorganisation in Organisationen näher betrachtet, lässt sich auch dort das Führen vom Geführtwerden unterscheiden; auch lassen sich Menschen mit Führungsrollen identifizieren. Ingo Winkler, heute Associate Professor in Organization Studies an der Syddansk Universitet, der University of Southern Denmark, hat 2004 zehn theoretische Ansätze der neueren Führungstheorie gegenübergestellt [Winkler 2004]. Die Liste der zehn ist nicht vollständig und auch nicht repräsentativ für die verfügbaren Führungsmodelle, zeigt aber sowohl die Breite des Spektrums auf als auch die Tiefe, in der einzelne Aspekte behandelt werden können. Winklers Ausführungen und Vergleiche fasst Tabelle 3.15 zusammen.

Tabelle 3.15 Zehn theoretische Ansätze der neueren Führungstheorie nach Winkler [Winkler 2004]

Ansatz	Wesentliche Aspekte
Attributionstheoretische Führungsansätze	Führer und Geführte begründen Entscheidungen sowie eigenes und das Verhalten anderer auf Basis beobachtungsgestützter Attributionen (Zuschreibungen).
Idiosynkrasiekreditmodell der Führung	Führer erarbeiten sich durch als positiv wahrgenommenes Verhalten Kredit bei Geführten, der erlaubt, Einfluss auf sie auszuüben. Gruppenmitglieder in Führungsrollen stützen sich dabei auf Kompetenz (geleistete Beiträge zur Aufgabe der Gruppe) und Konformität (Loyalität zur Gruppennorm).
Theorie der Führungsdyaden	Führung ist ein Interaktionsprozess zwischen Führer und Geführten. Relevant sind die Einzelnen (im Wesentlichen vertikalen) bilateralen dyadischen (Austausch-)Beziehungen im Kontext wechselseitiger Rollendefinitionen.
Symbolische Führung	Symbolische Führung beruft und stützt sich auf Sinn, Symbole fungieren als Träger von Bedeutungen. Führungskräfte sind Träger und Vermittler der Organisationskultur. Sie beeinflussen Geführte nicht direkt. Geführte müssen Handlungen der Führer deuten, um sich richtig zu verhalten.
Neocharismatische Führung	Charismatische Führer zeigen bestimmte persönliche Charakteristika, wie Dominanz, Selbstsicherheit und Wunsch, andere zu beeinflussen. Sie legen zudem bestimmte Verhaltensweisen an den Tag, was sie als starke Rollenvorbilder erlebbar macht. Sie moralisieren, propagieren Werte und visionäre Ziele, agieren transformational. Unsichere und Umbruchsituationen begünstigen die Bereitschaft, ihnen zu folgen und sich ihnen zu unterstellen („willing subordination").
Mikropolitik als führungstheoretischer Ansatz	Politisches Verhalten ist ein zentraler Antrieb für Veränderungen in Organisationen. Mittels Mikropolitik, dem Einsatz von Techniken im Alltag, bauen Führer ihre Macht auf und aus, erweitern eigene Handlungsspielräume und entziehen sich der Kontrolle durch andere. Macht, ihr Erwerb, Erhalt und Ausbau ist hier ein wesentlicher Aspekt des Führens.

Tabelle 3.15 Zehn theoretische Ansätze der neueren Führungstheorie nach Winkler [Winkler 2004] *(Fortsetzung)*

Ansatz	Wesentliche Aspekte
Kooperative Führung	Führer beteiligen Geführte am Entscheidungsprozess. Sie streben die Entwicklung partnerschaftlicher Arbeits- und Führungsbeziehungen an. Kooperative Führung äußert sich als zielorientierte, tendenziell symmetrische soziale Einflussnahme. Demokratische und konsensuale Entscheidungen haben Vorrang.
Psychodynamischer Führungsansatz	Wir machen von Kindheit an Führungserfahrungen. Auf ihrer Grundlage bilden wir patriarchalische, matriarchalische, familiäre Führungsmuster. Darauf fußt, wie wir als Führer Autorität ausüben und als Geführte darauf reagieren.
Rollentheorie der Führung	Führung ist eine unverzichtbare Rolle, die Gruppen brauchen, um effizient(er) Ziele erreichen und Probleme lösen zu können. Die Rollenzuweisung muss durch die Gruppenmitglieder erfolgen. So kann es sein, dass nominellen Führern nicht und nicht nominellen Führern doch von Gruppenmitgliedern eine Führungsrolle zugewiesen wird.
Soziale Lerntheorie der Führung	Führer entwickeln ihr Führungsverhalten, indem sie von Rollenvorbildern (Rollenmodellen) lernen, unter anderem durch Imitation. Dieser Vorgang heiß Modelllernen. Schlüsselerfolgsfaktoren sind die Fähigkeiten zur Selbstreflexion und Selbstkontrolle (Selbstregulation, Selbstbeherrschung).

Führung lässt sich nicht mit einem einzigen Modell erklären. Für unterschiedliche konkrete Phänomene und Herausforderungen im Kontext von Führung liefern einzelne der verschiedenen Ansätze gute Erklärungen. Einige ergänzen sich schlüssig. Alle Ansätze haben Stärken, z.B., dass sie bestimmte Mechanismen und Effekte schlüssig erklären, und Schwächen, weil sie relevante Aspekte nicht erklären können oder Widersprüchlichkeiten zu anderen schlüssigen Erklärungsmustern bestehen.

Wer eigenes Führungsverhalten oder das anderer verstehen und weiterentwickeln will, tut gut daran, sich ein umfangreiches, also breites und tiefes theoretisches Wissen über Führung anzueignen. Sich auf ein Modell, ein Konzept oder einen Ansatz zu beschränken oder sich auf einzelne Managementratgeber zu stützen, wird dem Thema nicht gerecht. Hinzu kommt, dass die Art, selbst zu führen, auch mit eigenen, individuellen Kompetenzen und Dispositionen einhergehen muss, um schlüssig und für andere erkennbar authentisch sein zu können.

Doch bei aller Theorie bleibt reale Führung gelebte Praxis. Das Lernen aus realen Führungssituationen als Führender und Geführter und von guten und schlechten Vorbildern ist maßgeblich dafür, seine eigene Führungskompetenz und einen eigenen Führungsstil weiterzuentwickeln. Das Lernen erfolgt in und nach erfolgreichen Führungsinterventionen, vielmehr noch aus Misserfolgen oder sogar aus dem Scheitern.

Die Soziale Lerntheorie der Führung befasst sich tiefgehend mit dem Lernen aus Führungssituationen und von Rollenvorbildern.

Zwei Kompetenzen sind ausschlaggebend, um eigenes Führungsverhalten verbessern zu können:

- Die Fähigkeit zur Selbstreflexion, das bedeutet, eigenes Verhalten und die Reaktion anderer darauf zu erkennen und zu verstehen und daraus Schlüsse für Verhaltensänderungen zu ziehen. Die Offenheit für das Einholen von und den Abgleich mit Fremdbildern anderer über das eigene Verhalten ergänzt und verstärkt die Fähigkeit zur Selbstreflexion.
- Die Fähigkeit zur Selbstregulation, also die Kompetenzen, seine Aufmerksamkeit, Emotionen, Impulse und Handlungen zu steuern.

Eine besondere Form des Führens ist das sogenannte laterale Führen, das „Führen zur Seite“. Es ist ein Führen ohne die Autorität des Organigramms, ohne die formale „Bestallung“ durch die eigene Organisation. Auf der einen Seite fehlt dadurch ein Teil der Autoritäts- und Machtkulisse, die das Unternehmen bereitstellt. Auf der anderen Seite ist laterales Führen sehr wirksam, weil seine Wirksamkeit nicht erzwungen werden kann.

Organisationssoziologe Stefan Kühl sagt dazu [Kühl 2015]: „Es geht beim Lateralen Führen - beim Führen zur Seite - darum, für Organisationsmitglieder eine Führungskonzeption zur Verfügung zu stellen, mit der sie auf andere einwirken, über die sie keine hierarchischen Weisungsbefugnisse haben. Dabei kommt es besonders auf die Nutzung der Einflussmechanismen Verständigung, Vertrauen und Macht an.“

Drei Themen sollen hier im Kontext Führen und Geführtwerden noch besondere Beachtung finden:

- Macht und Machtausübung durch die Führenden
- Verantwortung der Führenden
- Die Ambivalenz der Geführtwerdens
  - der Bedarf für Führung
  - der Widerwille gegen Führung

Im Kontext von Führen ist auch die Reflexion des Themas **Macht** durch Führungskräfte selbst und durch Organisationsentwickler zwingend notwendig. Viele Führungskräfte antworten in Interviews auf Fragen nach ihrer Macht, ihrem Streben nach Macht und dem Ausüben ihrer Macht ausweichend oder negieren, dass das für sie eine Rolle spiele, und geben nicht zu, dass das Ausüben von Macht auch reizvoll sein könne.

In vielen etablierten Bezeichnungen der Führungskräfte für die Menschen in der Organisation zeigen sich die klassischen Hierarchieverhältnisse und das durch sie geprägte Statusgefälle. Titulierungen wie meine Mitarbeiter, meine Leute oder das entpersonifizierende mein Sekretariat oder mein Büro sind in zweierlei Hinsicht respektlos. Das Possessivpronomen „mein“ zeigt in diesem Kontext einen persönlichen Besitz an. Jemand, der nur mitarbeitet, ist weniger wichtig wie auch jemand, der auf eine Funktion oder einen Raum reduziert wird. Sprache in Organisationen und die Sprach- und Begriffsverwendung durch Führungskräfte, aber auch aller anderen in der Organisation sind gute Indikatoren ihrer spezifischen kulturellen Ausprägungen und Besonderheiten.

In einigen Gesellschaften, darunter auch der deutschen, findet stark patriarchales Führungsverhalten immer weniger Akzeptanz, als das früher der Fall war. Auch die Suche nach Sinn und erfüllender Arbeit, nach bedürfnisgerechten Arbeitsumfeldern verändert die Erwartungen an Führungskräfte und die Akzeptanz bestimmter Verhaltensweisen.

Für Führende bedeutet das Führen eine große **Verantwortung** den Geführten gegenüber. Für Geführte greift das Geführtwerden tief in ihr Leben und in Intimbereiche ihres Selbst ein. Führen können sie deshalb schnell als übergriffig erleben. Dabei darf nicht vergessen werden, dass Geführte auch Verantwortung für sich selbst haben, die Verantwortung für sich nicht allein bei Führungskräften liegen kann und darf, aber bis zu einem gewissen Grad eben auch dort liegt.

Führungskräfte bewegen sich auf unterschiedlichen Ebenen der Verantwortung. Neben der Verantwortung den Geführten gegenüber ist es auch die Verantwortung für Ergebnisse und Zielerreichung der Organisation. Deshalb kann es auch zu Zielkonflikten kommen, die zulasten der Mitarbeiter ausgehen, insbesondere in schwierigen oder Krisenzeiten. Führungskräfte degradieren, entlassen, versetzen Menschen an andere Standorte. Sie verlagern Produktionen ins Ausland, schließen Standorte, ändern Strategien und Geschäftsmodelle des Unternehmens. Das kann zum Wohle des Unternehmens gut begründet sein und im Ergebnis den Unternehmenserfolg und manchmal die Unternehmensexistenz sichern. Damit verbundene Verantwortungen ernst zu nehmen heißt, diesbezügliche Entscheidungen gut abzuwägen und fundiert zu treffen. Und sie gut zu kommunizieren und zu begründen. Das verändert nicht die harten Konsequenzen für Menschen, die gegen ihren Willen gehen müssen, aber es erleichtert das Führen derer, die bleiben. Eigentümerunternehmen haben in den Krisen der vergangenen Jahre gezeigt, dass sie in den genannten Zielkonflikten sich für den Verbleib und das Wohlergehen ihrer Mitarbeiter entscheiden und dafür Verluste in Kauf nehmen. Angestellte Führungskräfte haben dafür meist weniger Entscheidungsspielraum, insbesondere bei Kapitalgesellschaften mit breit gestreutem Anteilsbesitz.

Die **Ambivalenz des Geführtwerdens** ist ein bedeutender Aspekt für Führung und Organisationsentwicklung. Denn einerseits wünschen sich Menschen in der Organisation Führung, und es gibt einen Bedarf für Führung. Auch die Selbstorganisation oder Selbststeuerung durch agile oder autonome Teams verzichtet nicht auf Führung; Führungsaufgaben und -rollen sind dort nur anders angelegt und organisiert, liegen nicht wie sonst in einer Hand. Andererseits kann Geführtwerden auch unangenehm sein. Es gibt Menschen, die suchen und wünschen sich viel Führung, sind unglücklich und weniger leistungsfähig, wenn sie keine Führung oder zu wenig Führung erfahren. Andere wiederum hadern mit dem Geführtwerden, suchen mehr Eigenständigkeit, lehnen sich gegen das Geführtwerden und auch gegen Führungskräfte auf und sind deshalb auch immer wieder „schlecht zu führen“. Und dennoch müssen Führungskräfte oft genug auch so tickende Menschen führen und in eine gelingende Organisation einbinden.

3.4.2 Entscheidungsfindung und Problemlösung

Alle Menschen in der Organisation müssen entscheiden und Probleme lösen. Würden nur Führungskräfte dies tun, wären sie einerseits heillos überlastet, andererseits wäre die Organisation bald handlungsunfähig, weil ein Engpass entstehen würde. Und dennoch ist Entscheiden eine der bedeutendsten Führungsaufgaben und Führungsverantwortungen. Denn unter den zahlreichen Entscheidungen, die in der Organisation zu treffen sind, ist es Aufgabe der Führungskräfte, die strategisch bedeutenden Entscheidungen und Problemlösungen herbeizuführen. Sie müssen nicht einmal selbst und allein diese Entscheidungen treffen und diese Probleme lösen, sondern dafür sorgen, dass Entscheidungen fallen und Probleme angemessen gelöst werden. Ob eine Führungskraft einsamer Entscheider oder Moderator von Entscheidungsprozessen ist, ist eine Frage persönlichen Führungsstils und wird dann mit zunehmend gelebter Praxis zu einer sich verfestigenden Ausprägung der Führungs- und Organisationskultur.

Entscheidungen fallen dann an, wenn ein Endscheidungsimpuls aufkommt oder sich längerfristig, schleichend ein Entscheidungsdruck aufbaut. Die folgende Liste zeigt unterschiedliche Impulse und Beispiel für den Aufbau von Entscheidungsdruck.

- Entscheidungsimpulse
  - Ein externes Ereignis, z. B.
    - Marktereignis (Maßnahme eines Kunden, Wettbewerbers)
    - Naturereignis
    - veränderte Regeln, Anforderungen (Gesetze, Normen, Verträge ...)
  - Ein internes Ereignis, z. B.
    - Krankheit, Unfall, Weggang eines Schlüsselmitarbeiters
    - Ausfall einer Anlage, Softwareabsturz
    - Auditfeststellungen
  - Eine neue Erkenntnis, z. B.
    - Neubewertung der Marktlage

    - Neubewertung der Wirksamkeit der Strategie, des Managementsystems
    - Neubewertung von Technologien, Projekte, Zielen, Kompetenzen ...
  - Ungewollte, schädliche Effekte einer getroffenen Entscheidung
- Steigender Entscheidungsdruck
  - Verschleiß oder wachsende Untauglichkeit, z. B.
    - Betriebsmittel (Maschinen, Software)
    - Infrastruktur (Gebäude, Räume ...)
  - Aufzehrung begrenzter Ressourcen
  - Stagnation
    - Nichterreichung von Zielen
    - Kompetenzen

Man kann nicht *nicht* entscheiden. Auch keine Entscheidung zu treffen ist eine Entscheidung, die Entscheidung, es so weiterlaufen zu lassen, etwas nicht zu tun oder etwas nicht zu unterlassen.

Es kann ebenfalls entlastend sein, für sich zu erkennen, dass es keine falschen Entscheidungen gibt. Der Heidelberger Psychologieprofessor Dietrich Dörner, der sich mit kognitiver Psychologie, Denken und Handlungstheorie und somit mit Entscheidungsprozessen befasst, sagt dies in seinem Buch *Die Logik des Misslingens* [Dörner 2005]. Menschen treffen Entscheidungen aus dem Bauch oder auf Basis von bewussten Einschätzungen und auf der Grundlage eigener Werte, Ziele und Motive. Sie wollen für sich oder für andere eine gute Entscheidung treffen, und somit ist ihre Entscheidung auch zunächst einmal gut. Es kann dann aber sein, dass ihre Entscheidung ungewollte Effekte hat oder gewollte Effekte, die andere schädigen, sodass sie selbst oder andere diese Eintscheidung nicht mehr geeignet finden. Wer selbst ungewollte schädliche Effekte erzielt, kann seine Entscheidung revidieren. Wenn andere das so sehen, können sie versuchen, gegen die Entscheidung vorzugehen oder ihre Revision, also eine Neuentscheidung, zu erreichen.

Im Nachhinein (ex post) ist es leicht, zu wissen, dass eine Entscheidung zu problematischen Effekten geführt hat. Chirurgen nennen das *postmortale Klugscheißerei*, eine drastische Art, zu sagen, hinterher haben es alle besser gewusst.

Es gibt unterschiedliche Arten, das Entscheiden zu organisieren. In Organisationen, die ihre Leitungen bewusst agil gestalten, ist Subsidiarität ein wichtiges Prinzip. Dieser Begriff aus der Staatstheorie bedeutet, möglichst viel Entscheidungsbefugnisse an die niedrigste, die kommunale Ebene zu delegieren, dort, wo die beste Kenntnis über Bedürfnisse, Ressourcen und Umfeldbedingungen vorliegt und Resonanz unmittelbar ist. Die jeweils höheren Ebenen, Kreis, Regierungsbezirk, Land, Bund, sollen Entscheidungen treffen, die für alle auf dieser Ebene gleich ausfallen sollen oder mit denen die niedrigere Ebene überfordert ist. Auf Unternehmen übertragen bedeutet das Prinzip, möglichst viele Entscheidungen dahin zu delegieren, wo eine gute, unmittelbare Kenntnis über Kunden- oder andere Stakeholderbedürfnisse vorliegt und wo die Schwelle und Frequenz für alltägliches, ungefiltertes, ungeschöntes Feedback am geringsten ist. Auch hochrangige Führungskräfte wissen viel über Kunden und erhalten Feedback. Aber ihre Flughöhe und die ihrer meisten Ansprechpartner ist so hoch, dass starke Filter wirken, erstens bewältigen sie nicht das gleiche Feedbackvolumen wie die Mitarbeiterteams im alltäglichen Kundenkontakt und zweitens erfolgt das Feedback ihnen gegenüber oft sprachlich und inhaltlich geglättet.

Zentralistische, patriarchale Organisationen hingegen pflegen oft das Prinzip, möglichst viele Entscheidungen auf möglichst hohen Ebenen zu treffen.

Die Aufgabe der Führungskraft ist es nicht, zu entscheiden, sondern dafür zu sorgen, dass in der Organisation entschieden wird. Dazu kann sie selbst entscheiden oder ein Setting schaffen, in dem Mitarbeiter Entscheidungen treffen.

Beide unterschiedlichen Konzepte haben Vor- und Nachteile, und es gibt Mischungen aus beiden insofern, als Leitungen bestimmte Arten von Entscheidungen delegieren und bestimmte Arten von Entscheidungen oben in der Hierarchie treffen können. Welches Prinzip oder welche Mischung gewählt wird, hat gravierende Konsequenzen für die Kultur, das Managementsystem und auch die Befindlichkeit der Menschen in der Organisation sowie für die Stakeholder. Bei gegebener Struktur und Kultur von Organisationen ist ein bestimmter Möglichkeitsraum dafür gesteckt, es sind nicht beliebige Konzepte realisierbar.

Die Entscheidungsprinzipien, -konzepte und -prozesse können Führungskräfte und Organisationsentwickler in ihrer Organisation nach Gusto und mit Aussicht auf Erfolg im Rahmen eines Möglichkeitsraums ihrer Organisation gestalten. Wie Menschen aber grundsätzlich entscheiden, folgt den gleichen psychologischen Mechanismen und Prinzipien, und einige davon sind im Folgenden, beginnend mit dem Beispiel der Problemlösung, dargelegt.

Ein Problem ist eine besondere Form einer Aufgabe oder Herausforderung. Das Problem bedarf eines Lösungsaufwands, es löst sich nicht von allein, falls doch, ist es kein Problem.

Problem

Ein Problem ist ein zu beseitigendes Hindernis oder eine zu lösende relevante Aufgabe, deren Lösung bei den „Problemeignern" noch nicht vorliegt, sondern durch sie beschafft werden muss. Das geschieht durch einen Prozess der Problemlösung unter Beteiligung der Problemeigner oder durch die Beschaffung bereits vorhandener Lösungen bei Experten.

Anmerkung: Das Problem ist eine Spezialform der Herausforderung.

Seine Problemlösungskompetenz hebt den Menschen von allen anderen Spezies ab. Niemand sonst ist auf diesem Planeten in der Lage, so komplexe Probleme zu lösen, wie der Mensch. Er tut dies zudem bewusst, reflektiert. Er sucht, erkennt, analysiert und löst Probleme systematisch. Er schafft auch neue Probleme für sich und andere Spezies, von denen er wiederum nicht alle löst. Andere Spezies, vor allem Säugetiere, sind ebenfalls zur individuellen Problemlösung in der Lage, allerdings niemand auch nur annähernd auf dem Kompetenzniveau des Menschen. Alle Spezies verwenden Problemlösungsmechanismen, darunter auch solche, die individuenübergreifend angelegt sind, wie z. B. die evolutionäre Problemlösungstechnik der Mutation, die per Zufall überlebensfähige Anpassungen für spätere Generationen erzeugt.

Die Problemlösung ist eine Schlüsselaufgabe des Innovierens und Qualitätsverbesserns. Innovieren ist geradezu Problemlösung.

Evolutionär in uns angelegte intuitive Problemreaktionstechniken entstanden über Jahrmillionen und sind spezifisch für Problemstellungen, denen der Mensch vor der modernen Zeit ausgesetzt war. Daniel Kahneman beschreibt den derart entstandenen Problemlösungsmechanismus als „schnelles Denken“ [Kahneman 2011. Es besteht aus angelegten Reaktionsmechanismen oder -mustern, die auf schnelles Erkennen einer Gefahr und schnelle Reaktion darauf angelegt sind. Sie äußern sich in sogenannten Heuristiken. Der Begriff hat die gleiche Wurzel wie das „heureka“, was im Altgriechischen „ich hab‘s gefunden“ bedeutet. Berühmt wurde er als Ausruf des Archimedes von Syrakus, nachdem er in der Badewanne das danach archimedisch genannte Prinzip des statischen Auftriebs von Körpern in Flüssigkeit fand.

Heuristik

Eine Heuristik ist ein intuitives Vorgehensmuster zur Problemlösung.

Anmerkung: Heuristiken werden auch als Faustregeln bezeichnet. Es gibt sowohl bewusst und reflektiert eingesetzte als auch unbewusst von vielen Menschen gleich oder ähnlich verwendete Faustregeln.

Bei komplexen Prozessen sowie Kreativprozessen und den damit verbundenen komplexen Aufgabenstellungen, neuartigen Störungen und neuartigen, komplexen Problemen verlieren Heuristiken und darüber hinaus sogar Standards und standardisierte Methoden an Nützlichkeit und Wirksamkeit. Hier bedarf es weiterer individueller, nicht standardisierter Problemlösungskonzepte.

Intuition als etablierter Mechanismus schnellen Denkens

Das schnelle Denken ist instinktiv und intuitiv und kommt insbesondere in Entscheidungsprozessen und Kreativprozessen zum Einsatz, wenn es darum geht, schnell zu entscheiden oder viele Ideen zu finden, für die zunächst einmal nicht geklärt sein muss, ob sie zum Erfolg führen. Aus den so erzeugten Ideen lassen sich dann durch langsame, iterative Denkprozesse diejenigen auswählen und iterativ weiterentwickeln, die zu neuartigen Lösungen führen.

Neben den intuitiven Problemreaktions- und Entscheidungstechniken gibt es einen andersartigen Problemlösungs- und Entscheidungsmechanismus, den Kahneman als „langsames Denken" bezeichnet. Es umfasst die aufwendigen und oft langwierigen Schritte des Analysierens, Schlussfolgerns, Antizipierens und der Lösungs- oder Entscheidungskonzeption. All das benötigt Zeit und Ressourcen, unter anderem auch konkret Kohlehydrate, Zucker, für die im Vergleich zum schnellen Denken viel aufwendigere Hirnleistung. Das Einsparen im Laufe der prähistorischen Menschheitsentwicklung zumeist knapper, auf Nahrungsressourcen basierender Energie führte evolutionär dazu, das langsame Denken möglichst sparsam einzusetzen und meistens gestützt auf schnelles Denken zu agieren. Unser schneller Denkmechanismus springt daher immer zuerst an, und es ist ein energetisch aufwendiger Akt, diesen Prozess zugunsten des langsamen Denkens zu stoppen.

Das schnelle Denken ist oft gut genug und hat den Vorteil, uns zu schnellen Lösungen und Reaktionen zu führen. Ein Nachteil ist, manchmal keine guten Ergebnisse zu liefern. Es geht nicht darum, immer und grundsätzlich das schnelle durch das potenziell qualitativ bessere langsame Denken zu ersetzen. Stattdessen müssen wir besser darin werden, situativ die Untauglichkeit und Fehleranfälligkeit des schnellen Denkens zu erkennen und dann gezielt durch langsames Denken zu ersetzen. Auch lohnt es sich, beim langsamen Denken schnell zu sein.

Menschen fällt es schwer, ihr schnelles Denken zu unterbrechen oder zu unterlassen; es drängt sich in den Vordergrund, und unsere natürliche Faulheit, Verzeihung, unser ressourcenschonendes Verhalten begünstigt es. Bei der Anwendung der im schnellen Denken nützlichen Heuristiken gibt es zudem typische Fehler, derer wir uns in Entscheidungsprozessen bewusst sein sollten. Das ist umso wichtiger und gefährlicher, als diese fehlerhaften Entscheidungsprozesse so aussehen und sich so anfühlen, als seien sie völlig in Ordnung und lieferten plausible Ergebnisse.

Vieles, was uns bei genauer Betrachtung als irrational erscheint, ist mittels schnellen Denkens entstanden. Langsames Denken ist hingegen tendenziell rationaler, was nicht heißt, dass es nicht fehleranfällig ist und nicht auch zu irrationalen Ergebnissen führen kann.

Rolf Dobelli, Manager, Unternehmer und Autor, hat typische Denkfehler, die der Psychologe Kahneman und sein kongenialer langjähriger wissenschaftlicher Partner Amos Tversky, der Verhaltensökonom Richard Thaler sowie seitdem viele weitere Wissenschaftler unterschiedlicher Disziplinen beschrieben haben, gesammelt und im Büchlein *Die Kunst des klaren Denkens* beschrieben und mit Beispielen aus dem privaten und Unternehmensalltag unterlegt [Dobelli 2011]. Im Englischen heißen derartige Fehler „bias"; der Begriff hat in mehreren Fachgebieten unterschiedliche, aber verwandte Bedeutungen. In der Psychologie bezeichnet er eine kognitive Verzerrung, in der Mathematik, insbesondere der Statistik, einen systematischen Fehler, in der Rechtswissenschaft Befangenheit.

Richard Thaler, dem einige irrationale Entscheidungen auffielen, begann sie zu sammeln und zu clustern. Seine Liste nannte er Beispiele für typische Denkfehler sowie Effekte, die zu Denk- und Bewertungsfehlern führen, sind:

- Versunkene Kosten (Sunk Cost Fallacy) [Thaler 2019, S. 96 ff.; Dobelli 2011, S. 21 ff.]

  Aktivitäten werden nicht beendet, obwohl sie nicht mehr als aussichtsreich gelten, weil bereits so viel investiert wurde. Es werden weitere Ressourcen investiert, z. B. in ein Innovations- oder Entwicklungsprojekt, von dem eigentlich alle wissen, dass es in eine Sackgasse geraten ist, anstatt die Kosten und Aufwände abzuschreiben und die Ressourcen in andere Aktivitäten zu investieren. Dieser Fehler ist in Unternehmen weitverbreitet.

- Fragen ersetzen (Substitution Bias) [Kahneman 2012, S. 127 ff.]

  Können wir komplexe Fragen, Kahneman nennt sie „Zielfragen", nicht beantworten, neigen wir dazu, intuitiv verwandte einfache Fragen, „heuristische Fragen", zu finden, zu beantworten und auf diese Antwort unsere Problemlösung zu stützen. Er nennt Alltagsbeispiele, um den Mechanismus zu veranschaulichen, z. B.:

  „Zielfrage: Wie viel sind Sie bereit, auszugeben, um eine bedrohte Art zu retten?
  Heuristische Frage: Wie sehr berührt es mich, wenn ich an sterbende Delfine denke?" So können wir die Frage „Warum hat der Kunde den Vertrag gekündigt?" ersetzen durch „Wie zufrieden war der Kunde mit der zuletzt erbrachten Dienstleistung?" und aus deren Beantwortung die falschen Schlüsse über erforderliche Maßnahmen zur Rückgewinnung dieses oder zur Bindung der anderen Kunden ziehen.

- Rückschaufehler (Hindsight Bias) [Kahnemann 2012, S. 251 ff.; Dobelli 2011, S. 57 ff.].

  Ereignisse, so unwahrscheinlich und unvorhersehbar sie auch gewesen sind, erklären wir uns im Nachhinein als stringente Abfolge vorangegangener Ereignisse. Darauf stützen wir wiederum ungeeignete Prognosen und Entscheidungen aktueller Problemstellungen. Das kann z.B. dazu führen, dass wir Auftrittswahrscheinlichkeiten in Ursache-Wirkungs-Ketten, die zu Produktfehlern führen, falsch einschätzen und die falschen Korrekturmaßnahmen ergreifen.

- Verlustaversion [Thaler 2019, S. 57 f.; Dobelli 2011, S. 133 ff.]

  Menschen bewerten realisierten oder antizipierten Verlust gravierender, ungefähr doppelt so sehr, als realisierten oder antizipierten entgangenen Gewinn. Das führt dazu, dass wir Risiken scheuen, die Verlust ermöglichen, selbst wenn sie mit im Vergleich dazu höheren Chancen verbunden sind. Die Verlustaversion kann der Grund dafür sein, dass wir ein Budget, das wir nicht ausschöpfen, nicht „zurückgeben". Die Verlustaversion korreliert mit dem im nächsten Punkt gezeigten Besitztumseffekt.

- Besitztumseffekt (Endowment Effect) [Thaler 2019, S. 30 ff.]

  Menschen schätzen Dinge, die sie bereits besitzen als wertvoller ein, als verfügbare Dinge, die sie besitzen könnten. Das kann mit dazu führen, mit einer veralteten Software oder auch Qualitätsmanagementmethode weiterzuarbeiten, obwohl es signifikant bessere gäbe.

Das Gefährliche an derartigen, immer wieder und systemisch bei uns Menschen aufkommenden Denkfehlern ist, dass wir uns ihrer zunächst nicht bewusst sind, es sich sogar richtig anfühlt. Doch selbst wenn wir einzelne typische Fehler kennen, sind wir nicht davor gefeit, sie immer wieder zu machen. Qualitäts- oder Innovationsmanager stoßen im Rahmen ihrer Tätigkeit auf viele Probleme und müssen ein besonders waches Auge auf die möglichen Fehler bei der Lösungsfindung haben.

Umgang mit Denkfehlern in Teams

Weil wir typische Denkfehler so schwer bei uns selbst erkennen und als solche akzeptieren, ist die soziale Kontrolle durch Teams, deren Mitglieder darin geschult sind, sie zu erkennen, besonders wichtig. Hierzu bedarf es der viel beschworenen offenen Fehlerkultur, die auch Teammitgliedern niedrigen Ranges ermöglicht, ohne Repressionen zu befürchten, auf mögliche Denkfehler und jeglichen Fehler hinzuweisen. Ein wichtiger Schutzmechanismus ist auch die kleinschrittige (inkrementelle) Iteration, die erlaubt, auch sich als ungeeignet erweisende Entscheidungen und Lösungen schnell zu korrigieren. Auch methodisches Vorgehen bei der Problemlösung und entsprechend gestaltete Prozesse ermöglichen, typische Denkfehler transparent zu machen und zu korrigieren, wenn sie schon nicht immer zu vermeiden sind.

Einfache Tätigkeiten, bei denen nicht oder äußerst selten neue Probleme auftreten, sind häufig durch hochgradig standardisierte Handlungsroutinen geprägt, die keiner Entscheidung bedürfen. Sie dienen der effizienten Erledigung meist unproblematischer Aufgaben. Hier kommen standardisierte Methoden und Werkzeuge immer wieder zum Einsatz. Effizienz, ein angemessenes Verhältnis zwischen Aufwand und Ergebnis, ist hier die wichtigste Prämisse. Der japanische Begriff Kata bezeichnet festgelegte Bewegungsabläufe, Bewegungsroutinen in Kampfkünsten wie Aikido, Judo oder Karate und ist inzwischen auch ins Management eingeflossen, nicht nur der Begriff, auch das Konzept. Der US-amerikanische Wissenschaftler und Autor Mike Rother, Professor an der University of Michigan, der als Gastwissenschaftler auch am Fraunhofer-Institut für Produktionstechnik und Automatisierung (IPA) in Stuttgart und an der TU Dortmund wirkte, hat sich intensiv mit Lean Management befasst. Seine Untersuchungen des Toyota-Produktionssystems führten ihn dazu, die dort beobachteten Verbesserungs- und Coachingroutinen als Katas zu erkennen und zu bezeichnen, er nannte sie Improvement Kata und Coaching Kata [Rother 2009]. Er beschreibt diese Katas als „pattern of scientific thinking", Muster wissenschaftlichen Denkens. Sie bilden den Übergang von den Heuristiken zu den komplexen Lösungsmethoden, die sich dann zunehmend wieder von den Katas, den Routinen lösen können müssen.

Bei komplizierten und komplexen Problemen und Entscheidungen ist tendenziell langsames, gründliches Denken gefragt. Intuitive Lösungen, Heuristiken und Problemlösungsstandards allein greifen hier nicht, sind höchstens Ausgangspunkt für dann folgende iterative, langsame Denkprozesse. Jede Juristin, jeder Arzt, jede Ingenieurin geht dann bei der Problemlösung individuell vor, wenn komplexe Fälle zu bearbeiten und Lösungen vertrackter Probleme (auf Englisch wicked problems) zu finden sind. Experten ihrer Fachgebiete sind auch genau dazu da: komplizierte und insbesondere komplexe Probleme zu lösen. Beim Lösen solcher Probleme designen Experten den Lösungsweg immer wieder neu.

Iteration als etablierter Mechanismus langsamen Denkens im Qualitäts- und Innovationsmanagement

Ein wichtiger Mechanismus bzw. auch Erfordernis des langsamen Denkens ist die Iteration. Sie ist insbesondere dann nützlich, wenn komplizierte oder komplexe Probleme auftreten, deren Lösungen dann schrittweise (inkrementell) und unter Verwendung von Korrekturschleifen (iterativ) entstehen. Es gibt lang etablierte Iterationskonzepte im Qualitätsmanagement sowie im Innovationsmanagement. Im Qualitätsmanagement sind das der PDCA-Zyklus (Plan, Do, Check, Act) und der Kontinuierliche Verbesserungsprozess (KVP). Im Innovationsmanagement bauen Design Thinking, Lean Startup und Scrum auf Iteration.

Andrew Abbott, Professor an der University of Chicago, legt in seinem als Standardwerk seines Fachs geltenden Buch *The System of Professions* [Abbott 1988, S. 40 ff.] dar, dass das Handeln von „professionals" immer dem gleichen dreischrittigen Muster aus „diagnosis" (Diagnose), „inference" (Schlussfolgerung, Lösungsfindung) und „treatment" (Umsetzung, eigentlich Behandlung) folgt. Der englische Begriff „professionals" bedeutet Inhaber einer Profession und bezeichnet einen hochrangigen Beruf, dessen Inhaber Experten sind, so z. B. die oben erwähnten Berufe Jurist, Arzt, Ingenieur.

Dreischrittigkeit der Problemlösung professioneller Arbeit

Die drei Schritte der Problemlösung professioneller Arbeit sind:

1. Diagnose (analysiere und verstehe das Problem).
2. Inferenz (schlussfolgere und finde einen Lösungsansatz).
3. Behandlung (setze die Lösung um und verfeinere sie).

Das Plan, Do, Check, Act des Qualitätsmanagements ist diesem Dreisprung verwandt, wenn man davon ausgeht, dass im Zuge der Planphase auch eine Analyse stattfindet.

Ein dem PDCA-Ansatz verwandter, durch Unternehmensberatung und Managementtraining bekannt gewordener Dreisprung ist die SCR-Methode, mit der sich die Herleitung und Lösung eines Problems beschreiben lässt:

1. Situation (erkenne und beschreibe die Ausgangssituation).
2. Complication (verstehe ihre Besonderheiten und erkläre, warum Aktion erforderlich ist).
3. Resolution (finde eine Lösung und setze sie um).

Die ersten beiden Schritte lenken auf die Bedeutung eines guten Verständnisses und der Beschreibung der Situation und ihrer besonderen Ausprägungen, damit gute Lösungen entstehen und diese auch Akzeptanz finden.

Ein Variante des SCR ist SCQA (Situation, Complication, Question, Answer), die Phase Resolution wird hier in Frage- und Antwortphasen unterteilt.

Beim Design eines Lösungsweges greifen Experten auch auf das große Portfolio standardisierter Werkzeuge und Methoden zurück; sie treffen eine geeignete Wahl, variieren Methoden individuell, aber erfinden auch neue. Effektivität, Wirksamkeit, ist hier die wichtigste Prämisse. Je enger das Korsett der verpflichtenden Methoden ist, desto kleiner sind die Spielräume für die Selbstorganisation maßgeschneiderter Lösungsansätze. Es sind die Professionen, die hochrangigen Berufe, deren Inhaber typischerweise die Kompetenz und Handlungsautonomie besitzen, sich derart von Standards zu lösen. Das sollte auch eine Führungskompetenz im Kontext von Entscheidungen sein.

Die beschriebenen Problemlösungsansätze und die sie erläuternden Theorien sollten bei der Ausgestaltung von Prozessen und Managementsystemen berücksichtigt werden. Wichtige Aspekte sind im folgenden Praxistipp zusammengefasst.

Problemlösungsansätze

Bei einfachen Tätigkeiten und Problemen hat die Verwendung schnellen Denkens den Vorteil, effizient zu sein. Die Einübung von Routinen, Katas, ist für derartige Situationen gut geeignet.

Bei neuartigen, komplizierten oder komplexen Problemen ist intuitives, schnelles Denken ungeeignet, weil es fehleranfällig und undifferenziert ist.

Menschen machen immer wieder systematische Denkfehler bei der Beurteilung von Situationen und der Findung von Problemlösungen, die sie selbst als solche oft nicht erkennen können. Es ist von Vorteil, in der Organisation das Wissen um diese Fehler zu verbreiten und Prozesse und Situationen so zu gestalten, dass die Menschen einander darauf aufmerksam machen können und dürfen, ohne Reaktanz auszulösen.

Experten müssen die Möglichkeit erhalten, sich von Standards und Routinen lösen zu dürfen und neuartige Lösungswege für Probleme selbst zu kreieren. ■

3.4.3 Managen und Governance

Im Unterschied zum Führen ist Managen das Dirigieren, Organisieren und Koordinieren. Es geht oft mit dem Führen einher, denn viele Führungsfunktionen sind so angelegt, dass sie neben der Aufgabe des Führens auch die des Managens umfassen. Diese Unterscheidung ist sinnvoll. Sie hilft, unterschiedliche Anforderungen und Kompetenzen zu benennen.

So, wie Führungskräfte nicht dafür verantwortlich sind, alles zu entscheiden, sondern dafür, dass es in der Organisation zu erforderlichen Entscheidungen kommt, sind Manager dafür verantwortlich, dass gut organisiert wird, und nicht dafür, alles zu organisieren. Anders gesagt, Führungskräfte, die auch managen, müssen strategische oder grundlegende Dinge organisieren und koordinieren und dann dafür sorgen, dass andere in der Organisation dazu kompatibel die Feinheiten organisieren. Anders gesagt, sie sollen kein Mikromanagement betreiben. Mikromanagement durch Manager und Führungskräfte gilt als hochproblematisches Führungsverhalten und als Indikator für schlechte Führung. Es nimmt ihnen Zeit für wichtigere Aufgaben, verzögert die Umsetzung, weil die mikromanagende Führungskraft zu einem Flaschenhals wird und Mitarbeiter frustriert, die selbst immer weniger entscheiden und organisieren können, auf vieles warten müssen und oft mit aus ihrer Expertensicht unzureichenden Festlegungen konfrontiert werden.

Anderseits gibt es auch für Führungskräfte viele langweilige Managementpflichten, die schwierig zu delegieren sind. Wer Geschäftsführer oder Vorstand ist, muss sich mit vielen juristischen Details befassen, sich selbst vergewissern, dass rechtliche und vertragliche Anforderungen erfüllt sind.

Wer das Managen betrachtet, stößt auch auf das Managementsystem. Ein im Qualitätsmanagement weitverbreitetes Missverständnis ist, dass es eine Organisation geben könne, die kein Managementsystem hat. Gemeint ist oft, dass die Organisation kein formell bezeichnetes oder zertifiziertes X-Managementsystem habe, wobei X für Qualität, Innovation, Umwelt, Arbeitssicherheit, Risiko, Energie, Informationssicherheit, Gesundheit und noch Weiteres stehen kann. Insofern ist auch der Begriff „Einführung eines Managementsystems“ entlarvend, denn Einführen kann man nur, was man noch nicht hat.

Mit Gründung eines Unternehmens beginnen Eigner und die Mitarbeiter der ersten und zweiten Stunde, sich zu organisieren, und regeln formal und informal bestimmte wiederkehrende Aspekte ihrer Arbeit. Banken und Gesetzgeber stellen konkrete Anforderungen, die das Start-up zu erfüllen hat. Kunden, Lieferanten und Partner bringen weitere Anforderungen ins Spiel und versuchen, das Start-up an die eigenen Managementsysteme anzudocken, um eine bessere Kompatibilität zu den eigenen Prozessen zu erzielen, seien es Entwicklungs-, Beschaffungs- oder Marketingprozesse. Bei den Start-ups oder kleinen Unternehmen, die erstmalig mit großen Konzernen in eine Geschäftsbeziehung treten, ruft das oft das Missverständnis hervor, der große Tanker drücke dem kleinen Schnellboot seine Regeln auf, und die seien doch für ein so kleines Unternehmen überzogen und überflüssig. Sie müssen aber verstehen, dass sie auch als kleines, agiles Unternehmen Teil eines großen, hochkomplexen und weitverzweigten Gesamtsystems, eines globalen Netzes geworden sind und es für das große Kunden- oder Partnerunternehmen schwierig ist, mit vielen unterschiedlichen individuellen Systemen seiner Lieferanten umzugehen.

Je nach Geschäftsmodell des Start-ups und abhängig von seiner innovativen und sogar disruptiven Kraft entwickelt es im Laufe seiner Weiterentwicklung ein mehr oder weniger stark ausgeprägtes Bedürfnis, die etablierten Regeln anzupassen, zu verändern oder zu umgehen. Das gelingt umso besser, je stringenter und schlüssiger sich ein eigenes formales System abzeichnet. Andererseits haben die Großen selbst informale Lösungen dafür gefunden, mit den individuell unterschiedlichen Kleinen zu interagieren, und tragen so ihren Beitrag dazu bei, dass Groß und Klein friktionsarm zusammenwirken können.

Jedes Unternehmen, jung wie alt, hat sein Managementsystem. Das kann gut, also zielführend und wirkungsvoll, aber auch schlecht, also dysfunktional und ressourcenfressend, sein. Wächst das Unternehmen, wächst das Managementsystem. Verändert sich das Unternehmen, verändert sich sein System und umgekehrt, denn ein Unternehmen verändert sich, indem es sein Managementsystem verändert. Das Managementsystem ist im wahrsten Sinne des Wortes das Betriebssystem des Unternehmens. Weitere Module kommen hinzu, weil weitergehender Regelungsbedarf entsteht. Bei Überschreiten gewisser Schwellen, z. B. bei Mitarbeiterwachstum oder einem Eintritt in einen neuen Markt, oder durch neue Impulse, wie z. B. der neuen Zusammenarbeit mit einem Schlüsselkunden oder durch neue gesetzliche Anforderungen, entstehen neue Bedarfe für das Managementsystem.

Eine Facette von Management und Führung und auch Aufgabe des Managementsystems ist das Ausüben der Governance. Leitungsorgane einer Organisation, wie je nach Rechtsform z. B. Vorstände und Geschäftsführungen, aber auch deren Kontroll- und Lenkungsgremien, wie Gesellschafterversammlungen, Aufsichtsräte und Vollversammlungen, sind gesetzlich verpflichtet, ihre Organisation zu steuern und zu kontrollieren, anders gesagt, ein Mindestmaß an Kontrolle darüber auszuüben. Das dient dazu, die Ziele der Organisation zu erreichen, aber auch gesetzliche und andere Pflichten zuverlässig zu erfüllen. Ein gebräuchlicher Begriff dafür ist Governance.

Governance

Governance ist die Leitung, Lenkung und Verwaltung einer Organisation.

Anmerkung: Im Unterschied zu den ähnlichen Begriffen Management und Leitung impliziert die Verwendung des Begriffs Governance meistens das Einhalten verpflichtender Regeln, darunter die Pflicht zur Ausübung der notwendigen Kontrolle in der Organisation.

Anmerkung: Der Begriff Governance (gouvernement, französisch für Regierung) wurde ursprünglich auf Staaten angewendet und bedeutet in diesem Kontext Staatsführung und -verwaltung.

In Organisationen gibt es widersprüchliche Interessen ihrer Stakeholder und Mitglieder, obwohl die Interessen der Organisation selbst jeweils klar benannt werden, z. B. in Form von Vision und Mission sowie deutlicher noch in Form der Ziele. Das führt dazu, dass ihre Leitung die Befolgung der Organisationsziele und diesbezüglicher Pläne, aber auch ihrer Regeln, zu deren Einhaltung die Organisation aufgrund externer Anforderungen verpflichtet ist oder sich aufgrund eigener Ansprüche selbstverpflichtet hat, auch gegen widerstrebende Kräfte durchsetzen muss. Zudem muss sie sich vergewissern, dass ihre Governance und das der Governance zugrunde liegende Managementsystem alle relevanten Anforderungen erfüllen und wirksam sind. Das sind auch genau die beiden Funktionen, die die ISO 9001 dem internen Audit beimisst, die Wirksamkeitsprüfung für das Managementsystem sowie die Prüfung der Konformität gegen alle relevanten Anforderungen. Zudem fordert diese Norm eine Managementbewertung, oft auch Managementreview genannt, die wiederum auch ein Instrument dafür ist, dort sollten Wirksamkeits- und Konformitätsinformationen aus allen zur Verfügung stehenden Quellen zusammenfließen und bewertet werden.

Weil in Organisationen, je größer und komplexer sie sind, desto schwieriger die Durchsetzung aller Regeln ist, benötigen sie ein darauf abgestimmtes Maß an Kontrolle und Wirksamkeitsprüfung. Dies geschieht vor dem Hintergrund, dass

- eine umfangreiche Formalisierung, erst recht Überformalisierung, informale Ausweichbewegungen auslöst, die sich als Regelumgehungen, -beugungen und -bruch manifestieren,

- einzelne Menschen kriminelle Energie aufwenden, um sich zulasten der Organisation zu bereichern oder die Organisation zu schädigen,
- Menschen aus Unwissenheit, Leichtsinn oder anderen Motiven Regeln brechen.

Es gibt mehrere Instrumente, die zur Governance und damit auch zur Kontrolle und Wirksamkeitsüberprüfung verpflichtete Leitungen sowie deren Aufsichtsgremien zur Kontrolle und Wirksamkeitsprüfung einsetzen:

- das Managementsystem und seine Teilmanagementsysteme (wie Qualitätsmanagementsystem, Umweltmanagementsystem etc.),
- ein Reporting- und Controllingsystem,
- Gremiensitzungen mit diesbezüglichen Programmpunkten (Managementbewertung),
- ein Rechnungswesen,
- ein Internes Kontrollsystem (IKS),
- die Interne Revision, zum Teil mit Forensikexperten oder einer forensischen Abteilung,
- externe Wirtschaftsprüfung,
- ein Beauftragtensystem (z. B. Antikorruptionsbeauftragte, aber auch Qualitäts-, Umwelt-, Arbeitssicherheitsbeauftragte),
- Whistleblowing-Systeme oder -Konzepte,
- interne und externe Sicherheitsabteilungen und -dienste
- interne Audits gemäß Auditprogrammplan (für diverse Themen, darunter Qualitätsmanagement).

Digitale Prüfung

Kontroll- und Steuerungsinstrumente stützen sich zunehmend auf digitale Techniken. Je digitaler Prozesse sind, desto besser ist es möglich, sie digital zu analysieren und zu prüfen. Dazu dient unter anderem das sogenannte Process Mining, bei dem Prüf- und Suchalgorithmen (Bots) Prozessauffälligkeiten und -abweichungen detektieren und reporten. Dieses Verfahren ist ein „digitales Audit".

Interne Audits, darunter die QM-Audits, haben bezüglich der Governance eine wichtige Rolle. Doch es gibt erheblichen Verbesserungsbedarf, denn interne QM-Audits decken kaum mehr relevante Nonkonformitäten auf und dies meistens auch nur bezogen auf QM-Anforderungen. Vielleicht ist es gerade der Versuch, das ursprünglich zur Konformitätsüberwachung eingeführte norminduzierte QM-Audit attraktiver und vielseitiger zu machen, der dazu führte, dass es weder zur Verbesserung noch zur Sicherstellung der Konformität angemessen taugte.

Weil sein Aufwand und sein Vorgehen von vielen Auditierten offen und mehr noch indirekt kritisiert wurden, gab es ein starkes Bestreben der Verantwortlichen, es nützlicher und attraktiver zu gestalten. Das Audit sollte Regeleinhaltung oder -abweichung feststellen, zusätzlich geldwerte Verbesserungspotenziale aufzeigen, der Maßnahmenüberwachung dienen, wichtige Themen in die Organisation tragen, die Auditierten auf elegante Art schulen und sich auch noch für alle Beteiligten gut anfühlen. Vielleicht haben die Auditprogrammverantwortlichen die starken Akzeptanzprobleme von Audits und Auditoren gerade dadurch verschärft, dass sie ihm Nutzen und Eigenschaften angedichtet haben, die es nie zu liefern und zu zeigen in der Lage war. Es kam zu einer Funktionsüberfrachtung und zu einer Überhöhung des Audits, was seinen Nutzen und seine Vorteile angeht. Eine Funktion jedoch, die Konformitätsprüfung, hat das Audit aufgrund dieser Überfrachtung und, weil sie bei den Auditierten auch die stärkste Abneigung hervorrief, immer weniger gut erfüllt.

Doch selbst wenn die Konformitätsprüfung im Rahmen von QM-Audits intensiv und gut erfolgt, besteht immer noch eine große Redundanz zu den weiteren Konformitätsprüfungen durch andere Audits und Begehungen, wie z. B. Umweltaudits und Arbeitssicherheitsbegehungen sowie der Internen Revision.

Eine Konformitätsprüfung ist eine Prüfung, die Mitarbeitern auch unangenehme Situationen verschafft. Ein Verbesserungspotenzialaudit sollte Spaß machen, ein Konformitätsaudit muss es nicht. Es ist eine Pflicht und den Auditierten oft eine lästige Pflicht, wie die Steuererklärung. Das macht es aber nicht zwecklos. Manches im Unternehmen ist Pflicht, und Mitarbeiter sollten sie professionell und klaglos erfüllen. Es gibt in Organisationen neben Kompetenz, Engagement und ethischem Verhalten eben auch Inkompetenz, Versagen, Irrtum, Fahrlässigkeit, Gleichgültigkeit, aber auch Kriminalität. Darauf muss die Konformitätsprüfung ein Auge richten und sogar aktiv danach fahnden. Inkompetenz, selbst erkannte Irrtümer und vor allem kriminelles Handeln verstecken und vertuschen Menschen immer wieder. Aus oft falsch verstandener Solidarität decken es Kolleginnen und Kollegen sogar. Wirtschaftsprüfer und interne Revisoren betreiben deshalb auch Forensik, die aktive Suche nach und die Untersuchung krimineller Handlungen. Für Vertuschung oder Bemäntelung von Verstößen und Fehlern gibt es mehr oder weniger gute Gründe und Motive. Zwar postulieren und beschwören Qualitätsmanager und Führungskräfte immer wieder eine offene Fehlerkultur, bewegen sich aber in einem System, das Fehler und persönliches Fehlverhalten streng bestraft, und verstärken dieses System selbst auch noch.

Spezielle und rigorose Konformitätsaudits

Was bedeutet dies für das Konformitätsaudit?

- Konformitätsaudits sollten funktionsspezifisch gehalten sein und nicht mit anderen Auditfunktionen vermischt werden.

- Andere legitime Aufgaben, wie die Potenzialanalyse, Schulung und Bewusstseinsschaffung sowie das Kennenlernen der Organisation, sollten eigens und spezifisch durchgeführt werden, in eigens gestalteten Auditformaten oder auch mittels anderer Formate (z. B. Potenzialanalysen).
- Audits zu den klassischen Managementsystemthemen (Umwelt, Arbeitssicherheit, Umwelt) sollten in einem einzigen Programm schlüssig verwoben werden mit Compliance Audits, Antikorruptionsprogrammen, Interner Revision und sogar der externen Wirtschaftsprüfung.
- Konformitätsaudits müssen rigoroser erfolgen und dabei auch forensisch arbeiten.
- Es gilt zu klären, mit welchen Rollen eine solch rigorose Auditierung vereinbar ist. Mit der eines auf Kooperation angewiesenen Qualitätsmanagers ist sie nicht vereinbar. Die Interne Revision kann das definitiv leisten, kommt nicht in Rollenkonflikte. Das gilt auch für Externe („externes internes Audit").
- Im Anschluss an die Audits müssen wir bessere Lösungen für den Umgang mit erkannten Regelverstößen, Irrtümern etc. finden. Dazu gehört auch, die Untauglichkeit vieler Regeln und die Überformalisierung des Systems zu behandeln.

Konformitätsprüfer setzen dies gewohnt professionell und kompetent, respektvoll und wertschätzend um, kurzum unter den schlüssigen Kriterien der ISO 19011 (Leitfaden zur Auditierung von Managementsystemen). Sie wollen die Führungskräfte und Mitarbeiter nicht brüskieren, dürfen sich aber auch kein X für ein U vormachen lassen. Rechtssicherheit der Organisation und Risikoreduktion gehen vor Zufriedenheit mit der Auditsituation. Die Dreiviertelstunde Audit ist für die Mitarbeiterin schnell vorbei, der unerkannte Rechtsbruch ist eine tickende Zeitbombe. ■

Ein weiteres Integrationspotenzial liegt in der Verzahnung aller Aktivitäten, die die Konformität mit Regelwerken und die Feststellung der Regeleinhaltung zum Ziel haben. Dazu zählen Third Party Audits, interne Audits in dem Maße, wie sie der Konformitätsfeststellung dienen und nicht der Identifikation von Verbesserungspotenzialen, sowie auch die Aktivitäten einer Internen Revision oder der externen Wirtschaftsprüfung.

Anders als Zertifizierungsauditoren und interne Auditoren sind Revisoren, Wirtschaftsprüfer und Compliance-Experten auch darin geschult, forensische Prüfungen durchzuführen, d. h., kriminellen Handlungen auf die Spur zu kommen. Das ist ein hochsensibles Thema und geeignet, Vertrauen zu zerstören und Misstrauen zu säen, wenn man dies systemisch falsch angeht. Allerdings nicht zu forensischen Prüfungen bereit und fähig zu sein, belässt ein gefährliches Dunkelfeld.

Historisch entspringt die Interne Revision oder Innenrevision dem „Internal Audit" in Großbritannien und den USA, wo interne Auditoren 1941 mit dem Institute of Internal Auditors eine berufliche Standesorganisation gründeten. Im deutschsprachigen Raum hingegen verbinden die meisten heute mit Audit nicht die Wirtschaftsprüfung und die Innenrevision, sondern die Konformitätsprüfung gegen Qualitätsmanagement-, Umweltmanagement- oder andere Standards. Sowohl das angelsächsische Internal Auditing, die Innenrevision, die Wirtschaftsprüfung, als auch die Managementsystemaudits haben zusätzlich zur Konformitätsprüfung die Funktion, Verbesserungspotenziale zu identifizieren, und dies gelingt auch, hat allerdings Grenzen.

3.4.4 Prägung durch Managementschulen

Die Entwicklung von Managementtheorie und -praxis ist in den letzten Jahrzehnten vorangeschritten und hat sich zu einem Wissenskanon und zu anerkannten besten Praktiken und Lehrmeinungen, spezifischen Schulen verdichtet. Universitäten und vor allem Business Schools lehren Management auf dieser Grundlage. Einige namhafte Ausbildungsstätten wie die Harvard Business School (Cambridge, Massachusetts), das INSEAD (bei Paris) oder die London Business School sind Vorbilder für viele Managerausbildungsstätten weltweit. Das führt dazu, dass es bestimmte, die Praxis prägende Managementschulen gibt. Große Beratungsgesellschaften liefern zudem nach ihren Kriterien auserwählte und von ihnen in der Beratungspraxis geschulte und spezifisch sozialisierte Nachwuchsführungskräfte, die oft und vergleichsweise zügig nahe an und in Topmanagementpositionen kommen. Ihre Prägungen sind einander ähnlich, unterscheiden sich aber dennoch für Insider erkennbar voneinander. Die Alumni der Business Schools und der Beratungsgesellschaften bleiben meistens intensiv miteinander vernetzt. So entsteht ein System sich gegenseitig stärkender, verstärkender und bestärkender Führungskräfte. Diese intelligenten und smarten Topmanager sind analytisch und strategisch. Sie sind offen für viele Informationen und auch für Neues, und gleichzeitig sind sie oft erstaunlich starr hinsichtlich des Befolgens der erlernten Instrumente, Rezepte und Konzepte.

Obwohl die angelsächsisch geprägten Business Schools eine internationale Klientel haben, gibt es weiterhin auch typische, deutlich unterscheidbare und von nationalen Kulturen geprägte Managementpraktiken. Der Hinweis „Wir haben ein amerikanisches (oder japanisches oder ...) Management" reicht einschlägig erfahrenen Führungskräften und Mitarbeitern bereits aus, um bestimmte Usancen damit zu assoziieren.

Auch die Wirtschaftswissenschaften bilden „Denkkollektive", wie der Ökonom und Kulturwissenschaftler Walter Otto Ötsch, Professor der Universität Linz, gemeinsam mit den Wissenschaftlern Katrin Hirte und Stephan Pühringer für Deutschland aufgezeigt hat [Ötsch, Hirte, Pühringer 2017]. Sie beschreiben ein ausgeprägtes Denkkollektiv fachlich, gesellschaftlich und politisch einflussreicher Professoren und Absolventen, die marktfundamentalistisch agieren. Diese beeinflussen stark die überwiegend marktfundamentalistisch geprägte Managerausbildung und fundieren sie akademisch.

Entrepreneure im Silicon Valley haben viele der etablierten Rezepte über den Haufen geworfen und offensichtlich eine eigene „Schule“ entwickelt, neue und aus der digitalen Disruption erwachsene und für sie spezifisch konzipierte Management-, Start-up- und Finanzierungskonzepte gefunden. Diese fließen nun mehr und mehr auch in die etablierten Schulen ein. Viele der klassisch sozialisierten Topmanager pilgerten für einige Jahre ins Silicon Valley, um dessen Erfolgsrezepte zu erkennen, wie sie vor 30 Jahren nach Japan und besonders zu Toyota gepilgert waren, um das japanische Wirtschaftswunder und das Toyota-Produktionssystem zu verstehen. Auch China mit seiner rasanten Entwicklung ist inzwischen Ziel der Managementpilger, die vor allem bewundern, „was dort alles geht“ hinsichtlich riesiger Infrastrukturprojekte. Ähnlich wie beim viel bestaunten und von Managerreisegruppen visitierten Toyota-Produktionssystem haben die Pilger ins Silicon Valley einige Techniken gesehen, die sie leicht adaptieren zu können glauben. Vernetztes Arbeiten über Team- und Unternehmensgrenzen hinweg, eine zur Schau gestellte Lockerheit und agile Methoden wie Scrum und Design Thinking erscheinen nach genauerem Hinsehen als ins heimische Unternehmen übertragbar.

Äußerlich haben deutsche Topmanager bereits begonnen, sich den jungen Wilden der Innovation-Hubs anzugleichen, haben ihre Schlipse abgelegt und sich in Habitus und Sprache angenähert. Sie suchen nicht nur ihre Nähe, sie wollen sie rekrutieren, weil sie erkennen, dass sie deren Wissen, Können und Andersartigkeit im eigenen Unternehmen benötigen, um neue digitale Lösungen für ihre Märkte zu entwickeln.

Doch im mittleren Management beäugen klassisch sozialisierte, konservative Führungskräfte sowohl die Aufsteiger der digitalen Transformation als auch ihre eigenen Topmanager, die sich ihnen entfremden, mit Skepsis. Ihre sicher geglaubten Aufstiegspfade scheinen plötzlich ins Nichts zu gehen. Es herrscht also heute eine mehr oder weniger offene Auseinandersetzung zwischen klassischen Managementkonzepten und -kulturen sowie den neuen Entrepreneurkonzepten und -kulturen.

Wissen, was Führungskräfte lesen

Für mittlere Führungskräfte, Qualitätsmanager, Innovationsmanager und viele andere ist es wichtig, zu wissen, welcher Managementschule eine hochrangige Führungskraft sich zugehörig fühlt, zu wissen, wo und bei wem sie studiert hat, in welcher Beratungsgesellschaft sie tätig war, welchen Influencern sie folgt, welche Bücher sie liest, wer sie coacht und welche Konferenzen sie besucht. Haltungen und Positionen von Führungskräften sind nicht zementiert und sie können diese und sich im Laufe der Zeit ändern und sich lernend weiterentwickeln. Doch ein Blick auf diese Aspekte ihrer Sozialisation hilft oft dabei, besser zu verstehen, wie sie denken und argumentieren, handeln und entscheiden. Und dieses Wissen eröffnet eine Chance, die eigene Argumentation ihnen gegenüber zu verbessern. ■

3.4.5 Strategie

Die Schlüsseldisziplin für eine Unternehmensleitung ist die Strategiearbeit. Aufgrund der meist überlebenswichtigen Bedeutung der Innovation im Unternehmensumfeld und auch der eigenen Innovationsleistung sowie auch der Bedeutung der Produktqualität sind Innovation und Qualität für die allermeisten Unternehmen hochgradig strategierelevante Themen. Das Strategieverständnis der Unternehmensleitung ist dabei grundlegend. Kurz gesagt gibt es bei den einen ein Strategieverständnis, das auf der detaillierten Planbarkeit und stringenten Umsetzbarkeit der Pläne basiert. Andere folgen einer Strategieauffassung, die von der Akzeptanz von Unsicherheit und Unschärfe geprägt ist.

Zwei unterschiedliche Interpretationen von Strategie

- **Strategie als Plan**
  Für die einen stellt die Strategie einen Plan zur Erreichung einer Vision und darauf bezogener strategischer Ziele dar. Im Plan sind die strategischen durch eine Kaskade operativer Ziele unterlegt. Strategieumsetzung ist dann Exekution des Plans.
- **Strategie als gerichtete Aktion**
  Für andere liefert die Strategie eine Richtungsangabe und besteht in allen Aktionen, deren Wirkungen das Unternehmen in diese Richtung voranbringen. Strategieumsetzung ist inkrementell-iteratives Voranschreiten in die angestrebte Richtung.

Die erste Interpretation ist klassisch, weitverbreitet und führt konsequent zu mehrjährigen detaillierten Plänen und Budgets. Bei ihr stehen eine Vision und die Mission des Unternehmens im Mittelpunkt.

Eine Strategie erfordert Einsicht in den Wettbewerbsvorteil, den die Organisation hat oder den sie sich verschaffen will. So oder so dient die Strategie der Ausrichtung aller Kräfte und Ressourcen auf die Erreichung der strategischen Ziele bzw. dem Fortschritt in die strategische Richtung. Ziel und Richtung können in Form einer Vision anschaulich beschrieben sein. Die Vision ist eine lebendige Vorstellung, wie das Unternehmen in weiterer Zukunft sein soll, was es erreicht haben soll und was es zu leisten in der Lage sein soll. Aus der Vision lassen sich Etappen- oder Detailziele ableiten. Sie dienen dazu, den Grad der Erreichung der Vision für einen festgelegten Zeitraum zu konkretisieren.

Dabei erfüllt das Unternehmen einen Auftrag, die Mission. Die Mission begründet ihre Existenzberechtigung und beschreibt, was das Unternehmen für wen herstellt oder leistet. Sie ist also auf Nutzer ausgerichtet. Um seine Mission zu erfüllen, braucht das Unternehmen ein Geschäftsmodell. Es stellt den Mechanismus dar, mit dem es etwas für die Nutzer leistet und sich selbst am Leben erhält, also seinen

Betrieb und sein Wachstum finanziert und darüber hinaus die Investitionen der Eigner refinanziert. Zur Strategie gehört, das Geschäftsmodell zu benennen und gegebenenfalls entlang neuer Gegebenheiten und aufgrund neuer Anforderungen anzupassen oder grundlegend zu verändern.

Das Verständnis der Strategie als gerichtete Aktion erkennt die Unvorhersehbarkeit und weitgehende Unplanbarkeit an und erfordert eine große operative Agilität. Da auch im Zuge des kontinuierlichen Abgleichs von Richtung, Ziel und Wirkung deutlich wird, ob die Richtung stimmig und das Ziel erstrebenswert bleibt, entsteht sogar eine strategische Agilität. Überraschende, positive Wirkungen können dazu führen, dass die Leitung die Richtung neu justiert oder das Ziel verändert.

Der Zeitraum, für den eine Strategie erarbeitet wird, hängt von der Dynamik des Unternehmens und seines Umfeldes ab. In dynamischen Umfeldern kann er extrem kurz (unter einem Jahr) oder kurz (ein bis zwei Jahre) sein, in stabileren Umfeldern längerfristig angelegt (über drei Jahre). Unabhängig vom Zeitraum ist es sinnvoll, die Strategie rollierend zu aktualisieren und dabei gegebenenfalls auch signifikant zu verändern. Idealerweise ist die Strategie in angemessener Art und Weise dargelegt. Die Darlegung kann für relevante Stakeholder (Zielgruppen) spezifisch und somit unterschiedlich erfolgen. Wobei die inhaltlichen Aussagen identisch bzw. widerspruchsfrei sein müssen.

Viele Unternehmen gaben sich in den letzten Jahren und geben sich zurzeit gerade grundlegend neue Strategien, weil die Umwälzungen der neuen Moderne (siehe Kapitel 2) und seit 2020 auch die globale Krise und die durch sie beschleunigten transformatorischen Entwicklungen in Gesellschaft und Wirtschaft bisherige Strategien infrage stellen und nach neuen Strategien und Geschäftsmodellen verlangen. Change und Transformation prägen deshalb diese Strategien. Innovation und eine Innovationsstrategie haben dabei ein besonderes Gewicht. Immer mehr Unternehmen befassen sich deshalb explizit mit ihrer Innovationsstrategie und mit ihrer Qualitätsstrategie (Q-Strategie).

Gerade im Qualitätsmanagement ist das eine echte Herausforderung. Die Qualitätsabteilungen waren in den letzten Jahren nicht unstrategisch. Aber Strategiearbeit hat meistens bedeutet, aus den aktuellen strategischen und operativen Unternehmenszielen eigene Q-Ziele abzuleiten. Zudem galt es, die Qualitätspolitik zu formulieren oder zu aktualisieren.

Das Konstrukt der Qualitätspolitik basiert auf einer zwar nicht falschen, aber problematischen Übersetzung dieses Schlüsselbegriffs der ISO 9001. Quality Policy mit Qualitätspolitik zu übersetzen hat auf die falsche Fährte geführt. Policy kann mit Politik (englisch auch politics) übersetzt werden, es kann aber auch mit Richtlinie und mit Strategie übersetzt werden. Und darum hätte es immer schon gehen müssen. Oft besteht die Qualitätspolitik allerdings aus einer im Grunde nutzlosen, weil konsequenzenlosen, einseitigen Erklärung über Kundenorientierung und die Bedeutung der Qualität.

Die heutigen Anforderungen an eine Q-Strategie gehen viel weiter. Sie muss eigene Antworten auf die neuen Herausforderungen der Gegenwart und Zukunft finden. Diese Herausforderungen zu verstehen und benennen zu können ist der Schlüssel für gute Strategiearbeit im Qualitätsbereich. Um Qualität zu erzeugen, müssen Experten geeignete Strategien, Konzepte, Methoden und Prozesse kennen und anwenden können. Dabei müssen sie auf der Höhe der Zeit sein und darüber hinaus perspektivisch denken. Sie müssen sich mit allen Innovationen ihres Fachgebiets und mit ins Fachgebiet eindringenden Disruptionen befassen. Gerade weil Qualität auf den Kundenmärkten keine absolute, sondern eine relative Größe ist, ist Qualität ohne Innovation nicht zu erreichen. Schon das Halten eines relativen Qualitätsniveaus am Markt erfordert Verbesserung und somit Innovation.

Eine Innovationsstrategie sowie eine Qualitätsstrategie sind Teilstrategien einer Unternehmensstrategie, so wie auch die Kommunikations- oder die Vertriebsstrategie. Die Themen Qualität und Innovation aufgrund ihrer Zusammengehörigkeit integriert anzugehen bedeutet zuallererst, eine integrierende Innovations- und Qualitätsstrategie zu entwerfen.

Qualitätsführerschaft erfordert keine Innovationsführerschaft. Qualitätsführerschaft lässt sich auch als schneller Innovationsfolger erreichen. Ebenso erfordert die Strategie der Innovationsführerschaft nicht unbedingt die Qualitätsführerschaft. Vielleicht steht Innovationsführerschaft sogar im Widerspruch zur Qualitätsführerschaft, weil die schnelle Markteinführung einer Innovation als Minimum Viable Product (MVP) um den Preis erfolgt, dass der für Qualitätsführerschaft notwendige Grad an Qualität noch nicht erreicht ist.

Doch auch der Innovationsführer wird langfristig am Qualitätsgrad seiner Produkte gemessen, braucht von Beginn an ein Minimum Quality Product (MQP). Für diese Minimalqualität sind zwei Aspekte wichtig. Das sind Funktionalität und Funktionieren. Pionierkunden und die Fans des Unternehmens, die die neuartige Funktionalität der Produkte anzieht, können bewusst Abstriche beim Funktionieren machen, benötigen also für die Innovation nicht das hohe Qualitätsniveau eines ausgereiften Produkts. Innovative, aber qualitativ noch unreife Produkte liefern dem Kunden also über ihre neuartige Funktionalität einen gravierenden Qualitätsaspekt. Denn ihre Innovativität liegt darin, dass sie mindestens ein hochrelevantes Bedürfnis signifikant besser erfüllen als qualitativ ausgereifte, etablierte Alternativen. Sie haben also ihre „Qualitäten". Allerdings stehen dem relativierende und auch zufriedenheitsdämpfende Qualitätsprobleme zur Seite, oft Kleinigkeiten, Kinderkrankheiten, die sich in der Regel leicht heilen lassen. Diese schränken dauerhaft oder temporär das Funktionieren ein.

Nicht selten sind gerade die Innovatoren nicht gut darin, ein Produkt qualitativ abzusichern und qualitativ zu verbessern. Eine der größten Herausforderungen im Umgang mit Quickware ist deren Reifegradabsicherung. Umso wichtiger wäre es, neben der Innovation auch die Qualität auf der strategischen Ebene konsequent zu adressieren.

Es gilt also, im Rahmen der Qualitätsstrategie eine grundlegende Festlegung zu treffen, welches Qualitätsniveau das Unternehmen anbieten will. Dabei ist es, wenn das Unternehmen mehrere Produktfamilien oder Brands hat, möglich, unterschiedliche Niveaus zu bieten. Das erfordert allerdings auch eine entsprechende Markenführung und ein Qualitätsmanagementsystem, vielleicht sogar ein jeweils eigenes Qualitätsmanagementsystem, die die entsprechenden Varianten spezifisch erzeugen.

Qualität und Innovation sind derart fundamentale und unternehmenserfolgsrelevante Themen, dass eine Unternehmensstrategie sich nahezu immer damit befassen und sich dazu positionieren muss. Die Festlegungen des strategisch notwendigen Qualitätsniveaus sowie des Innovationsgrads der Produkte sind unverzichtbar für eine Unternehmensstrategie. ■

Das macht es auch notwendig, zumindest erstrebenswert, dass sich Qualitäts- und Innovationsmanager in die Erstellung der Gesamtstrategie möglichst einbringen und dort ihre Themen vertreten; und dass sie darüber hinaus aus der Unternehmensstrategie themenspezifische, zueinander kompatible Teilstrategien ausarbeiten, also eine Qualitätsstrategie und eine Innovationsstrategie, genauso, wie Vertriebsleitungen eine kompatible Vertriebsstrategie und Personalleitungen eine Personalentwicklungsstrategie ableiten. Für die Umsetzung derartiger Teilstrategien gibt es jeweils ein Spektrum von Konzepten für das Qualitäts- sowie für das Innovationsmanagement.

Qualitätsmanagement und Innovationsmanagement müssen unternehmensspezifisch ein. Das heißt vor allen Dingen, sie müssen die spezifische Strategie und konkreten strategischen Ziele des Unternehmens unterstützen. Viele Unternehmen befinden sich unter Veränderungsdruck aufgrund von Marktentwicklungen und regulatorischen Neuerungen und technologischen Innovationen, aber auch bei Eigentümer- und Führungswechseln. Mit neuen Strategien oder Anpassungen fortgesetzter Strategien müssen Unternehmen auf diese Veränderungen und Entwicklungen reagieren. Sowohl Qualitätsniveau als auch Innovationsgrad sind Schlüsselaspekte für strategische Positionierungen, die auf das Schaffen, das Halten und den Ausbau von Wettbewerbsvorteilen (competitive advantages) angelegt sind.

Neue Strategien oder Weiterentwicklungen der Strategie des Unternehmens wirken sich auf das Qualitätsmanagement, die Qualitätssicherung, die Produktentwicklung und das Innovationsmanagement aus. Und es ist angemessen, wenn die wichtigen Themen Qualität und Innovation selbst auch Gegenstand einer jeden Unternehmensstrategie sind, das Unternehmen also eine Qualitätsstrategie (Q-

Strategie) und eine Innovationsstrategie hat. Es gibt drei Anlässe für die Neugestaltung dieser Teilstrategien:

- fehlende Wirksamkeit oder fehlende Akzeptanz der bisherigen Vorgehensweise in Qualitätsmanagement, Qualitätssicherung, Produktentwicklung und Innovationsmanagement,
- Neuerungen und strategisch relevante neue Möglichkeiten und Anforderungen in Qualitätsmanagement, Qualitätssicherung, Produktentwicklung und Innovationsmanagement,
- die Erarbeitung einer veränderten oder neuen Unternehmensstrategie.

Ein Unternehmen braucht eine Q-Strategie und eine Innovationsstrategie, weil

- Qualität und Innovation wichtige Faktoren für Markt- und Unternehmenserfolg sind,
- Qualitätsmanagement, Qualitätssicherung, Produktentwicklung und Innovationsmanagement Richtung und Ziele brauchen, um ihre Ressourcen wirkungsvoll einzusetzen,
- Qualitäts- und Innovationsmanagement ihr Potenzial zur Organisationsentwicklung auf Basis der Teilstrategien zielgerichtet entfalten können.

Für die Qualität kommt noch hinzu, dass

- ohne eine Q-Strategie Ziel- und Verteilungskonflikte häufiger zulasten der Qualität ausgehen.

Die jeweilige Teilstrategie muss als ihr integraler Bestandteil die Unternehmensstrategie verstärken und bezogen auf Qualitäts- oder Innovationsaspekte konkretisieren. Eine Teilstrategie kann ohne Kenntnis der künftigen Unternehmensstrategie nicht schlüssig entstehen.

Idealerweise wirken Qualitäts- und Innovationsmanager bereits an der Unternehmensstrategie mit. Mitwirkung an der Strategie hat zwei Aspekte. Zunächst ist es die Mitwirkung an der Formulierung der Strategie, dann die Mitwirkung an der Umsetzung der Strategie. Zwischen den Themen Innovation und Qualität gibt es bezüglich der strategischen Inputs viele Verwandtschaften und Gemeinsamkeiten. Das vergrößert auch die Chance, dass das Strategiegremium diese Inputs aufgreift und berücksichtigt. Es ist sinnvoll, die Inputs gemeinsam zu erarbeiten und aufeinander abzustimmen.

Direkte oder indirekte Mitwirkung an der Unternehmensstrategie

Zuallererst gilt: Qualitätsmanager und Innovationsmanager müssen alles versuchen, um an der Strategieformulierung mitzuwirken. So bringen sie ihre themenbezogenen Impulse und Anforderungen ein und tragen zur strategischen Klärung ihrer strategischen Fragen und Anforderungen aktiv bei. Sollten sie trotz aller

Bemühungen nicht in den Kreis der Führungskräfte berufen werden, die die Strategie formulieren (Strategiegremium), müssen sie sich, ihr Thema und nützliche strategische Inputs über Mittelspersonen, idealerweise direkte Vorgesetzte, in die Strategieformulierung einbringen. Am besten gelingt das gestützt auf fundierte Analysen und Positionen. Dabei sollten komplexe Analysen und strategische Überlegungen stark vereinfacht, verdichtet und pointiert werden. Vertreter des Strategiegremiums sollten erkennen, dass die Fachverantwortlichen ihre strategischen Hausaufgaben gemacht haben. ■

Für Qualitätsmanager und Innovationsmanager ist es wichtig, zu erkennen, welches Strategieverständnis die Leitung hat, Strategie als Plan oder Strategie als zielgerichtete Aktion. Es muss auch nicht der Anspruch bestehen, das Verständnis verändern zu wollen. Vielmehr sollte die eigene Strategiearbeit dazu kompatibel gestaltet werden. Das Qualitätsmanagement hatte, seinem Planbarkeitsparadigma folgend, bisher einen Hang zur langfristigen und detaillierten Planung und somit eine große Affinität zur plangeprägten Strategiearbeit. Das Innovationsmanagement ist offener für eine richtungsgeprägte Strategiearbeit, hat der Innovationsprozess doch zumindest in seiner Kreativitätsphase heutzutage ohnehin häufig einen experimentell tastenden Charakter.

So wichtig es auch ist, dass jedes Unternehmen eine individuell taugliche, spezifisch zugeschnittene Strategie hat, so offensichtlich ist auch, dass es nicht genauso viele unterschiedliche strategische Konzepte wie Unternehmen gibt.

Strategisches Konzept

Ein strategisches Konzept ist ein typischer, grundlegender Lösungsansatz zur Umsetzung einer Strategie. ■

Es gibt ein etabliertes Portfolio typischer strategischer Konzepte, wie hier anhand einer Auswahl alternativer Pole dargestellt:

- In die Breite gehen versus Besetzen einer Nische
- Zentralisierung versus Dezentralisierung
- Skalierung und Größe versus Innovation und Geschwindigkeit
- Internationalisierung versus Regionalisierung
- Shareholder-Value versus gesellschaftliche Veränderung
- Hohe Wertschöpfungstiefe versus geringe Wertschöpfungstiefe
- Führen versus Folgen ■

So gibt es auch mehrere voneinander unterscheidbare Basiskonzepte für das Qualitäts-, aber auch für das Innovationsmanagement. Diese Konzepte sind verfügbare „strategische Module“.

Sowohl im Innovations- als auch im Qualitätsmanagement benutzen Fachleute statt Konzept auch den Begriff Philosophie, sprechen vom Total Quality Management als Qualitäts- oder Qualitätsmanagementphilosophie oder vom Design Thinking als Innovationsphilosophie. Doch Philosophie erscheint in diesem Kontext zu sehr seiner sonstigen Bedeutung entrückt und auch etwas überhöhend, sodass als Gattungsbegriff Konzept tauglicher erscheint.

Einige Konzepte mögen einander ausschließende Alternativen darstellen, die meisten sind jedoch schlüssig miteinander kombinierbar. So kann ein Unternehmen ein klassisches Forschungs- und Entwicklungskonzept fahren und zusätzlich das Konzept des Design Thinking einführen oder sogar in die etablierte Forschungs- und Entwicklungsarbeit integrieren. Ein Unternehmen kann ein Null-Fehler-Konzept als integrierten Bestandteil eines ISO-9001-basierten, zertifizierten Qualitätsmanagementsystems umsetzen. Bedeutend an Innovations- und Qualitätskonzepten ist, dass sie langfristig kulturprägend sein können - und auch kulturprägend sein müssen.

Die Einführung weitreichender Konzepte gelingt nur, wenn sie von Beginn an schlüssig an die bestehende Kultur andocken. Dafür müssen die Verantwortlichen sie spezifisch ausgestalten, vom Abspulen „fertiger“ Schemata ist dringend abzuraten, die Gefahr ist zu groß, dass es zu Inkompatibilitäten und resultierenden Abstoßungsreaktionen kommt. Es ist ebenfalls problematisch, die Konzepte häufig zu wechseln und nur kurzfristig mit Verve zu leben, sie brauchen Langfristigkeit, um sich wirksam entfalten zu können und dadurch große und nachhaltige Effekte erzielen zu können. Konzeptwechsel sind eine typische Begleiterscheinung bei Führungswechseln. Einerseits ist es verständlich und ratsam, dass neue Führungskräfte neue Akzente setzen wollen. Andererseits stoppen sie damit auch oft langfristig angelaufene Konzepte, bevor diese ihre volle Kraft entfalten, und bringen die für den nachhaltigen Erfolg ihrer eigenen Konzepte notwendige langfristige Begleitung selbst nicht fertig, weil sie nach drei Jahren schon wieder weitergezogen sind. Managementsystemverantwortliche, die häufig länger in ihrer Funktion sind als ihre Führungskräfte, müssen ihr Gewicht in die Nachhaltigkeit von Konzepten legen.

Kurzfristiges Aufbäumen und zu häufig wechselnde Konzepte haben kaum eine Chance, mit der bestehenden Kultur eine Symbiose einzugehen und dann langfristig integraler Teil der Kultur zu werden. Und die das neue Konzept propagierenden Führungskräfte neigen dazu, das durch intensive Kommunikation und Beschulung erreichte Rauschen des neuen Konzepts bereits als erfolgreichen Kulturwandel zu interpretieren. Unter diesen Umständen entstehen Kultursimulationen; Führungskräfte führen neue formale Regeln ein, ohne dass sich die zum Teil widersprüchlichen informellen, kulturprägenden Regeln ändern. Sobald die Gelegenheit besteht, z. B. durch nachlassendes Interesse der Führung oder einen Führungswechsel, fällt die Simulation in sich zusammen.

Wer neue Konzepte einführt, muss sich zunächst unbedingt mit den informellen Regeln der bestehenden und zunächst „träge“ weiterbestehenden Kultur befassen. Sie oder er muss dann darauf achten, dass die neuen Regeln dazu nicht in Konfrontation mit den bestehenden geraten. Heißt das, dass es unmöglich ist, eine bestehende Kultur zu verändern? Es kommt auf die Zeiträume an, die man ansetzt und betrachtet. Auch Kultur ist entwicklungsfähig, doch vieles spricht dafür, dass diese Entwicklungen langwierig sind.

Alle Konzepte, sei es für Qualitätsmanagement oder für Innovationsmanagement, benötigen ein tiefgehendes Fachwissen. Wer sie einführen möchte, muss sie, ihre Prinzipien, typische Methoden und Werkzeuge kennen und anwenden können. Die Passung zur bestehenden Kultur erfordert eine Anpassung des Konzepts und spricht gegen schematische Umsetzungen aus dem Lehrbuch. Experimentelle Vorgehensweisen bei der Umsetzung ermöglichen ein Vortasten, Ausprobieren und Korrigieren.

Beispiele für etablierte Qualitätskonzepte zur Umsetzung von Qualitätsstrategien sind:

- Null Fehler (Zero Defect):
  Null Fehler zum konsequenten Ziel erheben und System und Maßnahmen darauf ausrichten.
- Total Quality Management (TQM):
  Qualität ganzheitlich adressieren und zu einem ständigen Fokusthema des Managements machen.
- Kaizen/kontinuierliche Verbesserung:
  Ständige Suche nach und Realisierung von kleinen und großen Verbesserungsmöglichkeiten für Produkt und Prozesse.
- Kano (Kano-Modell):
  Differenzierung in Basis-, Leistungs- und Begeisterungsmerkmale und dementsprechend unterschiedliche Realisierungsgrade von Qualitätsmerkmalen.
- Toyota-Produktionssystem:
  Verbindung von KVP, Verschwendungsreduktion und Null-Fehler-Konzepten mit Mitarbeiterermächtigung, im Fehlerfall die Abläufe bis zur Problemlösung zu stoppen.
- Agiles Qualitätsmanagement:
  Inkrementell-iteratives Vorgehen (à la Scrum).
- QM-Standards, Audits und Zertifizierung:
  Definition von Anforderungen an das Qualitätsmanagementsystem in Standards und Normen sowie Konformitätsprüfung mittels interner, Kunden- und Zertifizierungsaudits und Second- sowie Third-Party-Zertifizierung.
- Zentralisierung/Dezentralisierung, alternativ:
  - Zentralisierung: QM und QS sind zentral hierarchisch aufgebaut.
  - Mischform: Ein zentrales QM regelt konzernweite Q-Grundsatzfragen, und davon disziplinarisch unabhängige Werks- oder Sparten-QS-Bereiche betreiben operative Qualitätssicherung.

- Dezentralisierung: Es gibt keine zentrales QM, keine zentrale QS, QS und QM sind werks- oder spartenspezifisch dezentral zugeordnet und agieren jeweils voneinander unabhängig.
- Integriertes Qualitätsmanagement
- Integrierte Qualitätssicherung

Beispiele für etablierte Innovationskonzepte zur Umsetzung von Innovationsstrategien sind:

- Forschung und Entwicklung:
  Klassische gute Praxis von miteinander verwobener produkt- und marktbezogener Forschung und Produkt- und Prozessentwicklung.
- Spin-off, Start-up, Joint Venture:
  (Räumliche und organisatorische) Auslagerung innovativer Bereiche.
- Design Thinking:
  Framework zur mehrstufigen, iterativen Kreation disruptiver Innovationen.
- Lean Startup:
  Framework zum Testen und zur iterativen Weiterentwicklung von Produkten und Geschäftsmodellen.
- Open Innovation:
  Erweiterte (Partner oder Community) oder offene (öffentliche) Beteiligung Externer an eigenen Innovationsprojekten und -prozessen.
- Kauf von Innovationen:
  Einkauf von fertigen Ideen, Lösungen, Patenten etc. oder Einkauf der Beratungs- und Innovationsleistung zu deren Generierung.
- Outsourcing:
  Delegation der Innovationsgenerierung an eigene ausgegliederte Stellen oder an externe Partner.
- Imitation, Fast Following:
  Das (schnelle) Aufgreifen von Innovationen anderer.

Weil es hier aus guten Gründen um die Verbindung von Qualität und Innovation und somit die Integration des Qualitäts- und Innovationsmanagements geht, ist es ratsam, dass jeweilige Verantwortliche beide Teilstrategien und die sie unterlegenden Konzepte gemeinsam erarbeiten und als gemeinsames Gesamtkonzept vorlegen.

Die strategische Analyse, die Grundlage für die Unternehmensstrategie ist, muss auch Grundlage für die Teilstrategien sein. Wenn sinnvoll, ist sie um qualitäts- oder innovationsbezogene Betrachtungen und Analysen zu ergänzen. In die Strategiediskussion sowohl für die Unternehmensstrategie als auch für deren Teilstrategien gehören Erkenntnisse zu den in Tabelle 3.16 aufgelisteten Themen. Qualitäts- und Innovationsmanager sollten dazu Erkenntnisse haben und einbringen können, selbst wenn andere Spezialisten und Führungskräfte dazu auch sprechfähig sind.

Tabelle 3.16 Inputs für die Unternehmensstrategie und die Teilstrategien für Qualität und für Innovation

Thema	Qualität	Innovation
Herausforderungen	Herausforderungen für Qualität, Qualitätssicherung und Qualitätsmanagement	Herausforderungen für Innovation, Produktentwicklung, Innovationsmanagement
Begriffe	Unternehmensspezifischer Qualitätsbegriff	Unternehmensspezifischer Innovationsbegriff
Fundamentale (strategische) Einsichten	Einsichten, welche Qualitätsaspekte aus Kundensicht maßgeblich für die Wertschöpfung und den Wettbewerbsvorteil sind	Ideen, welche Arten von Innovationen den Wettbewerbsvorteil ausbauen oder neue Wettbewerbsvorteile verschaffen
Kundeninformationen, -einsichten, -erkenntnisse	Einsichten über die Anforderungen, Bedarfe und Bedürfnisse der Kunden	
Analyse der bisherigen Performance	Erkenntnisse über die bisherige und heutige Qualitätslage (Qualität, Qualitätskosten, Kundenperzeption ...)	Erkenntnisse über die bisherige Innovationsperformance (Innovationsquote, Geschäft aus Innovationen ...)
Chancen und Risiken	... bezogen auf Produkte, Kunden, Markt, Gesetze ...	
Stärken, Schwächen	... bezogen auf Kompetenzen, Prozesse, Kultur ...	
Kernkompetenzen	Besondere Fähigkeiten	
Roadmaps	Technologieroadmap Produktroadmap Roadmap Fertigungs-, Dienstleistungstechnologien	
	Roadmap Prüf- und Messtechnik, Roadmap digitale QS Normen und Regelwerke	Roadmap Kreativitätstechniken
Relevante Regelwerke sowie diesbezügliche Kompetenzen, Aufwände und Kosten	Bestehende, potenzielle und obsolete bzw. zukünftig verzichtbare Regelwerke (Normen, Branchenstandards, Gesetze, Verträge ...) und deren Bedeutung und Wirkungen	

Ist eine direkte oder indirekte Mitwirkung an der Ausarbeitung der Strategie nicht möglich oder ist die Unternehmensstrategie bezogen auf Qualität und Innovation noch nicht detailliert genug, erarbeiten Qualitäts- und Innovationsmanager Teilstrategien, eine Q-Strategie und eine Innovationsstrategie. Idealerweise gelingt es sogar, statt zweier Teilstrategien miteinander eine integrierte, abgestimmte Innovations- und Qualitätsstrategie zu formulieren.

Vorgehensweise zur Erstellung und Umsetzung einer Teilstrategie für Qualität oder Innovation:

- Kernaspekte der Unternehmensstrategie mit Bezug auf Qualitätsmanagement, Qualitätssicherung, Produktentwicklung und Innovationsmanagement identifizieren
- Strategische Handlungsfelder für die jeweilige Teilstrategie ableiten
- Treiber für die Erreichung der strategischen Ziele identifizieren (Welche Treiber beeinflussen die Qualität/die Innovation?)
- Strategie formulieren
- Strategie kommunizieren und umsetzen

Qualitätsmanagement, Qualitätssicherung sowie Innovationsmanagement sind auf die Akzeptanz und Unterstützung der Leitung und der Führungskräfte angewiesen. Eine fundierte sowie gut formulierte und kommunizierte Teilstrategie ist eine Voraussetzung dafür, dass Führungskräfte das Qualitätsmanagement, die Qualitätssicherung oder das Innovationsmanagement als strategisch angelegt und in alle Unternehmensaktivitäten integriert erkennen und erleben können. Tabelle 3.17 zeigt Elemente einer derartigen Teilstrategie.

Tabelle 3.17 Elemente einer Teilstrategie für Qualität oder für Innovation

Q-Strategie	Innovationsstrategie
Qualitätsniveau: Definition des strategieadäquaten Qualitätsniveaus der Produkte und Leistungen als Teil deren Positionierung sowie der des Unternehmens am Markt und bei den Kunden (inklusive Klärung der Priorität der Qualität im Spannungsfeld Qualität – Kosten – Zeit)	Innovationsrate/Innovationsanteil: Definition des strategieadäquaten Innovationsanteils als fundamentale Richtgröße ▪ Geschäftsmodellinnovation ▪ Prozessinnovation ▪ Produktinnovation
Strategische Richtung bezogen auf Qualität	Strategische Richtung bezogen auf Innovation
Lieferantenqualitätsstrategie	Lieferanteninnovationsstrategie, Partnerinnovationsstrategie
Die Bedeutung zur Erreichung der strategischen Ziele und zur Erfüllung der Mission	
Die konkrete Funktion der Produktqualität, der QS und des QM innerhalb des Geschäftsmodells und der resultierenden Geschäftsprozesse und daraus abgeleitet	Die konkrete Funktion der Innovation, des Innovationsmanagements und der Produktentwicklung innerhalb des Geschäftsmodells und der resultierenden Geschäftsprozesse
Aufgaben und Rollen	
Aufbauorganisation, Personalressource	
Mitwirkung am Organisationsentwicklungsprozess, QS- und Auditprozesse	Kreativ-, Innovations- und Entwicklungsprozesse, Mitwirkung am Organisationsentwicklungsprozess

Q-Strategie	Innovationsstrategie
Verpflichtende und freiwillige Zertifizierungen	Verpflichtende und freiwillige Produktzertifizierungen, Patente und sonstige Schutzkonzepte
Auditstrategie	
Managementsystemintegration	

3.4.6 Kritik der Managementkonzepte

Temporäre Moden sind in der Managementliteratur und Beratung sehr ausgeprägt. Dabei bedeuten Hypes und Moden nicht, dass mit ihnen nicht taugliche Aspekte in den Fokus und brauchbare Methoden in Gebrauch geraten. Es ist oft vielmehr so, dass darüber andere etablierte und relevante Kenntnisse und Erfahrungen in den Hintergrund geraten. Oder dass Führungskräfte und Berater grundsätzlich taugliche Methoden auch in Settings einsetzen, wo sie kaum oder nicht brauchbar sind. Oder sie werden in einer Art und Weise in die Organisation gepresst, dass sie keine Akzeptanz finden, mit anderen Methoden nicht verzahnt werden und auch aus diesen Gründen dann nicht funktionieren.

Auch das Qualitätsmanagement hatte einerseits seine Paradigmenwechsel und Innovationen, die aber immer wieder auch die negativen Ausprägungen von Moden und Hypes zeigten. Die Erhöhung der Kompatibilität der Produktentstehungsprozesse und der Qualitätsmanagementsysteme in komplexen, vielgliedrigen Zulieferketten durch Verbreitung der ISO 9001 und die auf sie bezogene Third Party Certification hat zur Erhöhung der Qualitätsfähigkeit geführt und in vielen Unternehmen Reifegradschübe ausgelöst. Allerdings ist im Zuge neuer Tätigkeitsschwerpunkte und Qualifizierungspfade auch viel nützliches Wissen und taugliche Praxis verloren gegangen. Die Ausbildung der Qualitätsmanager veränderte sich von einer stark statisch-mathematischen Qualifikation zum Studium der Normen und ihrer Interpretation. Zudem führte eine rigide Normauslegung zu einer Zunahme von Überformalisierung, die Unerfahrenheit mit der Zertifizierung zu einer Überdimensionierung der Dokumentation, die Intensität der Befassung mit Qualitätsthemen zu Überdruss, die Forderung nach Umsetzung in immer mehr Branchen auch zur lieblosen Umsetzung unter Zwang.

Die klassische hierarchische Prozessorganisation selbst ist bereits in die Kritik geraten, wie oben beschrieben. Sie ist häufig zu starr, zu wenig agil, zu wenig innovativ, zu wenig attraktiv für Mitarbeiter. Das mag für konkrete Unternehmen mit konkreten Ausprägungen stimmen, vielleicht auch dort, wo man den Bogen überspannt hat. Allerdings hat sie auch viele Vorteile, denn sie ist enorm leistungsfähig, insbesondere für die Serienfertigung und die Seriendienstleistung.

Die agile Organisation stellt gegenüber einer hierarchischen, klassisch prozessorientierten Organisation eben nicht eine höhere Entwicklungsstufe dar; sie ist auch keine Erfindung der letzten Jahre. John Kotter [Kotter 2015] erkannte, dass Startups in ihrer frühen, sehr innovativen Phase selbstgesteuerte Netzwerkorganisationen sind, das, was wir heute agil nennen. Wenn sie wachsen, brauchen sie mehr Management und stabilere Prozesse und entwickeln sich typischerweise zu klassisch hierarchischen Organisationen. Für eine gewisse Zeit sind sie dabei gleichzeitig beides, noch die Netzwerkorganisation und schon die hierarchische Organisation. Diese beiden Strukturen existieren dabei nicht nebeneinander, sondern ineinander verschränkt. Dies sei die Phase, in der sie sowohl schnell und innovativ als auch zuverlässig und effizient seien. Das Netzwerk macht sie schnell und innovativ, die Hierarchie macht sie effizient und zuverlässig. Kotter zeigt auf, dass es möglich ist, diese Phase, die eigentlich eine Zwischenphase ist, wieder herbeizuführen, indem die klassische Hierarchie das verschwundene oder marginalisierte Netzwerk erneut errichtet. Auf diese Weise entstünde ein „duales Betriebssystem", das die Organisation in die Lage versetzt, die erforderliche Agilität zu erzielen, mehr Innovationskraft zu entwickeln und dabei dennoch in den laufenden und zunehmend neuen Aktivitäten ökonomisch erfolgreich zu bleiben.

Wenn auch nicht der Begriff, so ist doch das Konzept des dualen Betriebssystems ebenfalls bereits viele Jahrzehnte alt. Das zeigt der in den 1970er-Jahren entstandene Begriff der organisationalen Ambidextrie. Ambidextrie bedeutet Beidhändigkeit, gemeint ist die Fähigkeit einer Organisation, sowohl effizient als auch flexibel zu sein. Sie umfasst die Exploitation, die Ausnutzung von Bestehendem, und die Exploration, die Erkundung von Neuem.

Eine Purpose Driven Organisation, die bewusst stark die Emotionalität und Loyalität der Mitarbeiterinnen und Mitarbeiter für sich einnimmt, erscheint zunächst einmal als erstrebenswert und leistungsstark, läuft aber schnell Gefahr, übergriffig gegenüber ihren Mitgliedern zu werden. Der US-amerikanische Soziologe Lewis Coser [Coser 1974] bezeichnete sie als „greedy institution", als gierige oder besitzergreifende Organisation. Sie vereinnahmt die Menschen in unangemessener Art und Weise.

Diese Beispiele machen deutlich, dass es keine Heilslehren und keine allgemeinen, für alle und für immer tauglichen Organisations-, Führungs- und Managementkonzepte gibt und es sie wohl auch nicht geben kann.

So schlüssig, sympathisch und zu eigenen Werten und zur Persönlichkeit passende Konzepte auch erscheinen mögen. Führungskräfte und Organisationsentwickler sollen immer Vor- und Nachteile abwägen und ein waches Auge auf nicht erwünschte Effekte haben. Kritik anderer an ihren Lieblingskonzepten sollten sie ernst nehmen und nicht in den Reflex verfallen, ihr favorisiertes Konzept zu überhöhen. Die Offenheit für andere, zum Teil widersprüchliche Konzepte sollte bewahrt und nach Verknüpfungsmöglichkeiten gesucht werden. ■

4 Elemente eines Personenzentrierten Innovations- und Qualitätsmanagements

Kapitel 2 beschreibt die Paradigmenwechsel und Herausforderungen unserer Zeit und dabei spezifisch die des Qualitäts- und des Innovationsmanagements. Es endet mit der Forderung nach einem Personenzentrierten Innovations- und Qualitätsmanagement, PIQ. Gestützt auf das Wissen aus Kapitel 3 soll Kapitel 4 nun ein Modell für ein Personenzentriertes Innovations- und Qualitätsmanagement darlegen. Seine grundlegenden Prämissen sind:

- die Personenzentrierung als Fokus auf den Menschen,
- die Hervorhebung der Bedeutung der Schlüsselthemen Innovation und der Qualität,
- die Integration des Qualitätsmanagements und des Innovationsmanagements zu einem schlüssig verwobenen Gesamtansatz.

Kapitel 5 wird dann abschließend zeigen, wie darauf gestützt und entlang welcher Stoßrichtungen das Redesign zum Personenzentrierten Innovations- und Qualitätsmanagement erfolgen kann.

Im Zenrum aller Aktivitäten Managen von Qualität und auch von Innovation steht der Mensch, seine Motive, Wünsche, Ziele, aber auch Ängste, Sorgen und Schmerzen.

4.1 Das PIQ-Modell

Modelle sind vereinfachende Abbilder der Wirklichkeit, wie z. B. ein Modellauto oder das Modell eines Gebäudes. Auch in den unterschiedlichen wissenschaftlichen Fachgebieten sind Modelle etabliert. Modelle ermöglichen, eine textliche um eine visuelle Darstellung zu ergänzen und zu erweitern. Ein weiterer Vorteil besteht darin, dass Ideen mittels einfacher Modelle besser zu vermarkten sind. Der eingängige Name, hier PIQ-Modell, sowie eine ikonische Darstellung begünstigen die Verbreitung von Ideen und ihre Diskussion in der Fachöffentlichkeit. Doch auch die Akte der Vereinfachung und der Visualisierung im Zuge einer Modellerstellung sind wertvoll, bereichern sie doch die fachliche Auseinandersetzung mit den Ideen und helfen, Facetten neu zu sehen und neue Facetten zu sehen.

Allerdings kamen bezüglich des PIQ auch Bedenken im Hinblick auf die Verwendung eines Modells auf:

- Organisationen und ihre Innovations- und Qualitätsmanagementmechanismen sind derart komplex, dass ein einziges Modell nicht alle, nicht einmal alle wichtigen Aspekte anzeigen kann.
- Es gibt andere, nützliche Modelle, die hier gezeigte Zusammenhänge anders, manchmal sogar widersprüchlich aufzeigen.
- Es besteht die Gefahr, das Design des Modells zu sehr auf Effekte und Vermarktung auszurichten.

Fazit ist, dass es niemals ausreicht, sich sehr komplexe Themen anhand nur eines Modells zu erschließen. Der Umgang mit einem Modell muss immer kritisch distanziert erfolgen. Im Kapitel 3 sind viele Theorien dargelegt, die wichtiges Wissen beisteuern, darüber hinaus gibt es noch viel an relevantem weiterem Wissen, das in diesem Buch nicht einmal angerissen ist. Dennoch liegt ein Nutzen darin, sich einige fundamentale Gedanken des Personenzentrierten Innovations- und Qualitätsmanagements mittels eines eigenen Modells näherzubringen und zu veranschaulichen. Das vereinfachte PIQ-Modell ist in Bild 4.1 als Dreieckspyramide, dargestellt, eine Pyramide mit drei- statt viereckigem Grundriss, auch Tetrahedron genannt.

Das PIQ-Modell richtet zuallererst den Blick auf die für Innovation und Qualität und damit auch für das Innovationsmanagement und das Qualitätsmanagement wichtigen vier Fokusthemen sowie weitere zehn Themen, die sich aus der Beziehung jeweils dreier Fokusthemen und jeweils zweier Grundelemente ergeben. Damit stellt es auch im Vergleich zu bisherigen Fokussetzungen im Qualitäts- und Innovationsmanagement andere und zusätzliche Themen in den Fokus oder als wichtig erkannte Themen in neue Zusammenhänge. Weil seine Themen kompliziert und im Zusammenspiel auch komplex sind, mag das Modell selbst kompliziert oder komplex erscheinen. Doch eigentlich ist es vergleichsweise simpel, Bild 4.1 zeigt eine vereinfachte Darstellung.

Die folgenden Abschnitte beschreiben neben den vier Eckpunkten Mensch, Kultur, Struktur und Fachlichkeit auch die vier Seiten und die sechs Kanten des Tetrahedrons und deren Themen. Die Seiten repräsentieren die Beziehung zwischen jeweils drei der vier Themen, die Kanten die zwischen zweien. In einem Tetrahedron ist jede der vier Ecken mit jeder der drei anderen direkt verbunden, anders als z. B. bei einem Quader. Es ist somit der einfachste Weg, im dreidimensionalen Raum jedes von vier Elementen direkt mit jeweils allen anderen drei zu verbinden. Denn auch die vier Fokusthemen, die die Ecken repräsentieren, sind ebenfalls alle miteinander direkt verbunden.

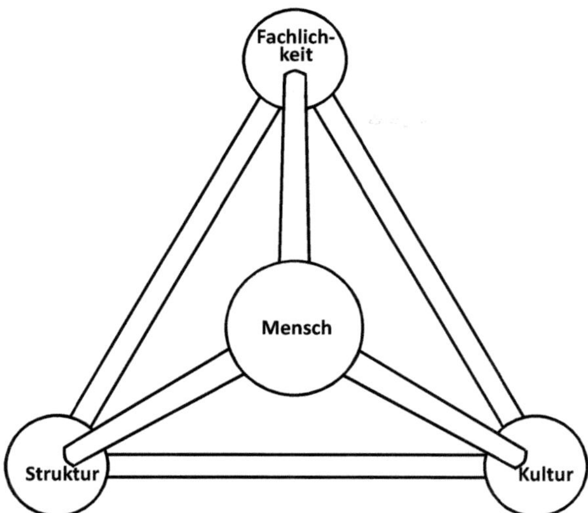

Bild 4.1 Das vereinfachte PIQ-Modell

Namensgebung PIQ

Statt personenzentriert könnte es auch menschenzentriert heißen. Im Deutschen wäre das vielleicht sogar der naheliegende Begriff. Da es aber erstrebenswert ist, das Modell auch international zu diskutieren, zu kritisieren und gegebenenfalls damit zu arbeiten, erfolgte die Wahl des Begriffes Person, um eine englische Übersetzung zu erleichtern. Die Abkürzung PIQ bliebe erhalten, wenn man als englische Übersetzung z. B. People Centered Innovation and Quality Management verwenden würde. Für das M von „menschenzentriert“ gäbe es keinen geeigneten englischen Begriff, der mit diesem Buchstaben beginnt.

4.2 Die vier Eckpunkte des PIQ-Modells

Die vier Eckpunkte benennen die Fokusthemen, die für Innovation und Qualität fundamental wichtig sind:

- Mensch,
- Kultur,
- Struktur,
- Fachlichkeit.

4.2.1 Fokus Mensch

Qualität und Innovation sind von Menschen für Menschen. Ein integriertes Innovations- und Qualitätsmanagement muss menschenzentriert, personenzentriert sein. Dabei gilt es, die Menschen wirklich und nicht nur pro forma in den Fokus zu nehmen. Qualitäts- und Innovationsstreben der Menschen sind eine Ressource, die sich immer wieder selbst generiert, wenn die Bedingungen in der Organisation das nicht verhindern. Leitungen, Führungskräfte und Organisationsentwickler müssen deshalb nicht so viel für die Menschen in der Organisation tun, solange sie darauf hinarbeiten, dass sie selbst und andere nichts gegen sie tun. Menschen, die in ihrer Organisation selbstbewusst und selbstverantwortlich auftreten dürfen, sind leistungsstark, qualitätsbewusst und innovativ und reißen andere dabei mit.

In Phasen des Umbruchs ist es besonders schwer und besonders wichtig, den Fokus Mensch zu behalten. Funktionen und Stellen entfallen, bisher wertgeschätzte Kompetenzen werden nicht mehr benötigt. Daneben entsteht Neues. Es gibt Menschen, die diese Umbrüche herbeisehnen und aktiv betreiben, und die, die sich ängstlich oder wütend dagegen wehren. Insgesamt aber zeichnet die Menschen eine enorme Anpassungs- und Überlebensfähigkeit aus. Die Professionalität und Leistungsfähigkeit von Führung und Organisationsentwicklung lässt sich daran bemessen, wie gut es gelingt, Umbrüche und Übergänge gemeinsam positiv zu gestalten, ohne dass Menschen auf der Strecke bleiben.

Bild 4.2 zeigt den Menschen als Eckpunkt im PIQ-Modell sowie die Themen, an denen er einen Anteil hat.

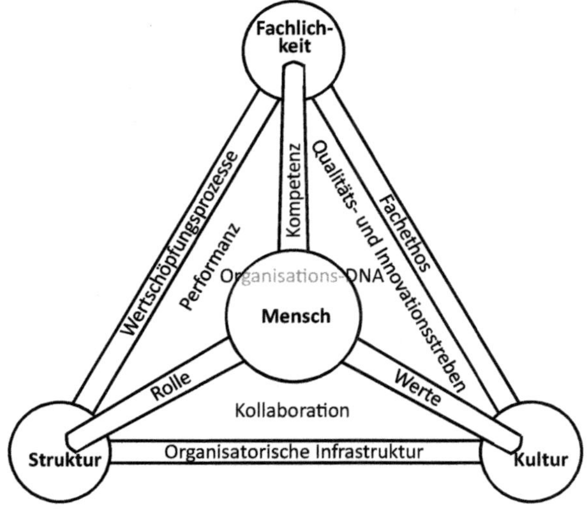

Bild 4.2 Das PIQ-Modell mit Fokus Mensch

Den **Fokus Mensch** nach innen und nach außen setzen heißt:

- um die Bedeutung und Rollen der Menschen als Schaffer und Rezipienten von Qualität und Innovation wissen,
- Bedürfnisse der Menschen in der Organisation und der Menschen, die als Kunden und Konsumenten oder in anderen Stakeholderfunktionen außerhalb relevant sind, in Erfahrung bringen,
- die Dispositionen und Kompetenzen der Menschen in der Organisation kennen und berücksichtigen,
- die Menschen in der Organisation wertschätzen und ihnen Raum und Gelegenheit zur Entfaltung ihres Qualitäts- und Innovationsstrebens verschaffen,
- die Konsumenten und Kunden sowie andere externe Menschen in weiteren Stakeholderfunktionen wertschätzen und ihr Recht auf Qualität anerkennen und unterstützen.

4.2.2 Fokus Kultur

In vielen Unternehmen ist erlebbar, wie wichtig Qualität ist und wie ausgeprägt und verbreitet das Streben nach Innovation ist. Qualitätsbewusstsein und Innovativität erscheinen dort als kulturell angelegt - und genau das sind sie auch. In anderen sind diesbezüglich starke Defizite erkennbar, fehlendes Qualitätsbewusstsein oder eine ungenügende Innovationskultur. Über Appelle gehen viele Führungskräfte dabei nicht hinaus. Das liegt vor allem am Mangel an Vermögen, die Kultur oder einzelne kulturelle Ausprägungen in der Organisation zielgerichtet zu beeinflussen. Viele Führungskräfte, interne Organisationsentwickler und Managementsystemgestalter sowie externe Berater haben wenig Erfahrung damit und wenig Wissen dazu, wie sie die Kultur einer Organisation beeinflussen können. Gerade deshalb liegt im Thema Kultur für viele Organisationen das größte Potenzial, um ihre Qualitäts- und Innovationsfähigkeit zu verbessern.

Bild 4.3 zeigt die Kultur als Eckpunkt im PIQ-Modell sowie die Themen, an denen sie einen Anteil hat.

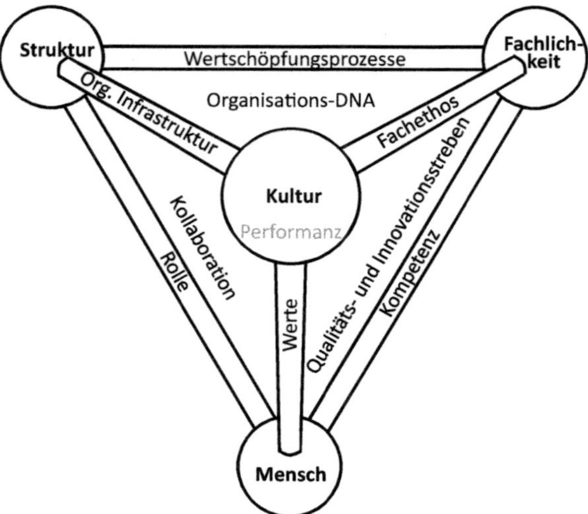

Bild 4.3 Das PIQ-Modell mit Fokus Kultur

Den **Fokus Kultur** setzen heißt:

- um die Bedeutung der Kultur für Qualitäts- und Innovationsfähigkeit wissen,
- sich der Kultur in der eigenen Organisation, ihrer Teil- und Subkulturen bewusst sein und ihre Ausprägungen kennen,
- kulturelle Grundlagen und Entwicklungen der eigenen Organisation bewusst beobachten,
- Organisationsentwicklung derart betreiben, dass ungewollte Effekte auf die Kultur minimiert und gewollte Effekte verstärkt werden können.

4.2.3 Fokus Struktur

Die Struktur der Organisation umfasst viele Grundlagen und Treiber für Qualität und Innovation. Die Rechtsform prägt die Organisation und ermöglicht oder erschwert viele innovations- und qualitätsrelevante Festlegungen und Vorgehensweisen. Die Art der Governance kann maßgeblichen Einfluss auf die Möglichkeit und Geschwindigkeit von Strategiewechsel und Geschäftsmodellinnovationen haben. Weitere relevante Strukturelemente sind die Ausstattung mit Maschinen und Anlagen, mit Software und Datenbanken. Sie sind maßgeblich für das erreichbare Qualitätsniveau. Stellen hohe Kapitalbindung in die bestehende Technik und hohe Investitionsbedarfe bei Anschaffung neuer Technik und Assets ein Hemmnis für Innovationen dar? Viele Aspekte von Struktur sind oft leichter und kurzfristiger veränderbar als Kultur. Doch besonders in großen Organisationen können Strukturen starr sein. Rechtsformen sind zwar in der Theorie, jedoch in der Praxis nicht leicht zu ändern, auch bauliche Infrastruktur ist oft sehr groß angelegt, und Wechsel an neue Standorte und in neue Gebäude sind schwierig und teuer. Auch Aufbau- und Ablauforganisation definieren Rahmenbedingungen für Qualität und Innovation.

Erfolgsentscheidend ist, die einzelnen, unterschiedlich gearteten Strukturelemente nicht isoliert zu betrachten, zu optimieren und zu entwickeln. Vielmehr gilt es, einen ganzheitlichen Blick darauf und darüber hinaus in Richtung Kultur, Fachlichkeit und Mensch zu richten, damit alles ideal ineinandergreifen kann. Ansonsten optimieren Architekten Gebäude, Ingenieure Maschinen und Anlagen, IT-Spezialisten die Softwarearchitektur und mittlere Führungskräfte die Prozesse in ihrem Verantwortungsbereich, ohne dass ein Gesamtoptimum für Leistungs-, Qualitäts- und Innovationsfähigkeit entstehen kann.

Bild 4.4 zeigt die Struktur als Eckpunkt im PIQ-Modell sowie die Themen, an denen sie einen Anteil hat.

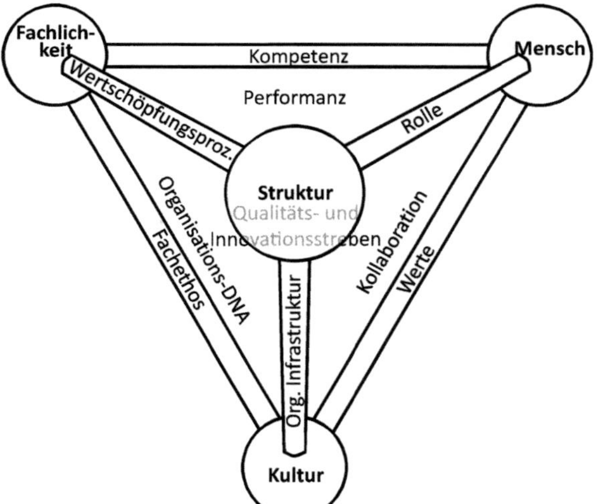

Bild 4.4
Das PIQ-Modell mit Fokus Struktur

Den **Fokus Struktur** setzen heißt:

- um die Bedeutung der Struktur und der unterschiedlichen Strukturelemente für Qualitäts- und Innovationsfähigkeit wissen,
- die Einflüsse der Struktur und der unterschiedlichen Strukturelemente auf die Qualitäts- und Innovationsfähigkeit untersuchen und herausfinden,
- Organisationsentwicklung bezüglich der Struktur derart betreiben, dass ungewollte Effekte auf die Menschen, auf die Kultur und auf die Qualitäts- und Innovationsfähigkeit minimiert und gewollte Effekte maximiert werden.

4.2.4 Fokus Fachlichkeit

Fachlichkeit ist unverzichtbar für Innovation und für Qualität. Jedes Unternehmen pflegt eine oder mehrere Fachlichkeiten, je nachdem, welche Technologien und welche Fachgebiete die Grundlagen für die Produkte oder die Dienstleistungen sind, sowie für deren Entwicklung und Herstellung bzw. für die Leistungserbringung erforderlich sind. Obwohl die eigene Fachlichkeit den Arbeitsalltag der Menschen in einer Organisation dominiert, ist man sich ihrer als eine eigene organisationsgestaltende Entität oft nicht bewusst.

Fachlichkeit, organisationsprägende Fachlichkeit

Fachlichkeit ist die prägende, dominante fachliche Grundlage für einen Beruf, eine berufungebundende Funktion oder ein Aufgabengebiet mit den diesbezüglichen Kompetenzen, Erfahrungen, Traditionen und Positionen.

Eine organisationsprägende Fachlichkeit ist diejenige, die aufgrund der Produkte, Prozesse oder der Branche von zentraler Bedeutung ist in der Organisation.

Anmerkung: Für eine Organisation können je nach Geschäftsmodell und Strategie mehrere Fachlichkeiten relevant sein. ■

Fachlichkeit interagiert stark mit den Menschen und der Kultur einer Organisation, sie hat oft einen kulturprägenden Einfluss. Auch Menschen, deren Qualifikation und Kompetenzen, Funktionen und Rollen nicht innerhalb der Fachlichkeit der Organisation angelegt sind, wachsen mit der Zeit ein Stück weit in die organisationsspezifische Fachlichkeit hinein, lernen immer mehr Fachbegriffe und grundlegendes Wissen der Fachlichkeit. Auch beginnen sie, sich innerhalb der ihnen ja zunächst fernen Fachlichkeit mehr und mehr selbt zugehörig zu fühlen.

Wenn Fachlichkeit so stark mit Kultur und Mensch interagiert, ist es dann gerechtfertigt, dass sie einen eigenen Eckpunkt im PIQ-Modell bildet, oder ist sie dort nicht bereits vollständig subsumiert? Der Vorteil, Fachlichkeit als eigenes Fokusthema neben Mensch und Kultur zu betrachten, liegt darin, sich mit ihrer Stärkung und Entwicklung sowie mit der Qualität der Verzahnung mit den anderen relevanten Grundlagen für Qualität und Innovation bewusst und vertieft zu befassen.

Betreten neuer Lösungsräume

Das Verharren in etablierten Fachlichkeiten kann ein gravierendes Hemmnis für Innovation sein. Jede Fachlichkeit, jedes Fachgebiet, hat ihre etablierten Lösungsräume. Diese zu verlassen und neue Lösungsräume zu betreten, liegt bei vielen Experten außerhalb ihrer Denkroutinen. Wenn dennoch Einzelne oder Teams neue Lösungsräume betreten, kann das auf massive Widerstände stoßen und sogar als Verstoß gegen die eigene Fachlichkeit gewertet werden.

> Das Erschließen neuer Fachlichkeiten kann sinnvoll sein, um Innovationen zu generieren. Es muss erfolgen, wenn für das Unternehmen nach einem Strategie- oder Geschäftsmodellwechsel neue Fachgebiete relevant werden.

Bild 4.5 zeigt die Fachlichkeit als Eckpunkt im PIQ-Modell sowie die Themen, an denen sie einen Anteil hat.

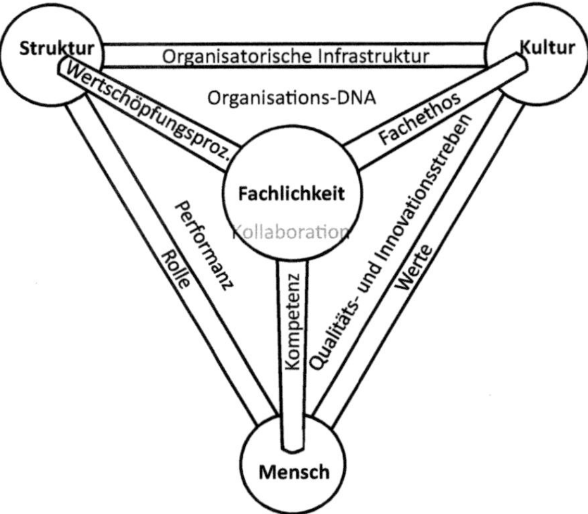

Bild 4.5 Das PIQ-Modell mit Fokus Fachlichkeit

Den **Fokus Fachlichkeit** setzen heißt:

- um die Bedeutung der Fachlichkeit für Qualitäts- und Innovationsfähigkeit wissen,
- die Einflüsse der Fachlichkeit auf die Kultur und auf die Qualitäts- und Innovationsfähigkeit untersuchen und herausfinden,
- die Weiterentwicklung der Fachlichkeit im Zuge von Innovationen vorantreiben,
- die Fachlichkeit selbst und die Kompetenzentwicklung im Rahmen der Fachlichkeit fördern,
- im Kontext der Innovation neue Fachlichkeiten erschließen.

4.3 Die vier Seiten des PIQ-Modells

Die vier Seiten des PIQ-Modells verbinden jeweils drei der vier Themen, die durch die Eckpunkte repräsentiert sind. Alle Themen sind mit allen verbunden. Ein jeweils drei Themen verbindendes Thema zu benennen, verschafft interessante Perspektiven und erweitert und vertieft das Spektrum der qualitäts- und innovationsrelevanten Themen.

4.3.1 Organisations-DNA

Einige grundlegende Konzepte und Dispositionen prägen eine Organisation, machen sie zu einem individuellen Organismus in einer großen Gruppe verwandter Organismen der gleichen Art. Diese biologische Metapher lässt sich noch weiter ausbauen, und so lässt sich sagen, dass jede Organisation ihre eigene individuelle und unverwechselbare DNA hat.

Organisations-DNA

Organisations-DNA umfasst die die Organisation prägenden kulturellen, strukturellen und fachlichen Konzepte und Dispositionen.

Anmerkung: Eine Organisations-DNA ist sehr stabil, aber nicht unveränderlich. Sie kann sich durch sehr starke und häufig wiederholte Umwelteinflüsse und Impulse verändern.

Was ist mit Organisations-DNA gemeint? Die DNA, Abkürzung für das englische Deoxyribonucleic Acid (Desoxyribonukleinsäure), ist der Träger der Erbinformation aller irdischen Lebewesen. Häufig findet die metaphorische Übertragung dieser ursprünglichen Bedeutung auf andere Bereiche statt, so auch auf Organisationen. Nicht nur die Kultur, die der Organisation einen individuellen Charakter gibt, prägt die DNA der Organisation, sondern auch ihre Struktur und ihre Fachlichkeit (Bild 4.6):

- Die **Kultur** und ihre Subkulturen sind starke Manifestationen der Organisations-DNA. Sie ist viel schwieriger veränderlich als die ebenfalls organisationsprägende Struktur, mit der sie stark interagiert. Wobei die Kultur abhängiger und beeinflusster von der Struktur ist, als es umgekehrt der Fall ist.
- Die **Struktur** ist deshalb neben der Kultur ein weiterer Bestandteil der Organisations-DNA, weil ihre Ausprägungen als Rechtsform, Aufbau- und Ablauforganisation, aber auch als technische Ausstattung und als Architektur ihrer Gebäude sehr DNA-prägend sein können. Verein oder Aktiengesellschaft,

180 Jahre alte Backsteingebäude oder moderne Architektur aus Glas, flache oder vielschichtige Hierarchie machen bei ähnlicher kultureller Grunddisposition und gleicher Fachlichkeit große Unterschiede, die sich auch auf Qualitäts- und Innovationsmanagement auswirken können.

- Auch die **Fachlichkeit,** die in vielen Organisation sehr langfristig besteht und erst dann wechselt, wenn die Organisation neuartige Technologien einsetzt, neuartige Produkte anbietet oder auf Basis neuer Geschäftsmodelle oder Strategien neuartige Branchen und Märkte betritt, ist dominant für die DNA.

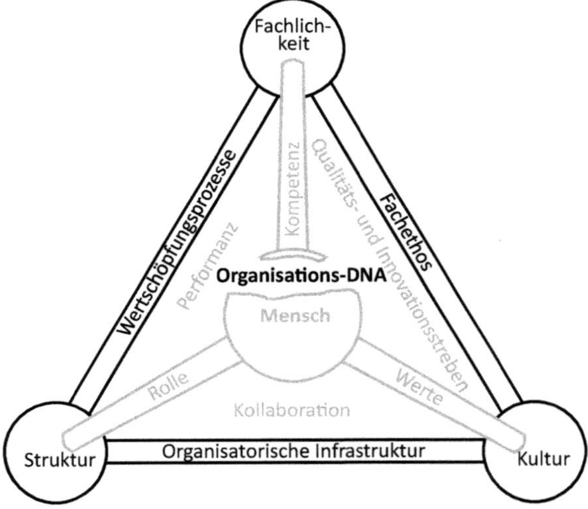

Bild 4.6 Organisations-DNA als Seite im PIQ-Modell

Das Fokusthema Mensch ist hier nicht zugeordnet. Menschen der Organisation sind die Träger der Kultur und der Fachlichkeit sowie Gestalter der Struktur und auch deshalb mit der DNA verbunden, sind selbst als Individuen unverwechselbar. Doch selbst wenn durch natürliche und phasenweise außergewöhnliche Fluktuation Menschen gehen und andere ihren Platz einnehmen, bleibt die DNA erhalten, beginnt sie, die neu hinzugekommenen Menschen der Organisation zu prägen. Menschen, auch einzelne, setzen der Organisation ihren Stempel auf. Dieser Prozess ist meist langwierig und kann auch dazu führen, dass sich die DNA verändert.

Tabelle 4.1 zeigt Aspekte von Organisations-DNA bezogen auf Innovation und Qualität.

Tabelle 4.1 Aspekte von Organisations-DNA bezogen auf Innovation und Qualität

	Innovation	Qualität
Anwendung auf Innovation und Qualität	Welche Veranlagungen hinsichtlich Innovation beinhaltet die Organisations-DNA?	Welche Veranlagungen hinsichtlich Qualität beinhaltet die Organisations-DNA?
Personalauswahl	Wer passt zu unserer und in unsere DNA?	
Positionierung nach innen und außen	Mit welchen Stärken und organisationsbezogenen Eigenschaften und Werten positioniert sich die Organisation bezogen auf Innovation?	Mit welchen Stärken und organisationsbezogenen Eigenschaften und Werten positioniert sich die Organisation bezogen auf Qualität?

4.3.2 Performanz

Eine Organisation will und muss Ergebnisse erzeugen und dafür Leistungen und Leistung erbringen. Die Erbringung spezifischer Leistungen ist die Mission oder Teil der Mission vieler Organisationen. Und gelänge es, ein Maß für die Leistungsfähigkeit einer Organisation zu benennen, wäre dies auch eine fundamentale Messgröße für die Organisationsqualität.

Performanz

Performanz heißt Leistung und auch Leistungsfähigkeit.

Anmerkung: Der Begriff lässt sich auf eine Organisation, Teilorganisation bis hin zum Team oder auf Einzelpersonen beziehen, ebenso auf Prozesse und Systeme der Organisation.

Es gibt Arten von Leistungen, die in vielen Organisationen und immer wieder relevant sind. Das sind z. B. die Menge oder Anzahl des Outputs, die Geschwindigkeit der Produktion oder der Leistungserbringung, die Produktentwicklungsgeschwindigkeit, die Ressourceneffizienz. Aussagen über die Performanz bedürfen der Messung und des Vergleichs. Messbarkeit war von Beginn an ein Schlüsselthema von Qualitätssicherung, und auch die Innovation muss immer wieder messbar aufzeigen, warum sie und wofür sie erforderlich ist. Vergleiche sind Treiber für Qualität (so gut wie) und Innovation (besser als). Unternehmen stehen im Wettbewerb und im Wettbewerb zu bestehen erfordert Performanz. In der Messbarkeit von Leistung und in einem gesunden Wettbewerb liegt eine große Attraktivität für die meisten Menschen. Aus Angst vor Missbrauch und der Stigmatisierung einzelner Mitarbeiter verzichten wir allerdings manchmal auf notwendige und erforderliche Aspekte der Leistungsmessung.

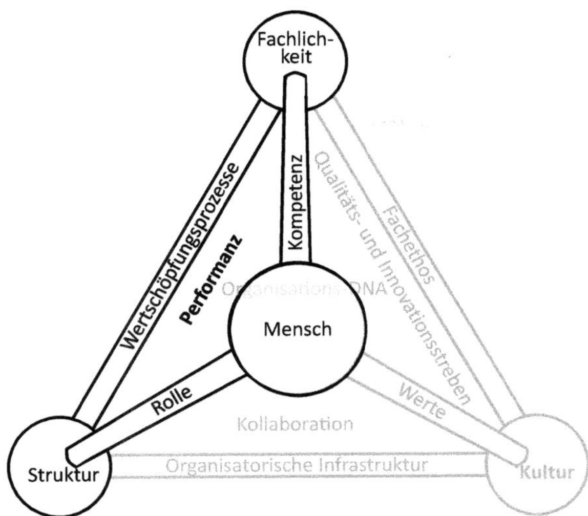

Bild 4.7 Performanz als Seite im PIQ-Modell

Qualitätsmanagement und Qualitätssicherung befassen sich auch intensiv mit der Fehl- oder der Nichtleistung mit dem Ziel, sie und ihre Ursachen zu erkennen, zu verstehen und zu reduzieren.

Bild 4.7 zeigt Performance im PIQ-Modell:

- Der **Mensch** ist Leistungsträger in der Organisation. Menschen definieren, was Leistung ist und welche Leistungsniveaus erforderlich sind. Sie selbst müssen Leistung erbringen, ihre Leistungsfähigkeit aufrechterhalten oder verbessern. Auch dort, wo die Automatisierung und die Autonomisierung voranschreiten, bleiben Menschen auf lange Sicht unverzichtbar.
- Die **Struktur** umfasst viele Leistungstreiber. Dort, wo maschinelle und digitale Infrastruktur ausschlaggebend für die Leistungserbringung ist, ist es in besonderem Maße deren Qualität und Potenzial, die leistungsbestimmend oder leistungslimitierend sind.
- Die **Fachlichkeit** bildet die fachliche und technologische Basis der Performanz. Sie ermöglicht Vergleiche mit dem, was „Stand der Technik" und „Stand des Wissens" ist, sowie die Identifikation von Benchmarks, nicht nur in der eigenen Branche, auch darüber hinaus, was den Einsatz der gleichen Fachlichkeit für andere Produkte, Prozesse und in anderen Branchen angeht.

Kultur ist hier nicht als Eckpunkt hervorgehoben, dennoch gibt es natürlich auch kulturelle Ausprägungen die auf die Performanz wirken. Insbesondere die kollektive Leistungsbereitschaft ist eine Kulturfacette der Organisation.

Tabelle 4.2 zeigt Aspekte von Performanz bezogen auf Innovation und Qualität.

Tabelle 4.2 Aspekte von Performanz bezogen auf Innovation und Qualität

	Innovation	Qualität
Anwendung auf Innovation und Qualität	Performanz des Innovationsmanagements	Performanz der Qualitätssicherung und des Qualitätsmanagements
Performanz des Produkts	Verbesserung der Produktperformanz (gegenüber früheren Produkten)	Qualität der Funktionserfüllung
Performanz der Prozesse	Technologische Innovation Prozessinnovation	Kontinuierliche Prozessverbesserung
Performanz der Organisation (und ihrer Teilorganisationen und Systeme)	Prozessinnovation Systeminnovation Geschäftsmodellinnovation	Kontinuierliche Verbesserung
Leistungsmessung	Messung der Innovationsleistung	Messung der Qualitätsleistung

4.3.3 Kollaboration

Qualität und Innovation entstehen aus dem vernetzten Zusammenarbeiten vieler, also aus der Kollaboration. Nur für einfache Erzeugnisse oder Dienstleistungen mag es möglich sein, dass Einzelne sie unvernetzt erzeugen und erbringen.

Kollaboration

Kollaboration heißt Zusammenarbeit.

Erste Anmerkung: Hier hätte der deutsche Begriff ausgereicht, die Verwendung eines Fremd- und Fachwortes vereinfacht aber, das Besondere und Konzeptionelle der Zusammenarbeit zu betonen und sich mit neuen und anderen Facetten der Zusammenarbeit zu befassen.

Zweite Anmerkung: Mit der Verwendung im Kontext der Digitalisierung, wo eine mit „co" beginnende englische Begriffsgruppe Verbreitung fand (z. B. co-working, co-creation), bekam Kollaboration im Deutschen eine neutrale bis positive Bedeutung für Zusammenarbeit. Zuvor hatte Kollaboration die Bedeutung der Zusammenarbeit mit dem Feind.

Kollaboration ist im PIQ als Beziehung zwischen Mensch, Struktur und Kultur abgebildet (hervorgehoben in Bild 4.8). Fachlichkeit tritt hier in den Hintergrund, obwohl sie auch relevant für Kollaboration ist, jedoch eher als Gegenstand der Kollaboration. Spezifische Fachlichkeit löst auch spezifische Kollaborationsanforderungen aus, die Kultur, Struktur und Mensch erfüllen müssen. Struktur und Kultur hingegen bilden den Rahmen und die Voraussetzungen für Kollaboration, und der

Mensch muss seine Kollaborationsbereitschaft und Kollaborationskompetenz einbringen.

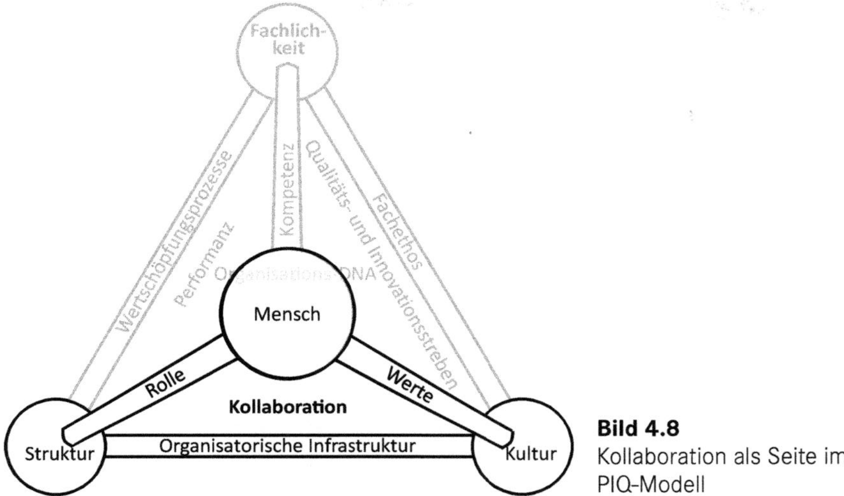

Bild 4.8
Kollaboration als Seite im PIQ-Modell

- Der **Mensch** ermöglicht sich Kollaboration durch Kompetenz und Bereitschaft. Kollaborationskompetenz stützt sich stark auf personale und sozial-kommunikative Kompetenzen, benötigt aber auch fachlich-methodische Kompetenzen, wenn es z. B. darum geht, sich in einem Design-Thinking-Verfahren oder bei einer FMEA einzubringen. Eine Kompetenz ist heute in der Zeit enormer Innovationsgeschwindigkeit besonders gefragt, die Kompetenz, aus dem eigenen, persönlichen (beruflich und privat) Netzwerk hinaus Wissen, Ideen und Unterstützung zur Problemlösung zu generieren.
- Die **Kultur** prägt das Wie der Kollaboration. Sie bestimmt, wie leicht es Mitarbeitern ist, über durch das Organigramm definierte Teamstrukturen hinaus mit anderen in eine fruchtbare Kollaboration zu kommen, wie offen die Kollaboration mit Menschen außerhalb des Unternehmens gestaltet sein darf. Sie bestimmt, wie Führungskräfte sich in Kollaborationssituationen verhalten, ob sie Nichtführungskräften und Teams Raum geben.
- Die **Struktur,** insbesondere die Aufbauorganisation, aber auch die Ablauforganisation, bildet einen organisierten Rahmen für Kollaboration, schafft wichtige Grundlagen für Kommunikation und Kollaboration. Sie definiert Berichtswege, klärt direktive Befugnisse, definiert Teamzusammenstellungen. Auch technische Kommunikations- und Kollaborationsplattformen sind Struktur der Organisation, von der Arbeitsplatz-, Besprechungs- und Gemeinschaftsraumgestaltung bis zur Kommunikationstechnik und auch den digitalen Plattformen und Räumen.

Kollaboration muss auch digital gestützt oder rein digital funktionieren, weil die Kollaborationsnetzwerke in vielen Unternehmen, vor allem aber der Partner und Lieferanten um das Unternehmen herum räumlich meist weit gestreut und oft auch international sind.

Kollaboration ist nicht gleich Teamarbeit

Kollaboration muss in Teams, zwischen Teams, zwischen Einzelnen sowie zwischen all den Genannten erfolgen, im eigenen Unternehmen und oft weit darüber hinaus erfolgen und funktionieren. Nachdem viele Autoren, Trainer und Berater viele Jahre die Teamarbeit als Ideal gepriesen haben, ist in den letzten Jahren mehr und mehr die Erkenntnis gereift, dass Teamarbeit nicht immer die ideale Arbeitsweise sein muss. Auch gilt es, Menschen in die Kollaboration zu integrieren, die wenig teamfähig und teamwillig, aber leistungsfähig und kompetent sind. Kollaboration muss weit über Teamarbeit hinaus konzipiert und umgesetzt werden.

Tabelle 4.3 zeigt Aspekte von Kollaboration bezogen auf Innovation und Qualität.

Tabelle 4.3 Aspekte von Kollaboration bezogen auf Innovation und Qualität

	Innovation	Qualität
Anwendung auf Innovation und Qualität	Innovative Kollaborationsformen	Qualität der Kollaboration
Kollaborationsreichweite	Interdisziplinär, bereichs- und unternehmensübergreifend (im Rahmen des definierten Unternehmensnetzwerks aus formalen Partnern), unternehmensnetzwerkübergreifend (über das formale Netzwerk hinausgehend)	
Kollaborationsfelder	Innovationsprojekte Bedürfnisanalyse Produktinnovation, Produktentwicklung Prozessinnovation, Prozessverbesserung Geschäftsmodellentwicklung Change Management	QM- und QS-Projekte Anforderungsanalyse Fehler-, Fehlerursachen und Problemanalyse Fehlerprävention, Fehlerkorrektur Managementsystementwicklung
Partner	Auswahl von Kollaborationspartnern für Innovation	Auswahl von Lieferanten Lieferantenentwicklung, Lieferantenbewertung

4.3.4 Qualitäts- und Innovationsstreben

Menschen sind die Schaffer von Qualität und Innovation, gleichzeitig auch ihre Rezipienten. Ihr Streben nach Gutem und nach Besserem, nach Neuem und immer wieder Neuem ist der maßgebliche Antrieb für gesellschaftliche, technologische und kulturelle Entwicklung. Dieses Streben ist eine gewaltige Ressource, damit Qualität und Innovation in Unternehmen entstehen können. Führungskräfte, Qualitäts- und Innovationsmanager müssen es in Organisationen nicht künstlich und aufwendig wecken oder schaffen. Allerdings sollten sie diesem Streben eine strategische Richtung geben und es kanalisieren, damit das Kollektiv aller Mitarbeiterinnen und Mitarbeiter im Erzeugen von Qualität und im Innovieren effektiv und dabei möglichst effizient ist.

Ein bedeutenderes Arbeitsfeld für Führungskräfte, Organisationsentwickler und Managementsystemgestalter ist die ungewollte oder sogar gewollte Eindämmung dieses Strebens. Nicht die Stimulation des Strebens, sondern der Abbau von Hemmnissen und Hürden ist in den allermeisten Unternehmen der wichtigste Stellhebel, um Qualität und Innovation voranzubringen.

Qualitätsmanagement bedeutet, das natürliche Streben der Menschen nach dem Guten auszurichten und zu kanalisieren sowie dafür notwendiges Wissen, Kompetenzen und Werkzeuge aufzubauen, bereitzustellen und einzusetzen.

Innovationsmanagement bedeutet, das natürliche Streben der Menschen nach dem Besseren, dem Neuen und Neuartigen auszurichten und zu kanalisieren sowie dafür notwendiges Wissen, Kompetenzen und Werkzeuge aufzubauen, bereitzustellen und einzusetzen.

Beides erfordert mindestens ebenso sehr, Hindernisse, Hemmnisse und Hürden abzubauen, die dieses Streben erschweren, eindämmen oder verhindern.

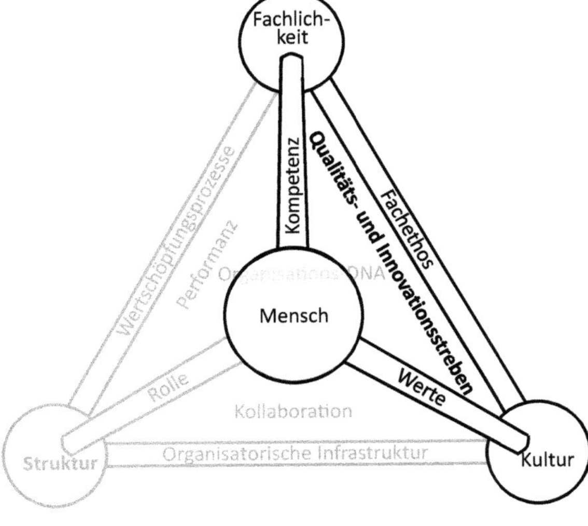

Bild 4.9
Qualitäts- und Innovationsstreben als Seite im PIQ-Modell

Bild 4.9 betont die wichtige Rolle des Qualitäts- und Innovationsstrebens im PIQ-Modell:

- Der **Mensch,** der nach Gutem, Besserem und Mehr strebt, ist die treibende Kraft für Innovation und Qualität. Dieses Streben ist zutiefst menschlich. Es muss nicht geweckt, kann aber verstärkt oder auch eingedämmt werden. Das Streben ist auch eng mit der menschlichen Neugierde verbunden, zu erfahren, was alles geht und was noch geht. Fortschritte in diesem Streben lösen Stolz aus.
- Die **Kultur** umfasst, wie das kollektive Streben der Menschen in der Organisation angelegt ist, in welche gemeinsamen Ambitionen und Werte es mündet. Eine Strategie muss das marktadäquate Maß für Innovation und Qualität festlegen und dabei auch die Ausprägung der Kultur berücksichtigen, denn sie ist ein wesentlicher Faktor dafür, was diesbezüglich möglich ist.
- Die **Fachlichkeit** bildet mit ihren Technologien, ihrem Wissen und ihren typischen Kompetenzen das Fundament für das Qualitäts- und Innovationsstreben. Innerhalb der Fachlichkeit ist angelegt, was als gut und was als besser gilt, Experten der unternehmensprägenden Fachlichkeiten definieren, was „gute und beste Praktiken“ sind, was als heute und zukünftig möglich gilt. Diese Grenzen zu verschieben, noch mehr möglich zu machen, ist Teil des Strebens.

Tabelle 4.4 zeigt Aspekte von Qualitäts- und Innovationsstreben bezogen auf Innovation und Qualität.

Tabelle 4.4 Aspekte von Qualitäts- und Innovationsstreben bezogen auf Innovation und Qualität

	Innovation	Qualität
Anwendung auf Innovation und Qualität	Das Streben für ein innovatives und qualitatives Innovationsmanagement	Das Streben für innovative und qualitative Qualitätssicherung und Qualitätsmanagement
Bewertungsmaßstäbe	Was ist neu, was ist besser?	Was ist gut?
Ambition	Das Streben nach Neuem	Das Streben nach Makellosigkeit und Verbesserung
Ehrlichkeit, Redlichkeit	Echte und keine Scheininnovation vorantreiben	Echte und keine Scheinqualität abliefern Zu Fehlern der Organisation stehen

4.4 Die sechs Kanten des PIQ-Modells

Die Kanten des Modells verbinden jeweils zwei der Fokusthemen. Auf diese Weise kommen weitere relevante Themen ins Spiel.

4.4.1 Organisatorische Infrastruktur

Die Verbindung von Struktur und Kultur lässt sich als organisatorische Infrastruktur sehen (Bild 4.10). Struktur dort zuzuordnen ist weitgehend unstrittig. Dabei ist noch einmal zu beachten, welche Bestandteile das PIQ zur Struktur zählt, das sind neben der Rechtsform auch Aufbau- und Ablauforganisation, wobei Gebäude, Betriebsmittel sowie auch Kultur als infrastrukturelle Komponente zu definieren und zu betrachten hingegen überraschend und auch tendenziell diskussionsbedürftiger ist. Der Vorteil liegt darin, auf diese Weise die Kultur konkreter als aktivierbares Potenzial und weniger als unveränderliche Rahmenbedingung zu behandeln. Kultur lässt sich durch Veränderungen der Struktur beeinflussen, oder anders herum gesehen führen bestimmte und starke Veränderungen an der Struktur zu Reaktionen aufseiten der Kultur.

Je bewusster und reflektierter Führungskräfte, Organisationsentwickler und Managementsystemgestalter das Zusammenspiel von Kultur und Struktur betrachten, analysieren, konzipieren und gestalten, desto weitreichendere gewollte Effekte können sie erzielen und desto besser gelingt es ihnen, ungewollte schädliche Effekte zu erkennen und zu reduzieren.

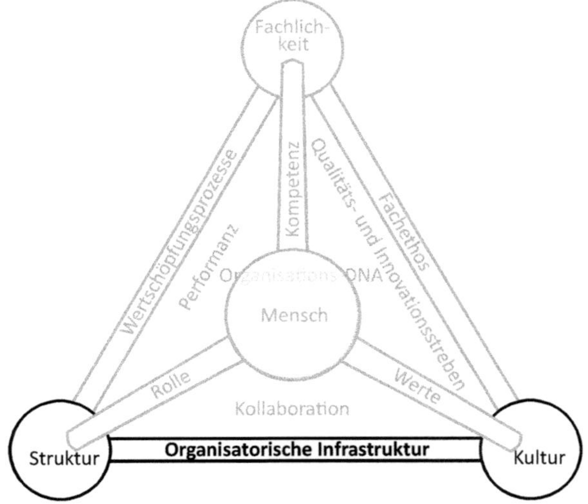

Bild 4.10 Organisatorische Infrastruktur als Kante im PIQ-Modell

- Die **Kultur** lässt sich als infrastrukturelle Komponente betrachten, die mehrere und unterschiedliche Bestandteile hat. Das sind regionale, fachliche, berufsgruppenspezifische und entlang anderer relevanter kultureller Keimzellen gebildete Subkulturen, aber auch themenbezogene Subkulturen, wie Fehler-, Führungs-, Innovationskultur. Sie lässt sich kaum direkt beeinflussen, die Stellhebel zur Veränderung der Kultur liegen aufseiten des Formalsystems der Kultur und damit der Struktur.
- Die **Struktur** ist neben der Kultur, mit der sie eng verwoben ist, die leichter gestaltbare infrastrukturelle Komponente. Die Struktur ist auch die schneller veränderliche Komponente.

Tabelle 4.5 zeigt Aspekte von organisatorischer Infrastruktur bezogen auf Innovation und Qualität.

Tabelle 4.5 Aspekte von organisatorischer Infrastruktur bezogen auf Innovation und Qualität

	Innovation	Qualität
Anwendung auf Innovation und Qualität	Ausrichtung der organisatorischen Infrastruktur auf Innovation und Qualität sowie auf ein Personenzentriertes Innovations- und Qualitätsmanagement	
Architektur, Innenarchitektur	Innovationsförderliche Gebäude- und Raumgestaltung, Kreativräume	Berücksichtigung qualitätsförderlicher räumlicher Arbeitsbedingungen (Beleuchtung, Transparenz ...)
Betriebsmittel	Mittel für Kreativarbeit und Prototyping	Qualität der Betriebsmittel
Aufbauorganisation	Geeignete Anbindung/Abgrenzung der Kreativbereiche, Anbindung und Aufbau von Innovationsabteilungen	Lückenlose Klärung der Verantwortung für Qualität, Anbindung und Aufbau von Qualitätsabteilungen
Ablauforganisation	Definition des Innovationsprozesses	Berücksichtigung interner Quality Gates und interner Kunden-Lieferanten-Verhältnisse
Managementsystem	Gestaltung eines integrierten Managementsystems Verknüpfung von zu Recht sehr agilen mit zu Recht wenig agilen Bereichen im Managementsystem	

4.4.2 Wertschöpfungsprozesse

Die Wertschöpfungsprozesse haben eine herausragende Bedeutung, weil sie die eigentliche Funktion und Mission der Organisation vollziehen helfen. Andere Arten von Prozessen dienen der Durchführbarkeit und Unterstützung dieser Wertschöpfungsprozesse. Dementsprechend sollten sie auch besondere Beachtung und eine besondere Stellung in der Organisation erhalten. Hier sind sie als Verbindung von Struktur und Fachlichkeit im PIQ-Modell dargestellt (Bild 4.11). Menschen sind als Prozesseigner und Ausführende in die Wertschöpfungsprozesse eingebunden.

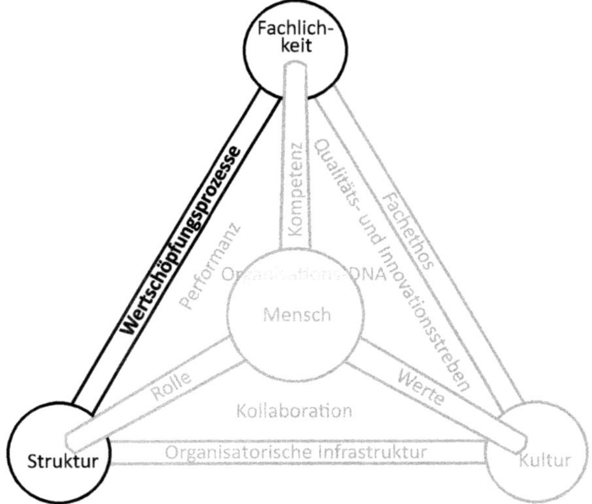

Bild 4.11 Wertschöpfungsprozesse als Kante im PIQ-Modell

- Die **Struktur** beinhaltet auch die Ablauforganisation, anders gesagt die Prozessorganisation, und ist deshalb ein für die Wertschöpfungsprozesse und ihr Ökosystem relevantes Fokusthema. Auch die Ausstattung der Prozesse mit Ressourcen ist dort angesiedelt. Die Struktur umfasst auch die Infrastruktur an Hard- und Software, die für die Prozesse gebraucht wird.
- Die **Fachlichkeit** bietet einen Rahmen für die Wertschöpfungsprozesse, zudem umfasst sie typischerweise beste Prozesspraktiken, gestützt auf das Wissen, wie man „das" idealerweise macht. Das umfasst auch typische Methoden und Werkzeuge.

Tabelle 4.6 zeigt Aspekte von Wertschöpfungsprozessen bezogen auf Innovation und Qualität.

Tabelle 4.6 Aspekte von Wertschöpfungsprozessen bezogen auf Innovation und Qualität

	Innovation	Qualität
Anwendung auf Innovation und Qualität	Innovieren als Wertschöpfungsprozess Realisierung von Geschäftsmodell- und Produktinnovationen durch bestehende und neuartige Wertschöpfungsprozesse	Realisierung der Produktqualität durch Wertschöpfungsprozesse
Integration in die Wertschöpfung	Innovations- und Entwicklungsprozess als Teil des Produktentstehungsprozesses Prozessinnovation zur Verbesserung und Neugestaltung des Wertschöpfungsprozesses Geschäftsmodellinnovation als Grundlage für neue Wertschöpfungsprozesse	Integration der Qualitätssicherung in die Wertschöpfungsprozesse Gestaltung eines Qualitätssicherungsprozesses als unterstützender Prozess

4.4.3 Fachethos

Fachethos ist eine Facette von Arbeitsethos. Viele Menschen einer Organisation sind in den sie prägenden Fachgebieten ausgebildet, Ingenieure beim Maschinenbauer, Ärzte und Pflegekräfte im Krankenhaus, Logistiker in Speditionen, Juristen in einer Kanzlei, Chemiker beim Pigmenthersteller. Um die Fachlichkeit herum unterstützen viele weitere Fachgebiete, wie das Personalwesen, der Einkauf, die IT, das Controlling. Und auch das Qualitätsmanagement oder Kreativlabore. Bei einem Start-up, das einen Bot für Kanzleien anbieten will, der Aktenrecherche betreibt, wird es einen Unterschied machen, ob es von fünf IT-affinen Juristen gegründet wird, die eine Fachfrau für künstliche Intelligenz hinzuziehen, oder von fünf Experten für KI, die eine Juristin hinzuziehen. Idealerweise werden beide Fachlichkeiten prägend, und das Fachethos der Juristen verbindet sich mit dem Fachethos der Techniker zu einem unternehmensspezifischen Geist.

Im Zuge der hohen Veränderungsdynamik und der Innovationen, die neue Produkte und Geschäftsmodelle begründen, lösen sich berufliche Zuordnungen und Zugehörigkeiten immer weiter auf und es entstehen Fachlichkeiten und ein Fachethos, die weniger stark beruflich oder berufsständisch fundiert sind (Bild 4.12).

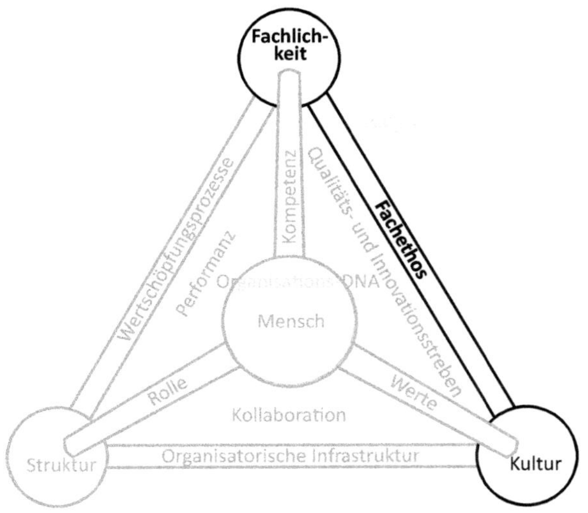

Bild 4.12
Fachethos als Kante im PIQ-Modell

- Die **Kultur** beinhaltet auch eine Fachkultur bezogen auf die die Aktivitäten der Organisation prägenden Fachlichkeiten. Sind mehrere Fachlichkeiten relevant, entstehen ein Konglomerat und eine Mischkultur verschiedener Subkulturen, die mindestens eine friedliche, idealerweise eine einander wertschätzende und bestärkende Koexistenz pflegen. Fachliche Werte sind eine Teilmenge der kulturellen Werte der Organisation.
- Die **Fachlichkeit** oder die mehreren Fachlichkeiten einer Organisation sind kultur- und darüber hinaus organisationsprägend. Sie sind Grundlage für ein Fachethos, das bis zu einem gewissen Grad auch organisationsunabhängig in Berufs- oder Funktionsgruppen (z. B. Projektmanager) existiert.

Tabelle 4.7 zeigt Aspekte von Fachethos bezogen auf Innovation und Qualität.

Tabelle 4.7 Aspekte von Fachethos bezogen auf Innovation und Qualität

	Innovation	Qualität
Anwendung auf Innovation und Qualität	Erfindungsgeist als Aspekt des eigenen Fachethos	Ein fachethisches Verständnis von Produktqualität, Prozessqualität und bester Praktiken
Qualitätsbewusstsein	Konsens, was sich innerhalb und außerhalb (Innovation!) des bisherigen Fachethos befindet	Wirkt an der Definition mit, was Qualität ist und was nicht
Durchbrechen von Barrieren	Durchbrechen des Fachethos („das tut man nicht als …"), um neue Lösungsräume zu betreten	Durchbrechen des Fachethos („das tut man nicht als …"), um abweichende Qualitätsniveaus (z. B. MVP) zu handhaben

4.4.4 Kompetenz

Zwei Ebenen von Kompetenz sind relevant, Kompetenzen der Organisation als besondere Fähigkeiten der Organisation als Ganzes sowie Kompetenzen ihrer einzelnen Mitglieder, die Fähigkeiten der Menschen. Prägend für die organisatorische wie auch die individuelle Kompetenz ist die Fachlichkeit. Sowohl die prägende Fachlichkeit als auch der Mensch selbst mit seiner Disposition, seinen Erfahrungen und Qualifikationen sind maßgeblich für Kompetenz in der Organisation (Bild 4.13).

Kompetenzen, die Fähigkeiten, Aufgaben zu erledigen und Probleme zu lösen, sind menschengebunden. Auch dort, wo Maschinen Aufgaben übernehmen und künstliche Intelligenz an der Problemlösung mitwirkt, sind es Menschen, die die Aufgaben definieren, die Maschinen dafür vorbereiten, einrichten und einsetzen, die die Arten der Probleme definieren, auf die sie intelligente Bots ansetzen.

In Phasen intensiver Veränderung, darunter auch Technologieänderung, steigt das Erfordernis, Kompetenzen zu erweitern und sich neue Kompetenzen anzueignen. Gleichzeitig werden bisherige Kompetenzen unwichtiger oder obsolet (Gliederung entsprechend dem KODE-Modell [Erpenbeck 2007]).

- Personale Kompetenz (P): Fähigkeit, sich selbst gegenüber klug und kritisch zu sein, produktive Einstellungen, Werthaltungen und Ideale zu entwickeln.
- Aktivitäts- und Handlungskompetenz (A): Fähigkeit, alles Wissen und Können, alle Ergebnisse sozialer Kommunikation, alle persönlichen Werte und Ideale auch wirklich willensstark und aktiv umsetzen zu können.
- Fachlich-methodische Kompetenz (F): Fähigkeit, mit fachlichem und methodischem Wissen gut ausgerüstet, schier unlösbare Probleme schöpferisch zu bewältigen.
- Sozial-kommunikative Kompetenz (S): Fähigkeit, sich aus eigenem Antrieb mit anderen zusammen- und auseinanderzusetzen. Kreativ zu kooperieren und zu kommunizieren.

Für viele Produkte und Unternehmen ist auch relevant, wie kompetent ihre Kunden oder Vertreter anderer Stakeholdergruppen sind, Qualität zu erkennen und zu bewerten. Es kann notwendig sein, deren „Qualitätskompetenz“ zielgerichtet zu entwickeln. Denn nicht alle können die hohe Qualität eines Anbieters erkennen und dementsprechend wertschätzen und ihre Kaufentscheidung danach ausrichten. Auch viele Kunden haben nicht die Kompetenz, minderwertige Qualität von Produkten zu erkennen. Das ist dann nachteilig für ein Unternehmen, das hohe Qualität bietet, die Kunden aber nicht zwischen dessen hoher und der niedrigen Qualität der Wettbewerber unterscheiden können.

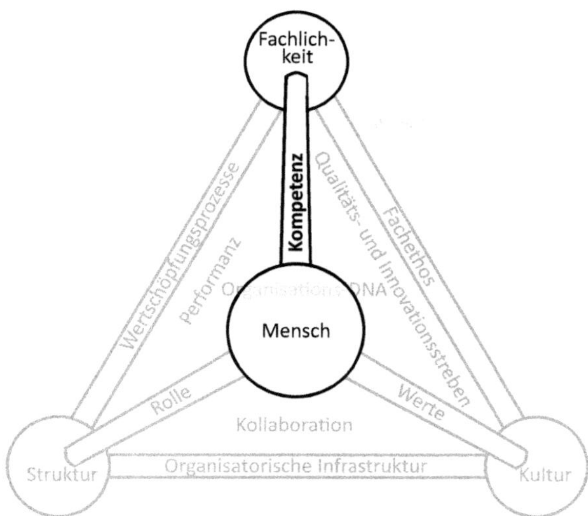

Bild 4.13 Kompetenz als Kante im PIQ-Modell

- Der **Mensch** ist Kompetenzträger. Auswahl nach Kompetenzen und Kompetenzentwicklung sind die beiden Wege, die erforderliche Kompetenz in der Organisation zu erreichen. Es gibt drei Kompetenzebenen: individuelle Kompetenzen, Teamkompetenzen und Organisationskompetenzen.
- Die **Fachlichkeit** bildet eine Basis für insbesondere die fachlich-methodischen Kompetenzen. Dabei kommen nicht nur die organisationsprägenden Fachlichkeiten der Wertschöpfungsprozesse zum Tragen, sondern viele weitere Fachlichkeiten, z. B. in den unterstützenden und Führungsprozessen.

Tabelle 4.8 zeigt Aspekte von Kompetenz bezogen auf Innovation und Qualität.

Tabelle 4.8 Aspekte von Kompetenz bezogen auf Innovation und Qualität

	Innovation	Qualität
Anwendung auf Innovation und Qualität	Kompetenzen für das Innovieren und für das Innovationsmanagement	Kompetenzen für die Qualitätssicherung und das Qualitätsmanagement
Kompetenzen Externer	Kompetenz der Kunden und Nutzer, Innovationen zu erkennen und zu nutzen	Kompetenz der Kunden und Nutzer, Qualität zu erkennen und zu bewerten

4.4.5 Werte

Werte zu haben und zu leben bleibt ein menschliches Privileg, auch in der fortschreitenden Autonomisierung. Roboter und Bots haben keine eigenen Werte. Der Versuch des Naturwissenschaftlers und Science-Fiction-Autors Isaac Asimov, „Robotergesetze“ [Asimov 1942] aufzustellen, auf deren Grundlage sich Roboter moralisch verhalten müssen, ist eine menschliche Intervention in die Technik, die aus sich selbst heraus weder Bewusstsein noch Moral hat und weit davon entfernt ist, jemals für sich selbst Werte zu formulieren. Erlebbare Werte und postulierte Werte klaffen häufig auseinander. Der Qualitätsmanager und spätere Berater Jochen Muskalla sagte: „Als Werte listen Unternehmen auf, was sie am meisten vermissen.“ Immerhin entsteht so ein Zielbild, das Menschen in Unternehmen anstreben können.

Verhalten ändert sich allerdings nicht durch das Commitment auf Werte, sondern durch konkrete Veränderungen an der Struktur, den Regeln und am Personal. Wenn daraufhin nahezu alle Führungskräfte und Mitarbeiter bei Werteverstößen sofort und jeweils angemessen reagieren, mehr noch, intervenieren, kann sich Kultur verändern.

Sowohl die Innovation als auch die Qualität stoßen immer wieder an moralische Grenzen. Ist eine Neuerung wertvoll für den Kunden oder eine „Scheininnovation“? Ist das Qualität oder „Scheinqualität“? Welchen echten Nutzen haben die Kunden dadurch? Dürfen wir so viele nicht erneuerbare Ressourcen einsetzen?

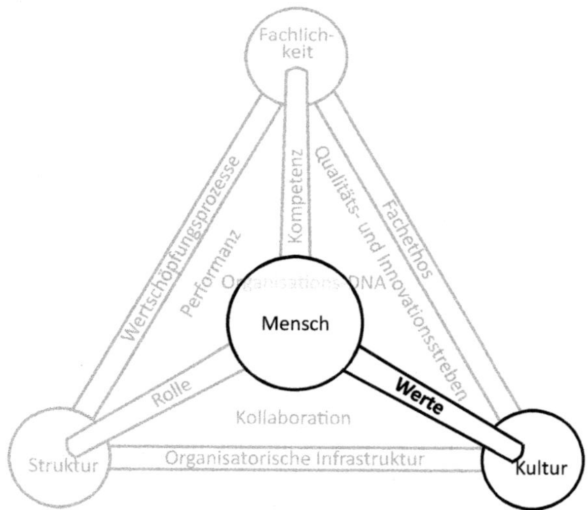

Bild 4.14 Werte als Kante im PIQ-Modell

Die Themen (Kanten) Fachethos und Werte haben einen engen Bezug (Bild 4.14):

- Der **Mensch** ist Träger der Werte, die Menschen in der Organisation entscheiden miteinander, welche Werte sie dort leben wollen und leben. Menschen außerhalb der Organisation blicken auf die Werte der Organisationen, mit denen sie Beziehungen haben. Auch sie versuchen, darauf Einfluss zu nehmen. Die Ausprägung der Werte und der Grad, in dem sie gelebt werden, zahlen direkt auf die Themen Qualität und Innovation ein.
- Werte sind ein prägendes Element der **Kultur,** und die in ihr angelegten Verhaltenskodizes bilden die Grundlage für das konkrete Ausleben der Werte. Dabei können sich postulierte und gelebte Werte unterscheiden, auch sehr gravierend. Deshalb ist der Blick auf die reale Kultur wichtiger als der Blick in die schriftlich ausformulierten Unternehmenswerte.

Tabelle 4.9 zeigt Aspekte von Werte bezogen auf Innovation und Qualität.

Tabelle 4.9 Aspekte von Werte bezogen auf Innovation und Qualität

	Innovation	Qualität
Anwendung auf Innovation und Qualität	Werte, die uns innovativ machen Werte, die maßgeblich für die Art und Ausgestaltung unserer Innovationsergebnisse (Geschäftsmodelle, Produkte) sind	Werte, die uns anhalten, Qualität zu schaffen
Werte prägen Teilkulturen	Innovationskultur	Fehlerkultur, Qualitätskultur

4.4.6 Rolle

Mehr noch als Stellen und Funktionen sind es die Rollen, die maßgeblich dafür sind, wie Menschen in Organisationen agieren und welche Wirksamkeit sie haben (Bild 4.15). Die Klärung der Rollen in der Organisation ist der Schlüssel für das gelingende Zusammenspiel mehrerer oder sogar vieler Menschen, die deren Mission gemeinsam verfolgen. Bisher lag der Fokus auf Stellen und Funktionen, doch damit ist die Organisation bei Weitem nicht so gut zu optimieren wie mit dem Fokus auf die Rollen der Menschen. In Organisationen, die sich stark verändern, müssen Rollen immer wieder neu geklärt und oft genug auch ausgehandelt werden. Wenn jeder seine Rolle und deren Bedeutung kennt, ist ein optimales Zusammenspiel möglich. Die Funktion hingegen ist häufig die Entsprechung des Silos für einen Einzelnen. Sie ist oft viel zu starr angelegt, wird auch typischerweise nicht miteinander ausgehandelt, sondern vor Stellenbesetzung konzipiert.

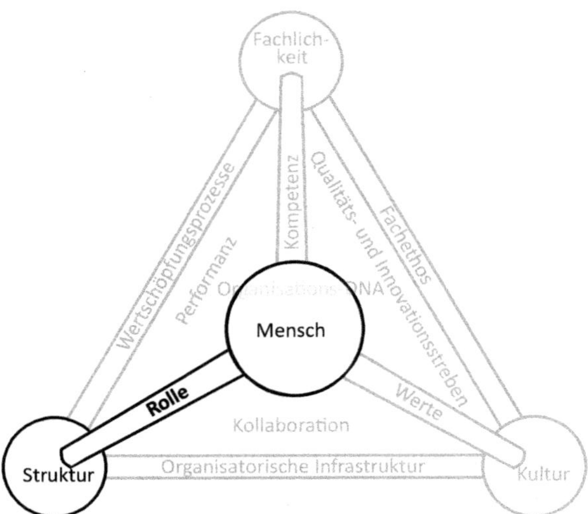

Bild 4.15 Rolle als Kante im PIQ-Modell

- Der **Mensch** ist derjenige, der Rollen ausfüllt. Er ist es gewohnt, mehrere Rollen gleichzeitig innezuhaben, so ist es allein schon im Privatleben und wird durch das Arbeitsleben noch erweitert. Deshalb kann er auch gut zwischen seinen verschiedenen Rollen differenzieren. Davon profitieren Organisationen, denn meistens müssen Menschen in ihnen verschiedene Rollen einnehmen.
- Die **Struktur** gibt den Rahmen für die Anlage von Rollen sowie auch parallel dazu für Funktionen und Stellen. Ein stärkerer Fokus auf Rollen ermöglicht stärker agile und hierarchieärmere Aufbau- und Ablauforganisationen.

Tabelle 4.10 zeigt Aspekte von Rolle bezogen auf Innovation und Qualität.

Tabelle 4.10 Aspekte von Rolle bezogen auf Innovation und Qualität

	Innovation	Qualität
Anwendung auf Innovation und Qualität	Rollen im Innovationsmanagement und beim Innovieren	Rollen in der und bei der Qualitätssicherung und im Qualitätsmanagement
Prozess der Rollenklärung	Welche neuen (innovativen) Rollen braucht die Organisation?	Qualität der Rollenklärung und der Ausgestaltung der Rollen in der Organisation

5 Redesign zum Personenzentrierten Innovations- und Qualitätsmanagement

Schlüsselerkenntnisse aus Kapitel 2 sind die enge verwandtschaftliche Beziehung zwischen Qualität und Innovation sowie der Bedeutungszuwachs der Innovation. Daraus leitet sich die Notwendigkeit ab, Innovation und Qualität und in deren Folge Innovationsmanagement und Qualitätsmanagement enger miteinander zu verbinden, sie integriert anzugehen.

Kapitel 3 bringt relevante Wissensgebiete und relevantes Wissen ins Spiel. Kapitel 4 zeigt die vier maßgeblichen Fokusthemen für ein Personenzentriertes Innovations- und Qualitätsmanagement.

Kapitel 5 soll Handlungsfelder aufzeigen, mit deren Hilfe eine Organisation von einem klassischen Qualitätsmanagementverständnis und -system zu einem integrierten Innovations- und Qualitätsmanagementverständnis und -system kommt. Dies erfordert in vielen Organisationen ein Redesign betroffener Prozesse, des Managementsystems und auch der Aufbauorganisation.

Als Handlungsfelder werden hier die Felder verstanden, auf denen die Stoßrichtungen für eine Weiterentwicklung des Qualitäts- und des Innovationsmanagements zu finden sind. In jeder Organisation gibt es je nach Situation und je nach strategischer Zielrichtung ein unterschiedliches Portfolio von Handlungsfeldern, das einzelne oder mehrere der hier im Folgenden beschriebenen und weitere hier nicht genannte Handlungsfelder umfasst. Diese Handlungsfelder sind:

- der **Auf- und Ausbau des Innovationsmanagements,**
- die Kooperation von Qualitäts- und Innovationsmanagement und ihre **Integration** in das eine Managementsystem,
- die aktive, dauerhafte, professionelle Mitwirkung beider an der **Organisationsentwicklung,**
- die **Differenzierung zwischen Qualitätsmanagement und Qualitätssicherung,**
- das **agile Qualitätsmanagement,**
- die **Deformalisierung,**

- die **Digitalisierung der Qualitätssicherung,**
- die **Integration der Qualitätssicherung in die Wertschöpfung,**
- die **kollektive Qualitätssicherung des Liefernetzes.**

Die Reihenfolge ist bewusst gewählt und beginnt mit dem Auf- und Ausbau des Innovationsmanagements, war es doch eine grundlegende Erkenntnis in Kapitel 2, dass die heutige Innovationsdynamik von den allermeisten Organisationen verlangt, selbst viel innovativer werden zu müssen. Dann folgen mit Integration und Organisationsentwicklung zwei Themen, die Innovations- und Qualitätsmanagement miteinander verbinden. Erst dann kommen Themen, die eher das Qualitätsmanagement und dann die Qualitätssicherung betreffen, obwohl auch zu ihnen immer Aspekte der Innovation Berücksichtigung finden. Diese QS- und QM-lastigen Themen werden mit der Forderung und Beschreibung der Notwendigkeit und Ausgestaltung der Differenzierung zwischen Qualitätsmanagement und Qualitätssicherung eingeleitet.

Für das Qualitätsmanagement und für das Innovationsmanagement stellt sich notwendige Transformationsprozess unterschiedlich dar, weil sie von unterschiedlichen Positionen, Historien und Voraussetzungen ausgehend starten. Bild 5.1 zeigt die Handlungsfelder und ihre Verbindungen im Überblick.

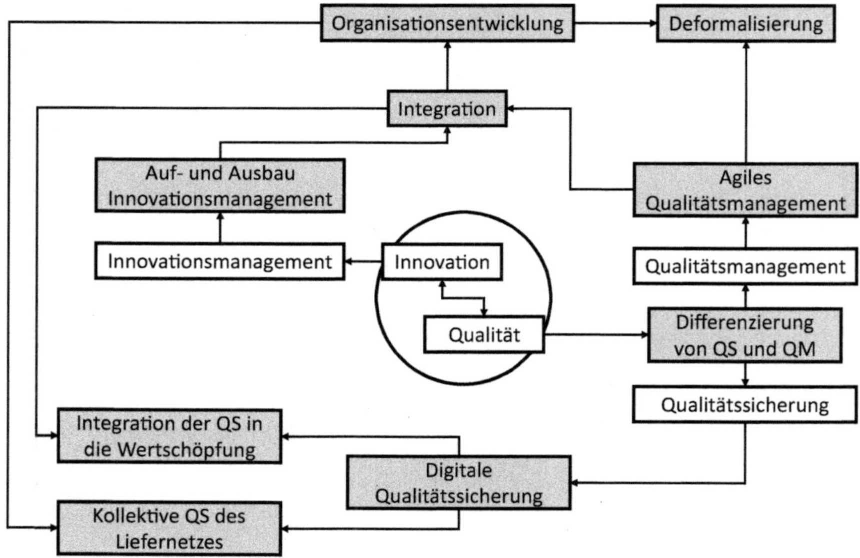

Bild 5.1 Handlungsfelder für das Redesign zum PIQ

5.1 Auf- und Ausbau des Innovationsmanagements

Nicht jede Organisation generiert proaktiv Produkt-, Prozess- und Geschäftsmodellinnovationen. So gibt es Unternehmen, die eine Innovationsfolgerstrategie umsetzen und demgemäß nicht selbst innovieren, sondern Innovationen anderer aufgreifen und adaptieren. Es gibt Unternehmen ohne eigene Produktentwicklung, die einen geringeren Innovationsbedarf haben als die mit eigener Entwicklung. Es gibt Arten von Organisationen, wie Behörden, die nicht selbst für Produkt- und Prozessinnovation zuständig sind. Für sehr viele Organisationen steigt der Innovationsdruck und höhere Innovationsleistungen werden überlebenswichtig, sodass davon auszugehen ist, dass

- Organisationen, die bisher nicht selbst innoviert haben, **beginnen** müssen, **selbst zu innovieren,**
- Organisationen, die bisher mit einem geringen Innovationsgrad auskamen, ihren **Innovationsgrad deutlich steigern** müssen,
- Organisationen, die bereits einen hohen Innovationsgrad haben, **ihr Innovationsmanagement weiterentwickeln** müssen.

Dort, wo es Organisationsbereiche und Prozesse für Produktentwicklung gibt, leisten sie Produktinnovation. Daraus resultieren oft auch produktbezogene Prozessinnovationen, wie neue Fertigungsprozesse, oft gestützt auf neue Fertigungstechnologien. Die Entwicklung von Dienstleistungen ist bereits Prozessentwicklung und damit auch immer wieder Prozessinnovation. Innovationsmanagement geht aber über klassische Produktentwicklung weit hinaus.

Das Innovationsmanagement im Unterschied zur klassischen Entwicklung

- unterliegt nicht so engen Anforderungsschranken,
- erschließt und betritt immer wieder neue Lösungsräume, ist mehr disruptiv und weniger kontinuierlich,
- ist stärker involviert, auch produktferne Prozesse zu innovieren,
- leistet Geschäftsmodellinnovation,
- kann anfangs ungerichtet sein, d.h. neue Felder betreten, die zunächst und vielleicht auch nicht an bisherige Entwicklungsfelder anschließen und
- hat deshalb intensivere und breiter angelegte Kreativitätsphasen,
- ist interdisziplinärer.

Von einem klassischen Produktentwicklungsansatz mit seinen etablierten Methoden und Meilensteinen zu einem modernen Innovationsansatz zu gelangen, kann eine tiefgreifende Veränderungsinitiative und groß angelegte Veränderungsprojekte erfordern, die stark in Struktur und Kultur der Organisation eindringen und sie erheblich verändern müssen. Das gilt insbesondere dann, wenn der Entwicklungsprozess ein typischer Slowwareentwicklungsprozess ist. Slowware sind Hardwareprodukte oder hybride Produkte aus Hard- und Software, die ausentwickelt und ausgereift an Kunden übergeben werden, Quickware sind Softwareprodukte oder hybride Produkte, die „anentwickelt" und unreif übergeben und am und mit dem Kunden weiterentwickelt und gereift werden. Ein typischer Slowwareentwicklungsprozess ist der in Branchenregelwerken geforderte APQP-Prozess der Automobilindustrie.

APQP heißt Advanced Product Quality Planning und beschreibt Anforderungen an den Produktentstehungsprozess bzw. an Produktentwicklungsprojekte. Die Anforderungen sind derart, dass Unternehmen, die zu APQP verpflichtet sind, ihren Entwicklungsprozess darauf ausrichten müssen.

Viele der Anforderungen aus dem APQP können als typische Anforderungen an klassische Entwicklungsprozesse gelten, denen dazu verpflichtet oder freiwillig viele Slowwareentwickler folgen. ■

Deutlich anders gestaltet sich die Situation bei Quickwareentwicklern, die zu einem hohen Anteil agilen Entwicklungskonzepten, wie z. B. Scrum, folgen. Sie sind geprägt durch im Vergleich viel frühzeitigere und häufigere und intensivere Kundeneinbindung. Und sie sind tendenziell kreativer und ihre Lösungsräume größer, was aber auch daran liegt, dass klassische Prozesse, wie APQP zeigt, durch mehr und rigorosere Prozess-, Projekt- und auch Produktanforderungen eingeengt werden. Agile Entwicklungsansätze sind daher meist näher an einem modernen Innovationsmanagementansatz als die klassischen. Sie sind auch meistens interdisziplinärer, es ist dort eher üblich, ein Team aus Menschen mit unterschiedlichen Qualifikationen aufzustellen, wohingegen klassische Entwicklungsabteilungen oft durch Menschen aus einem Fachgebiet dominiert sind.

Die größte Herausforderung liegt darin, Innovation und Innovationsmanagement breit und ganzheitlich in Kultur und Struktur zu verankern. Das bedeutet, sie nicht gebündelt in einen Funktionsbereich anzusiedeln. Durch diese Eingrenzung entstünde nur ein weiteres Silo. Es kann und darf einen Funktionsbereich Innovation geben, kann und darf es eine Innovationsmanagerin geben. Dieser Bereich muss aber in besonderer Weise durchlässig und hochgradig sein und in alle oder viele Bereiche des Unternehmens ohne Hürden wirken können und umgekehrt offen für deren Mitwirkung und Beiträge sein. Die Kreativ- und Umsetzungsphase des Innovationsprozesses unterscheiden sich signifikant, sind aber auch nicht durch einen klaren Übergang voneinander getrennt, sondern die Phase der Kreation geht nach und nach in die Phase der Umsetzung über. Die Umsetzungsphase ist gut kompatibel zu anderen Prozessen im Unternehmen, ist bei der Produktinnovation Teil des Produktentstehungs- und somit des Wertschöpfungsprozesses. Der gegenseitige Schutz der Kreativbereiche vor den Wertschöpfungsbereichen und umgekehrt führt allerdings oft in die räumliche oder organisatorische Auslagerung, was infolge davon häufig Innovation erschwert oder verhindert. Diese Bereiche und Prozesse zu integrieren ist deshalb eine besondere Herausforderung, gelingt dies jedoch, ist das ein Schlüsselerfolgsfaktor für die Innovationsfähigkeit und Innovativität des Unternehmens.

Der Auf- oder Ausbau des Innovationsmanagements erfordert:

- eine klare strategische Richtung und einen strategischen Rahmen für das Innovieren vorgeben,
- grundlegende strategische Konzepte für Innovation entwickeln),
- einen oder mehrere miteinander verbundene Prozesse, darunter Kreativ- und Umsetzungsprozesse, für Innovationen designen,
- Nahtstellen mit anderen Prozessen definieren und gestalten,
- Infrastrukturen schaffen und Ressourcen bereitstellen,
- die Entwicklung der Innovationskultur begleiten.

Das Qualitätsmanagement kann, wenn es und das Innovationsmanagement selbst die enge Kooperation suchen und pflegen, deren Auf- und Ausbau unterstützen und erheblich voranbringen. Es kann aber auch erhebliche Hürden aufbauen, indem es die Besonderheit von Innovationsprozessen und besonders die Andersartigkeit von Kreativprozessen nicht berücksichtigt und zulässt. Beim hier allerdings angestrebten Personenzentrierten Innovations- und Qualitätsmanagement sollte jedoch eine enge Kooperation erfolgen.

Tabelle 5.1 stellt den Bezug zum PIQ dar.

Tabelle 5.1 Bezug des Auf- und Ausbaus des Innovationsmanagements zum PIQ

PIQ-Fokusthema	Konkreter Bezug
Mensch	Alle Menschen und ihre Rechte ernst nehmen. Einen humanen Umgang mit Innovationen und Widerstand gegen Innovation pflegen. Die Bedürfnisse, Träume und Motive sowie auch die Grenzen, Schmerzpunkte und Ängste der Menschen in der Organisation und im Ökosystem der Organisation allezeit im Blick haben, sie ernst nehmen und darauf im Innovationsmanagement und mit den Innovationen angemessen eingehen. Mögliche negative Folgen von Innovationen berücksichtigen, sie möglichst verringern und damit umgehen.
Kultur	Eine Innovationskultur etablieren, dabei auch Innovationssubkulturen schaffen, solange sie den anderen Subkulturen nicht opponierend gegenüberstehen, sondern eine friedliche Koexistenz besteht.

Tabelle 5.1 Bezug des Auf- und Ausbaus des Innovationsmanagements zum PIQ *(Fortsetzung)*

PIQ-Fokusthema	Konkreter Bezug
Struktur	Aufbau- und Ablauforganisation so gestalten, dass die Innovationsprozesse, -rollen und -funktionen geklärt und gut verzahnt mit den anderen Prozessen, Rollen und Funktionen sind. Alle erforderlichen Ressourcen für die Innovation bereitstellen und bei Material und Räumen die Möglichkeiten kreativitäts- und innovationsförderlicher Gestaltung nutzen.
Fachlichkeit	Sich der relevanten Fachlichkeiten bewusst sein und für die Innovation bewusst neuen Fachlichkeiten Raum geben, um Innovations- und Lösungsräume zu vergrößern und zu erweitern und neue Lösungsräume zu erschließen.

5.2 Integration

Das klassische Qualitätsmanagement und das Innovationsmanagement sind kaum miteinander verbunden, obwohl dies so sinnvoll und erstrebenswert wäre. Das Qualitätsmanagement bezog sich in seinem Selbstverständnis immer auch auf das Innovationsmanagement, so wie es schlüssig postulierte, sich auf alles in der Organisation zu beziehen. Was noch längst nicht bedeutet, dass es auch überall „Einlass“ und Akzeptanz erhielt oder Wirksamkeit entwickelte. Insbesondere Kreativabteilungen haben sich heftig gegen Einflüsse eines formalen und formalisierenden Qualitätsmanagements gewehrt, weil es mit wenig formalisierten Kreativprozessen nicht angemessen umgegangen war.

Das Qualitätsmanagement war Stabilitätsmanagement von Bestehendem. Das kann und muss sich ändern, weil die Innovation und mit ihr die Veränderung eine immer größere Bedeutung gewinnt und weil Innovationsmanagement immer mehr Raum in der Organisation und in ihrem Managementsystem erhalten muss. Und weil Qualität und Innovation einer starken Verbindung bedürfen.

Ein Ansatz, Qualitäts- und Innovationsmanagement miteinander zu verbinden, ist der der Managementsystemintegration:

- Zum einen die Integration von Qualitäts- und Innovationsmanagement, zunächst beginnend mit einer besseren **Kooperation von Innovations- und Qualitätsmanagement.**
- Und dann darüber hinausgehend die Integration eines kooperierenden Innovations- und Qualitätsmanagements mit anderen Teilmanagementsystemen zu einem **integrierten Managementsystem.**

Weitere Integrationsthemen sind:

- die integrierte **Wirksamkeits- und Konformitätsprüfung,**
- die **Integration der Qualitätssicherung in die Wertschöpfung** sowie
- die **Integration von kontinuierlicher Verbesserung und Ideation in die Wertschöpfung.**

Tabelle 5.2 stellt den Bezug zum PIQ dar.

Tabelle 5.2 Bezug der Integration zum PIQ

PIQ-Fokusthema	Konkreter Bezug
Mensch	Integration verhindert Ausgrenzung von Menschen und ermöglicht Organisationen, strategisch verzahnter, operativ effizienter und auch menschlich harmonischer zu agieren. Zwar gibt es auch eine menschliche Neigung zu Abgrenzung, die auch in Ausgrenzung münden kann. Doch Organisationen brauchen Menschen, die die Kooperation und nicht die Abgrenzung leben, und ihre Führungskräfte und Organisationsentwickler haben Möglichkeiten, ab- und ausgrenzendes Verhalten zu verringern, integratives zu fördern.
Kultur	Kooperationsbereitschaft und -fähigkeit, integratives, integrierendes Handeln der Menschen in der Organisation ist dann besonders ausgeprägt, wenn es in der Kultur verankert ist, zur Organisations-DNA gehört, wenn es sich auf diesbezügliche gemeinsame Werte stützt.
Struktur	Der Grad der Integration unterschiedlicher Themen, Bereiche, Prozesse ist besonders durch Gestaltung der Struktur beeinflussbar und wirkt sich dadurch auch bis in die Kultur der Organisation aus. Starke und tiefe Hierarchien und ausgeprägte Bereichsgrenzen erschweren hohe Kooperations- und Integrationsgrade.
Fachlichkeit	Fachlichkeit und das Vorhandensein unterschiedlicher Fachlichkeiten in der Organisation können integrationshemmend sein, weil Fachcommunitys auch Neigungen zur Ausgrenzung entwickeln. Fachliche Grenzen niedrig zu halten, Interdisziplinarität und womöglich auch Multifachlichkeit zu fördern, kann integrationsförderlich wirken.

5.2.1 Kooperation von Innovations- und Qualitätsmanagement

Im PIQ, dem Personenzentrierten Innovations- und Qualitätsmanagement, ist die bessere Kooperation sowie dann darüber hinaus stärkere Integration der beiden Managementdisziplinen ein grundlegendes Konzept.

Eine erste Integrationsstufe aus Sicht des Qualitäts- und des Innovationsmanagements besteht in ihrer besseren Kooperation. Die zweite liegt in der Integration mit Corporate Governance, Compliance Management, Personalentwicklung und allen weiteren, für das konkrete Unternehmen strategisch wichtigen Themen und

Managementfeldern. Weder bei der Kooperation noch bei der weitergehenden Integration geht es darum, die zunächst zwei und dann weitere Themen in eine Hand zu geben, dort sind sie schon, und zwar bei der Obersten Leitung der Organisation. Es geht darum, sie im Führungskreis und unterstützt durch ihre Spezialisten, wie Innovationsmanager, Qualitätsmanager, Compliance Officer und andere, integriert zu gestalten. Das heißt, gemeinsam darauf hinzuarbeiten, dass ein an Dysfunktionalitäten und Widersprüchen armes Gesamtsystem, dass ein integriertes Managementsystem entsteht.

Kooperation von Innovations- und Qualitätsmanagement kann konkret bedeuten:

- einen oder mehrere Innovationsprozesse zu designen und für diese Prozesse
    - alle Qualitätsmanagementaspekte zu klären,
        - relevante externe System- und Prozessanforderungen zu identifizieren,
        - spezifische eigene System- und Prozessanforderungen zu formulieren,
    - die Qualitätssicherung des Innovationsprozesses zu gewährleisten,
        - Qualitätsmerkmale von Prototypen zu definieren,
        - Qualitätssicherung für entstehende Innovationen zu konzipieren und durchzuführen,
- den Geschäftsmodellinnovationsprozess zu designen und für diesen Prozess alle Qualitätsmanagementaspekte zu klären (vergleiche Produktinnovationsprozess),
- Innovationsmanager dauerhaft an der Organisationsentwicklung zu beteiligen, und da Qualitätsmanager (sowie andere Funktionen) auch Organisationsentwicklung betreiben müssen, dies gemeinsam, abgestimmt und konzertiert zu tun,
    - gemeinsam Managementsystemgestaltung zu betreiben,
        - das Managementsystem so zu gestalten, dass für Innovationsprozesse geeignete spezielle Lösungen entstehen,
        - für neue Prozesse und sonstige Veränderungen aufgrund von Innovationen das Managementsystem anzupassen oder neu zu gestalten,
    - gemeinsam geeignete Strukturen zu schaffen,
    - gemeinsam die Kultur weiterzuentwickeln und ihre Subkulturen aufeinander abzustimmen,
        - die Innovationskultur,
        - die Qualitäts- und die Fehlerkultur,
- gemeinsam Produkt- und Prozessanforderungen sowie Kundenbedürfnisse zu analysieren und gemeinsam daraus Schlüsse zu ziehen,
- dem Qualitätsmanagement und der Qualitätssicherung helfen, sich zu innovieren.

Innovationsprozesse, insbesondere die Teilprozesse der Kreativphasen der Innovation, haben deutlich andere Erfordernisse als andere Arten von Prozessen. Deswegen kann es sein, dass für die Innovationsprozesse auch einige Regeln, die für andere Prozesse gelten, abgewandelt werden oder dass andere Regeln gelten. Auch können dort andere Führungskonzepte und Organisationsformen eingeführt werden.

Wichtig ist, dass das Managementsystem eine funktionierende Integration dieser Prozesse und der Bereiche, in denen sie angesiedelt sind, ermöglicht, was bedeutet, in unterschiedlichen Bereichen unterschiedliche Konzepte zu fahren. Der Ansatz des dualen Betriebssystems [Kotter 2015], der gut organisierten Gleichzeitigkeit von agiler Netzwerkorganisation und hierarchischer Prozessorganisation kann dafür eine konzeptionelle Grundlage sein.

Es gilt allen Mitarbeitern zu erklären und Verständnis dafür zu verankern, warum sich die Bereiche und die Managementsystemregeln unterscheiden. ■

Für eine gelingende Kooperation maßgeblich ist ein konstruktiver Umgang der beteiligten Menschen mit den Unterschieden der Subkulturen und den so unterschiedlichen typischen Dispositionen, Sozialisationen und Persönlichkeiten beider Fachgebiete erforderlich. Bisher waren es diese Unterschiede, die oft in selbst gewählte Abgrenzung mündeten. Die Unterschiedlichkeit darf und wird auch wohl erhalten bleiben. Dringend erforderlich sind jedoch ein Respekt und die Wertschätzung für die jeweilige Andersartigkeit, verbunden mit einer Offenheit und Bereitschaft dafür, Perspektiven zu wechseln und aus der Unterschiedlichkeit von Positionen und Bewertungen konstruktive Kraft, neue Ideen zu ziehen und auch zur Synthese zu kommen. Der Dreiklang aus These, Antithese und einer aus dieser Spannung möglicherweise erwachsenden Synthese, als Erkenntnis von etwas Neuem und damit auch neue Lösungsräume öffnend, ist einer der bedeutendsten Treiber für Innovation und Problemlösung.

Kooperation im Alltag

Kooperation äußert sich am besten darin und entwickelt sich schnell weiter, wenn es im Arbeitsalltag viele Begegnungen, viel Kommunikation und viel gemeinsames Agieren gibt. Häufige Jours fixes, auch unangekündigte Kontaktaufnahmen von Innovations- und Qualitätsmanagern, gemeinsame Projekte begründen und fördern die Kooperation. ■

Doch die Kooperation ist nur der erste Schritt. Darüber hinausgehend brauchen viele Organisationen einen integrierten Ansatz für Innovations- und Qualitätsmanagement. Und diese Integration besteht nicht allein in einer neuen Kombination zweier Themen, sondern muss sich in ein integriertes Gesamtsystem einfügen.

5.2.2 Integriertes Management

Das Innovationsmanagement hat das Thema Integration bisher nicht so intensiv und nicht auf Basis eines Ansatzes von Managementsystemgestaltung adressiert, wie es das Qualitätsmanagement getan hat, obwohl Innovationsmanager wissen, dass Innovation ganzheitlich und integriert betrieben werden muss, und genau dies auch anstreben. Das Qualitätsmanagement hingegen hat inzwischen eine mindestens 30 Jahre alte Integrationshistorie, bezieht man die TQM-Bewegung ein, ist sie sogar viel älter.

Das typische Verständnis, das das Qualitätsmanagement von Integration, genauer gesagt von Managementsystemintegration heute hat, ist die Integration von Qualitäts-, Umwelt- und Arbeitssicherheitsmanagement. Seit den 1990er-Jahren befasst sich das Qualitätsmanagement damit. Allerdings sind die Integrationsbestrebungen des Qualitätsmanagements und anderer „Themenmanagements“ Ergebnis der Entwicklung, dass deren Teilsystemgestaltungen die Desintegration überhaupt erst begünstigt haben. Was einerseits ein Fokussieren auf wichtige Themen wie Qualität, Umweltverträglichkeit, Arbeitsschutz oder Innovation ist, bedeutete andererseits ihre Separation und Isolierung.

Die bisherige Integrationsdebatte des Qualitätsmanagements geht einher mit seiner Vorstellung von der Koexistenz mehrerer im Grunde unabhängiger Teilmanagementsysteme. Herrschte die Vorstellung eines einzigen Managementsystems vor, hätte eine andere Integrationsdebatte geführt werden müssen. Dann hätte jedes neue oder neu in den Fokus genommene Managementsystemthema sofort ins bestehende Managementsystem integriert werden müssen und nicht so ein starkes Eigenleben entfaltet, wie dies meistens der Fall war.

Die in den 1990er-Jahren bereits abebbende TQM-Bewegung hätte die damals intensiv geführte klassische Integrationsdebatte überflüssig machen müssen, denn „Total“ hätte die anderen Integrationsfelder ebenfalls umfassen können. Dennoch ist bis heute das klassische Integrationsverständnis vorherrschend, wurde aber um weitere Themenfelder wie Energie- oder Datenschutzmanagement erweitert. Der Beschluss der International Organization for Standardization (ISO), allen Managementsystemnormen die gleiche „High Level Structure“, eine einheitliche Gliederung zu geben, hat diese Entwicklung begünstigt und führt zu einem erweiterten integrierten Management (Bild 5.2). Seit einigen Jahren wächst die Zahl der „Leiter/innen Integriertes Managementsystem“. Das sind häufig vormalige Leiter oder Leiterinnen Qualitätsmanagement, vereinzelt auch des Umwelt- oder Arbeitssicherheitsmanagements. Mittlerweile kommen Themen wie Informationssicherheitsmanagement, Energiemanagement hinzu.

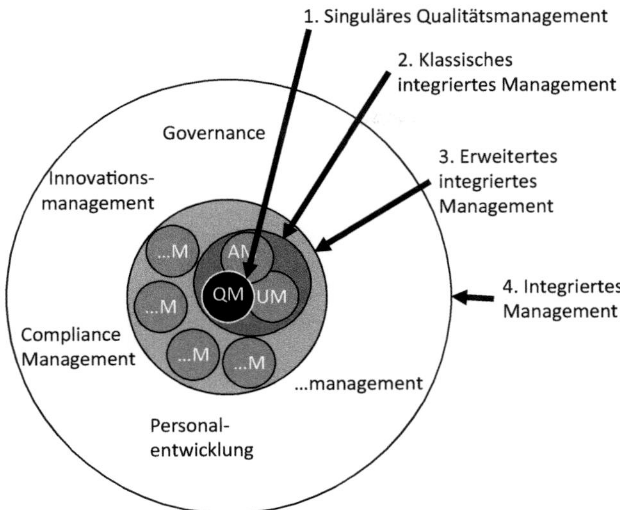

Bild 5.2 Ausbaustufen des integrierten Managements

Der Grad der Integration des Innovations- oder des Qualitätsmanagements oder jedes beliebigen anderen Managementsystemthemas lässt sich nicht an der Vielzahl der Themen bemessen, „mit denen es integriert“ wurde oder deren Beauftragtenfunktionen in einer Hand liegen. Vielmehr ist es der Grad der Integration themenbezogener Ziele in die Zielpyramide des Unternehmens. Sind sie nicht isolierbare Bestandteile der einen Zielpyramide und damit in Verantwortung aller Führungskräfte und nicht eines Innovations-, eines Qualitäts- oder eines XY-Managers, ist das jeweilige Thema integriert.

Bilden die themenbezogenen Ziele jedoch ein eigenes Pyramidchen neben der großen Pyramide mit den „eigentlichen“ Geschäftszielen, oft Finanz- und Umsatzziele, und gelten als Ziele des Innovations- oder des Qualitätsmanagers, ist das Thema tendenziell schwach integriert, siehe Bild 5.3. Das gilt selbst dann, wenn sich jedes themenbezogene Ziel von einem Unternehmensziel ableitet. Was hier am Beispiel der Qualitäts- und Innovationsziele aufgezeigt ist, gilt grundsätzlich auch für andere Zielarten, wie Umweltziele, Energiesparziele, Arbeitssicherheitsziele und viele mehr.

Der Begriff Integration findet in unterschiedlichen Kontexten Anwendung. Im Kontext des Unternehmens und bezogen auf Themen und Teilmanagementsysteme bedeutet er, vernetzte Strategien und verwobene Konzepte zu entwickeln, um sowohl das eine als auch das andere Thema aufeinander abgestimmt umzusetzen. Idealerweise sind alle Themen und alle Teilmanagementsysteme zu einem integrierten Gesamtsystem miteinander verbunden. Welche Themen im Unternehmen kurz-, mittel- oder sogar langfristig wichtiger als andere sind, muss die Strategie sagen.

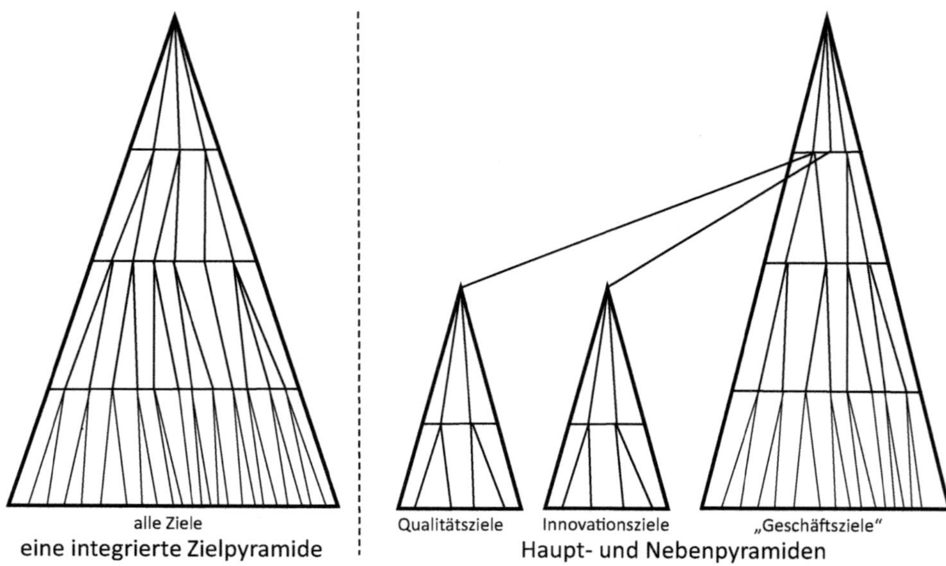

Bild 5.3 Unterschiedliche Grade der Integration von Zielen

Echte Integration darf nicht ein Thema in den Vordergrund stellen, sondern den Integrationsgrad an sich. Es gibt demnach auch kein anderes integrierendes Masterthema oder von einem anderen integriertes Subthema.

In diesem Zusammenhang gilt es auch, die Systemanalyse zum Zwecke der Wirksamkeitsüberprüfung und Konformität mit den verpflichtenden Anforderungen, in Form von Audits, Interner Revision und Wirtschaftsprüfung, integriert anzugehen.

Integration ist die Eingliederung in ein größeres Ganzes. Bezogen auf die Themen Qualität und Innovation und die Teilmanagementsysteme Innovationsmanagement und Qualitätsmanagement gibt es die folgenden Integrationsnotwendigkeiten und Ebenen:

- Integration auf strategischer Ebene (eine Innovations- und Qualitätsstrategie statt eine Innovationsstrategie plus eine Qualitätsstrategie)
- Integrierte strategische Analysen (ein gemeinsamer Blick auf und Bewertung von Lage, Paradigmenwechsel, Herausforderungen, Stärken, Schwächen statt unterschiedliche Blicke und unterschiedliche Bewertungen)
- Integrierte strategische Konzepte (Innovations- und Qualitätskonzepte, die einander verstärken oder zumindest einander nicht konterkarieren statt individuelle Konzepte, die nicht kompatibel sind)
- Gemeinsame strategische Roadmaps (eine gemeinsame Technologieroadmap statt eine für Innovationen und eine für Qualität)
- Integration auf Managementsystemebene (ein integriertes Innovations- und Qualitätsmanagementsystem, besser noch ein integriertes Managementsystem

statt ein Qualitätsmanagementsystem, ein Innovationsmanagementsystem und weitere Managementsysteme)

- Konzeption eines integrierten Managementsystems (gemeinsam erstelltes Gesamtkonzept statt einzeln erstellte Teilkonzepte)
- Integrative Unternehmenssteuerung (eine integrative Gesamtsteuerung des Unternehmens statt Teilsteuersysteme)
- Integrierte Zielsysteme (eine integrierte Zielpyramide statt einzelne Pyramidchen)
- Integrierte Systemanalyse und Systemwirksamkeits- und -konformitätsprüfung (eine gemeinsam erstellte Systemanalyse und gemeinsam durchgeführte Prüfungen statt Einzelanalysen und themenspezifische Prüfungen der Wirksamkeit und Konformität)
- Integration auf der operativen Ebene (Zusammenarbeit und integrierte Themenbearbeitung in Projekten und Prozessen statt sequenzielle oder parallele Themenbearbeitung und getrennte Projekte oder Prozesse)

Die Integration muss über die von Innovations- und Qualitätsmanagement hinausgehen. Die genannten Punkte sind auch dann relevant, wenn weitere Integrationsthemen hinzukommen, Compliance, Umweltmanagement, Datensicherheit etc.

Der Begriff *integrative Unternehmenssteuerung* führte der gemeinsame Fachkreis QM & Controlling der Deutschen Gesellschaft für Qualität und des Internationalen Controllervereins ein, um das Konzept einer alle relevanten Stellgrößen für die Ergebnisse eines Unternehmens umfassenden Steuerung zu bezeichnen und zu beschreiben [Ahlrichs et al. 2019]. Ausgangspunkt dafür waren Begriff und Inhalte des „Integrated Reporting".

Der ICV äußert sich zum Integrated Reporting wie folgt [ICV 2020]:

„Während die Nachhaltigkeitsberichterstattung, etwa nach den Standards der Global Reporting Initiative (GRI), ausgewogen auf ökonomische, ökologische und gesellschaftliche Faktoren der unternehmerischen Tätigkeit eingeht, strebt das sog. Integrated Reporting die Verknüpfung der Finanz- mit der Nachhaltigkeitsberichterstattung an. Als Orientierungsrahmen hat das International Integrated Reporting Council (IIRC *http://www.theiirc.org*) im Dezember 2013 ein Rahmenkonzept für das Integrated Reporting verabschiedet *(http://www.theiirc.org/international-ir-framework/)*. Charakteristisches Element ist dessen prinzipienbasierter Ansatz. Folglich enthält dieser keine detaillierte Auflistung konkreter Berichterstattungselemente. Idee ist vielmehr, den Unternehmen einen einheitlichen Rahmen für die Erstellung eines integrierten Berichts vorzugeben, der dann individuell auszugestalten ist. Bei der öffentlichen Resonanz und der breiten Einbindung weiterer Standardsetter ist zu erwarten, dass dieser Berichtsrahmen bei den berichtenden Gesellschaften und Adressaten eine hohe Akzeptanz erfahren wird. Anfang 2020 wurde eine Überarbeitung des Rahmenkonzepts vom IIRC angestoßen."

Eine Schlüsselrolle für gelingende Integration hat das Compliance- oder Anforderungsmanagement. Das Management von Anforderungen (englisch requirements) für Produkte, Prozesse, das Managementsystem und die Organisation ist eine prägende Aufgabe des Qualitätsmanagements. Allerdings sind mit dem Compliance Management Parallelstrukturen entstanden, die zu Dopplungen und Unterschiedlichkeiten führen, wo dringend ein Konzept aus einem Guss erforderlich wäre. Das ist umso wichtiger, je komplexer die Anforderungslage ist.

Anforderungsmanagement und Compliance Management sind begrifflich redundant. Eine strikte Trennung zwischen unterschiedlichen Aspekten des Anforderungsmanagements, z. B. den Anforderungen der ISO 9001 an das Qualitätsmanagementsystem und den gesetzlichen Anforderungen an die Governance (Unternehmenssteuerung), ist historisch gewachsen, aber nicht zwingend. Es muss ein stimmiges Managementsystem entstehen, das die Einhaltung aller relevanten Anforderungen ermöglicht.

Eine weitere Redundanz besteht zum Internen Kontrollsystem (IKS), einer Domäne der Compliance Officer und auch der Internen Revision. Ein IKS ist ein Regelsystem zur Steuerung und Kontrolle im Unternehmen. Es soll für Compliance sorgen und Schäden abwehren. ■

Compliance

Compliance ist Regeltreue.

Anmerkung: Ein synonymer Begriff für Regeltreue ist Regelkonformität. ■

Die Regierungskommission Deutscher Corporate Governance Kodex nennt ein System zur Einhaltung der Anforderungen und Regeln und zur Vermeidung von Regelverstößen Compliance Management System.

Dass sich das Anforderungsmanagement der Qualitätssicherung sowie des Qualitätsmanagements und das des Compliance Managements unabhängig voneinander entwickelten, hängt mit unterschiedlichen Anforderungen an die Fachlichkeit der Experten zusammen. Anforderungen, die man dem Qualitätsmanagement zugeordnet hat, betreffen Produkte, produktnahe Prozesse und das Qualitätsmanagementsystem. Viele relevante Anforderungen stammen von den Nutzern und Käufern der Produkte, weitere entstammen zum großen Teil Normen, Branchenstandards und Verträgen. Anforderungen, die man dem Compliance Management zuordnet, betreffen die Governance und beziehen sich überwiegend auf gesetzliche sowie vertragliche Pflichten.

Überwiegend ist es so, dass Experten der unternehmensprägenden Fachlichkeit (je nach Organisation Ingenieure, Mediziner, Bankkaufleute etc.) sich um die dem Qualitätsmanagement und der Qualitätssicherung zugeordneten Anforderungen kümmerten und Juristen um die der Compliance. Diese unterschiedlichen Berufsgruppen folgen aber unterschiedlichen Logiken, Prämissen und Paradigmen, wodurch auch die von ihnen gestalteten Managementregeln und Managementsysteme große konzeptionelle Unterschiede aufweisen. So kann z. B. der Umgang mit Risiken unterschiedlich sein. Juristen vermeiden Risiken rigoros und sichern die Organisation in alle Richtungen ab. Das kann zu dysfunktionalen Regeln und Regelsystemen führen und damit zur Überformalisierung. Andere Professionen sind es gewohnt, mehr Risiken einzugehen und flexiblere Regeln und Regelsysteme aufzustellen.

Juristische Risiken bilden eines der bedeutendsten Risikofelder für Unternehmen, vor allem aber persönlich für Führungskräfte, Spezialisten und „Beauftragte". Vielen von ihnen fehlt die juristische Kompetenz, die Risiken zu erkennen und angemessen zu managen. Das wird zunehmend zu einem Problem, dessen sich die Risikoträger oft nicht oder nicht in vollem Ausmaß bewusst sind. Das Qualitätsmanagement sowie auch Produktentwicklung und Innovationsmanagement sind davon stark betroffen, gehen von Produkten doch reale Risiken für Nutzer aus. Dazu gibt es umfangreiche Rechtswerke, wie das Produkthaftungsgesetz. International agierende Unternehmen müssen dabei nicht nur die im Ursprungsland geltenden Gesetze beachten, sondern auch die der Länder, mit denen sie handeln oder in denen sie Standorte betreiben. Es drohen nicht nur Geldstrafen, Rückrufe und damit verbundene Imageschäden, es drohen auch persönliche strafrechtliche Konsequenzen.

Juristen bilden eine starke Profession und können ihre Kompetenzen und Befugnisse leicht vor dem Eindringen anderer Professionen schützen. Sie agierend deshalb autark und autonom, was manchmal Kooperation und Integration erschwert. Andersherum erschwert fehlendes juristisches Wissen auch den anderen Professionsträgern die Kooperation.

Konzertierte Managementsystemgestaltung der unterschiedlichen Teilsystemverantwortlichen

Alle, die am Regelsystem der Organisation arbeiten, müssen das konzertiert tun, d. h., sie müssen sich zu wichtigen Punkten abstimmen, damit keine Widersprüchlichkeiten und Dysfunktionalitäten entstehen. Das kann bedeuten:

- die Konzepte für das Managementsystem, das Interne Kontrollsystem (IKS), das Compliance-System zusammenzuführen und sich auf eine einheitliche Begriffsverwendung zu einigen,
- wenige unterschiedliche Formate für Regeln und Vorgaben zu etablieren, statt vieler unterschiedlicher,
- inhaltlich und sachlogisch verbundene Aspekte an einer Stelle zu adressieren, statt sie auf verschiedene Dokumente zu verteilen, auch und gerade dann, wenn sie aus verschiedenen Quellen kommen,
- eine zielgruppengerechte Sprache zu verwenden, insbesondere dann, wenn Themen außerhalb der Fachlichkeit der Rezipienten angesprochen werden (das gilt besonders für juristische Themen).

Ein guter Ansatz für besser gelingende Integration können gemeinsame Prüfungen der Wirksamkeit des Managementsystems und der Konformität sein, gemeinsame interne Audits und eine gemeinsame Auditprogrammplanung, eine gemeinsame Auditauswertung und darauf gestützt eine gemeinsame Verbesserungsarbeit am Managementsystem. Es ist historisch begründet, dass unterschiedliche Funktionen unabhängig voneinander in der Organisation auditieren: die Compliance Officer, die Interne Revision, das Qualitätsmanagement, die Arbeitssicherheit und je nach Organisation einige weitere. Auch externe Audits lassen sich in das gemeinsame Programm einbeziehen, dazu gehört auch die Wirtschaftsprüfung. Bei getrennten Programmen kennen die einzelnen Verantwortlichen meist nicht einmal die Auditberichte und Schlussfolgerungen der jeweils anderen. Das hat negative Auswirkungen:

- Es entsteht kein gemeinsames Bild über die Konformitätslage.
- Viele regelwerksspezifische Nonkonformitäten sind nur den jeweiligen Experten bekannt.
- Es können widersprüchliche Schlussfolgerungen gezogen und einander konterkarierende Maßnahmen beschlossen werden.
- Der Auditaufwand ist durch viele Redundanzen unangemessen erhöht, das trifft interne Auditoren, vor allem aber Auditierte.
- Kriminelle Verstöße gegen Regeln werden in vielen Auditarten nicht erkannt, es fehlt forensisches Wissen.

Für einige Fragestellungen ist spezifisches Fachwissen nötig, das in einem Auditteam auch vorhanden sein muss. Gemeinsam auditieren und gemeinsame Auditprogramme bedeuten nicht, dass alle Experten der unterschiedlichen Fachrichtungen gemeinsam ins interne Audit ziehen. Sie werden es aber abgestimmter tun, sich gemeinsam vorbereiten, gemeinsam nachbereiten, ihre jeweiligen Berichte studieren und immer wieder zusammenkommen, um aus den einzelnen Puzzlestücken ein Gesamtbild zu bauen. Die Interpretation der Erkenntnisse und grundlegende Verbesserungsbeschlüsse sollten dann gemeinsam mit der Leitung der Organisation, die für Governance verantwortlich ist, erfolgen.

Forensik im Audit

Forensik ist die Untersuchung krimineller Handlungen. Große Abteilungen für Interne Revision, Compliance, aber auch Wirtschaftsprüfungsgesellschaften haben Forensikexperten oder auch forensische Teams oder Abteilungen.

„Externes internes“ Konformitätsaudit

Im Qualitätsmanagement löst es immer wieder Unbehagen aus, Themen wie Forensik anzusprechen. Auch die Idee rigoroser Konformitätsaudits ist verpönt, weil sie bei den Auditierten selbst auch Unbehagen auslöst. Rigorose Konformitätsaudits und forensische Untersuchungen müssen Experten durchführen, die dafür spezifisch kompetent und auch besonders geschützt sind. Für Interne Revisoren besteht z. B. ein besonderer Kündigungsschutz. Die Rolle als Konformitätsauditor verträgt sich nicht mit anderen Rollen in der Organisation und kann deshalb für Qualitätsmanager uneinnehmbar sein. Eine Option sind dann „externe interne Audits“, interne Konformitätsaudit, die Externe im Auftrag durchführen. ■

Unter der Überschrift Integration ging es zunächst um die Kooperation von Innovations- und Qualitätsmanagement, dann um die Integration, wobei der Fokus auf der gemeinsamen Gestaltung des Managementsystems lag. Für das Innovationsmanagement ist das eher ein neuer Fokus, dem Qualitätsmanagement ist er vertraut. Dann ging es um die Einbeziehung weiterer Themenverantwortlicher in die Managementsystemgestaltung sowie die Prüfung ihrer Wirksamkeit und Konformität. Nun gilt es, über gemeinsame, koordinierte Strategien, Zielesystem, Alltagskooperation und die Managementsystemgestaltung hinauszugehen und zu erarbeiten, wie Innovationsmanagement und Qualitätsmanagement eine miteinander und mit allen anderen Organisationsentwicklern getragene, konzertierte Organisationsentwicklung betreiben können.

■ 5.3 Organisationsentwicklung

Organisationsentwicklung erfolgt oft in Reaktion auf Veränderungsimpulse und induziert selbst weitere Veränderungen. Viele Veränderungsimpulse sind „Störungen“ funktionierender Systeme, und die damit verbundenen und daraufhin initiierten Veränderungen lösen Widerstände aus, je stärker sie sind, desto heftiger. Deshalb ist Organisationsentwicklung auch eine schwierige und anspruchsvolle Aufgabe. Viel besser ist es für die Organisation, wenn die Organisationsentwicklung nicht allein reaktiv, sondern proaktiv agiert.

Organisationsentwicklung

Organisationsentwicklung ist das bewusste, zielgerichtete Gestalten der Organisation. Sie fördert oder erzeugt gewollte und dämpft oder verhindert ungewollte Zustände. ■

Neben kurz- und langfristigen organisationsindividuellen Organisationsentwicklungszielen gibt es auch grundsätzliche Ziele, wie die Organisation durch eine hohe Resilienz überlebensfähig zu machen sowie eine hohe Ergebnisfähigkeit zu erzeugen.

Wichtige Funktionen von Organisationsentwicklung sind, das Unternehmen unter seinen vielen externen und internen Einflussfaktoren **ergebnisfähig** und **resilient** zu machen, damit es zu jeder Zeit fähig ist und immer besser darin wird,

- seinen Zweck und seine Mission zu erfüllen,
- seine Ziele zu erreichen,
- seinen Werten zu folgen und
- dies auch unter widrigen und wechselhaften Bedingungen aufrechterhalten kann.

Eine weitere Funktion ist, weil sie die anderen unterstützt und darüber hinaus um ihrer selbst willen wichtig ist,

- den Menschen, die Mitglied der Organisation sind, ein körperlich und psychisch gesundes **Arbeitsumfeld** zu verschaffen,
- die Menschen außerhalb der Organisation nicht zu schädigen.

Die Ergebnisfähigkeit einer Organisation herzustellen, zu verbessern oder auf das strategisch angemessene Maß einzupegeln, ist die wichtigste Funktion der Organisationsentwicklung. Innovationsfähigkeit und Qualitätsfähigkeit sind bedeutende Teilmengen der Ergebnisfähigkeit einer Organisation. Die Strategie muss klären, wie wichtig sie konkret sind. Ergebnisfähigkeit basiert auf weitreichenden, aufeinander abgestimmten Infrastrukturen,.Kompetenzen sowie geeigneten Kulturen und Subkulturen. Führungskräfte, Qualitäts- und Innovationsmanager arbeiten aus unterschiedlichen Perspektiven und idealerweise Hand in Hand daran, das Unternehmen zu optimieren.

Einige der wichtigsten Impulse zur Organisationsentwicklung kommen aus dem Innovationsmanagement, insofern, als Produkt-, Prozess- und besonders Geschäftsmodellinnovationen massive „Störungen" der bisherigen Systeme, Prozesse, Strukturen und Kulturen darstellen. Diese wurden aufwendig konzipiert und zum Teil über längere Phasen optimiert, bis ein Impuls kommt, der stark genug ist, um neue Organisationsentwicklung auszulösen.

Das Innovationsmanagement muss sich seines organisationsverändernden Einflusses bewusst sein und sich als Impulsgeber und aufgrund seiner Verantwortung für das Gelingen von Innovationen aktiv an der Organisationsentwicklung beteiligen. Erst wenn die innovationsinduzierte Organisationsentwicklung erfolgreich abgeschlossen ist, ist die Innovation abgeschlossen.

Darüber hinaus besteht für das Innovationsmanagement die Notwendigkeit, die Organisation so zu gestalten, zu verändern und zu entwickeln, dass sie die benötigte Innovationsfähigkeit besitzt. Es liegt daher nahe selbst an der Organisationsentwicklung mitzuwirken, zumal die Innovationsmanager qua Amt eine genaue Vorstellung davon haben müssten, wie die Organisation für eine hohe Innovationsfähigkeit aufgestellt sein muss. ■

Doch auch das Qualitätsmanagement hat einen starken Bezug zur Organisationsentwicklung. Der 2012 gegründete DGQ-Fachkreis Qualitätsmanagement und Organisationsentwicklung hatte sich zum Ziel gesetzt, Qualitätsmanagement als organisationsentwickelnde Tätigkeit zu betrachten und dann gezielt als solche auszugestalten und zu positionieren. Zu der Zeit war stark umstritten, ob Qualitätsmanagement Organisationsentwicklung sein könne und ob Qualitätsmanager überhaupt die Kompetenz, die Legitimation und ein Mandat dazu haben.

Inzwischen besteht längst Konsens darüber, dass bereits die Managementsystemgestaltung ein organisationsentwickelnder Akt ist und zudem viele vom Qualitätsmanagement gestartete Initiativen und Projekte den Charakter von Organisationsentwicklungsinterventionen und Change-Projekten haben. So wie das Innovationsmanagement muss also auch das Qualitätsmanagement sich seines organisationsverändernden Einflusses bewusst sein und aktiv an der Organisationsentwicklung mitwirken. ■

Bild 5.4 zeigt, mit welchen Aufgaben sich ein organisationsentwickelndes Innovations- und Qualitätsmanagement befassen muss. Sie reichen von der Mitwirkung an der strategischen Organisationsentwicklung, dem Change Management auf Unternehmensebene, der Managementsystemkonzeption, der Ableitung einer Innovations- und Qualitätsstrategie hin zu operativen Tätigkeiten der Organisationsentwicklung, dem Change-Projektmanagement, der Managementsystemgestaltung und dem operativen Innovations- und Qualitätsmanagement. Tabelle 5.3 gibt einen Überblick der Funktionen in der Organisation und ihr Beitrag zur Organisationsentwicklung.

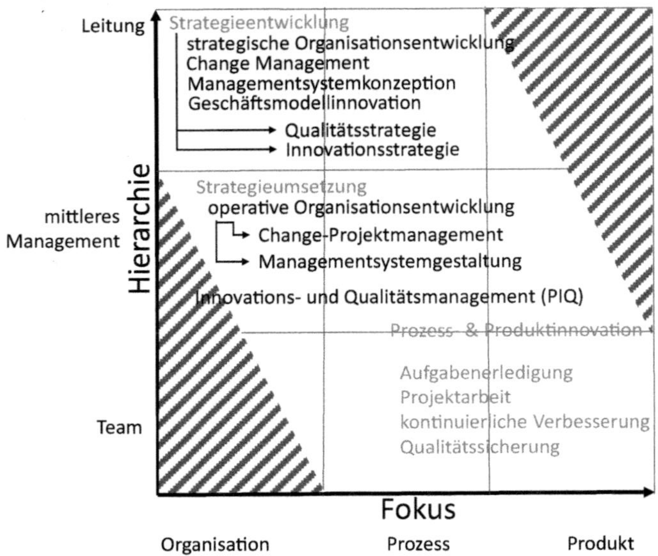

Bild 5.4 Aufgaben der Organisationsentwicklung unter Beteiligung des Innovations- und Qualitätsmanagements

Zudem gibt es in einigen Organisationen explizit interne Organisationsentwickler, oft nehmen sie Rollen als interne Berater ein. Zusätzlich kommen immer wieder externe Berater als Organisationsentwickler in Organisationen, in großen häufig gleichzeitig. Oft besteht die Problematik, dass interne (nominelle und nicht nominelle) und externe Organisationsentwickler unabgestimmt und unkoordiniert agieren, sodass, auch wenn ihre Projekte erfolgreich zu sein scheinen, sich deren Ergebnisse dennoch nicht schlüssig in die Organisation einfügen, zum Teil andere Projekte konterkarieren oder von denen konterkariert werden.

Tabelle 5.3 Funktionen in der Organisation und ihr Beitrag zur Organisationsentwicklung

Funktion	Beitrag zur Organisationsentwicklung
Führungskräfte	Strukturelle Gestaltung ihrer Verantwortungsbereiche Kulturelle Prägung durch Verhalten und Vorbild Rekrutierung und Entlassung Durchführung von Change-Projekten, Change Management, Programmmanagement Strategie- und Organisationskonzeption
Personalentwickler	Personalentwicklung, Kompetenzentwicklung, Schulungskonzepte Klärung von Rollen und Funktionen (heute und zukünftig) Führungskräfteentwicklung, Führungsnachfolge Entwicklung von Führungskonzepten

Funktion	Beitrag zur Organisationsentwicklung
	Mitgestaltung der Aufbauorganisation (Führungsspannen, Hierarchien ...) Gestaltung der Entlohnungssysteme inklusive Intensivierungen Konzepte zur Arbeitssicherheit und zum Gesundheitsschutz Rekrutierung und Entlassung
Qualitätsmanager Umweltschutzmanager, Arbeitssicherheitsmanager etc.	Gestaltung des Managementsystems
Innovationsmanager	Gestaltung des Innovationsprozesses Produktinnovation Prozess- und Geschäftsmodellinnovation
Business Developer	Geschäftsfeldentwicklung
IT-Leitungen	Gestaltung der IT-Architektur (Hard- und Software) Digitalisierung der Organisation
Externe Berater	Je nach Auftrag

Kollektive und koordinierte Organisationsentwicklung

Viele Führungskräfte und andere Stakeholder nehmen durch gezielte oder manchmal auch unreflektierte Interventionen Einfluss auf die Organisation. Organisationsentwicklung muss ein zwischen allen relevanten Einflussnehmern gut abgestimmter Prozess sein, damit keine widersprüchlichen oder einander beschädigenden Interventionen erfolgen.

Alle Aktivitäten der Organisationsentwicklung durch Interne und Externe müssen daher abgestimmt und koordiniert erfolgen, damit sie einander ergänzen und verstärken und nicht konterkarieren. Viel spricht für eine zentrale Koordination durch eine Stelle, aufgrund der erforderlichen Interdisziplinarität und Kollektivität jedoch eher durch ein Gremium. Dabei gilt es, auch möglichst die Aktivitäten einzubeziehen, die zunächst nicht als Organisationsentwicklung deklariert sind, dennoch Organisationsentwicklung sind.

Zwei Dimensionen der Organisationsentwicklung sind zu vertiefen. Es sind die Struktur- und die Kulturentwicklung. Zur Struktur zählen infrastrukturelle Aspekte der Organisation, wie ihre Aufbauorganisation, aber auch ihre Ablauf-, also Prozessorganisation. Auch die Ausstattung mit unterschiedlichen Arten von Ressourcen, wie Maschinen, Anlagen, Hardware, Datenbanken, Räumen, Laboren, aber auch mit Kompetenzen und Personen seien hier der Infrastruktur zugeordnet. Die Betrachtung personeller Aspekte aufseiten der Struktur soll nicht die Menschen in den Rang mit Dingen stellen; Menschen stellen in Organisationen eine unverzichtbare und um ihrer selbst willen wertvolle Ressource dar. Wie viele

Menschen mit welchen Kompetenzen tätig sind, soll ein Aspekt der Struktur sein, wie sie miteinander agieren, ein Aspekt der Kultur. Zur Kultur zählen darüber hinaus die informalen Regeln, die formalen Regeln sind Rückgrat des Managementsystems und sind hier der Struktur zugeordnet. Struktur und Kultur müssen immer in ihrer gegenseitigen Einflussnahme und Abhängigkeit betrachtet werden, sodass die Zuordnung von einem Aspekt zur einen oder anderen Seite zwar der besseren Übersichtlichkeit dient, aber nicht entscheidend für seine Behandlung in der Organisationsentwicklung ist.

Tabelle 5.4 stellt den Bezug zum PIQ dar.

Tabelle 5.4 Bezug der Organisationsentwicklung zum PIQ

PIQ-Fokusthema	Konkreter Bezug
Mensch	Organisationsentwicklung muss immer dazu dienen und im Ergebnis dazu führen, dass Organisationen entstehen, die die körperliche und geistige Gesundheit der Menschen nicht beeinträchtigen (oder sogar fördern!) und in denen sie sinnvolle Dinge tun können und tun. Zudem gilt es, Menschen außerhalb der Organisation nicht zu schaden. Kulturbeeinflussung und Strukturentwicklung sind die zwei Gestaltungsfelder dafür. Andere Theorien mögen die Menschenorientierung (Personenfokussierung) der Organisationsentwicklung geringer gewichten oder als Nebenziel führen. Im PIQ ist sie fundamental. Menschen haben ein Menschenrecht auf Qualität. Menschen wollen Qualität erzeugen. Für Qualität braucht es auch Innovation.
Kultur	Kultur in Organisationen wächst, und sie wächst auch ungesteuert. Kulturen lassen sich beeinflussen, allerdings nicht in dem Maße und auf die Arten und Weisen, wie die Strukturen der Organisation. Organisationsentwicklung muss nach Möglichkeiten suchen, die Kulturen der Organisation so zu beeinflussen, dass sie moralisch gefestigt ist und ein stimmiges Ganzes aus Mission, Kultur und Struktur entsteht. Im Grunde ist es Sache einer jeden Organisation und ihrer Eigner und Verantwortlichen, zu entscheiden, welche Werte in ihr gelten sollen. Unter das Niveau der Allgemeinen Erklärung der Menschenrechte der Vereinten Nationen sollte sie dabei niemals gehen. Innovations-, Qualitäts- und Fehlerkultur sind bedeutende Subkulturen jeder Organisation.
Struktur	Strukturentwicklung ist neben der Kulturbeeinflussung das zweite Gestaltungsfeld der Organisationsentwicklung. Die Gestaltung der Struktur ist direkter und umfangreicher möglich als die der Kultur. Sie ist jedoch auch der bedeutende Stellhebel für die Beeinflussung der Kultur.
Fachlichkeit	Die Fachlichkeiten der Organisation sind kultur- und auch strukturprägend. Organisationsentwicklung muss die Bedeutung, Beiträge und Grenzen der Fachlichkeiten erkennen und berücksichtigen und gegebenenfalls in geeigneter Weise darüber hinausgehen.

5.4 Differenzierung zwischen Qualitätssicherung und Qualitätsmanagement

Selbst wenn es gilt, Qualitätsmanagement und Innovationsmanagement mit guten Begründungen integriert zu konzipieren und auszugestalten, bleibt es dennoch sinnvoll, weiterhin zwischen beiden zu differenzieren. Das Qualitätsmanagement muss noch weiter unterteilt werden. Integration und Differenzierung sind keine Widersprüche. Unter dem Dach eines integrierten Managementsystems können unterschiedliche Teilziele auf unterschiedlichen Wegen, also mittels differenzierter Aufgaben, erreicht werden.

Qualitätsmanagement, das im klassischen Verständnis die Qualitätssicherung beinhaltet, umfasst unterschiedliche Aufgaben und erfüllt vielseitige Teilfunktionen und Rollen. Es ist so umfassend, dass es Gefahr läuft, unspezifisch zu werden. Das Aufgabenspektrum und die Rollenspreizung sind so groß, dass es sehr geboten ist, das Aufgabenspektrum und die Spreizung zu verringern, so vielseitig, dass Qualitätsmanager Gefahr laufen, Eier legende Wollmilchsäue sein zu sollen, aber nicht sein zu können. Und an diesen Menschen zeichnet sich die Unmöglichkeit dieses Spagats am deutlichsten ab: Einerseits sollen sie die systemische Qualitätsfähigkeit des soziotechnischen Systems Organisation samt seiner Kultur und eingebettet in ein Ökosystem vieler Partner gewährleisten und verbessern. Andererseits sollen sie die Qualitätssicherung seiner komplexen Produkte und hoch spezialisierten Wertschöpfungsprozesse vorantreiben. Für das Erste braucht es das psychologische und pädagogische Wissen und die Kompetenzen von Organisationsentwicklern und internen Beratern. Für das Zweite braucht es Detailwissen über Produkte und Prozesse, Material und die Kerndienstleistung, Messtechnik und Software und Kompetenzen im Umgang damit.

Das ist jedoch nicht allein eine Frage der Kompetenz, sondern von allem der Disposition. Das Qualitätsmanagement als organisationsentwickelnde Aufgabe benötigt Menschen, die auf Augenhöhe mit hochrangigen Führungskräften interagieren können. Die moderieren, eloquent sprechen können. Es braucht Beratertypen, kommunikative Macher. Diese Menschen haben oft kein Interesse und Talent, sich mit Details des Produkts oder Prozesses zu befassen. Das Qualitätsmanagement als Qualitätsingenieurwesen oder als Dienstleistungsoptimierung benötigt Typen, die akribisch sind, sich tief in Fehleranalysen einfuchsen und Lösungen für fachliche Herausforderungen finden. So wünschenswert es wäre, dass sie sozial-kommunikativ ebenso brillant seien, das ist oft nicht ihre Stärke. Qualitätsmanager oder Qualitätssicherer sollten nicht so tun, als seien sie selbst oder als fänden sie Menschen, die beides mitbringen und deshalb Qualitätsmanagement und Qualitätssicherung gleich gut leisten könnten. Diese Eier legenden Wollmilchsäue gibt es nicht.

Qualitätsmanagement und Qualitätssicherung umspannen zwei Welten, denen kein einzelner Mensch gleich gut gewachsen ist und für die es sinnvoll ist, zwischen ihnen zu unterscheiden. Nicht der Wegfall von Aufgaben, sondern ihre bessere Differenzierung und damit verbunden bessere Spezialisierung voneinander unterscheidbarer Prozesse und Bereiche sind erforderlich. Abweichend von der lange etablierten Begriffsverwendung der Fachliteratur, insbesondere auch der ISO-9001-Familie, hat die DGQ bereits 2013 eine neue Differenzierung und neue Begriffsdefinitionen gefunden:

Qualitätsmanagement und Qualitätssicherung

Qualitätsmanagement ist das Arbeiten an der Organisation, um systemisch ihre Qualitätsfähigkeit zu verbessern. Qualitätsmanagement ist Organisationsentwicklung.

Qualitätssicherung ist das Arbeiten am Produkt und am Prozess, um Qualitätsmerkmale herzustellen und Fehler und Verschwendung zu reduzieren. Qualitätssicherung ist Qualitätsingenieurwesen und Dienstleistungsoptimierung. ■

In der produzierenden Industrie oder bei dieser Industrie nahestehenden Dienstleistern ist der Begriff Qualitätsingenieurwesen auf Anhieb gut verständlich. Bei anderen Dienstleistungen, wie z. B. Gesundheits-, Bildungs- oder Finanzdienstleistungen, gibt es keinen vergleichbaren Begriff. In der Definition Dienstleistungsoptimierung zu sagen, drückt nur aus, dass nicht überall die Qualitätssicherung Qualitätsingenieurwesen ist, liefert aber keine alltagstaugliche Alternative. Im Krankenhaus sind es nicht Ingenieure, sondern Ärzte, in Bildungseinrichtungen Pädagogen und bei Finanzdienstleistern Banker, die das für die Qualitätssicherung notwendige Produkt- und Prozesswissen haben.

Bild 5.5 zeigt, wie unterschiedlich die Tätigkeitsfelder sind. Zum einen das Arbeiten am Produkt und am Wertschöpfungsprozess. Zum anderen das Arbeiten an der Organisation. Es umspannt die Prozesslandschaft, das Managementsystem und das soziotechnische Gesamtsystem inklusive der Unternehmenskultur und muss darüber hinaus das die Organisation umspannende Ökosystem berücksichtigen.

Stoßrichtungen einer Differenzierung zwischen Qualitätsmanagement und Qualitätssicherung können sein:

- unterschiedliche Integrationsgrade (siehe Integration des QM und des Innovationsmanagements, Integration der QS in die Wertschöpfung),
- die unterschiedliche organisatorische Zuordnung und Rollenausgestaltung,
- die spezifische, deutlich unterschiedliche Qualifizierung und Kompetenzausstattung.

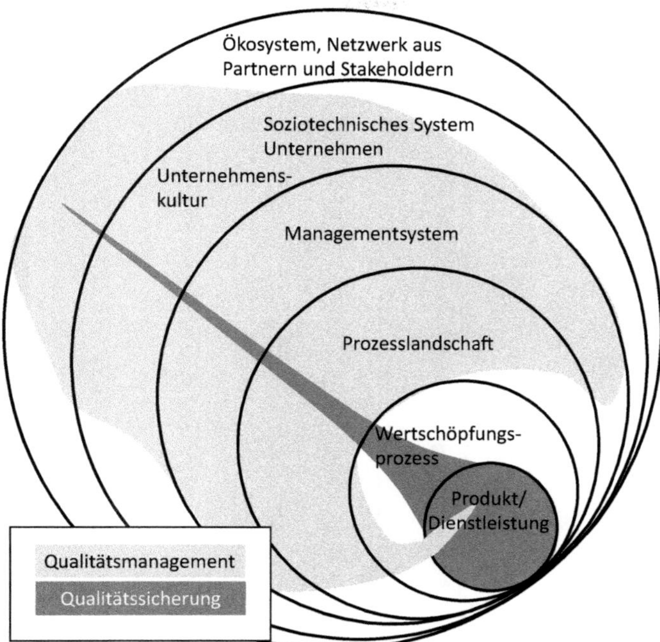

Bild 5.5 Differenzierung zwischen Qualitätsmanagement und Qualitätssicherung, Tätigkeitsfelder

In Organisationen, die eine aus mehreren Personen bestehende Qualitätsabteilung haben, welche sowohl Qualitätsmanagement als auch Qualitätssicherung leisten soll, sollte es idealerweise dann auch beide „Typen", Qualitätsmanager und Qualitätssicherer, oder Teams beider Typen geben. In kleinen Organisationen, wo eine Person z. B. als Qualitätsbeauftragter fungiert, sollte sie sich und sollte die Leitung dieser Person die Aufgabe zuweisen, für die sie Disposition und Kompetenzen mitbringt. Also entweder Qualitätsmanagement oder Qualitätssicherung. Die nicht von ihr geleistete Aufgabe müssen dann andere übernehmen, z. B. ein Mitglied der Geschäftsführung das Qualitätsmanagement oder ein oder mehrere Prozesseigner die Qualitätssicherung.

Das Rollenbündelmodell des DGQ-Fachkreises Q-Berufe in Bild 5.6 nennt prinzipielle Funktionen, prinzipiell, weil das keine typischen Funktionsbezeichnungen sind. Tabelle 5.5 ergänzt Kurzbeschreibungen der Funktionen. Das Modell hat die Aufgabe, zwischen unterschiedlichen Rollen und Funktionen zu unterscheiden und insbesondere die zu erkennen, die sich nicht gut in einer Person bündeln lassen. Die Kreise zeigen Beispiele für Rollen an, die sich schlüssig bündeln lassen, daher auch der Name Rollenbündelmodell. Rollen, die auf unterschiedlichen Seiten der Diagonale liegen oder die zu große hierarchische Distanz haben (vertikale Linie), sind nicht gut zu bündeln, führen zu übermäßigen Rollenspreizungen und

Rollenkonflikten. Die Diagonale trennt Qualitätsmanagement (links oben) und Qualitätssicherung (rechts unten). Qualitätsmanagement und Qualitätssicherung in diesem Sinne sind gleichwertig. Unterschiede der Bedeutung für eine konkrete Organisation resultieren aus Unterschieden der Strategien, Ziele und Rahmenbedingungen.

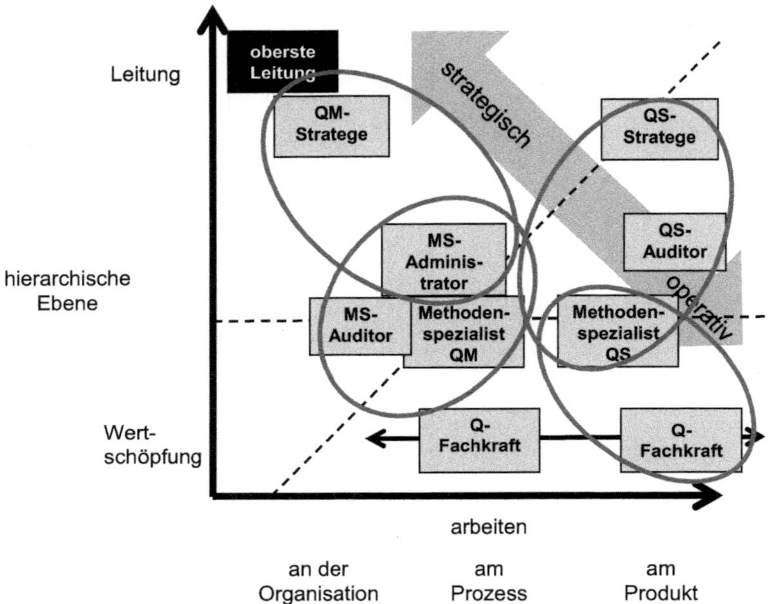

Bild 5.6 Rollenbündelmodell des DGQ-Fachkreises Q-Berufe

Bild 5.6 verwendet die Idee des Rollenbündelmodells, um alle Rollen in der Organisation zu betrachten.

Tabelle 5.5 Prinzipielle Funktionen und Rollen im DGQ-Rollenbündelmodell

Funktion (Rolle)	Beschreibung
Oberste Leitung (strategischer Entscheider)	Verantwortlich für Ausgestaltung und Funktionieren von Strategie, Aufstellung, Managementsystem und Zielerreichung.
QM-Stratege (Berater)	Berater der Obersten Leitung. Erarbeitet zur Strategie passende Konzepte für Aufstellung und Managementsystem. Arbeitet organisationsentwicklerisch an der Herstellung und Verbesserung der Qualitätsfähigkeit der Organisation durch Entwicklung ihrer (Infra-)Struktur und Kultur.
QS-Stratege (Berater und operativer Entscheider)	Berater der Obersten Leitung und der Verantwortlichen für Entwicklung, Leistungserbringung etc. Erarbeitet zur Strategie passende Konzepte zur systemischen Qualitätssicherung, Qualitätsverbesserung und Fehlerreduktion.

Funktion (Rolle)	Beschreibung
Managementsystem-administrator (Administrator)	Architekt, Weiterentwickler und Betreuer des Managementsystems. Unterstützt die Leitung und Strategen bei der Konzeption des Managementsystems. Unterstützt dabei, es in geeigneter digitaler Form abzubilden. Entwickelt, reviewt geeignete Regeln für den Betrieb des Managementsystems und passt sie bei Bedarf an. Weist die Rechte im System zu.
Managementsystemauditor (Systemprüfer)	Überwacht mittels Audits die Konformität des Managementsystems gegen relevante Regelwerke. Analysiert die Funktionsweise und identifiziert Stärken und Schwächen, gute und schlechte Praktiken.
QS-Auditor (Prüfer)	Überwacht mittels Audit die Konformität der Produkte und Prozesse gegen Spezifikationen. Analysiert Fehler und Abweichungen und deren mögliche Ursachen.
Methodenspezialist QM (anpackender Berater)	Hat Spezialaufgaben im Qualitätsmanagement und unterstützt und coacht Führungskräfte und Mitarbeiter dabei, mittels geeigneter Methoden Organisation und Prozesse besser qualitätsfähig zu machen. Übernimmt eigene operative Spezialaufgaben, kann (Teil-)Prozesseigner oder Projektmitarbeiter sein.
Methodenspezialist QS (anpackender Berater)	Hat Spezialaufgaben in der Qualitätssicherung und unterstützt und coacht Führungskräfte und Mitarbeiter dabei, mittels geeigneter Methoden Prozesse zu verbessern, Fehler und Verschwendung zu reduzieren. Übernimmt eigene operative Spezialaufgaben, kann (Teil-)Prozesseigner oder Projektmitarbeiter sein.
Q-Fachkraft (Selbermacher)	Übernimmt Aufgaben des Qualitätsmanagements oder der Qualitätssicherung, wie z. B. Datenanalyse oder Wareneingangsprüfung. In dieser Rolle gibt es viele fachliche und organisationsbereichsbezogene Konkretisierungen und Spezialisierungen.

Tabelle 5.6 stellt den Bezug zum PIQ dar.

Tabelle 5.6 Bezug der Differenzierung von QM und QS zum PIQ

PIQ-Fokusthema	Konkreter Bezug
Mensch	Die Menschen im Qualitätsmanagement und der Qualitätssicherung benötigen Rollenklarheit und Aufgaben, die sie mit ihrer Disposition und Kompetenz bewältigen können. Die häufig vorhandenen Aufgaben und die Rollenspreizung im klassischen Qualitätsmanagement führen systematisch zu Überforderungen und zum Scheitern an dem einen oder dem anderen Pol der Spreizung. Rollen und Aufgabendifferenzierung unterstützen die Selbstwirksamkeit und persönlichen Erfolge.
Kultur	Eine Berater- und Organisationsentwicklerkultur der Qualitätsmanager und eine fachlichkeitsgeprägte Kultur der Qualitätssicherung können sich differenzieren, sollen jedoch dennoch kompatibel bleiben. Ein jeweiliges spezifisches Fachethos kann sich ausbilden.

Tabelle 5.6 Bezug der Differenzierung von QM und QS zum PIQ *(Fortsetzung)*

PIQ-Fokusthema	Konkreter Bezug
Struktur	Ein um Qualitätssicherung entlastetes Qualitätsmanagement kann einfacher gemeinsam mit dem Innovationsmanagement kooperieren und Organisationsentwicklung betreiben. Eine um Qualitätsmanagement entlastete Qualitätssicherung kann leichter in den Wertschöpfungsprozess integriert werden und besser Entwicklungs- und Innovationsprozesse unterstützen.
Fachlichkeit	Fachlichkeiten, die für Qualitätssicherung, und andere, die für Qualitätsmanagement notwendig sind, können besser spezifisch Beachtung finden und besser Wirksamkeit entfalten.

5.5 Agiles Qualitätsmanagement

Jede Organisation hat einen bestimmten, aktuellen Grad an Agilität, die eine einen geringen, die andere einen hohen. Welcher Agilitätsgrad angemessen ist, hängt von ihrem spezifischen Umfeld und ihrer spezifischen Strategie ab. Die rasanten Markt- und Umfelddynamiken erfordern von vielen Unternehmen viel mehr Innovationsdynamik, daraufhin mehr Veränderungsdynamik, mehr Flexibilität, häufigere Revisionen von Entscheidungen, kurzum mehr Agilität als bisher.

Das Innovationsmanagement nutzt agile Konzepte und verwendet agile Methoden. Produktentwicklungsbereiche gehörten zu den ersten Anwendern. Das Qualitätsmanagement hingegen muss oft noch aufschließen. Es gibt gute Gründe dafür, das Qualitätsmanagement auf einen hohen Agilitätsgrad zu bringen. Das Erfordernis für ein agiles Qualitätsmanagement ist dann sofort nachvollziehbar, wenn Bereiche der Organisation oder die Gesamtorganisation agil sein müssen und sollen. Doch auch bei geringen erforderlichen Agilitätsgraden muss das Qualitätsmanagement selbst oft agiler sein als andere Bereiche der Organisation.

Agiles Qualitätsmanagement

Agiles Qualitätsmanagement ist die Anwendung agiler Prinzipien im und durch das Qualitätsmanagement.

Der wichtigste Grund, warum das QM deutlich agiler werden muss, als es das bisher war, ist folgender: Interventionen in die Organisation lösen gewollte und ungewollte Effekte aus, die sich nicht alle vorhersehen lassen. Das QM muss schneller, reversibler und iterativer werden, um gewollte Effekte zu verstärken und ungewollte zu reduzieren.

Wenn dann auch noch die Produktentwicklung, andere Bereiche oder die gesamte Organisation einen hohen Agilitätsgrad haben sollen, brauchen wir ein agiles QM auch deshalb, weil sich die Dynamiken im Unternehmen signifikant beschleunigen und ein nicht oder wenig agiles Qualitätsmanagement diese nicht angemessen unterstützen könnte.

Agil sein heißt vereinfacht gesagt weniger planen, früher tun, beim Tun kleine Schritte machen, testen, was herauskommt, zurückgehen, wenn der Test negativ ist und man seinem Ziel nicht näher kommt, und einen anderen Schritt tun. So geht es immer weiter bis zum Ergebnis. Inkrementell-iteratives Vorgehen. Einigen fällt das intuitiv leicht, vielen aber nicht, weil sie anders disponiert sind und im Berufsleben, vor allem aber auch in QM- oder Führungsfunktionen anders sozialisiert wurden. Bisher galt es, detaillierte, langfristige Pläne zu machen und die dann zu exekutieren. Und wer davon abweichen musste, hatte einen Fehler bei der Planung gemacht, der ihr oder ihm angekreidet wurde. Das führt noch heute häufig dazu, dass Führungskräfte und Mitarbeiter von ihren eigenen, offiziell auch bestätigten und freigegebenen Plänen auch dann nicht abrücken wollen und nicht dürfen, wenn schon offensichtlich ist, dass der Plan nicht funktioniert. Nach wie vor ist eine der bedeutendsten Ursachen für Ressourcenverschwendung das Festhalten an von der Realität überholten Plänen, Projekten und Entscheidungen.

Es darf nicht darum gehen, mit einer einmal getroffenen Entscheidung in Zukunft immer recht gehabt haben zu müssen. Wer jetzt entscheiden muss, muss jetzt entscheiden. Und nicht entscheiden ist auch eine Entscheidung. Es stehen auch nie genug Informationen zur Verfügung, um alles, was relevant sein könnte, bedenken und berücksichtigen zu können.

Bei vielen Entscheidungen bleibt immer eine Unsicherheit oder Unschärfe.

Wer auf das Eintreffen aller Informationen oder auf Entscheidungssicherheit oder -schärfe wartet, wartet vergebens und verzögert nur die Entscheidung. Ist die Entscheidung getroffen, kann sie vorhergesehene und unvorhergesehene Effekte erzielen, darunter gewollte und ungewollte Effekte. Treten ungewollte Effekte auf, die die Organisation nicht tragen kann und will, oder bleiben gewollte Effekte aus, dann muss ein Entscheider die zuvor getroffene Entscheidung revidieren und neu entscheiden. Das klingt selbstverständlich, ist es aber nicht. Es erfordert eine Kultur und Haltung der Beteiligten, dann nicht über eine fehlerhafte Entscheidung oder gar einen Führungsfehler zu sprechen, der nun korrigiert werden muss. Sondern anzuerkennen, wie kompetent es ist und welcher Größe es bedarf, schon nach kurzer Zeit eine neue, bessere und gegebenenfalls deutlich andere Entscheidung zu treffen, wenn sich die frühere als nicht mehr geeignet oder nicht mehr ausreichend erweist.

Wie ist man agil?

- Entscheidungen zügig treffen und Entscheidungen revidieren, wenn ungewollte Effekte eintreten und/oder gewollte Effekte ausbleiben.
- Größere Projekte nicht detailliert und langfristig durchplanen, sondern das Ziel und den Rahmen klären, die ersten Schritte planen und dann schrittweise weiter vorstoßen.
- Zwischen- und Teilergebnisse früh bereitstellen oder einzelne Produktfunktionen früh herstellen, sodass sie getestet werden können, selbst wenn das Gesamtprojekt oder Gesamtprodukt noch längst nicht fertig ist.
- Oft und viel Kunden- und Nutzerfeedback einholen und darauf gestützt erforderliche Anpassungen vornehmen – auch wenn zu Beginn des Projekts davon keine Rede war.

Wie wird man agil(er)?

- Im Führungskreis ein gemeinsames Verständnis entwickeln, was Agilität ist, ob und warum sie für das Unternehmen wichtig und notwendig ist.
- Felder und Bereiche identifizieren, in denen mehr Agilität notwendig und möglich ist.
- Pilotbereiche und Pilotteams identifizieren und mit ihnen agile Arbeitsweisen testen, weiterentwickeln und aufs Unternehmen anpassen.
- Den beteiligten Mitarbeitern agile Arbeitsweisen zeigen (Training, Besuche, Coaching etc.).
- Notwendige Ressourcen (Räume, Material, Zeit …) bereitstellen.
- Den Prozess seitens der Führung eng begleiten.
- Über das Pilotieren und Testen angemessen in der Organisation kommunizieren.
- Die Erfahrungen und Erkenntnisse auswerten und über nächste Schritte entscheiden.

Das Vorgehen beim Agilerwerden ist selbst agil. Es startet nicht mit einem großen Plan oder Konzept und eher auch nicht als unternehmensweite Ankündigung oder gar Initiative. Das ist nicht auszuschließen, hat sich aber vielerorts als hochriskant gezeigt, weil zu schnelle, zu breite unternehmensweite Agilisierungsinitiativen leicht scheitern können. In vielen Unternehmen ist der erforderliche kulturelle Wandel zu groß und misslingt unter Druck. Das Agilerwerden braucht Zeit, um Erfahrungen aufzubauen und einen eigenen, unternehmenstauglichen Stil zu entwickeln. Es sollte nicht durch Methoden oder Konzepte wie Design Thinking oder Scrum dominiert oder als deren Einführung missverstanden werden. Vielmehr sollten andersherum geeignete Konzepte und Methoden bei der fortschreitenden Agilisierung gezielt zum Einsatz gebracht werden. Das kann in einem Bereich Design Thinking und in einem anderen Scrum sein. In einem dritten etwas anderes. Die unternehmensindividuelle Agilisierung muss auch individuelle Konkretisierungen erhalten. Auch das spricht gegen schnelles, unternehmensweites Ausrollen fertiger Konzepte und für ein begrenzt startendes, längerfristiges, experimentelles und lernendes Einführen.

Vielen Praktikern des Qualitätsmanagements, die täglich mit großem Engagement Probleme lösen und neue Aufgaben erfüllen, wird es nicht gefallen, zu lesen: Das Qualitätsmanagement ist starr, langsam und unbeweglich. Die Feuerwehraktivitäten rund um Fehler, Probleme, Reklamationen und Auditfeststellungen sind nicht Agilität, sie sind allzu oft Aktionismus ohne Nachhaltigkeit.

Die Anpassung des Managementsystems an Veränderungen von Anforderungen und Rahmenbedingungen, vor allem aber an unvorhergesehene Effekte und Entwicklungen, sowie die Umsetzung von Projekten ist hingegen häufig langsam, langwierig und zu wenig nutzerorientiert. Letzteres liegt auch daran, dass das Qualitätsmanagement über Jahrzehnte extrinsisch begründet wurde, sich auf externe Anforderungen berief und darauf gestützt Regeln in die Organisation eingebracht hat, die nicht mitarbeiterorientiert waren, auch wenn Qualitätsmanager versuchten, sie einigermaßen akzeptabel auszugestalten.

Unabhängig davon, ob das Unternehmen sich gerade aktiv bemüht, durch Agilisierungsinitiativen höhere Agilitätsgrade zu erreichen, wäre es in vielen Unternehmen angebracht, das Qualitätsmanagement agiler zu machen, ihm also höhere Agilitätsgrade zu verschaffen. Wenn aber das Unternehmen an seiner Agilisierung arbeitet, kann und darf das Qualitätsmanagement nicht außen vor stehen. Wird das QM nicht beauftragt, seinen Beitrag zur Agilisierung des Unternehmens beizusteuern, sollte es selbst entsprechende Konzepte vorlegen.

Wie machen wir das Qualitätsmanagement agil und wie betreiben wir agiles Qualitätsmanagement? Die Vorgehensweise zur Agilisierung des Qualitätsmanagements lehnt sich an die vorgeschlagene Vorgehensweise im Unternehmen an. Befindet sich das Unternehmen selbst in einem Agilisierungsprozess oder hat schon agile Bereiche, sollte sich die Vorgehensweise und sollten sich auch die konkreten Konzepte für das Qualitätsmanagement daran orientieren und dazu kompatibel sein. Grundsätzlich aber gilt:

- Im QM-Team ein gemeinsames Verständnis entwickeln, was agiles QM ist, ob und warum es für die Abteilung wichtig und notwendig ist.
- Aufgabenfelder identifizieren, in denen mehr Agilität notwendig und möglich ist.
- Agile Arbeitsweisen testen, weiterentwickeln und auf die Abteilung anpassen:
  - den Mitarbeitern agile Arbeitsweisen zeigen (Training, Besuche, Coaching, Hospitationen in agilen Teams des Unternehmens etc.),
  - notwendige Ressourcen (Räume, Material, Zeit ...) bereitstellen.
- Die Erfahrungen und Erkenntnisse auswerten und über nächste Schritte entscheiden.

Agiles Qualitätsmanagement hat zwei Arten von Anwendungsfällen (Use Cases). Einer besteht in der abteilungsinternen Anwendung mit dem Zweck der Leistungssteigerung (schnellere und mehr Erledigung) und Qualitätsverbesserung (bessere Nutzertauglichkeit und Akzeptanz des Qualitätsmanagements und seiner internen Dienstleistungen). Sie kann weitgehend unabhängig vom Rest des Unternehmens erfolgen und sollte kompatibel zu anderen agilisierten Bereichen sein. Andere Anwendungsfälle leisten die Unterstützung der Organisation, z. B. die Unterstützung agiler Bereiche, wie einer Entwicklungsabteilung, oder die Unterstützung des agilen Unternehmens durch eine Managementsystemgestaltung, die tauglich für sehr agile Bereiche ist und zusätzlich das Zusammenspiel gewollt sehr agiler und gewollt wenig agiler Bereiche ermöglicht. Tabelle 5.7 zeigt Use Cases für agiles Qualitätsmanagements, die der DGQ-Fachkreis QM und Organisationsentwicklung zusammengetragen hat.

Tabelle 5.7 Anwendungsfälle (Use Cases) für agiles Qualitätsmanagement

Use Case	Hintergrund	Framework, Methode, Werkzeug
Alltagsagilisierung des QM (unabhängig von der Unternehmensposition zu Agilität)		
Master Use Case „schneller, höher, weiter" Eigenen Output, Effizienz und Schnelligkeit verbessern	Nicht nur extern gerichtete Leistungen des Unternehmens, auch die internen Leistungen seiner QM-Organisation stehen unter Termin-, Qualitäts- und Kostendruck. Es geht also darum, die eigenen Leistungen schneller, besser und effizienter anbieten zu können.	Scrum, Sprint, Kanban Board
„User besser verstehen" Die Bedürfnisse von (internen/externen) Kunden verstehen	Viele Kunden wollen oder können ihre eigentlichen Bedürfnisse an uns nicht artikulieren. Oder es gibt zusätzlich zu den bekannten Anforderungen bedeutende, unausgesprochene weitere Bedürfnisse. Je besser wir sie verstehen, desto besser können wir unsere Qualitätsmanagementleistungen kundenorientiert ausgestalten.	Design Thinking, Persona, Prototyping, Lean Startup
„Besser Innovieren" Ideen und Lösungen generieren und testen	Wir springen zu schnell auf Lösungen und haben oft das Problem, die Herausforderung und die zugrunde liegenden Bedürfnisse gar nicht richtig verstanden zu haben. Agile Ansätze differenzieren zwischen Problem- und Lösungsraum und verwerten viele klassische und moderne Erkenntnisse und darauf gestützte Prinzipien, um Probleme besser zu verstehen und um bessere Lösungen und Ideen zu entwickeln.	Design Tinking, Lean Startup, Prototyping

Use Case	Hintergrund	Framework, Methode, Werkzeug
„Besser Meeten“ Eine Besprechung/ Gruppenarbeit effizient gestalten	Viele Besprechungen und Gruppenarbeiten sind ineffizient und zudem langweilig. Agile Techniken können helfen, nutzlose Rituale zu durchbrechen und sie effizienter, effektiver und spannender zu machen.	Stand-up, Retrospektive, Kanban Board, sanfte Moderation, Workshopdesign, Sprint, Visualisierung
„Besser entscheiden“ Entscheidungen in Gruppen treffen	Häufig dauert es zu lange, bis eine Gruppe eine Entscheidung trifft. Und häufig erweisen sich die Entscheidungen Einzelner und von Gruppen im Nachhinein als nicht gut genug. Wir müssen lernen, schneller gut zu entscheiden, besonders in Gruppen. Und wir müssen lernen, problematische Entscheidungen schneller und sozialverträglicher zu revidieren.	Mehr Selbstorganisationsverantwortung, agile Entscheidungsprozesse Rollenklärung zwischen hierarchischen Führungskräften und Teams
Beiträge des QM zur Agilität des Unternehmens (Agilität ist offizielles Unternehmenskonzept)		
„Hilfsaguillero“ In einem agilen Projekt mitarbeiten	Im eigenen Unternehmen, beim Kunden oder Lieferanten arbeiten schon agile Teams. Mit der Kenntnis, wie und mit welchen Techniken und Prinzipien sie funktionieren, ist es viel leichter, mit ihnen reibungslos zusammenzuarbeiten.	Scrum, Sprint, Kanban Board
„Integration“ Agile Teams und Bereiche ins QM-System integrieren	Die offizielle Einführung agiler Konzepte und damit verbundener Selbstorganisationsansätze erfolgt oft außerhalb des dokumentierten (Qualitäts-)Managementsystems. Sie ist allerdings nicht chaotisch, sondern ausgeprägt regelbasiert. Es ist eine Herausforderung, weiterbestehende klassische und neue agile Bereiche unter dem Dach eines gemeinsamen Managementsystems funktionierend zu verknüpfen.	Organisationsentwicklung Kollaborative, Social-Media-basierte Dokumentationssysteme Agile Regeln und Rollen, klassische Regeln und Rollen

Eine gutes Lern- und Startfeld für die abteilungsinterne Anwendung bieten aus dem Scrum entlehnte Kanban Boards, mit deren Hilfe sich die Qualitätsmanagementabteilung zunächst Transparenz über die Aufgabenerledigung und Projektstatus verschafft, ihre Aufgaben und Projekte zunehmend in Inkremente zerlegt, deren Erledigung beschleunigt und Zwischen- und Teilergebnisse mit Nutzern testet, um ihr Feedback zu berücksichtigen. ■

Klein und schlicht zu starten und das Vorgehen dann weiterzuentwickeln hat sich bewährt, der Start mit Lehrbuchlösungen, die meistens ausgereiftere und komplexere Methodenanwendungen beschreiben, kann leicht scheitern. Sehr regelmäßige Retrospektiven, gemeinsame Rückschauen im Team, wie z. B. die Seesternretrospektive, helfen dabei, Probleme der Umsetzung und Akzeptanz zu erkennen und pragmatisch sofort zu beheben. Auch die Methode Retrospektive selbst stammt aus dem Scrum.

Seesternretrospektive

Fünf wie bei einem fünfarmigen Seestern angesiedelte Linien auf einer Pinnwand (oder Ähnlichem) trennen fünf Felder, die mit Fragen versehen werden, z. B.:

- Was läuft schlecht?
- Was läuft gut?
- Wovon brauchen wir mehr?
- Wovon brauchen wir weniger?
- Was machen wir (ab morgen) anders?

Teammitglieder beantworten die Fragen z. B. auf Post-its im Rahmen eines Brainstormings, diskutieren die Antworten und leiten gemeinsame Verabredungen für Veränderungen daraus ab. Die Kraft des Verfahrens (und seiner zahlreichen Varianten) liegt in der regelmäßigen Wiederholung. Es ist charakteristisch für das einfache, pragmatische inkrementell-iterative Vorgehen agiler Teams. Klassische Vorgehensweisen des QM zur kontinuierlichen Verbesserung muten hingegen wesentlich formaler und umständlicher an.

Für die abteilungsextern gerichteten Anwendungsfälle, insbesondere die agilitätsförderliche Managementsystemgestaltung, gilt es, im Sinne einer Organisationsentwicklung zu agieren. Bild 5.7 stellt Facetten des Weges von der Standardisierung zur Agilisierung dar. Es zeigt auch, dass es Veränderungsfrequenz und Komplexität sind, die maßgeblich das Erfordernis für Agilität begründen. Je häufiger sich ein Unternehmen verändern muss und je komplexer seine Lage und sein Umfeld, seine Prozesse und seine Produkte sind, desto eher muss es agil sein. Stabilität, also wenig Veränderung und geringe Komplexität sind jedoch prädestiniert für Standardisierung, lassen geringe Agilitätsgrade zu.

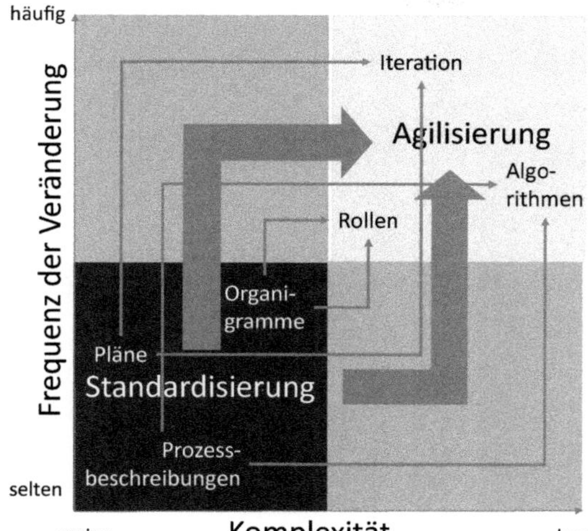

Bild 5.7
Von der Standardisierung zur Agilisierung

Es muss und wird auch bei hohen Agilisierungsgraden und in vielen Branchen und Unternehmen weiterhin Standards und Standardisierung geben, und zwar auf Organisations- und Managementsystemebene, auf Prozessebene und auf Produktebene. Oft gilt es, ein Mindestmaß an Standardeinhaltung mit einem Höchstmaß an Agilität zusammenzubringen:

- Statt tendenziell detaillierter Prozessbeschreibungen muss es bei höheren Agilitätsgraden eher algorithmische Regeln geben, die grob und grundsätzlich die wichtigen Handlungsprämissen und Handlungsanweisungen benennen. Das lässt die dringend notwendigen Freiheitsgrade für Agilität.
- Statt starrer aufbauorganisatorischer Zuordnung, wie wir sie in den bisherigen Organigrammen finden, braucht es mehr Rollenklärung, Rollenfokus und bei häufiger Veränderung auch häufige Rollenklärungsprozesse. Das hilft, die viel zitierten Silos zu durchbrechen, und ermöglicht ein weniger durch Team und Abteilungsgrenzen eingeengtes Interagieren der Mitarbeiterinnen und Mitarbeiter. Statt formal Berichtswege herauf und wieder herunter zu wandern oder sie informal zu umgehen, erfolgt dann die direkte, unmittelbare Kommunikation und Interaktion zum Wohle der Kunden und der anderen Stakeholder. Hier kommt dann auch die Subsidiarität zum Tragen, und der Rückbau von Hierarchien kann eine Option sein.
- Statt aufwendig detaillierte und langfristige Pläne zu schmieden, von denen es dann schwerfällt, abzuweichen, selbst wenn den Plänen der Himmel auf den Kopf fällt, erzeugt Iteration, iteratives kleinschrittiges Vorgehen mit vielen Zwischentests und -feedbacks von internen und externen Kunden und Nutzern Ergebnisse, die sich besser an die Realität anschmiegen können, vor allem an unvorhergesehene, aber relevante neue Anforderungen und sich verändernde Rahmenbedingungen.

Für das Qualitätsmanagement kann das heißen,

- das Managementsystem, seine Regeln und die Art und Weise, wie wir Regeln formulieren, schlanker und adaptiver zu konzipieren,
- die Umsetzungsgeschwindigkeit deutlich zu erhöhen, Änderungen am System schneller vorzunehmen, frühe Teilprojektergebnisse statt späte Projektergebnisse abzuliefern,
- selbst weniger in Planung und mehr in inkrementelle Iteration zu investieren und andere, die das in der Organisation tun, zu unterstützen,
- sensibel und schnell auf ungewollte Effekte von Managementsystemfestlegungen zu reagieren und Regeln und Entscheidungen zu verändern, die diese auslösen,
- das Auditprogramm kurzfristig und rollierend statt langfristig aufzustellen und mit den Audits besser und schneller auf akute Probleme, Risiken, Chancen, Lernerkenntnisse und Erfolge eingehen,
- das eigene Aufgabenportfolio rigoros zu verschlanken.

Zusammenfassend bleibt festzuhalten: Es gibt gute Gründe, warum sich Unternehmen mit der Steigerung ihrer Agilität befassen müssen. Wo sie das tun, entsteht auch für das Qualitätsmanagement die Notwendigkeit, einen Beitrag zu leisten, selbst agiler zu werden und die Agilisierung des Unternehmens aktiv zu fördern. Doch selbst wo das Unternehmen keine derartige Initiative startet, kann ein agiles Qualitätsmanagement die Leistungsfähigkeit und Nutzerorientierung der Abteilung Qualitätsmanagement und ihrer Dienstleistungen verbessern und weiterentwickeln. Die Agilisierung des Unternehmens und seines Qualitätsmanagements muss unternehmensindividuell erfolgen und sollte selbst agil, also klein beginnend, experimentell tastend erfolgen. Lehrbuch- und Musterlösungen kann es nicht geben. Nicht zuletzt ist wichtig zu beachten, nicht jedes Unternehmen muss agiler werden, und auch in einem durchweg hochgradig agilen Unternehmen muss nicht jeder Bereich gleich agil und schon gar nicht gleich hochgradig agil sein.

Tabelle 5.8 stellt den Bezug zum PIQ dar.

Tabelle 5.8 Bezug des agilen Qualitätsmanagements von QM und QS zum PIQ

PIQ-Fokusthema	Konkreter Bezug
Mensch	Agilität ist von der Fokussierung auf menschliche Bedürfnisse geprägt. Eine zunehmende Agilisierung sollte den Menschen dienen, die Produkte und Dienstleistungen der Organisation erhalten. Sie darf die Menschen nicht überfordern, die agiler werden sollen. Die Einführung der Agilisierung muss mit den beteiligten und betroffenen Menschen erfolgen. Menschen in sehr agilen und wenig agilen Bereichen, Menschen mit sehr agilen und mit weniger agilen Aufgaben sollen sich um gegenseitige Wertschätzung bemühen.

PIQ-Fokusthema	Konkreter Bezug
Kultur	Im Qualitätsmanagement bedeutet Agilisierung einen Kulturwandel, verbunden mit neuen Handlungsmaximen und -prinzipien.
Struktur	Agile Organisationen und Organisationseinheiten sind typischerweise weniger hierarchisch.
Fachlichkeit	Agile Organisationseinheiten sind typischerweise interdisziplinärer.

5.6 Deformalisierung

Regeln und ihre Zusammenfassung in einem formalen Regelsystem sind unverzichtbar für Organisationen. Eine intensive externe Reglementierung stellt sie vor die Notwendigkeit, Vorgaben und Anforderungen daraus zu identifizieren und deren Umsetzung nachhaltig zu managen. Insofern ist auch ein Mindestmaß an interner Formalisierung unausweichlich.

Externe Reglementierung und interne Formalisierung

Externe Reglementierung:

- Manifestation von politischem Willen (z. B. verbandspolitisch, parteipolitisch, wirtschaftspolitisch, gesellschaftspolitisch, machtpolitisch) in gesetzliche und normative Vorgaben und Anforderungen.
- Manifestation von unternehmerischem Willen in vertragliche Vorgaben und Anforderungen.

Interne Formalisierung:

- Übersetzung gesetzlicher, normativer und vertraglicher Vorgaben und Anforderungen in unternehmenseigene Spezifikationen, Regeln und Qualitätsmerkmale.
- Übersetzung der Wünsche und Bedarfe von Konsumenten und anderer Stakeholder in unternehmenseigene Spezifikationen, Regeln und Qualitätsmerkmale.
- Manifestation eigenen Willens (Ambitionen, Werte) in unternehmenseigene Spezifikationen, Regeln und Qualitätsmerkmale.

Das Qualitätsmanagement ist eng mit der Formalisierung des Unternehmens verbunden. Einerseits besteht seine Aufgabe darin, die Vorgaben und Anforderungen unterschiedlicher staatlicher und nicht staatlicher Regelgeber zu identifizieren und in Spezifikationen, Regeln und Qualitätsmerkmale zu übersetzen. Dazu dienen vor allem das Managementsystem und sein Teilsystem, das Qualitätsmanagementsystem. Doch auch das Compliance-, das Arbeitssicherheits-, Umwelt-, Energie, Datensicherheits- und Datenschutzmanagement sowie viele andere Managementbereiche, nicht zuletzt auch das Finanzmanagement, stehen vor der gleichen Aufgabe.

Das – integrierte – Managementsystem fasst alle intern gültigen Regeln zusammen und soll sie für alle Mitarbeiterinnen und Mitarbeiter in Prozessen und im Arbeitsalltag anwendbar machen. Dazu sind zum Zwecke des Qualitätsmanagements eigene Kategorien von Regelwerken der externen Reglementierung entstanden, darunter QM- und QS-Normen, Branchenstandards und Verträge, wie z. B. Qualitätssicherungsvereinbarungen (QSV). Dadurch ist das Qualitätsmanagement traditionell regelwerksgeprägt und nach Jahrzehnten mithin sogar äußerst regelwerksdominiert.

Durch eine enorme und tendenziell anwachsende Überreglementierung besteht in vielen Organisationen eine ausgeprägte interne Überformalisierung. Sie wird verstärkt durch eine Absicherungsmentalität der Teilregelsystemverantwortlichen, wie Qualitätsmanagement-, Umweltmanagement- oder Datenschutzbeauftragte, sowie durch deren oft unzureichende Kooperation. So sehen sich Mitarbeiterinnen und Mitarbeiter, darunter auch die Führungskräfte, überbordenden, dysfunktionalen bis hin zur Paradoxie widersprüchlichen Regelsystemen und Regeln gegenüber. Je stärker die Formalisierung, desto größer der Druck, „informale Ausweichbewegungen“ zu machen, also Regeln zu umgehen und sogar bewusst zu verletzen oder zu brechen. Zwar geschieht das auch aus egoistischen Motiven, also um eigener Vorteile willen, doch ebenso aus altruistischen Motiven, weil zum Nutzen der Organisation. Erst durch „informale Ausweichbewegungen“ bis hin zum Regelbruch sind viele Unternehmen in der Lage, ihre vertraglichen Pflichten, Termine und Kostenvorgaben einzuhalten. Soziologen nennen dies „brauchbare Illegalität“. Sie wird sehr häufig nicht entdeckt, manchmal wird sie entdeckt, aber nicht weiterverfolgt, manchmal wird sie verfolgt und bestraft, aber wird sich für Einzelne oder die Organisation im Nachhinein dennoch gelohnt haben. Geringe Entdeckungswahrscheinlichkeit und ein „Return on Regelbruch“ begünstigen die informale Ausweichbewegung.

Je höher der Formalisierungsgrad, meist infolge eines hohen externen Reglementierungsgrads, desto höher ist die Wahrscheinlichkeit von Regelbrüchen. Genau das ist eine der Ursachen für die immer wieder bekannt werdenden Skandale in hochreglementierten, hochregulierten Branchen, wie der Lebensmittelbranche, dem Gesundheitswesen und auch der Automobilindustrie. Der Reflex, mit Regelverschärfungen zu reagieren, löst fast nie diese Probleme, hat aber das Potenzial, sie noch weiter zu verschärfen.

Ein wichtiger Aspekt ist das Phänomen der Täuschung. Mittels formal korrekt erscheinender Regelbefolgung wird oft die Qualität eines Prozesses und eines Arbeitsergebnisses nur simuliert. Ein Beispiel sind die in der Automobilindustrie verpflichtend eingesetzten, formalen 8D-Reports im Kontext von Reklamationen. In einem insgesamt acht Schritte und Vorgaben umfassenden Prozess sollen Zulieferer die Analyse einer Fehlerursache betreiben und dokumentieren. Immer wieder nennen die Zulieferer Pseudofehler sowie Pseudoursachen sowohl für echte Fehler als auch für die Pseudofehler. Dies geschieht unter dem Druck hoher Strafandrohungen (Pönalen) für selbst verursachte Fehler, dem Risiko der Belastung mit Fehler- und Fehlerfolgekosten, aber auch aus Sorge vor Auftragsverlusten. Auch aufseiten der großen Hersteller und Systemzulieferer erfolgen formal korrekt erscheinende Täuschungen der eigenen Zulieferer auf Basis einer großen Machtasymmetrie zu ihren Gunsten. So beteiligen sie Zulieferer an Kosten, für die diese nicht verantwortlich sind. Auf diese Weise entsteht eine Diskrepanz zwischen der oft geforderten offenen Fehlerkultur und dem Bestrafen genau dieser. Ein anderes Beispiel kommt aus der Altenpflege. Die Organisation akzeptiert, dass eine unterbesetzte Nachtschicht nicht allen vereinbarten pflegerischen Aufgaben nachkommen kann, wodurch Patienten unterversorgt oder gefährdet werden. Sie akzeptiert aber – um die Unmöglichkeit einer vollständigen Leistungserbringung bei Unterbesetzung wissend – nicht, dass am Morgen die Pflegedokumentation die Versäumnisse abbildet. Auf diese Weise simuliert die geschönte Dokumentation eine Qualität, die nicht erbracht werden konnte.

Es gibt auch das Phänomen der Unterformalisierung, das ist jedoch seltener und oft temporär, z. B. in Start-up-Phasen oder nach dem Eintritt in neue Märkte, in denen neue Regeln gelten, die man zunächst noch nicht ausreichend kennt und erst nach und nach in Anforderungen und Managementsystemregeln übersetzen muss. Gerade die Anwendung der Qualitätsmanagementnormen und die auf sie gestützte, tief in die Liefernetzwerke gehende Zertifizierung hat über drei Jahrzehnte dazu beigetragen, dass es heute viel weniger Unterformalisierung gibt.

Die informale Ausweichbewegung ist somit einerseits eine Form nützlicher, unerkannter Agilität, die die Organisation erst prozessual und ökonomisch handlungsfähig macht. Andererseits birgt sie ein latentes direktes Risiko, durch die Regelverletzung Schäden zu verursachen, sowie ein indirektes Risiko der Bestrafung für die Regelverletzung. Eine Organisation ohne informale Ausweichbewegungen ist unrealistisch, erst recht ist es die Vorstellung ihrer „idealen Durchformalisierung“. Allerdings gilt es, Ausmaß und Art der Formalisierung und die damit verbundenen Risiken zu managen. Das bedeutet, sie in einem Korridor zwischen Über- und Unterformalisierung zu halten (Bild 5.8). Dieser Korridor entsteht durch das Zusammenspiel externer Reglementierung und interner Formalisierung. Denn tendenziell steigt der Formalisierungsbedarf bei wachsender Reglementierung, sodass für stärker reglementierte Branchen und Unternehmen ein höherer Formalisierungsgrad erforderlich ist als für schwach reglementierte.

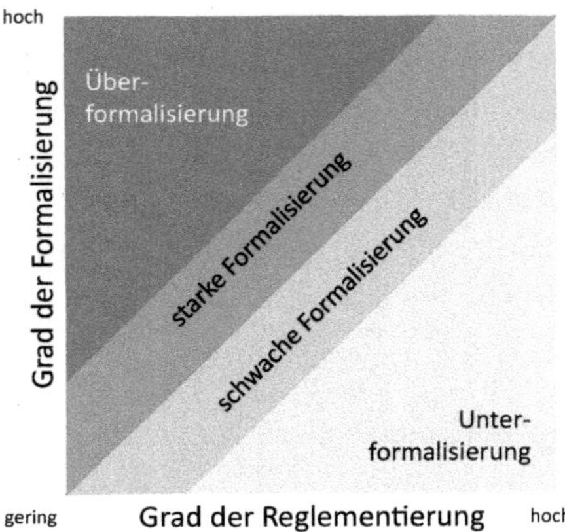

Bild 5.8
Korridor angemessener Formalisierung nach Reglementierungsgrad

Für die allermeisten Unternehmen und Managementsystemverantwortlichen erfordern die beschriebenen Mechanismen und Risiken einer Überformalisierung, sich mit der gezielten Deformalisierung ihres Managementsystems zu befassen. Für Regelgeber, darunter auch QM-Normungsgremien und Akkreditierer, bedeutet es, die Dereglementierung anzugehen, auch Entbürokratisierung oder Deregulierung genannt. Ersteres liegt in der eigenen Verantwortung und Umsetzbarkeit; Letzteres wird nur sehr langfristig und auf Basis konzertierter Aktion vieler und vor allem einflussreicher Interessengruppen erfolgen können.

Formalisierung und Deformalisierung sind dauerhafte Aufgaben

Ist die Überformalisierung über längere Zeit eskaliert, kann sie in einem Projekt deutlich reduziert werden. Weil sich aber externe Reglementierung und auch interne Erfordernisse in der heutigen volatilen Zeit immer wieder ändern, ist Formalisierung sowie Deformalisierung kein einmaliger Akt, sondern beides wird immer wieder erforderlich. Auch besteht latent die Tendenz zur Überformalisierung.

Eine signifikante interne Deformalisierung anzugehen, erfordert eine grundlegende Hinterfragung der Positionen und typischen Handlungsweisen bisheriger QM-Verantwortlicher und QM-Abteilungen. Die Bedeutung QM-spezifischer Regelwerke wie der ISO 9001 oder ihrer branchenspezifischen Konkretisierungen und Vertiefungen (wie z. B. IATF 16949) ist groß und sie prägen die Wahrnehmung des QM, aber auch seinen Aktivitäts- und Aufgabenfokus.

Viele etablierte Argumentationen des Qualitätsmanagements zielen auf die Vorteile der Regeleinhaltung (Bild 5.9 oben rechts) und die Nachteile der Nichteinhaltung von Regeln (Bild 5.9 unten links) ab. Eine für das Qualitätsmanagement neue Sichtweise ist es, auf die Vorteile der Nichteinhaltung (Bild 5.9 unten rechts) sowie die Nachteile der Regeleinhaltung (Bild 5.9 oben links) zu schauen. Dann wird deutlich, dass die etablierten Argumente oft bei Mitarbeitern und sogar Führungskräften nicht verfangen können. Denn diese kennen und erleben sowohl die Nachteile der Regeleinhaltung als auch die Vorteile des Regelbruchs. Viele Qualitätsmanager, Compliance Officer, weitere Teilmanagementbeauftragte und Führungskräfte müssen also ihre Argumentation und ihre bisherigen Schlussfolgerungen überdenken.

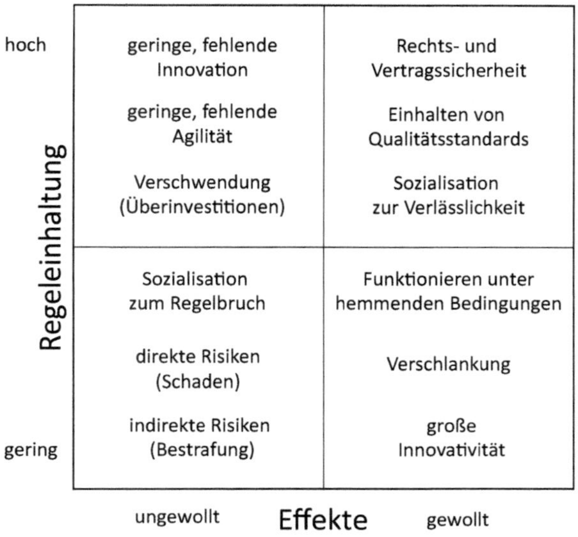

Regeleinhaltung	ungewollt	gewollt
hoch	geringe, fehlende Innovation geringe, fehlende Agilität Verschwendung (Überinvestitionen)	Rechts- und Vertragssicherheit Einhalten von Qualitätsstandards Sozialisation zur Verlässlichkeit
gering	Sozialisation zum Regelbruch direkte Risiken (Schaden) indirekte Risiken (Bestrafung)	Funktionieren unter hemmenden Bedingungen Verschlankung große Innovativität
	Effekte	

Bild 5.9
Vor- und Nachteile der Regeleinhaltung

Was können Managementsystemverantwortliche tun, um die Risiken der Überformalisierung abzubauen? Sie können

- sich ein realistischeres Bild der Lage und des Konformitätsgrades machen, um die Risiken und das Ausmaß der Nonkonformität zu erkennen,
- die Anzahl, die Kompliziertheit und die Komplexität von Regeln auf ein Mindestmaß reduzieren, um mehr Übersichtlichkeit und weniger Dysfunktionalität und Widersprüchlichkeiten zu erreichen,
  - weniger freiwillige Umsetzung von Regelwerken,
  - weniger rigorose Auslegung und Anwendung der Regelwerke,
- an der Organisationskultur arbeiten, um zu erreichen, dass Führungskräfte und Mitarbeiter beim Versagen und Verletzen von Regeln Unternehmenswerte einhalten und damit „das Richtige“ und nicht „das Falsche“ tun,
- das Managementsystem integrativ und kooperativ gestalten,
- Managementsystemgestaltung und Organisationsentwicklung inkrementell-iterativer betreiben, um unvorhergesehene ungewollte Effekte von Regelsetzungen und Interventionen schneller zu erkennen und zu korrigieren,
- an der Organisationskultur arbeiten,
- aufhören, die Regelwerke zum Zentrum der eigenen Arbeit und Kommunikation zu machen.

Audits müssen in der Lage sein, rigoros und unter Verwendung kriminalistischer (forensischer) Methoden Nonkonformitäten aufzudecken. Interne Revision, Compliance Officer, Wirtschaftsprüfung und andere Auditierende müssen dazu eng kooperieren und Erkenntnisse teilen. Sie können ein gemeinsames Auditprogramm konzipieren. In besonders gefährdeten Bereichen sind Whistleblowing-Systeme einzurichten. Wer allerdings so auditiert, kann im Unternehmen nicht in anderen Rollen, z. B. als Coach, auftreten. Externe interne Auditoren sind eine Möglichkeit, Rollenkonflikte von Qualitätsmanagern und Qualitätsmanagementauditoren zu vermeiden, die ihren Auditschwerpunkt auf Verbesserungspotenziale legen.

Bei jeder Regelwerksrevision und bei jeder neuen vertraglich vereinbarten Kundenanforderung erfolgt eine Aktualisierung des Managementsystems. Dabei kommt immer wieder das Entrümpeln überkommener, obsoleter Regeln zu kurz. Auch halten der längst vergangene Aufwand und die damalige Schwierigkeit, die Managementsysteme zu dokumentieren, in Verbindung mit dem erwarteten neuen Aufwand, Verantwortliche davon ab, reinen Tisch zu machen und heute neue, schlanke hochgradig in Workflows integrierte Dokumentationen und Regelsysteme zu konzipieren. Darüber hinaus ist die Aktualisierungsgeschwindigkeit des dokumentierten Systems heute vielfach zu gering, sodass die Lücke zwischen gelebter Praxis und dokumentiertem Prozess immer weiter aufklafft. Hier braucht es Systeme, die schnelle Anpassungen unter hoher Selbstbeteiligung und Selbstverantwortlichkeit der Prozessverantwortlichen ermöglichen.

Wer deformalisiert, muss an der Organisationskultur arbeiten. Dies kann sich als das schwierigste Feld erweisen. Das Formulieren und Publizieren vor Werten reicht hier nicht aus. Erst erlebbare, beobachtbare Verhaltensänderungen insbesondere von Führungskräften zeigen Mitarbeitern, dass auch von ihnen ein anderes Verhalten erwartet wird. Begünstigend wirkt oft, dass Mitarbeiter Qualität erzeugen, Kunden ehrlich bedienen und sich richtig verhalten wollen. Fehlverhalten gilt es, sofort und in angemessener, Lernen und Besserung ermöglichenden Weise anzusprechen. Das zu erreichen, kann nur eine langfristige kollektive Aufgabe eines gesamten Führungsteams sein und muss auf Jahre angelegt sein.

Jede neue Regel und jede Intervention in die Organisation löst Effekte aus. Einige davon sind gewollt, andere ungewollt. Einige sind vorhergesehen, manche nicht. Zu ihnen zählen auch die informalen Ausweichbewegungen. Häufig ist es so, dass ungewollte Effekte erst spät bemerkt werden. Oder sie werden in ihrer Brisanz unterschätzt. Immer wieder sind Bekräftigungen der neuen Regeln, erneute Unterweisungen und die Androhung von Konsequenzen die Reaktion auf ungewollte Effekte. Doch manchmal zeigt das Verletzen einer Regel einfach nur, dass die Regel nicht taugt. Viel häufiger müssten die Verantwortlichen die Regel oder die Intervention überdenken und anpassen, dabei in kleinen Schritten (inkrementell), lokal (Pilotbereich), experimentell (Versuch und Irrtum) und iterativ (zurück und anders, neu probieren) vorgehen. Man könnte dies auch eine agile Vorgehensweise nennen.

Tabelle 5.9 stellt den Bezug zum PIQ dar.

Tabelle 5.9 Bezug der Deformalisierung zum PIQ

PIQ-Fokusthema	Konkreter Bezug
Mensch	Menschen brauchen klare Regeln. Sind die Regelsysteme dysfunktional und widersprüchlich, induzieren sie Zielkonflikte, kommen Menschen unter den Druck, Regeln zu brechen. Organisationen sollten diesen Druck so weit wie irgend möglich reduzieren.
Kultur	Stark extern reglementierte und deshalb stark intern formalisierte Regelwerke brauchen eine Kultur der Disziplin und Regeltreue. Werte sind stärker als Regeln, das Befolgen von Werten ist wichtiger als das Einhalten von Regeln. Gute Regeln verletzen keine Werte und fördern nicht die Verletzung von Werten.
Struktur	Deformalisierung geschieht an und in der Struktur, ist das Regelsystem bzw. Managementsystem doch ein Teil der Struktur.
Fachlichkeit	Fachlichkeit induziert eigene Werte und Regeln, an ihnen kann sich die Organisation orientieren, denn sie sind oft langfristig gewachsen und sowohl sozial akzeptiert als auch sozial akzeptabel.

5.7 Digitalisierung der Qualitätssicherung: QS 4.0

Das Innovationsmanagement hat zwei starke Bezüge zur Digitalisierung, die in seiner Kernmission begründet sind. Es ist erstens Erzeuger neuer und zweitens Nutzer bestehender digitaler Technologien, um neue Lösungen, Produkte, Prozesse und Geschäftsmodelle zu erzeugen. Daraus resultieren zudem die Verantwortung und die Notwendigkeit, an der Organisationsentwicklung mitzuwirken und gemeinsam mit dem Qualitätsmanagement Strukturen und Kulturen zu gestalten, die sich einerseits mehr und mehr auf digitale Technologien stützen und andererseits digitale Geschäftsmodelle und die Bereitstellung hybrider und digitaler Produkte ermöglichen. Ebenso nutzt das Qualitätsmanagement für einige seiner Aufgaben digitale Lösungen.

Anders geartet ist die Situation für die Qualitätssicherung. Sie ist nicht in dem Maße an der Nutzung digitaler Technologien im Kontext der Innovation und Organisationsentwicklung beteiligt. Sie muss z. B. Mess- und Prüfkonzepte für Innovationen bereitstellen und im Zuge der Ausgestaltung von Produkten und Prozessen auch andere Aspekte der Qualitätssicherung leisten. Sie kann und muss allerdings in großem Umfang digitale Technologien zur Erfüllung der eigenen Aufgaben nutzen. In viel stärkerem Maße als das Innovationsmanagement und das Qualitätsmanagement ist die Qualitätssicherung automatisierbar und muss demnach selbst digital werden *(Digitalisierung der Qualitätssicherung)*. Zudem muss sie aber auch die Qualität digitaler Produkte und Prozesse sichern *(Qualitätssicherung der Digitalisierung)*. Hinzu kommt, dass IT-Infrastruktur immer wichtiger wird, Hardware wie auch Software. Immer stärker greifen deshalb die erstarkten IT-Abteilungen und externen IT-Dienstleister in Prozesse und Infrastrukturen ein. Dabei berühren und verändern sie Prozesse und Prozessparameter, verändern Qualitätsmerkmale und Treiber von Qualitätsmerkmalen von Produkten und Prozessen. Auch diese muss die Qualitätssicherung auf ihre Agenda nehmen. So entsteht zunehmend eine Qualitätssicherung 4.0 (QS 4.0). Bild 5.10 zeigt die beiden Dimensionen der Digitalisierung der Qualitätssicherung und der Qualitätssicherung der Digitalisierung mit ihren drei Einsatzgebieten, Prozesse, Produkte und IT-Infrastruktur. Das Bild nennt zudem Beispiele für jeweilige Anwendungen.

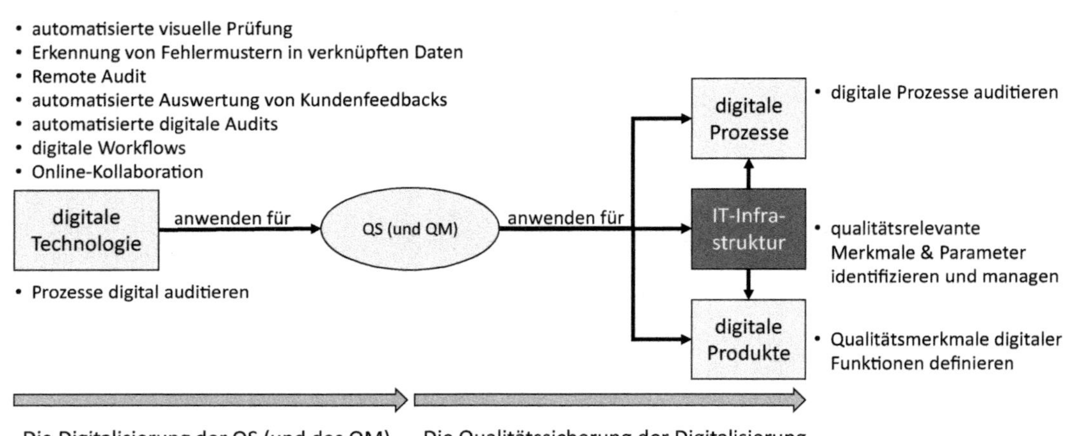

Bild 5.10 Digitalisierung der Qualitätssicherung und Qualitätssicherung der Digitalisierung

Tabelle 5.10 stellt den Bezug zum PIQ dar.

Tabelle 5.10 Bezug der Digitalisierung der QS zum PIQ

PIQ-Fokusthema	Konkreter Bezug
Mensch	Die Digitalisierung kann Menschen entlasten und unterstützen, kann aber auch Menschen überfordern und bedrohlich sein. Digitalisierung geht mit der Verantwortung für Menschen einher, damit Lösungen entstehen, die den Menschen dienen und die sie körperlich und psychisch nicht beeinträchtigen. Das betrifft die Menschen in der Organisation sowie auch die Menschen, die digitale Produkte oder Prozesse der Organisation nutzen.

PIQ-Fokusthema	Konkreter Bezug
Kultur	Digitalisierung ist stark kulturverändernd, Digitalisierung schafft „sich“ gewissermaßen eine eigene Kultur.
Struktur	Digitalisierung braucht Strukturen und Infrastrukturen, und zwar umfangreich, und benötig dafür viele Ressourcen. Digitalisierung verändert bestehende nicht digitale Strukturen erheblich.
Fachlichkeit	Digitalisierung braucht eine eigene, verändert aber auch bestehende Fachlichkeiten.

5.7.1 Automatisierung und Autonomisierung

Automatisierung und Autonomisierung sind keine Phänomene der digitalen Zeit und reichen viele Jahrhunderte zurück. Allerdings erleben wir heute neue Ausbaustufen sowohl der Automatisierung als auch der Autonomisierung (Bild 5.11).

Automatisierung und Autonomisierung

Vereinfacht lässt sich Automatisierung als Substitution menschlichen Handels durch Maschinen und Autonomisierung als Substitution menschlichen Steuerns durch Maschinen beschreiben.

Dabei sind Maschinen im erweiterten Sinne nicht allein mehr ein mechanisches Gebilde oder mechanische, elektronische, digitale Hybride, sondern können in der Form von Bots, Computerprogrammen, die wie physische Maschinen auch bestimmte Funktionen weitgehend autonomen erfüllen, auch rein digital sein.

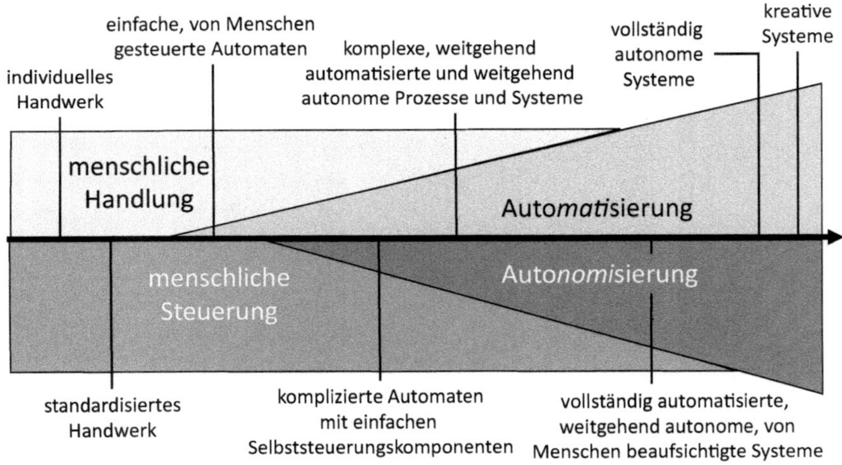

Bild 5.11 Automatisierung und Autonomisierung

Die Automatisierung begann vor der Autonomisierung. Sie schritt und schreitet immer weiter voran, umfasst immer mehr Anwendungsfelder. Insbesondere hat sich die Automatisierung vom mechanischen Feld der Materialbearbeitung und des Materialhandling in Richtung der Dienstleistung und virtuellen Prozesse ausgedehnt. Vor allem aber erleben wir jetzt darüber hinaus eine immer weitergehende Autonomisierung, bei der bereits weitgehend oder vollständig automatisierte Prozesse und Systeme nun mit immer weniger Eingriff des Menschen gesteuert werden, bis hin zu einer vollständigen Unabhängigkeit, also Autonomie von menschlicher Steuerung. Es kann noch Jahrzehnte dauern, bis die meisten oder gar alle automatisierten Systeme autonom oder in einem weiteren Schritt sogar kreativ sind. Doch diese Transformation schreitet stetig voran.

Die Qualitätssicherung ist zweimal gefragt. Zum einen kann sie digitale Techniken der Automatisierung und Autonomisierung für sich selbst nutzen. Ein Beispiel ist eine automatisierte visuelle Prüfung. Zum anderen muss sie die Qualitätssicherung autonomer und automatisierter Prozesse betreiben. Unter dem Namen Predictive Quality (vorhersagbare Qualität) forschen Qualitätswissenschaftler des Werkzeugmaschinenlabors (WZL) der RWTH Aachen an den Einsatzmöglichkeiten digitaler Technologien für die Qualitätssicherung und die vorbeugende Instandhaltung.

Tabelle 5.11 zeigt Beispiele für Aufgaben der Qualitätssicherung, die automatisiert werden können, sowie dafür verfügbare Voraussetzungen und besondere Vorteile ihrer Automatisierung und Autonomisierung.

Tabelle 5.11 Aufgaben der Qualitätssicherung, die automatisiert und autonomisiert werden können

Aufgabe	Technologie	Voraussetzung	Besonderer Vorteil
Identifikation von Kundenanforderungen und Übersetzung in Qualitätsmerkmale	Simulation	Nutzungs- und Qualitätsdaten von verwandten Produkten (auch Dienstleistungen(DL)) liegen vor Produktnutzung und Produktneuerungen	Bessere Erkennung von Kundenanforderungen durch realitätsnahe Produktbewertung Kundeninteraktion zu noch nicht physisch oder prozessual realisierten Produkten (DL)
Prüfplanung	Prüfplanungssoftware	Algorithmen und algorithmisierbare Prämissen für die Prüfplankriterien	Individualisierte Prüfplanung bei großer Variantenvielfalt

Aufgabe	Technologie	Voraussetzung	Besonderer Vorteil
Messung und Prüfung (von Produkt- und Prozessmerkmalen)	Digitale Prüf- und Messmittel Multifunktionssensoren Digitale Netzanbindung Automatisierte Softwaretests	Qualitätskriterien für Datenformate Digitale Schnittstellen Automatisiertes Prüfteil- und Prüfmittelhandling	Die Mess- und Prüfbedingungen sind leichter innerhalb definierter Grenzen zu halten Störende Einflüsse können minimiert werden Größere Prüf- und Testressource
Fehlervermeidung (Fehlerprävention)	Simulation	Nutzung (inklusive Missbrauch) und Beanspruchung eines Produkts oder Durchführung einer Dienstleistung können hinreichend gut simuliert werden	Das System identifiziert bisher nicht bedachte Fehlermöglichkeiten, Risiken, Missbrauchsmöglichkeiten und Nutzungsgrenzen Virtuelle Funktions- und Belastungstests ohne reale Gefährdung sowie ohne Materialeinsatz vor Abschluss der Entwicklung durchführbar
Fehlerdetektion und Fehleranalyse	Digitale Sensorik Digitales Tracking (Identifikation, Lokalisierung) Digitales Tracing (Nachverfolgung, Rückverfolgbarkeit) KI-gestützte Data Analysis (Data Mining, Process Mining), lernende KI	Rückverfolgbarkeit Datenpool Relevante Prozess-, Produktmerkmale sowie Umgebungsdaten werden digital vermessen und erfasst	Ferndiagnosen möglich Fehlerhafte Teile (oder Dienstleistungen) können sofort lokalisiert, separiert werden (DL gestoppt, angepasst), um Weiternutzung zu verhindern System erkennt Abweichungen von Spezifikationen und weitere Auffälligkeiten, gibt Alarm
Fehlerursachenanalyse	KI-gestützte Data Analysis (Data Mining, Process Mining), lernende KI	Daten der Fehlerdetektion, Fehleranalyse, Umfeldbedingungen liegen vor	System identifiziert weitere, bisher unbekannte relevante Merkmale, Einflussfaktoren, Fehlerarten, Fehlerursachen

Tabelle 5.11 Aufgaben der Qualitätssicherung, die automatisiert und autonomisiert werden können *(Fortsetzung)*

Aufgabe	Technologie	Voraussetzung	Besonderer Vorteil
Fehlerbehebung	Automatische Fehlerbehebung (Automatic Bug Fixing, automatische Patch-Generierung)	Auf Software (inklusive hybride Produkte) anwendbar Online-Verbindung zum Produkt/ Prozess	Schnelligkeit Geringerer Aufwand Softwareänderungen können (bestimmte) Hardwarefehler oder -probleme kompensieren

Die genannten Technologien stehen heute zur Verfügung, und es gibt für jede einzelne davon Anwendungsbeispiele. In vielen Fabriken ist das Potenzial der Digitalisierung und der mit ihr einhergehenden digitalen Qualitätssicherung jedoch noch kaum aktiviert. Flaschenhals ist nicht die Verfügbarkeit der Technologien, sondern die Verfügbarkeit digitaler Kompetenzen. Ein Teil der Technik ist bereits im Unternehmen vorhanden. Ein weiterer Teil ist „draußen" verfügbar. Jedoch: Einiges davon wissen und kennen die Verantwortlichen gar nicht. Mit einigem, was sie kennen, können sie nicht umgehen. Hinzu kommt, selbst wenn sie wissen, kennen und können, vermeiden einige den Aufwand und das temporäre Chaos der Transformation.

Bei reiner Software oder bei hohem Softwareanteil hybrider Produkte (z.B. Smartphone) gibt es bereits hohe Automatisierungsgrade der Qualitätssicherung. Softwarequalitätssicherung ist ein eigenes Teilfachgebiet, das allerdings traditionell bei den Softwareentwicklern angesiedelt ist und kaum zum Beschäftigungsfeld der klassischen Qualitätssicherung wurde, auch dort nicht, wo Software eine immer größere Rolle spielte. Im Sinne einer integrierten Qualitätssicherung, die hybride Produkte absichert, müssen die klassische Hardwarequalitätssicherung und die Softwarequalitätssicherung aber zumindest kooperieren.

Stoßrichtungen einer Automatisierung und Autonomisierung der Qualitätssicherung können sein:

- die Automatisierung und Autonomisierung von Qualitätssicherungsaufgaben,
- die Qualitätssicherung automatisierter, autonomer Prozesse,
- die datengestützte Prognose von Qualität und Ausfällen der Produkte (Predictive Quality),
- die datengestützte Prognose von Ausfällen der Maschinen und Anlagen (Predictive Maintenance),
- der Aufbau autonomer Prozesssteuerungen.

5.7.2 Virtualisierung

Neben der Automatisierung und Autonomisierung bietet die Virtualisierung ein großes Potenzial für die Weiterentwicklung der Qualitätssicherung.

Virtualisierung ist die Abbildung von Prozessen und Dingen in der rein digitalen Welt, der virtuellen Welt. Mittels Virtualisierung lassen sich Interaktionen und Prozesse in einer Weise darstellen, die Menschen in die Lage versetzt, komplizierte und komplexe Zusammenhänge besser verstehen zu können. Unter anderem lässt sich das Zusammenspiel konkreter, physischer Dinge in der physischen Welt und digitaler, abstrakter Dinge in der digitalen Welt darstellen. Darüber hinaus sind inzwischen viele Prozesse selbst rein digital und damit rein virtuell, auch kundenbezogene Prozesse.

Somit ergeben sich, wie schon zuvor bei der Automatisierung und Autonomisierung, zwei Ansätze für die Qualitätssicherung: die Nutzung virtueller Techniken zur Qualitätssicherung von Prozessen und Produkten sowie die Qualitätssicherung virtueller Prozesse.

Virtuelle Prozesse

Virtuelle Prozesse sind Prozesse, die ohne physische Anteile ausschließlich im virtuellen Raum stattfinden.

Eine mögliche Anwendung zur Qualitätssicherung ist die Simulation. Sind relevante Umfeldfaktoren und Prämissen, konkrete und abstrakte Dinge sowie ihre Beziehungen zueinander abgebildet, lassen sich Varianten und Wahrscheinlichkeiten von Zukünften berechnen. In iterativen Simulationsverfahren lassen sich zudem bisher unerkannte Einflussverfahren erkennen und fortan berücksichtigen.

Simulationen arbeiten unter anderem mit den digitalen Abbildungen physischer, realer Dinge. Eine solche Abbildung wird als digitaler Zwilling oder digitaler Schatten bezeichnet. Der Begriff digitaler Schatten erscheint trefflicher, weil es aus Gründen der Machbarkeit und der Verschlankung von Datenvolumina eher darum geht, nur ausgewählte, relevante Merkmale digital abzubilden und kein möglichst vollständiges Abbild oder Zwilling zu erschaffen. Bild 5.12 symbolisiert die Übersetzung des realen Dings in seinen digitalen Schatten und die Abbildung der realen Welt in ihre Simulation.

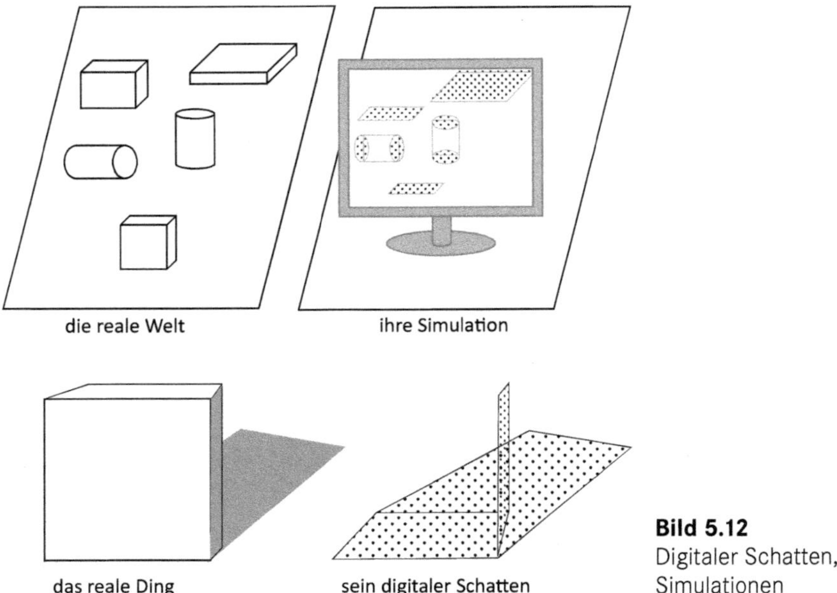

Bild 5.12 Digitaler Schatten, Simulationen

Stoßrichtungen einer Virtualisierung der Qualitätssicherung können sein:

- die Simulation von zukünftigen, bisher nicht realisierten Produkten (und Produktideen, Prototypen) mit Kunden, um Anforderungen und Bedürfnisse zu erfahren,
- die Simulation von komplexen Prozessen, um bisher unbekannte qualitätsrelevante Prozessmerkmale zu identifizieren,
- virtuelle Erstmusterprüfungen, Produkt-, Prozess- und Serienfreigaben,
- Simulationen von Ge- und Missbrauch der Produkte, um Ausfall- und Fehlergeschehen vorherzusagen.

5.7.3 Qualitätssicherung digitaler Produkte und Prozesse

Bereits die Techniken der Automatisierung und Autonomisierung sowie der Virtualisierung dienen der Produktqualitätssicherung. Doch es gibt darüber hinausgehende Erfordernisse.

Zunächst einmal ist zu definieren, was digitale Produkte sind. Das sind

- **rein digitale Produkte** (Software, Apps, Bots ...) und
- **hybride Produkte**, Verbindungen von Hard- und Software, von Dienstleistung und Software oder eine Mischung aus den dreien.
- Zudem gibt es **produktbegleitende digitale Prozesse**.

Anbieter von Hardwareprodukten, reine und hybride, bieten ihren Kunden und dem Handel zunehmend auch produktbegleitende digitale Prozesse an, die die Zusammenarbeit mit ihnen erleichtern, z. B. digitale, interaktive Produktinformation, Bestellprozesse, Service- oder servicebegleitende Prozesse. Obwohl diese nicht zum eigentlichen Kernprodukt gehören, sind sie aus Sicht der Kunden hochgradig qualitätsrelevant und prägen die Kundenbeziehung. Deshalb benötigen auch diese digitalen oder hybriden Prozesse Qualitätssicherung.

Interne digitale Prozesse und die gesamte IT-Infrastruktur sind entscheidend für Produkt- und Prozessqualität.

Die Qualitätssicherung interner und externer digitaler Prozesse ist vergleichbar, auch die Qualitätssicherung relevanter IT-Infrastrukturen und Infrastrukturkomponenten ist vergleichbar, unabhängig ob sie intern oder extern (am Kunden) zum Einsatz kommen. Die folgenden Überlegungen beziehen sich auf beide Aspekte.

Qualitätssicherung von nicht digitalen und von digitalen Produkten oder Produktanteilen sowie von nicht digitalen und digitalen Prozessen hat konzeptionell, methodisch, prozessual und organisatorisch große Unterschiede. Die Qualitätssicherung rein digitaler Produkte ist Softwarequalitätssicherung, ein etabliertes Teilgebiet der Softwareentwicklung.

Dass Softwarequalitätssicherung bisher kein Teilgebiet des klassischen Qualitätsmanagements oder der klassischen Qualitätssicherung war, hat weniger mit den unterschiedlichen Erfordernissen zu tun, sondern damit, dass die Kompetenz dafür bei den Softwareentwicklern lag und diese überwiegend in Softwarefirmen arbeiteten. Deren Arbeitsweisen und Kulturen unterschieden sich deutlich von denen der klassischen Hardwareproduzenten. Viele frühere Entwickler und Produzenten „reiner" Hardware haben über die Jahrzehnte den Anteil der Elektronik und dann der Software in ihren Produkten immer weiter erhöht. Meistens war es zunächst so, dass die Hardwareproduzenten, die zunehmend Software in ihren Produkten benötigten, diese extern einkauften. Als sie nach und nach eigene Softwareentwicklungsressourcen aufbauten, brachten die Softwareentwickler ihre bereits etablierten Entwicklungs- und Qualitätssicherungsmethoden mit. Softwarequalitätssicherung und Hardwarequalitätssicherung hatten jedoch bereits derart eigenständige Entwicklungen genommen, dass sie kaum und auch nicht gut miteinander verbunden wurden. Das führte dazu, dass heute noch auch bei hohem Anteil von Software an hybriden Produkten die Qualitätssicherung sich überwiegend mit der Hardware befasst und die Softwarequalitätssicherung in anderen Händen liegt und nicht gut genug mit der Hardwarequalitätssicherung verzahnt ist.

Die Themen Softwarequalitätssicherung und Qualitätssicherung digitaler Prozesse und unternehmensinterner IT-Infrastrukturen sind komplex und weitreichend. Auf ein interessantes Konzept sei hingewiesen: DevOps.

DevOps steht für *Dev*elopment und IT *Op*eration*s* und soll die Softwareentwicklung, den Softwarebetrieb (Operations) und die Softwarequalitätssicherung effizient kombinieren.

5.8 Integration der Qualitätssicherung in die Wertschöpfung

Neben der Kombination von Innovations- und Qualitätsmanagement sowie der daran anschließenden Integration beider in das Managementsystem gibt es ein weiteres Integrationsthema, das insofern andersgeartet ist, als es nicht um die Integration in ein Gesamtsystem, sondern die Integration in Prozesse geht.

Die früher als Notwendigkeit postulierte Eigenständigkeit und Neutralität der Qualitätssicherungsabteilung sollte heute kein Paradigma mehr darstellen. Dahinter stand die Überzeugung, dass die Interessen- und Zielkonflikte, z. B. zwischen Einkaufs-, Produktions- oder Entwicklungs- und Qualitätsleitung, es erfordern, letztere als „neutrale Instanz" zu positionieren. In den 1980er- und 1990er-Jahren war eine strikte Trennung von Führungsmandaten, Aufgabengebieten und organisatorischen Einheiten ausgeprägter als heute. Klare Hierarchien und traditionelle Führungsrollen machten die Bereiche und Abteilungen zu vergleichsweise geschlossenen Einheiten, heute oft als Silo bezeichnet. Kooperation und die Klärung von Zielkonflikten konnten nur auf Leitungsebene angesprochen und gelöst werden, was oft aber auch nicht erfolgte oder nicht gelang. Seniorität und Machtstreben bestimmten maßgeblich die Durchsetzungskraft einzelner Bereiche gegen andere. Die Qualitätssicherung und ihre Leiter waren Teil dieses Spiels. Ob und wie sich die Positionen des Bereichs Qualitätssicherung durchsetzten, hing vom Status des QS-Leiters ab. Ob dieser stark oder schwach war, für konkurrierende Bereiche und Führungskräfte, wie Entwicklung und Produktion (oder Vertrieb und Kundendienst), war der Bereich QS immer auch ein Spielball derer Auseinandersetzungen um Zielerreichung, Positionierung und Macht. Dass das nicht immer zugunsten der Qualität ausgeht, liegt auf der Hand.

Das seit den 1990er-Jahren forcierte Ringen um mehr Prozessorientierung war ein Versuch, die oft gesamtzielschädliche und kundenvergessene Bereichsoptimierung zugunsten einer Wertschöpfungsoptimierung und stärkeren Kundenorientierung zu überwinden. Das manifestierte sich auch bei der Revision der ISO 9001 im Jahr 2000, die die vorherige Elementegliederung durch eine am Produktentstehungsprozess angelegte Gliederung ersetzte. Doch in vielen Organisationen gelang es nicht, ihre Aufbauorganisation kongruenter zur Ablauforganisation zu gestalten. Die Prozessorientierung blieb in vielen Unternehmen rudimentär, sie war auf dem Papier, das feine Prozesslandschaften zeigte, weiter als in der Realität. Die Digitalisierung löst zusätzlich eine Welle grundlegender Prozessveränderungen aus, was die Notwendigkeit weiter verstärkt, „die Silos aufzubrechen" und sich synchroner zu den Prozessen zu organisieren. Außerdem führt Digitalisierung oft zur Reduzierung von Personalressourcen, was die Zusammenlegung vieler verschiedener spezialisierter Abteilungen rund um den Prozess vereinfacht und begünstigt.

Unternehmen können sich heute Zielkonflikte und Diadochenkämpfe unter den aktuellen Herausforderungen nicht mehr erlauben. Gäbe es sie, wäre es eine organisationsentwicklerische Notwendigkeit, sie aufzulösen. Dann verschwindet aber auch eine Grundlage für die Notwendigkeit der organisatorischen Eigenständigkeit der Qualitätssicherung. Qualität, Funktionalität, Design, Stückzahl und Termin bilden eine Einheit, Kunden sind nicht bereit, das eine zulasten des anderen zu erhalten. Deshalb sind alle genannten Funktionen für alles gemeinsam, kollektiv verantwortlich.

Die Qualitätssicherung steht seit Jahrzehnten vor einem Dilemma, das sie bisher nicht aufgelöst hat. Einerseits erkennt und fordert sie die Qualitätsverantwortung aller im Unternehmen. Symbol dafür war der in vielen Unternehmen an die Mitarbeiter verteilte oder an Treffpunkten aufgehängte Spiegel, auf dem stand: „Verantwortlich für Qualität". Ungeachtet dessen haben Qualitätssicherungsleitungen in den allermeisten Fällen die Qualitätsverantwortung nicht abgegeben. Das äußert sich besonders in der weitverbreiteten Haltung, die Qualitätssicherung müsse eine neutrale, unabhängige Instanz sein, die gegen Handlungen und Entscheidungen anderer, die für Termineinhaltung oder Stückzahl oder Anzahl erbrachter Dienstleistungen verantwortlich sind, angeht. Je nachdem, ob sie eine starke oder schwache Position im Unternehmen hat, gelingt das häufiger, seltener oder nie. Gelingt es selten oder nie, ist oft eine große Larmoyanz, eine Wehleidigkeit, zu beobachten, die imagebildend sein kann.

Es hat sich häufig als schädlich erwiesen, Fach- und Linienverantwortlichen die Option zu geben, Qualitätsthemen an eine QS-Abteilung zu delegieren. Diese Verantwortlichen haben das zu ihrer Entlastung genutzt und sich dann nicht mehr angemessen an der Entdeckung, Analyse und Behebung von Fehlern beteiligt. Es kann umgekehrt sehr sinnvoll sein, die Qualitätsverantwortung an die Eigner der Wertschöpfungskette zu geben. In letzter Konsequenz und damit es dafür keine Ausflucht gibt, ist die Q-Abteilung dann aufzulösen. Im Zuge einer konsequenten Prozessorientierung ist Qualitätssicherung kein eigenständiger Prozess, sondern integraler Bestandteil des Produktentstehungsprozesses und aller anderen Prozesse.

Schlüssel zur Auflösung des Dilemmas ist eine kluge Integration der Qualitätssicherung in die Wertschöpfungsprozesse (und bei Bedarf auch in andere, wie z. B. unterstützende Prozesse). Somit erhalten Prozessverantwortliche die gleichzeitige Verantwortung für Output (Menge), Termineinhaltung und Qualität. Bis dahin externalisierte Zielkonflikte (Blitze in Bild 5.13), die zwischen Personen ausgetragen wurden, werden internalisiert und sind von Prozesseignern und ihren Teams selbst zu lösen und aufzulösen.

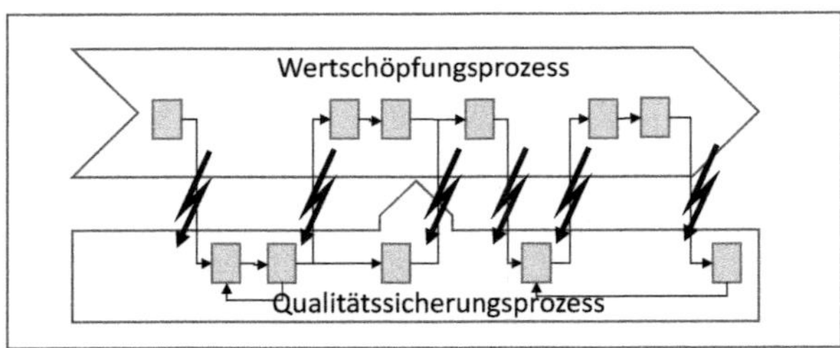

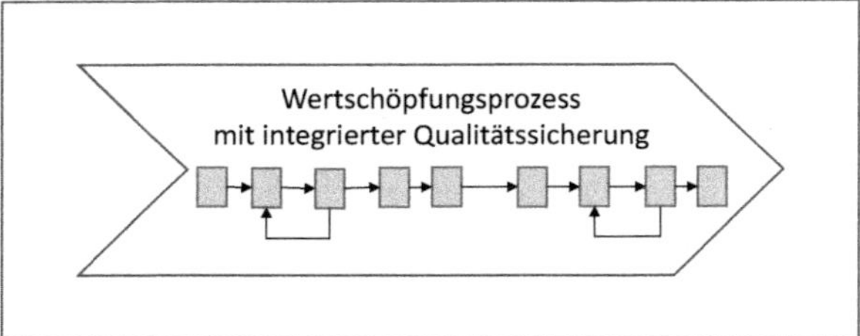

Bild 5.13 Internalisierung von Verantwortlichkeiten und Schnittstellen der QS in die Wertschöpfung

Eine Grundvoraussetzung dafür ist, dass Prozesseignern und -teams für die Qualitätssicherung ausreichend Ressourcen und Kompetenzen zur Verfügung stehen.

Die Ressourcen und Kompetenzen neu zuordnen, nicht abbauen

Durch Auflösung der Q-Abteilung können kleine Synergieeffekte bei der Aufgabenerfüllung entstehen und entsprechend kleinere Personalkapazitäten abgebaut werden. Ein Kahlschlag wäre aber eine schwere Hypothek für die Prozesseigner, die zusätzliche Aufgaben erhalten. Es geht bei der Integration nicht darum, QS-Mitarbeiter einzusparen, sondern die Verantwortung schlüssiger zu organisieren.

Das kann heißen, dass die bisher in eigenständiger Qualitätssicherungsabteilung organisierten Ressourcen und Kompetenzen zusammen mit den sie tragenden

Menschen dem Prozessteam zugeordnet werden. Oder dass sie in einer anderen als der bisherigen Rolle, nämlich der von internen QS-Beratern, Kompetenzen und Projektressourcen zur Verfügung stellen. Auch eine Mischform aus beiden Ansätzen ist möglich. Dort, wo Anforderungen bestehen, eine unabhängige QS-Instanz haben zu sollen, müssen diese umgesetzt werden. Dennoch ist auch dann ein großer Teil der Qualitätssicherung integrierbar.

Externe Forderung einer neutralen Qualitätssicherungsfunktion

Einige Regelwerke (z. B. Medizintechnik, Pharma, Lebensmittel) formulieren Anforderungen bezogen auf die Einrichtung einer neutralen, unabhängigen Qualitätssicherungsfunktion. Dem ist nachzukommen, allerdings bedeutet das nicht, dass die Integration der Qualitätssicherung in die Wertschöpfung damit nicht oder nur eingeschränkt möglich ist. Diese Funktion kann dann je nach Regelwerk als Fachaufsicht mit Weisungs- oder Vetorechten eingerichtet werden. Oft sind auch bestimmte Prüfungen und Analysen von neutralen, besser gesagt durch von den Wertschöpfungsprozessen unabhängigen Instanzen durchzuführen. Alltagsaufgaben der Qualitätssicherung kann dann immer noch das Personal der Entwicklung, Fertigung oder Dienstleistungserbringung erfüllen. ■

Die Möglichkeiten der Digitalisierung unterstützen eine Entwicklung zur Integration, weil immer mehr Aspekte der Qualitätssicherung digital ablaufen und dort vielerorts noch erhebliche Potenziale bestehen, deren Digitalisierung und damit auch deren Automatisierung weiter auszubauen. Das entlastet personengebundene Ressourcen, erfordert aber Kompetenzen im Umgang mit der Technik. Im Sinne einer integrierten Prozesslenkung ist es kaum zu begründen, Teile davon außerhalb des Prozesses in einen eigenen Qualitätssicherungsprozess auszulagern. Eine schlüssige Abgrenzung von Qualitätsdaten zu anderen Kategorien von Prozessdaten ist nicht möglich. In einem ganzheitlichen Qualitätsverständnis sind alle Prozessdaten Qualitätsdaten.

Stoßrichtungen einer Integration der Qualitätssicherung in die Wertschöpfung können sein:

- Auflösung oder Verschlankung eines separaten Qualitätssicherungsbereichs,
- Ausbau der digitalen Qualitätssicherung (siehe unten Automatisierung und Autonomisierung; Virtualisierung),
- Integration von Aufgaben und Tätigkeiten der Qualitätssicherung in wertschöpfende Prozesse,
- Qualifizierung der Prozesseigner und Prozessteams bezogen auf Aufgaben der Qualitätssicherung.

Tabelle 5.12 zeigt Reifegradstufen auf dem Weg zu einer in die Wertschöpfung integrierten Qualitätssicherung.

Tabelle 5.12 Reifegradstufen beim Integrieren in die Wertschöpfung

Keine Integration	Die QS ist eigenständig und von anderen Bereichen unabhängig, sie definiert Qualitätsniveaus und Qualitätsmerkmale. Kompetenzen, Verantwortung und Personalressourcen sind in einer eigenen QS-Abteilung angesiedelt, diese steuert ihre Ressourcen eigenständig. Die Selbstverantwortung und Selbststeuerung für QS in den (Wertschöpfungs-)Prozessen ist gering. Der Delegationsgrad von QS-Aufgaben an den QS-Bereich ist hoch.
Anfänge	Die Kooperation zwischen QS-Bereich und operativen Bereichen ist gut und intensiv. QS-Mitarbeiter sind oft vor Ort oder den Bereichen sogar fest zugeordnet.
Fortschritte	Die Eigner und Mitarbeiter der Wertschöpfungsprozesse besitzen grundlegende Kompetenzen und haben Ressourcen für die eigenständige Umsetzung von Aufgaben der QS. Sie arbeiten eng und konstruktiv mit der QS-Abteilung zusammen.
Reife	Die Eigner und Mitarbeiter der Wertschöpfungsprozesse besitzen weitreichende Kompetenzen und setzen wesentliche QS-Aufgaben eigenständig um. Bereichs- oder prozessübergreifende qualitätsbezogene Zielkonflikte werden auf Leitungsebene systematisch adressiert und aufgelöst.
Vollständige Integration	In jedem Prozess sind die spezifisch notwendigen QS-Kompetenzen und -Ressourcen vorhanden. Die Prozesseigner nehmen ihre Qualitätsverantwortung aktiv wahr, sie definieren Qualitätsniveaus und Qualitätsmerkmale. Die Qualitätslage ist prozessübergreifend transparent, qualitätsbezogene Kennzahlen dienen zur Prozesssteuerung. Übergreifende Qualitätsaspekte adressieren die Prozesseigner kollektiv. Die Prozesseigner steuern die QS-Ressourcen.

Die Auflösung bisheriger QS-Abteilungen und Zuordnung aller bisherigen QS-Mitarbeiter in andere Abteilungen ist nicht zwingend erforderlich, um einen hohen Reifegrad vollständiger Integration zu erreichen. Experten, Labore, Prüffelder, Auditoren und andere Spezialisten und Einheiten können weiterhin QS-Abteilungen oder -Teams zugeordnet sein. Die Integration macht sich daran fest, wie nahtlos deren Aktivitäten in die Wertschöpfungsprozesse eingebunden sind und wer diese steuert. Idealerweise steuern die Prozesseigner diese. Es kann weiterhin sinnvoll sein, eine QS-Abteilung aufrechtzuerhalten, die organisatorisch nicht den anderen Bereichen zugeordnet ist. Sie kann als Expertenpool und interner Dienstleister fungieren.

Tabelle 5.13 stellt den Bezug zum PIQ dar.

Tabelle 5.13 Bezug der Integration der QS in die Wertschöpfung zum PIQ

PIQ-Fokusthema	Konkreter Bezug
Mensch	Menschen können und wollen die Verantwortung für die Qualität ihrer Arbeit und Arbeitsergebnisse übernehmen. Organisationen dürfen ihnen diese Verantwortung nicht nehmen, erst die Wegnahme führt in die später beklagte Verantwortungslosigkeit. Allerdings müssen Rahmenbedingungen herrschen, die die Wahrnehmung dieser Verantwortung auch ermöglichen.
Kultur	Eine Kultur der Selbstverantwortung für Qualität oder eine der Paternalisierung und der Kontrolle, um diesen Unterschied geht es.
Struktur	Menschen, die in ihren Prozessen Verantwortung für Qualität selbst übernehmen, brauchen dafür Befugnisse, Kompetenzen und Ressourcen.
Fachlichkeit	Zu jeder Fachlichkeit gehören ein Arbeitsethos und darin auch ein Qualitätsethos sowie auch die Kompetenzen, Qualität zu erzeugen.

5.9 Kollektive Qualitätssicherung des Liefernetzes

Drei Welten bestimmen heute unsere Arbeit [Ahlrichs et al. 2019]:

- das Internet der Dinge,
- das Internet der Menschen und
- die analoge Welt.

Im Internet der Dinge ist alles mit allem vernetzt. Global kommunizieren Computer, Maschinen und Produkte miteinander. Dann gibt es das Internet der Menschen, das weltweit jeden mit jedem schnell und komfortabel verbindet. Nach wie vor leben wir Menschen in einer analogen Welt, und dort stehen auch unsere Maschinen. Diese drei Welten sind miteinander verbunden. Sie verschaffen uns Möglichkeiten, die vor längerer Zeit noch als Magie und vor kürzerer als Science-Fiction galten.

Aus dieser Vernetzung entstehen unsere Produkte und Dienstleistungen. Seit Beginn der Arbeitsteilung entsteht demnach auch Qualität aus der Vernetzung. Je komplexer das Produkt, auch die Dienstleistung, und je mehr wir davon erzeugen oder erbringen, desto größer und verzweigter sind die dafür erforderlichen Netzwerke, die wir brauchen, um unterschiedliche Kompetenzen und Ressourcen zu kombinieren. Wir bringen deshalb ein Liefernetzwerk aus Einzelnen, Teams und Unternehmen zusammen.

Die Kette, die in Wirklichkeit ein Netz ist

Der Begriff Supply Chain, Lieferkette, ist irreführend. Er suggeriert eine Linearität und Unidirektionalität, die in Wirklichkeit nicht existiert und nie existiert hat. Denn Lieferanten sind in weitverzweigte Netze eingebunden, in denen viele von ihnen gleichzeitig Lieferant und Kunde sind. Im Extremfall sind sogar Unternehmen in diesem Netz einander gleichzeitig Lieferant und Kunde.

Die Metaphern Kette und Netz sind gut geeignet, reale Effekte zu veranschaulichen. Löst man irgendein Glied aus der Kette, ist die Kette zerbrochen und kann ihre Funktion nicht mehr erfüllen. Löst man einen Knoten aus einem Netz, bleibt die Funktion des Netzes erhalten. Ist es ein wichtiger Knoten, einer von dem wichtige oder zahlreiche Stränge ausgehen, ist auch dies ein Problem.

Am Beispiel des Automotive-Netzes, des größten und eines der komplexesten der Welt, lässt sich ein aktueller Effekt der digitalen Disruption aufzeigen. In der Betrachtung als automobile Lieferkette sind die OEM (Original Equipment Manufacturer), die Automobilhersteller, am Ende der Kette. Die Kette verzweigt sich mannigfaltig, und global sind Zehntausende Lieferanten Dutzender Ebenen darin eingebunden. Ohne OEM ist die Kette irrelevant, läuft ins Nichts.

In der Betrachtung als automobiles Liefernetz hingegen verändert sich die Metaphorik signifikant. Die OEMs sind dort Knoten inmitten des Netzes, sehr starke Knoten mit vielen Verbindungen zu anderen starken Knoten, die ihre First Tier Supplier, die Lieferanten der ersten Ebene darstellen. Löst man jetzt die OEMs aus dem Netz, entstehen große Lücken, aber das Netz bleibt erhalten und funktionsfähig. Sieht man nicht das Produkt Automobil als Zweck der Vernetzung, sondern die Leistung Mobilität, wird Folgendes deutlich: Das Netz wird fehlende Knoten substituieren oder sich um die Lücken herum durch neue Verbindungen wieder verdichten, auch wenn dies das Netz selbst deutlich verändern wird. Genau diese Entwicklung schreitet längst voran; einige Knoten sind bereits aus dem Netz verschwunden (Rover, Saab ...), neue sind entstanden (Tesla, Byton ...). Die Elektrofahrzeughersteller benötigen weniger und andere Teile als die Hersteller der Fahrzeuge mit Verbrennungsmotor. Lieferanten versuchen aktiv, einerseits ihre Diversifizierung auszubauen, also neben Teilen für den klassischen Antrieb auch Teile für die neuen Antriebsformen zu liefern, und andererseits die Substitution zu leisten, also eigene Mobilitätskonzepte marktreif zu machen (Siemens Mobility, Google ...). Selbstfahrtechnologien entwickeln und testen nicht nur die klassischen Automobilhersteller, sondern viele weitere Unternehmen, darunter viele, die längst Teil des Liefernetzes Mobilität sind, und solche, die neu eintreten und damit neue Verbindungen und Knoten bilden. ■

Die Netzwerke verändern sich kontinuierlich, heute viel schneller und stärker als noch vor einigen Jahren. Große Konzerne sind volatiler geworden, stoßen Bereiche sowie Einheiten ab und nehmen neue hinzu. Ein Entwicklerteam in Israel, App-Programmierer in Indien, Freelancer auf der ganzen Welt wirken temporär in Projekten mit. Die Zulieferkette ist ein Netz, bei dem sich im Falle eines Ausfalls eines

Netzwerkknotens darum herum Neues konfiguriert. Je größer die Knoten, die herausfallen, desto mehr verändert sich das Netz, um die Lücke zu schließen.

Das Netz verändert sich auch deshalb ständig und so stark, weil wir so viele, schnelle und tiefgehende Innovationen haben wie nie zuvor. Jahrzehntelanges exponentielles Wachstum von Rechenleistung und Kapazität sowie der sich seit der ersten industriellen Revolution beschleunigende wissenschaftliche, technologische und gesellschaftliche Fortschritt ermöglichen immer mehr Innovationen. Die vernetzte Kommunikation sorgt für ihre blitzschnelle globale Verbreitung. Und viele Innovationen haben den Charakter von Disruptionen, die Märkte, Branchen und Gesellschaften verändern.

Wie schon früher entsteht Qualität aus der Vernetzung, aber einige Spielregeln und Rahmenbedingungen haben sich grundlegend verändert. Dennoch stammen viele unserer Prozesse noch aus einer Zeit, in der die Dynamiken viel langsamer, die Unternehmen zeitstabiler, die Produkte weniger komplex und die Netze Ketten waren. Eine Zeit, in der wir das Bild der Zulieferkette pflegten, in der starke und sehr große Konzerne an der Spitze die Regeln für die Zusammenarbeit aufstellten und damit auch die Spielregeln für das lieferkettenübergreifende Qualitätsmanagement.

Die klassische Qualitätssicherung der Lieferketten verursacht drei Problematiken:

- **Fehlende Qualitätsdaten:** Anforderungen werden top-down tief in die Lieferkette getragen, ein Bottom-up-Feedback über reale Qualitätsmerkmale, Abweichungen und Fehler fehlt oder ist völlig unzureichend.
- **Fehlende Multilateralität:** Qualitätssicherung erfolgt linear entlang einzelner Ketten, es gibt keine ausreichende netzwerkübergreifende Qualitätssicherung.
- **Fehlende Qualitätsehrlichkeit und fehlendes Vertrauen:** Das etablierte System bestraft Qualitätsehrlichkeit, begünstigt Täuschung und Misstrauen.

Komplexe physische Produkte oder Dienstleistungen eines Anbieters entstehen unter Mitwirkung vieler Lieferanten. Das können Tausende sein. Einige davon stehen in direkter Geschäftsbeziehung zum finalen Anbieter. Andere sind Sublieferanten von Sublieferanten. Da die Verantwortung für das finale Kundenprodukt, als Aspekt davon auch dessen Qualität, beim Anbieter liegt, versucht dieser, durch Vereinbarungen mit seinen direkten Lieferanten alle relevante Anforderungen in seinem Sinne zu klären. Zusätzlich fordert er von ihnen, dass sie dazu kompatible Vereinbarungen mit ihren jeweiligen Lieferanten abschließen. Dieses Prinzip geben die Lieferanten an ihre Sublieferanten und diese an ihre Subsublieferanten weiter. So entsteht zwar eine Top-down-Kaskade von Anforderungen und Qualitätssicherungsvereinbarungen. In weitaus geringerem Maße gibt es aber ein Bottom-up-Feedback über reale Qualitätsmerkmale, Abweichungen und Fehler.

Die Top-down-Kaskade sowie auch das vergleichsweise dünne Bottom-up-Feedback erfolgen entlang überwiegend linearer Ketten. Vom Anbieter gehen alle und von Systemlieferanten sehr viele Ketten aus. Quer- und Rückverbindungen sind dabei aber weitgehend außen vor, das Management von Clustern erweist sich als schwierig. Die Mitglieder des gesamten Netzwerkes oder großer Cluster des Netzwerkes haben kein gemeinsames, datengestütztes, umfangreiches Bild der Qualitätslage. Oben in der Hierarchie gibt es Teile des Bildes entlang einzelner Ketten, unten in der Hierarchie sieht man ausschließlich die eigene Qualitätslage.

Die Neigung der Lieferanten und Sublieferanten, Probleme, Abweichungen und Fehler kettenaufwärts (bottom-up) zu verschweigen, ist groß. Denn eine große Machtasymmetrie führt dazu, dass große Anbieter viele Risiken auf Lieferanten abwälzen können. Große Lieferanten machen es ebenso. Je kleiner und je weiter unten sich ein Lieferant in der Kette befindet, desto größer sind seine finanziellen Risiken im Kontext echter oder vermeintlicher Qualitätsprobleme. Qualitätsehrlichkeit, Fehlerehrlichkeit und konstruktive Problemlösungsbeteiligung sind dementsprechend gering, weil sie bestraft und nicht belohnt werden. Aber auch diesbezüglich unproblematische Qualitätsdaten werden nicht weitergegeben, weil sie bei Lieferanten als zu schützendes Wissen gelten und das latente Misstrauen herrscht, dass Kunden diese Daten missbrauchen. Im Ergebnis hat niemand einen ausreichend guten Überblick über die Gesamtqualitätslage. Das resultiert in zahlreichen und umfangreichen Produktrückrufen und öffentlich bekannt werdenden Qualitätsproblemen, von denen viele hätten früh und mit vergleichsweise kleinem Aufwand verhindert werden können.

Gelänge es, in einem Liefernetzwerk eine kollektive übergreifende Qualitätssicherung zu betreiben (siehe Bild 5.14), wären sehr viel mehr Fehlerprävention, frühere Fehlereindämmungen und auch bessere, weil schnellere Fehlerbehebungen möglich. Das bedeutet allerdings, einen Systemwechsel im Lieferantenmanagement zu vollziehen.

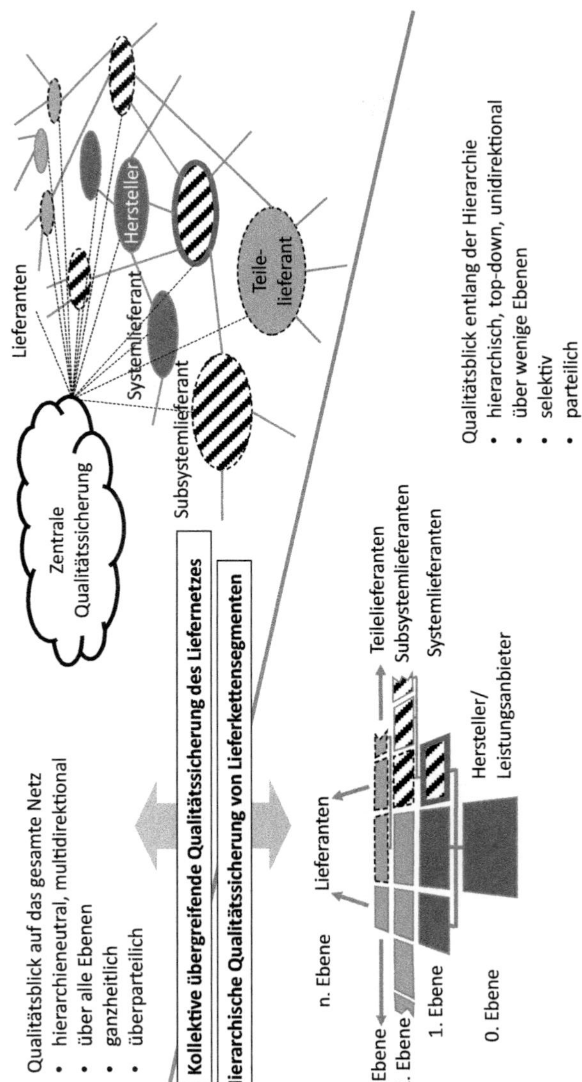

Bild 5.14
Hierarchische oder kollektive übergreifende Qualitätssicherung von Lieferantennetzen

Heutige digitale Technologien könnten den Ansatz einer kollektiven, umfassenden Qualitätssicherung des Liefernetzes erheblich voranbringen. Erst mit ihnen ist die Voraussetzungen für den Aufbau einer kollektiven übergreifenden Qualitätssicherung des Liefernetzes gegeben. Zu diesen digitalen Technologien zählen hier insbesondere

- Echtzeitdatenverarbeitung,
- Techniken zur Identifikation und Lokalisation, zum Tracking („Spurbildung“) und Tracing (Rückverfolgbarkeit),

- Simulation,
- Data Analytics (Analyse großer Datenmengen, Mustererkennung) inklusive
- Data Mining (automatische Auswertung großer Datenmengen),
- Process Mining (automatische Auswertung von Prozessdaten),
- künstliche Intelligenz (Artificial Intelligence).

Echtzeitdatenverarbeitung in Verbindung mit Data Analytics ermöglicht, qualitätsrelevante Ereignisse sofort zu erkennen und schnelle Reaktionen auszulösen. Data Analytics inklusive Data Mining und Process Mining ermöglicht durch die zunehmende Nutzung künstlicher Intelligenz eine schnellere Analyse und Feststellung von Fehlern, Fehlerquellen und Fehlerursachen, und zwar über das gesamte Netzwerk hinweg. Data Analytics umfasst dabei Entwicklungs-, Produktions- und Felddaten. Letztere entstehen zunehmend auch durch die Internetanbindung von Bauteilen und Systemen sowie bei der IT-gestützten Dienstleistungserbringung.

Erst wenn die bisher bilaterale Anwendung der Technologien zwischen Kunden und einem Lieferanten auch netzwerkweit erfolgt, haben Hersteller eine Chance, bestimmte Fehler und Fehlerursachen überhaupt und zudem sehr früh zu erkennen. Die Simulation ermöglicht, Modelle zu kreieren und immer weiter an die Realität anzupassen, die unterschiedliche mögliche Ergebnisse von Prozessen bei unterschiedlichen Parametern und Einflüssen aufzeigen können. Sie kann sowohl zur Identifikation relevanter und bisher unbekannter Parameter als auch zur Prävention und zur Fehler- und Fehlerursachenanalyse eingesetzt werden.

Bei der Nutzung digitaler Technologien zur schnellen Fehler-, Fehlerursachen- und Fehlerquellenidentifikation im gesamten Liefernetz besteht allerdings nach wie vor das große Problem, dass die heutige Systemlogik fordert, Schuldige und Zahler zu generieren. Menschliche Analysten haben deswegen immer versucht, die Analyse zugunsten ihres Unternehmens zu beeinflussen, mit dem Risiko der Vertuschung von Fehlern, Fehlerursachen und -verantwortungen. Ein sehr stark technisch fundiertes System erschwert das erheblich. Und gerade deshalb benötigt es zu seiner Akzeptanz eine Abkehr von der bisherigen Misstrauens- und Schuldzuweisungskultur und die Schaffung einer Kultur netzwerkkollektiver Qualitätsverantwortung.

Bei aller dringend notwendigen Technikunterstützung bleibt es erfolgsrelevant, die Vernetzung der Menschen voranzutreiben. Im Zusammenspiel mit den technischen Systemen gilt es, in viel verzweigteren und weitreichenderen Konstellationen als bisher üblich miteinander Probleme zu finden und zu lösen. Viele Probleme in verzweigten Liefernetzwerken und zu komplexen Produkten sind selbst so komplex, dass zu ihrer schnellen Lösung das Netzwerk aktiviert werden muss.

Eine der neuen Schlüsselkompetenzen heute ist die Fähigkeit der Mitarbeiterinnen und Mitarbeiter, Problemlösungen aus ihrem persönlichen Netzwerk zu akquirieren.

Schon innerhalb eines Unternehmens müssen sich Menschen vernetzen, um gemeinsam Qualität, Innovation und Leistung zu erbringen. Mit ihrer Aufbauorganisation und ihren Projektstrukturen geben Unternehmen einen Rahmen für Vernetzung vor, indem sie Teams definieren und in Hierarchien einbauen. Die Hierarchien prägen auch die formellen Berichts- und Entscheidungswege. Darüber hinaus vernetzen sich Mitarbeiter über die Grenzen ihrer Teams und Bereiche hinweg mit Kolleginnen und Kollegen. Dies geschieht zunächst noch innerhalb der klassischen Aufbauorganisation und Hierarchie. Aber hier sind schon deutliche Veränderungen im Vergleich zu früheren Mitarbeitergenerationen erlebbar, die interne Vernetzung folgt nicht den etablierten „Berichtswegen".

Das Unternehmensnetzwerk ist nur eine Teilmenge jedes persönlichen Netzwerks. Zunächst einmal bestehen zur organisationsübergreifenden Vernetzung und Problemlösung die etablierten formalen Kommunikationskanäle und Kommunikationsregeln der beteiligten Kunden- und Lieferantenunternehmen. Für ihre Nutzung gibt es Regeln, zum Teil sehr enge, restriktive Regeln. Im Produktentstehungsprozess sind Schnittstellen definiert und bestimmte Anlässe, Methoden, Formate und Phasen der Kooperation vorgesehen und vorgeschrieben. Doch der Bedarf für Austausch mit dem Ziel, Projekte zum Erfolg zu bringen, Innovationen zu generieren und Probleme zu lösen, geht sehr weit darüber hinaus. Oder anders gesagt, die formal festgelegte Kommunikation reicht dafür meistens nicht aus.

Schon jetzt vernetzen sich deshalb Experten eines gemeinsamen Liefernetzes auch außerhalb offizieller Systeme auf allgemein verfügbaren, aber nicht unternehmensoffiziellen und nicht freigegebenen Plattformen. Sie tun dies, weil sie sich auf den offiziellen Kanälen und Plattformen mit einigen Partnern gar nicht vernetzen dürfen oder weil diese Plattformen zu stark reglementiert sind oder dort getätigte Beiträge vom eigenen Arbeitgeber oder vom Kunden kontrolliert und situativ auch bestraft werden. Die starren Grenzen und klassischen Regeln der Aufbauorganisation und ihrer Führungshierarchie schwächen in dem Maße ab, in dem in der digital vernetzten Gesellschaft sozialisierte junge Mitarbeiter sie ignorieren und umgehen. Weniger hierarchiehörig, Einschränkungen ihrer Kommunikation nicht akzeptierend und gewohnt, sich ihre Mitstreiter selbst auszuwählen, knüpfen sie Netzwerke im Unternehmen und darüber hinaus, mit ihren Partnern bei Kunden, Lieferanten und Dritten.

Alle Unternehmen bewegen sich bezüglich der Vernetzung ihrer Mitarbeiterinnen und Mitarbeiter miteinander und mit Unternehmensexternen zwischen zwei extremen Polen, zwischen dem Versuch vollständiger Kanalisierung, Reglementierung und Kontrolle einerseits sowie einer vollständigen Offenheit und Freiheit andererseits.

Für rigorose Kontrolle und Reglementierung gibt es valide Gründe und Anforderungen, Beispiele hierfür sind die Wahrung von Rechten und der Schutz geistigen Eigentums, für die häufig gesetzliche und vertragliche Anforderungen bestehen. Anforderungen und gesetzliche Verpflichtungen zur Datensicherheit und zum Datenschutz, aber auch zum Kartellrecht sind zu beachten. Die Globalität der Liefernetze erschwert das Ganze zudem. Nicht nur, dass unterschiedliche Kulturen in der Zusammenarbeit der Menschen zum Tragen kommen. Auch nationale Politik beeinflusst Lieferantennetzwerke. Sie bietet oft den Rahmen für destruktives Verhalten einzelner Unternehmen in den Netzwerken. Staatlicher Protektionismus, staatlich organisierte Wirtschaftsspionage sowie sogar staatlich organisierte Sabotage sind heute an der Tagesordnung und nicht nur geschäftsschädigend, sie wirken auch qualitätsreduzierend. Häufig ist auch hier der bewusste, vor allem risikobewusste Umgang der Mitarbeiter damit effizienter als die eine rigorose Reglementierung.

In reglementierten und von Unehrlichkeit und Misstrauen durchzogenen Branchen, aber auch in Branchen, wo sehr große Anbieter extrem weitreichender, globaler Liefernetze bedürfen, wie der Automobilindustrie, ist auf absehbare Zeit kaum ein Systemwechsel zu erwarten. Näher daran sind andere Branchen, die weniger reglementiert sind und kleinere, regionalere Netzwerke haben. Wenn dort viele miteinander eine kollektive Qualitätssicherung des Liefernetzes betreiben, könnten die Qualitätsfähigkeit und resultierend die Qualität erheblich gesteigert werden. Sind daran, trotz aller Globalisierung, viele deutsche Unternehmen, vor allem die Mittelständler, insbesondere die eigentümergeführten Mittelständler beteiligt, kann das auch dem Standortlabel made in Germany einen neuen Schub geben. Datensicherheits- und Dateneigentumsvorbehalte stehen dem zurzeit im Wege. Auch die Kartellgesetzgebung muss Berücksichtigung finden. Doch diese Vorbehalte müssten und könnten gemeinsam gelöst werden.

Stoßrichtungen einer kollektiven Qualitätssicherung des Liefernetzes können sein:

- gemeinsam genutzte Datenpools, Datenmodelle und Simulationen,
- Echtzeitmeldungen von Abweichungen relevanter Prozessmerkmale,
- Echtzeitübersichten über Logistik, Fertigung etc.,
- netzwerkkollektive Fehleranalysen und Problemlösungsprozesse,
- Verzicht auf einseitige Risikoabwälzungen und Strafen, stattdessen gemeinsame Risikofonds.

Tabelle 5.14 stellt den Bezug zum PIQ dar.

Tabelle 5.14 Bezug der kollektiven Qualitätssicherung der Liefernetze zum PIQ

PIQ-Fokusthema	Konkreter Bezug
Mensch	Menschen bilden Netzwerke über die eigene Organisation hinaus, sie können aus diesen Netzwerken Innovationen, Unterstützung und Problemlösung akquirieren. In vielen Branchen und einzelnen Unternehmen nötigt das bestehende System des Lieferkettenmanagements Menschen zur Täuschung und Zurückhaltung qualitätsrelevanter Informationen. Viele Menschen leiden darunter, wollen qualitätsehrlich sein.
Kultur	Kulturen, die in starken oder großen Organisationen und unter deren Einfluss entstehen, die ihre Macht gegen Schwächere zu ihrem einseitigen Vorteil nutzen, laufen Gefahr, auch intern destruktiv zu werden. Eine Kultur der Netzoffenheit und kollektiven Problemlösung fördert die Qualitäts- und die Innovationsfähigkeit.
Struktur	Kollektive Qualitätssicherung des Liefernetzes braucht organisationsübergreifende Strukturen, Plattformen für den Austausch der Menschen. Zudem ist eine Infrastruktur für die kollektive Verwertung der digitalen Daten erforderlich, des Weiteren konkrete Lösungen für den Schutz geistigen Eigentums sowie den Datenschutz und die Datensicherheit.
Fachlichkeit	Gemeinsame Fachlichkeiten verbinden Menschen über Organisationsgrenzen hinweg. Im Kontakt mit anderen Fachlichkeiten im Netz entstehen neue Ideen und Impulse, erweitern sich Perspektiven und Kompetenzen.

5.10 Wie uns das Redesign gelingt – die Transformation

Gesellschaft und Wirtschaft befinden sich in einer Phase der Transformation. In vielen Organisationen, insbesondere in den Unternehmen, führen diese und weitere, unternehmensindividuelle Entwicklungen zu Veränderungsinitiativen und Change-Projekten.

Das PIQ-Modell ermöglicht interessante Perspektiven auf Transformation und Veränderung. Sie lassen sich entlang der vier Fokusthemen betrachten:

- Veränderung durch Wechsel von Menschen in der Organisation,
- Veränderung durch Änderung der Struktur der Organisation,
- Veränderung durch Beeinflussung der Kultur der Organisation,
- Veränderung durch den Erwerb oder den Aufbau neuer Fachlichkeiten.

Einzelne **Menschen** können eine Organisation prägen. Die größten Hebel dafür haben Führungskräfte, je höher in der Hierarchie, je länger in hoher Position, desto mehr. Besonders stark prägen Eigentümerunternehmer die Organisation. Auch andere Schlüsselpersonen drücken Organisationen ihren Stempel auf. Je weniger hierarchisch eine Organisation ist, desto mehr Raum entsteht für nicht hierarchisch verortete Schlüsselpersonen.

Auch bestimmte Gruppen prägen Organisationen. Das können legendäre Teams sein, die auch bei – nicht zu großer – Fluktuation ihre prägende Kraft behalten. Sie sozialisieren Neue derart, dass sie in das Team wachsen und dessen dominante Position aufrechterhalten. Im Bereich der Entwicklung und der Innovation sind das Schlüsselpersonen- und das Schlüsselteamphänomen besonders stark ausgeprägt, stärker als im Qualitätsmanagement. Aber auch unternehmensinterne Netzwerke, darunter auch Seilschaften, hinterlassen starke Spuren in Organisationen.

Zugang, Weggang und Austausch von Leitungen, Führungskräften oder Schlüsselpersonen sowie der Wegfall oder die Neubildung von Teams und Netzwerken lösen typischerweise Veränderungen aus. Manchmal ist genau das gewollt, manchmal kommt die damit einhergehende Veränderung überraschend. Das dürfte allerdings Leitungen und Organisationsentwicklern nicht passieren. Sie sollten in einem solchen Fall mittelgroße bis starke Veränderungen nicht nur antizipieren, sondern die ihnen innewohnende Dynamik aufgreifen und für zielgerichtete Veränderungen nutzbar machen. Das machen sie idealerweise mit den kommenden und gehenden Personen gemeinsam. Allerdings kann es die Ausnahme geben, wo jemand schnell gehen muss und die Umstände des Gehens so belastend und destruktiv sind, dass ein harter Schnitt zu machen und Kooperation mit dem oder der Gehenden nicht sinnvoll und nicht möglich ist. Umso wichtiger ist es, den Neuanfang von Nachrückern zu begleiten. Idealerweise haben sich die Auswahlgremien, Rekrutierer und einstellenden Führungskräfte vorab ein Bild über die kulturelle Passung, das Qualitätsbewusstsein, die Fehlerkultur, die Innovationskultur und – bei Führungskräften – die Führungskultur gemacht und ihre Auswahl darauf gestützt.

Der Zugang, Weggang und Austausch von Leitungen, Führungskräften oder Schlüsselpersonen ist ein wirkungsvoller Hebel, die Kultur einer Organisation zu beeinflussen.

Gravierende **strukturelle Veränderungen** gibt es häufig in Organisationen, umso häufiger, je größer sie sind. Standortöffnungen und -schließungen, Dezentralisierung, Zentralisierung, Hierarchieabbau, Merger, Akquisitionen und der Verkauf von Unternehmensteilen gehören zu den großen Veränderungen. Doch auch Veränderungen der Gebäude, Betriebsmittel, der Aufbau- oder Ablauforganisation fallen immer wieder an.

Kulturelle Veränderungen sind schwierig bewusst herbeizuführen. Neben dem Austausch von Menschen gehören auch die Änderung von Regeln und die Änderung von Anreizsystemen dazu.

Die Themen Veränderung der Struktur und der Kultur sind Gegenstand der Organisationsentwicklung.

Es gibt viele strategische Entwicklungen, die Organisationen in eine **neue Fachlichkeit** führen können. Der Eintritt in neue Märkte oder die Aufnahme neuartiger Produkte ins Portfolio, die Erweiterung der Fertigungs- oder Dienstleistungstiefe. Innovation erfordert oft die Befassung mit neuen Fachlichkeiten. Der Wechsel der Fachlichkeit ist ein gravierender Einschnitt in einer Organisation und mit dem Weggang vieler Menschen mit nun falscher Fachlichkeit und dem Hinzukommen derjenigen mit der neuen Fachlichkeit verbunden. Im Zuge dessen verändert sich auch die Kultur. Doch auch die Hinzunahme einer neuen, weiteren Fachlichkeit verändert die Organisation. Es entsteht bestenfalls ein Schmelztiegel der Fachlichkeiten, aus dem eine neue gemeinsame Kultur hervorgehen kann, schlimmstenfalls aber entstehen einander unfreundlich gegenüberstehende Subkulturen. Auch hier gilt es, durch Organisationsentwicklung derartige Prozesse so zu begleiten, dass etwas Gutes, Zieldienliches daraus entstehen kann.

5.10.1 Transformation der Fachgebiete

Das Innovationsmanagement steht nicht so sehr vor einer Transformation als Fachgebiet, es steht vor einer Intensivierung, seinem Auf- und Ausbau und vor der besseren Verzahnung mit den anderen Bereichen im Unternehmen, insbesondere mit dem Qualitätsmanagement. Eher vor einem Wandel steht die „klassische“ Produktentwicklung, sie muss ihren Beitrag und ihre Beziehung zu einem über Produktentwicklung weit hinausgehenden Innovationsmanagement klären und sich, ihre Aufgaben, Rollen und Prozesse gegebenenfalls neu gestalten. Die agile Softwareentwicklung hat den Weg der Transformation eröffnet, und ihrem Beispiel folgend die Entwicklung von Quickware, hybrider Produkte aus Soft- und Hardware.

Gravierender ist der Transformationsbedarf für das Qualitätsmanagement und für die Qualitätssicherung, sie stehen vor einer Weggabelung. Eine Extrapolation bisheriger Konzepte führt in die Wirkungslosigkeit und zum weiteren Akzeptanzverlust.

Schon unternehmensinterne Veränderungsprojekte sind echte Herausforderungen und schwierig zu managen. Umso mehr stellen Paradigmenwechsel eines Fachgebiets wie des Qualitätsmanagements und des Innovationsmanagements eine gewaltige Aufgabe dar, die Einzelne nicht leisten können. Nur durch das Zusammenwirken vieler bei Analyse, Problemklärung, Ideenfindung, Lösungsgestaltung und Umsetzung lässt sich der durch äußere und innere Entwicklungen erforderlich gewordene Wandel meistern.

Eine bedeutende Rolle haben dabei QM-Universitätslehrstühle und QM-Fachhochschulprofessuren. Sie befassen sich z.B. intensiv mit der Nutzbarmachung und Weiterentwicklung digitaler Technologien für die Qualitätssicherung. Mit vielen von ihnen steht die DGQ in einem intensiven Austausch. Aufgrund der hier angestellten Überlegungen zum besseren Zusammenspiel von Innovation und Qualität, zur Kombination und Integration von Innovations- und Qualitätsmanagement kommen zusätzlich auch Lehrstühle und Professuren hinzu, die sich mit Innovation und Innovationsmanagement befassen. Davon gibt es inzwischen mehr, und sie sind interdisziplinärer angelegt als die für Qualitätsmanagement. Neben den Wissenschaftlerinnen und Wissenschaftlern entscheiden die Praktikerinnen und Praktiker über den Wandel des Fachgebiets. Als Netzwerkorganisation will und kann die Deutsche Gesellschaft für Qualität hier eine wichtige Plattform bieten sowie Gestalter und Begleiter dieses Wandels sein. Ihre Mitglieder bringen ein:

- ihre praktischen Anwendungsfälle (Use Cases) für neue Technologien und Konzepte,
- neue wissenschaftliche Erkenntnisse und neuartige Technologien und Konzepte,
- die Bereitschaft zum Testen, Verwerfen und Weiterentwickeln von Ideen und Lösungsansätzen,
- den Mut, eingetretene Pfade zu verlassen,
- die Bereitschaft, eigene Ideen und Zeit in Diskussion, Austausch und gemeinsame Projekte zu investieren.

Da die meisten Berufstätigen im Qualitätsmanagement und in der Qualitätssicherung ihre fachspezifischen Kompetenzen dafür berufsbegleitend erwerben, haben auch die Weiterbildungsträger einen wichtigen Hebel in der Hand, um neue Ansätze und Sichtweisen auf das Fachgebiet zu vermitteln. Hier bedarf es neuer Inhalte und Positionen, um die Transformation zu begünstigen.

Innovationsmanager stoßen in ihrer eigenen Qualifizierung und beruflichen Praxis überwiegend auf klassische Qualitätskonzepte, haben also wenig Gelegenheit, Impulse für ein neu gedachtes, ihre Aufgabe viel besser unterstützendes Qualitätsmanagement kennenzulernen. Es ist also Aufgabe der Qualitätsmanager, ihren Kolleginnen und Kollegen des Innovationsmanagements aufzuzeigen, dass und wie konkret mit ihnen die moderne Verbindung von Innovations- und Qualitätsmanagement gelingen kann.

Eine weitere wichtige Rolle haben die nationalen und internationalen Institutionen und Gremien, die die QM- und QS-Regelwerke gestalten, die das Qualitätsmanagement über Jahrzehnte geprägt haben und immer noch einen großen Einfluss haben. Wer darin mitwirkt und die Dringlichkeit grundlegender Veränderungen erkannt hat, muss bereit sein, auch diese Regelwerke grundlegend neu zu konzipieren. Das ist deshalb schwierig, weil an den internationalen Abstimmungsprozessen so viele Nationen beteiligt sind, deren Vertreter häufig im klassischen Qualitätsmanagement verwurzelt sind.

Was können die tun, die die Transformation der Fachgebiete voranbringen wollen:

- sich als Funktionsinhaber im Innovations- oder Qualitätsmanagement oder der Qualitätssicherung aktiv in die Diskussion um die Fachgebiete einbringen,
- selbst Neues ausprobieren und die Erfahrungen intern und extern weitertragen,
- als Lehrbeauftragte, interne und externe Trainer, Autoren und in anderen Multiplikatorfunktionen neue Konzepte vorstellen und auf die Transformationsnotwendigkeit und Lösungsansätze hinweisen,
- in Gremien und Fachgesellschaften mitwirken und sich dort progressiv gegen die Verstetigung überkommener Konzepte und für neue Lösungsansätze einsetzen.

Ein Fachgebiet ist auch berufliche Heimat. Und wenn sich diese Heimat schleichend und dann immer schneller verändert, kann das zum Verlust von Sicherheit und Halt führen. Dann zu erkennen, dass sich viele gemeinsam auf die Suche gemacht haben, dabei einander stützen und stärken, gemeinsam auch funktionierende neue Positionen und Lösungen erarbeiten, kann Trost und Erleichterung bieten.

5.10.2 Transformation in der Organisation

Die Transformation in der Organisation ist immer organisationsindividuell, individuell begründet, mit individuellen Zielen versehen und individuell umgesetzt.

Ein Schritt ist, dass sich die Qualitätsmanager und Qualitätssicherer mit allen Innovatoren der eigenen Organisation in den Diskurs begeben. Das sind nicht nur die formalen Innovationsmanager, sondern das sind alle progressiven Kräfte. Das sind häufig die, die eine Unruhe verspüren und zu erkennen geben, dass die Organisation in ihren Augen die Dynamiken der Veränderung und die Paradigmenwechsel noch nicht oder noch nicht gut genug erkannt und verstanden hat und dass ihre Antworten auf die Herausforderungen noch nicht ausreichen.

Innovationsmanager könnten auf die Qualitätsmanager und Qualitätssicherer zugehen und, wo das nötig ist, ihnen helfen, einen neuen Blick auf die Situation und Zukunftsperspektiven zu bekommen. Als Progressiver und Innovator, zumal wenn zurzeit die eigene Reputation bei der Leitung und die Unterstützung durch sie groß sind, ist es leicht, sich nicht mit den wirklich oder vermeintlich Konservativen der Organisation zu befassen. Dann können aber auch die Potenziale nicht gehoben werden, die in einem starken Zusammengehen von Innovations- und Qualitätsmanagement offensichtlich liegen.

Konkrete Schritte können sein:

- im eigenen Team die Beurteilung der Lage und der Paradigmenwechsel vorzunehmen und konkrete Herausforderungen davon abzuleiten und zu benennen,
- die Analyse mit anderen in der Organisation zu teilen, zu erweitern und einen Konsens über Lage, Paradigmenwechsel und Herausforderungen zu erzielen,
- in den Austausch mit anderen inner- und außerhalb der Organisation zu treten, um Impulse zu erhalten und Ideen zu testen,
- mit den relevanten Partnern und der Leitung Ideen und dann Konzepte für die Entwicklung der Funktionen, Rollen und Strukturen zu erarbeiten,
- entlang dieser Konzepte konkrete eigene Schritte zu gehen, dabei die eigene Rolle sowie das eigene Aufgabenportfolio entsprechend anzupassen oder zu verändern.

Der Schlüssel für die erfolgreiche Transformation ist eine professionelle, kollektiv und konzertiert beschriebene Organisationsentwicklung.

Phasen persönlicher Unsicherheit und Ratlosigkeit, der Rückschläge und des Scheiterns, völlig normale Begleiter des Wandels, gilt es, gemeinsam zu überwinden. Denn nicht nur die eigene Rolle steht vor vielleicht kleinen, wahrscheinlicher massiven Veränderungen. Das betrifft auch die Rollen der meisten anderen in der Organisation, bis hin zu den Führungs- und Leitungskräften.

6 Glossar und Definitionen

Als Sender Verständnis erzeugen und als Empfänger Verstehen sind in der Kommunikation und Kollaboration notwendige Voraussetzungen dafür, um in Organisationen Probleme zu verstehen und zu lösen. Das gilt schon für einfache Thematiken und umso dringlicher für komplizierte oder sogar komplexe.

Der Anspruch oder auch nur der Wunsch, alle mögen die gleichen Begriffe gleich verwenden, ist verständlich, aber unrealistisch. Es gibt für viele wichtige Begriffe nicht nur eine Definition. Oft ähneln und ergänzen sich mehrere Definitionen für den gleichen Begriff, manchmal unterscheiden sie sich auch. Unter Risiko z. B. verstehen die einen nur die mögliche Gefahr, die anderen sozusagen neutral sowohl die Gefahr als auch die Chance. Für ein Expertengespräch sind beide Definitionen tauglich, problematisch ist nur, wenn die Experten gar nicht merken, dass sie Unterschiedliches meinen. Es ist auch nicht hilfreich, seine eigene Definition für richtig und die des anderen für falsch zu erklären. Vielmehr geht es darum, sich – gegebenenfalls nur für die Zeit der Diskussion – auf ein gemeinsames Verständnis zu einigen, oder die Diskussion im Bewusstsein und unter Berücksichtigung des unterschiedlichen Verständnisses weiterführen zu können. In der Wissenschaft hat sich dieses Vorgehen bewährt, ja, ohne dieses wäre Wissenschaft gar nicht möglich.

Wer in die Organisation kommuniziert, z. B. über Qualitäts- oder Innovationsmanagement, der muss seinen Empfängern die Möglichkeit verschaffen, richtig verstehen zu können. Dazu gehört, die Verwendung zunächst unbekannter, unverständlicher oder missverständlicher Begriffe zielgruppenadäquat zu erklären. Und dazu gehört, selbst die Begriffe durchgängig in gleicher Bedeutung und für das Gleiche auch die gleichen Begriffe zu verwenden. Anderseits haben Qualitäts- und Innovationsmanager auch als Empfänger eine Verantwortung für richtiges Verstehen des Gesendeten. Dazu gehört, in der eigenen Organisation von anderen verwendete Fachsprache zu erlernen.

Das Qualitätsmanagement ist ein Fachgebiet, das von Methoden- und Werkzeugnamen und ihren Abkürzungen geprägt ist. Darüber hinaus sind Normen und andere Standards von fundamentaler Bedeutung. Sie verwenden und definieren

Fachbegriffe, allerdings nicht immer stringent, obwohl es immer wieder diesbezügliche Strategien und Bemühungen der Normeninstitute gibt.

Terminologiearbeit ist unverzichtbare Grundlagenarbeit eines Fachgebiets

Die Terminologiearbeit erfolgt im Qualitätsmanagement überwiegend in den fachspezifischen Normungsgremien.

Im Innovationsmanagement prägen Influencer und Starautoren immer wieder neue Begriffe, das ist verständlich und typisch für eine aufstrebende Disziplin und für die heutigen Kommunikationsgepflogenheiten.

Im Innovationsmanagement sind viele englische Begriffe im Gebrauch, wie auch allgemein in der Managementsprache. Nicht selten gibt es keine adäquate deutsche Übersetzung. Das ist ein Handicap, Entschuldigung, eine Erschwernis, denn viele wünschen oder fordern, dass „man“ „das“ doch auf Deutsch sagen möge.

Die folgende Tabelle listet viele der in diesem Buch verwendeten Fach- und Schlüsselbegriffe und ihre Definitionen übersichtlich auf. Auch hier gilt, es gibt schlüssige und legitime anderslautende Definitionen für sie. In den Texten dieses Buches stehen sie aber unter den aufgezeigten Definitionen. Hoffentlich gelang Autor und Lektorin, was oben gefordert ist, ihre durchgängig gleiche Verwendung.

Tabelle 6.1 Glossar und Definitionen der in diesem Buch verwendeten Fach- und Schlüsselbegriffe

Begriff	Definition
Agil, Agilität	Agil heißt beweglich, adaptiv, flexibel. Agilität ist Beweglichkeit und die Fähigkeit zur Schnelligkeit, die Fähigkeit zur schnellen Reaktion und sogar schnellen Proaktion sowie die Fähigkeit zur friktionsarmen adaptiven Veränderung der Organisation.
Agiles Qualitätsmanagement	Agiles Qualitätsmanagement ist die Anwendung agiler Prinzipien im und durch das Qualitätsmanagement.
Automatisierung	Automatisierung ist die Substitution menschlichen Handels durch Maschinen. Anmerkung: Maschinen sind im erweiterten Sinne nicht allein mehr ein mechanisches Gebilde, sondern können auch rein digital sein. Demnach wären auch Bots Maschinen.
Autonomisierung	Autonomisierung ist die Substitution menschlichen Steuerns durch Maschinen. Anmerkung: Maschinen sind im erweiterten Sinne nicht allein mehr ein mechanisches Gebilde, sondern können auch rein digital sein. Demnach wären auch Bots Maschinen.

Begriff	Definition
Bifurkation	Gabelung, Begriff aus der Zukunftsforschung, die einen Punkt beschreibt, von dem aus zwei alternative Wege beschritten werden können oder sich eine gegen die andere Möglichkeit durchsetzt.
Compliance	Compliance ist Regeltreue. Anmerkung: Ein synonymer Begriff für Regeltreue ist Regelkonformität. Somit ist auch Konformität ein Synonym von Compliance.
Deformalisierung	Der Rückbau von Formalisierung (siehe Begriff Formalisierung), oft insbesondere von Überformalisierung.
Disruption	Eine Disruption ist eine Innovation von solcher Tragweite, dass sie Paradigmenwechsel und gravierende Umbrüche auslöst. Disruptionen beenden bisherige Entwicklungspfade und eröffnen neue.
Effektivität	Siehe Wirksamkeit.
Ethik	Ethik ist die wissenschaftliche Beschäftigung mit der Moral [Philopedia 2020].
Fachlichkeit	Fachlichkeit ist die prägende, dominante fachliche Grundlage mit den diesbezüglichen Kompetenzen und Erfahrungen in der Organisation. Anmerkung: Für eine Organisation können je nach Geschäftsmodell und Strategie mehrere Fachlichkeiten relevant sein.
Formalisierung	Formalisierung ist das Setzen von Regeln durch dazu autorisierte, meist organisationsinterne Instanzen. Übersetzung gesetzlicher, normativer und vertraglicher Vorgaben und Anforderungen in unternehmenseigene Spezifikationen, Regeln und Qualitätsmerkmale. Übersetzung der Wünsche und Bedarfe von Konsumenten und anderer Stakeholder in unternehmenseigene Spezifikationen, Regeln und Qualitätsmerkmale. Manifestation eigenen Willens (Ambitionen, Werte) in unternehmenseigene Spezifikationen, Regeln und Qualitätsmerkmale. Siehe auch Reglementierung.
Führen	Führen ist, Richtung zu geben und andere dazu zu bewegen, in diese Richtung zu gehen.
Governance	Governance ist die Leitung, Lenkung und Verwaltung einer Organisation. Anmerkung: Im Unterschied zu den ähnlichen Begriffen Management und Leitung impliziert die Verwendung des Begriffs Governance meistens das Einhalten verpflichtender Regeln, darunter die Pflicht zur Ausübung der notwendigen Kontrolle in der Organisation. Anmerkung: Der Begriff Governance (gouvernement, französisch für Regierung) wurde ursprünglich auf Staaten angewendet und bedeutet in diesem Kontext Staatsführung und -verwaltung.
Herausforderung	Eine Herausforderung ist eine anspruchsvolle Aufgabe, deren Erfüllung eine Errungenschaft bedeuten würde. Sie kann selbst gewählt oder von anderen auferlegt sein. Das Problem ist eine Spezialform der Herausforderung.

Tabelle 6.1 Glossar und Definitionen der in diesem Buch verwendeten Fach- und Schlüsselbegriffe *(Fortsetzung)*

Begriff	Definition
Heuristik	Eine Heuristik ist ein intuitives Vorgehensmuster zur Problemlösung. Anmerkung: Heuristiken werden auch als Faustregeln bezeichnet. Es gibt sowohl bewusst und reflektiert eingesetzte als auch unbewusst eingesetzte Faustregeln. Dabei ist beachtenswert, dass viele Menschen die gleichen Faustregeln verwenden.
Hybride Produkte	Verbindungen von Hard- und Software, von Dienstleistung und Software oder eine Mischung aus den dreien.
Interaktionsqualität	Die Qualität des gemeinsamen oder aufeinander bezogenen Handelns mehrerer Akteure. Bei hoher Interaktionsqualität entsteht konfliktarm oder sogar konfliktfrei effizient ein Ergebnis. Bei niedriger Interaktionsqualität ist die Interaktion konfliktgeladen oder große Reibungsverluste machen sie ineffizient.
Klassisches Qualitätsmanagement	Um in diesem Buch die bisherigen von möglichen neuen Qualitätsmanagementansätzen und -ausprägungen zu unterscheiden, sei für Erstere hier der Begriff klassisches Qualitätsmanagement verwendet. Das bisherige Qualitätsmanagement ist klassisch, weil es auf einem linearen Entwicklungspfad entstand und seit drei Jahrzehnten ohne nennenswerte Innovationen besteht.
Kompetenz	Fähigkeiten, Fertigkeiten und Wissen eines Menschen bezogen auf eine konkrete Aufgaben- oder Problemart.
Konformität (siehe auch Compliance)	Konformität ist die Erfüllung von Anforderungen und Regeln.
Managen	Managen ist Dirigieren, Organisieren und Koordinieren.
Mass Customisation	Die Serienfertigung oder Seriendienstleistung vieler, für den einzelnen Kunden individuell anmutender Produkte ist eine Ausprägung der Singularisierung.
Moral	Unter einer Moral versteht man ein Normensystem, dessen Gegenstand das richtige Handeln von vernunftbegabten Lebewesen ist und für sich das Anrecht auf Allgemeingültigkeit erhebt [Philopedia 2020].
Ökosystem der Organisation	Das Ökosystem der Organisation ist das Netz aus Partnern, Lieferanten, Marktteilnehmern und anderer Stakeholdern, in das sie eingebunden ist und in dem sie eine für andere wichtige Rolle einnimmt und die anderen für sie. Anmerkung: Andere (z. B. die Übersetzer des EFQM-Modells) verwenden synonym den englischen Begriff Ecosystem, zum Teil explizit mit der Begründung, dass dann klarer ist, dass es hier nicht um ökologische, sondern um ökonomische Belange geht.

Begriff	Definition
Organisation	Organisation ist ein nach außen abgegrenzter, unter definierten Regeln strukturierter, arbeitsteiliger Zusammenschluss von Menschen, die Zweck und Auftrag der Organisation gemeinsam erfüllen. Organisation ist ein Oberbegriff über unterschiedliche Organisationsvarianten. Darunter befinden sich gewinnorientierte, wie Unternehmen, aber auch nicht gewinnorientierte, wie staatliche Verwaltungen, Schulen, Armeen. Eine Organisation oder ihre Sonderform Unternehmen ist ein Ort, physisch oder virtuell, an dem Menschen zusammenkommen, um ihre Kompetenzen und Kräfte für gemeinsame Ziele und Aufgaben zu bündeln.
Organisations-DNA	Organisations-DNA umfasst die die Organisation prägenden kulturellen, strukturellen und fachlichen Konzepte und Dispositionen. Anmerkung: Eine Organisations-DNA ist sehr stabil, aber nicht unveränderlich. Sie kann durch sehr starke und häufig wiederholte Umwelteinflüsse und Impulse verändert werden.
Organisationsentwicklung	Organisationsentwicklung ist das bewusste, zielgerichtete Gestalten der Organisation. Sie fördert oder erzeugt gar gewollte Zustände und dämpft oder verhindert gar ungewollte Zustände.
Paradigma	Grundauffassung, grundlegendes Denk- und Erklärungsschema. Bedeutet auch gültige Lehrmeinung in einem Fachgebiet.
Paradigmenwechsel	Ein Paradigmenwechsel ist ein Wechsel unserer grundlegenden Erklärungs- und Lösungsmodelle. Er findet statt, wenn wir ein Paradigma durch ein neues ablösen.
Paradoxie (Paradoxon)	Eine Paradoxie (gebräuchlich auch: ein Paradoxon) besteht aus miteinander verbundenen Aussagen, die sich gegenseitig logisch ausschließen.
Problem	Ein Problem ist ein zu beseitigendes Hindernis oder eine zu lösende relevante Aufgabe, deren Lösung bei den „Problemeignern" noch nicht vorliegt, sondern durch sie beschafft werden muss. Das geschieht durch einen Prozess der Problemlösung unter Beteiligung der Problemeigner oder durch die Beschaffung bereits vorhandener Lösungen bei Experten. Das Problem ist eine Spezialform der Herausforderung.
Qualitätsmanagement	Qualitätsmanagement ist das Arbeiten an der Organisation, um systemisch ihre Qualitätsfähigkeit zu verbessern. Qualitätsmanagement ist Organisationsentwicklung.
Qualitätssicherung	Qualitätssicherung ist das Arbeiten am Produkt und am Prozess, um Qualitätsmerkmale herzustellen und Fehler und Verschwendung zu reduzieren. Qualitätssicherung ist Qualitätsingenieurwesen und Dienstleistungsoptimierung.

Tabelle 6.1 Glossar und Definitionen der in diesem Buch verwendeten Fach- und Schlüsselbegriffe *(Fortsetzung)*

Begriff	Definition
Reglementierung, externe	Reglementierung ist das Setzen von Regeln durch dazu autorisierte, meist organisationsexterne Instanzen. Manifestation von politischem Willen (z. B. verbandspolitisch, parteipolitisch, wirtschaftspolitisch, gesellschaftspolitisch, machtpolitisch) in gesetzliche und normative Vorgaben und Anforderungen. Manifestation von unternehmerischem Willen in vertragliche Vorgaben und Anforderungen. Siehe auch Formalisierung.
Resilienz, organisatorische	Organisatorische Resilienz bedeutet einerseits Widerstandsfähigkeit und andererseits die Fähigkeit einer Organisation, unvorhersehbare Krisen zu bewältigen.
Resilienz, persönliche oder individuelle	Persönliche Resilienz ist Widerstandsfähigkeit gegen belastende Faktoren und die Fähigkeit, persönliche Krisen zu bewältigen.
Singularisierung	Singularisierung ist der Prozess hin zu mehr Singularität.
Singularität	„In der Spätmoderne findet ein gesellschaftlicher Strukturwandel statt, der darin besteht, dass die soziale Logik des Allgemeinen ihre Vorherrschaft verliert an die soziale Logik des Besonderen. Dieses Besondere, das Einzigartige, also das, was als nichtaustauschbar und nichtvergleichbar erscheint, will ich mit dem Begriff der Singularität umschreiben“ [Reckwitz 2017, S. 11].
Stakeholder	Stakeholder einer Organisation sind relevante Parteien die Stakes (Interessen, Ansprüche, Anteile,) an der Organisation halten und Anforderungen an sie stellen. Anmerkung: Ein deutsches Synonym, das auch die ISO-9000-Familie in seiner deutschen Übersetzung verwendet, sind Interessierte Parteien. Zusätzlich sind synonym auch die Begriffe Interessengruppen oder Anspruchsgruppen gebräuchlich. Anmerkung: Shareholder sind eine Teilmenge der Stakeholder, die Shares (Anteile) an der Organisation haben, also ihre (Mit-)Eigner sind. Mitte der 1980er-Jahre wuchs der Fokus auf den Shareholder-Value und entbrannte ein Richtungsstreit zwischen Verfechtern der Shareholder- und der Stakeholderorientierung. Von letzterer nahmen die Befürworter an, dass sie eher zu nachhaltigem Handeln und somit für das Unternehmen langfristig besseren Entscheidungen führe.
Start-up	“A startup is a human institution designed to deliver a new product or service under conditions of extreme uncertainty” [Ries 2011]. (Übersetzung: Ein Start-up ist eine menschliche Institution, geschaffen, um ein neues Produkt oder eine neue Dienstleistung unter Rahmenbedingungen extremer Unsicherheit bereitzustellen.) Anmerkung: Es gibt keine deutsche Übersetzung, die in einem Wort ausdrücken kann, was wir heute unter Start-up verstehen.

Begriff	Definition
Strategisches Konzept	Ein strategisches Konzept ist ein typischer, grundlegender Lösungsansatz, wie sich Strategien umsetzen lassen.
Transaktionskosten *(transaction costs)*	Transaktionskosten sind Kosten für „die Benutzung des Marktes" (market transaction costs). Darunter fallen Kosten für das Kaufen und Verkaufen, Mieten und auch die Kosten, die unternehmensintern entstehen, um sich zu organisieren, also Managementkosten (managerial transaction costs) oder anders gesagt Kosten der innerbetrieblichen Hierarchie. Gemäß der Transaktionskostentheorie fallen bei jeder Transaktion Transaktionskosten an.
Virtuelle Prozesse	Virtuelle Prozesse sind Prozesse, die ohne physische Anteile ausschließlich im virtuellen Raum stattfinden.
VUKA *(VUCA)*	VUKA (englisch VUCA) steht für ▪ volatil (schwankend, flüchtig, englisch *volatile*; Substantiv ist Volatilität: Schwankung, Flüchtigkeit), ▪ unsicher (englisch *uncertain*), ▪ komplex (englisch *complex*) und ▪ ambigue (mehrdeutig, englisch *ambiguous;* Substantiv ist Ambiguität, Mehrdeutigkeit).
Werte	Werte sind erstrebenswerte, handlungsleitende Attribute.
Wirksamkeit	Wirksamkeit ist der Grad, in dem etwas wirksam ist. Anmerkung: Wirksamkeit ist gleichbedeutend mit Effektivität.

7 Index

Symbole

A

B

C

D

U

V

W

Z

8 Literatur und Links

Literatur

Abbott, Andrew: *The System of Professions. An Essay in the Division of Expert Labor*. The University of Chicago Press, Chicago/London 1988

Acemoglu, Daron; Robinson, James: *Why Nations Fail. The Origins of Power, Prosperity, and Poverty*. Crown Business, New York 2012

hlrichs, Frank; Schmidt, Walter et al.: *Integrative Unternehmenssteuerung. Leitfaden zur Gestaltung innovbativer, stakeholderorientierter Managementstrukturen*. Haufe Verlag, Freiburg 2019

Asimov, Isaac: *Runaround. In Astounding Science Fiction*. Street and Smith, New York 1942

Becker, Roman; Daschmann, Gregor: *Das Fan-Prinzip. Mit emotionaler Kundenbindung Unternehmen erfolgreich steuern*. Springer Gabler, Wiesbaden 2015

Bröckling, Ulrich: *Resilienz*. In: Soziopolis vom 24.07.2017. Von *https://soziopolis.de/beobachten/kultur/artikel/resilienz/* abgerufen am 02.10.2017

Bungay, Stephan: *The Art of Action: How Leaders Close the Gaps between Plans. Actions and Results*. Nicholas Brealey Publishing, London & Boston 2011

Christensen, Clayton: *The Innovator's Dilemma. When New Technologies Cause Great Firms to Fail*. Harvard Business School Press, Boston 1997

Coase, Ronald H.: *The Nature of the Firm*. In: Economica New Series, Vol. 4, No. 16 (Nov., 1937), pp. 386 - 405. Von *http://www.jstor.org/stable/2626876, accessed: 29/08/2013 10:31*. 1937

Coser, Lewis A: *Greedy Institutions; Patterns of Undivided Commitment*. Macmillan Publishing Company, New York 1974

Deutsche Forschungsgemeinschaft: Pressemitteilung vom 06.12.2018. Von *https://www.dfg.de/service/presse/pressemitteilungen/2018/pressemitteilung_nr_55/index.html* aufgerufen am 09.02.2020. 2018

Dobelli, Rolf: *Die Kunst des klaren Denkens. 52 Denkfehler, die Sie besser anderen überlassen*. Hanser, München 2011

Donabedian, Avedis: *Evaluating the Quality of Medical Care*. In: The Milbank Memorial Fund Quarterly, Vol. XLIV, No. 3, Part. 2, S.166-206. 1966

Dörner, Dietrich: *Die Logik des Misslingens. Strategisches Denken in komplexen Situationen*. Rowohlt Taschenbuch, Hamburg 2005

The EFQM Model. EFQM 2019

Erpenbeck, John; von Rosenstiehl, Lutz: *Handbuch Kompetenzmessung: Erkennen, verstehen und bewerten von Kompetenzen in der betrieblichen, pädagogischen und psychologischen Praxis*. Schäfer Poeschel, Stuttgart 2007

OSZ: *Field of science and technology classification.* Von *https://ec.europa.eu/eurostat/ramon/nomenclatures/index.cfm?TargetUrl=LST_CLS_DLD_NOHDR&StrNom=CL_FOS07&StrLanguageCode=EN&IntKey=22740782* abgerufen am 22.11.2020

Garvin, David: *What Does 'Product Quality' Really Mean.* In: MIT Sloan Management Review 26, no. 1. 1984

Hansen, Klaus P.: *Kultur und Kulturwissenschaft. Eine Einführung.* 4., vollständig überarbeitete Auflage. A. Francke, Tübingen, Basel 2011

Hofstede, Geert; Hofstede, Gert Jan; Minkov, Michael: *Cultures and Organizations. Software of the Mind.* 3. Auflage. McGraw-Hill, New York 2010

Jensen, Michael; Meckling, William: *Theory of the firm. Managerial behavior, agency costs, and ownership structure.* In: Journal of Financial Economics Band 3, Nr. 4, S. 305–360. 1976

Jochem, Roland: *Was ist Qualität? – Wie der beliebig gewordene QM-Schlüsselbegriff neu erblüht.* In QZ – Qualitäts und Zuverlässigkeit, 85. Jahrgang, Nr. 5, S. 20 f. Hanser, München 2013

Kahneman, Daniel: *Schnelles Denken, langsames Denken.* Siedler, München 2011

Kotter, John: *Accellerate – Strategischen Herausforderungen schnell, agil und kreativ begegnen.* Vahlen, München 2015

Kühl, Stefan: *Organisationskulruren beeinflussen – Eine sehr kurze Einführung.* Springer VS, Wiesbaden 2018

Kühl, Stefan: *Brauchbare Illegalität – Vom Nutzen des Regelbruchs in Organisationen.* Campus, Frankfurt 2020

Kühl, Stefan: *Laterales Führen. Macht, Vertrauen und Verständigung in Organisationen.* Springer Gabler, Wiesbaden 2015

Laloux; Frederic: *Reinventing Organisations – ein Leitfaden zur Gestaltung sinnstiftender Formen der Zusammenarbeit.* Vahlen, München 2015

Meyer, Erin: *The Culture Map – ecoding how People think, lead, and get Things done across Cultures.* PublicAffaires, New York 2014

Ötsch, Walter Otto; Hirte, Katrin; Pühringer, Stephan: *Netzwerke des Marktes. Ordoliberalismus als politische Ökonomie.* Springer Gabler, Wiesbaden 2017

Reckwitz, Andreas: *Die Erfindung der Kreativität. Zum Prozess gesellschaftlicher Ästhetisierung.* Suhrkamp, Berlin 2012

Reckwitz, Andreas: *Die Gesellschaft der Singularitäten. Zum Strukturwandel der Moderne.* Suhrkamp, Berlin 2017

Reckwitz, Andreas: *Ich bin besonders.* Vortrag am 11.12.2019 am Alexander von Humboldt Institut, Berlin. Aufgezeichnet und gesendet vom Deutschlandfunk *https://srv.deutschlandradio.de/themes/dradio/script/aod/index.html* aufgerufen am 09.05.2020. 2019

Ies, Eric: *The Lean Startup: How Today's Entrepreneurs Use Continuous Innovation to Create Radically Successful Businesses.* Crown Busness, New York 2011

Robertson, Brian J.: *Holacracy. The Revolutionary Management System that Abolishes Hierarchy.* Penguin, New York 2015

Rother, Mike: *Toyota Kata. Managing People for Improvement, Adaptiveness, and superior results.* McGraw-Hill, New York 2009

Scharmer, Otto: *Theorie U. Von der Zukunft her führen. Presencing als soziale Technik.* Carl-Auer, Heidelberg 2013

Schein, Edgar: *Organizationale Culture and Leadership: A Dynamic View.* Jossey-Bass Publishers, San Francisco 1985

Schumpeter, Joseph: *Theorie der wirtschaftlichen Entwicklung.* Duncker & Humblot, Berlin 1912[1]

Sommerhoff, Benedikt: *EFQM zur Organisationsentwicklung,* S. 14. Hanser, München 2017

Sommerhoff, Benedikt: *Slowware oder Quickware?* Von *http://blog.dgq.de/slowware-oder-quickware/* aufgerufen am 12.09.2020. 2018

Starecek, Markus: *Organisationale Resilienz für strategielose Zeiten.* In: Psychologie in Österreich 2/2013 S. 152 ff. Eigenverlag des Berufsverbandes Österreichischer Psychologinnen und Psychologen (BÖP), Wien 2013

Sutherland, Jeff et al.: *Manifest für agile Sogtwareentwicklung.*Von *https://agilemanifesto.org/iso/de/manifesto.html* aufgerufen am 22.11.2020. 2020

Thaler, Richard: *Missbehaving. Was uns die Verhaltensökonomik über unsere Entscheidungen verrät.* Pantheon, München 2019

Vlikangas, Liisa: *The Resilient Organization.* McGraw-Hill, New York 2010

Wank, Antje: *Entwicklung eines Instrumentensets zur Steuerung der Kompetenzentwicklung in Unternehmen und Unternehmensnetzwerken aus der Sicht wissensbasierter Wertschöpfungsketten.* Shaker, Aachen 2005

Wazlawick, Paul; Beavin, Janet; Jackson, Don: *Menschliche Kommunikation: Formen, Störungen, Paradoxien.* 13. unveränderte Auflage, Hogrefe, Göttingen 2012

Wilson, Edward O.: *Die soziale Eroberung der Erde. Eine biologische Geschichte des Menschen.* C. H. Beck, München 2013

Winkler, Ingo: *Aktuelle theoretische Ansätze der Führungsforschung.* In: Schriften zur Organisationswissenschaft Nr. 2, Professur für Organisation und Arbeitswissenschaft der TU Chemnitz, Chemnitz 2004

■ Links

Philopedia 2020: *https://www.philoclopedia.de/was-soll-ich-tun/ethik/ethik-vs-moral/* aufgerufen am 22.11.2020

Fischermanns 2015: *https://prozessfenster-blog.de/2015/03/18/agile-organisation-oder-das-ende-model lierter-fuhrungs-und-unterstutzungsprozesse/* aufgerufen am 22.11.2020

ICV 2020: *https://www.controlling-wiki.com/de/index.php/Integrated_Reporting* aufgerufen am 22.1.2020

[1] Es gibt im selben Verlag einen Nachdruck der 1. Auflage von 1912, Hrsg. Jochen Röpke und Olaf Stiller.

Der Autor

Benedikt Sommerhoff ist seit 2016 Leiter Innovation, Transformation und Themenmanagement bei der Deutschen Gesellschaft für Qualität e.V. (DGQ). Nach seinem Berufseinstieg als Qualitätsingenieur bei einem Automobilzulieferer ist er bei der DGQ seit über 20 Jahren in verschiedenen Fach- und Führungspositionen tätig. Er analysiert Entwicklungen in Gesellschaft, Wirtschaft und Management und leitet daraus Herausforderungen, Innovations- und Transformationsbedarfe für das Qualitätsmanagement ab. Dabei steht er in engem Austausch mit den DGQ-Fachkreisen und vielen DGQ-Mitgliedern aus Praxis und Wissenschaft. Er knüpft darüber hinaus für die DGQ Expertennetzwerke und ist auch in der European Organization for Quality ein gefragter Sparringspartner und Impulsgeber für den Wandel des Qualitätsmanagements.

Den Themen Qualitätssicherung und Qualitätsmanagement ist er seit seinem Maschinenbaustudium an der RWTH Aachen verbunden. Seine Diplomarbeit am Lehrstuhl für Qualitätsmanagement von Professor Tilo Pfeifer thematisierte Total-Quality-Management-Konkretisierungen. Mehr und mehr befasste sich Sommerhoff mit den nicht technischen Aspekten des Qualitätsmanagements, insbesondere mit den Effekten von Führung und Organisationsentwicklung auf die Qualitätsfähigkeit. Als Leiter des Deutschen EFQM Center der DGQ befasste er sich erneut, aber auch auf neuartige Weise mit Total Quality Management und entwickelte sich zum Experten für das EFQM-Modell und seine Anwendung. Anschließend brachte er sein Wissen fünf Jahre lang als Unternehmensberater der DGQ in QM- und Organisationsentwicklungsprojekte für Unternehmen sehr unterschiedlicher Branchen ein. Er führte während dieser Zeit über 100 EFQM Assessments durch und stieß dabei immer wieder auf Defizite in der Wirksamkeit von Qualitätsmanagement.

Im Rahmen einer berufsbegleitenden Promotion an der Bergischen Universität Wuppertal am Fachgebiet Produktsicherheit und Qualität unter der Leitung von Professorin Petra Winzer entwickelte Sommerhoff 2012 ein Transformationskonzept für den Beruf Qualitätsmanager, ein fachlicher Grenzgang zwischen Ingenieurwissenschaften und der Professionssoziologie. Das war der Startpunkt für eine nun folgende vertiefte Auseinandersetzung mit der Transformation des Qualitätsmanagements, der Qualitätsmanagementberufe, -konzepte und -methoden. Die im Rahmen des Promotionsverfahrens erlernte wissenschaftliche Arbeitsweise und die erworbenen Einblicke in die Soziologie nutzte er, um das Qualitätsmanagement, seine Wirkmechanismen und seine Akzeptanz auf neue Art und Weise zu analysieren und dabei Brücken zu anderen Fachgebieten zu schlagen und deren Wissen und Erfahrungen für das Qualitätsmanagement nutzbar zu machen.

Die Analysen, Thesen und Lösungsansätze dieses Buches hat der Autor in den letzten drei Jahren in zahlreichen Artikeln, Blogbeiträgen, Vorträgen, Diskussionen und Fachgesprächen getestet. Auf diese Weise haben kluge Menschen sie abgeklopft, bereichert, aus Sackgassen geführt und neue Wege aufgezeigt.